Hübner-Weinhold & Klapproth
Leadership by Games of Thrones

LEADERSHIP BY GAME OF THRONES

Wirksamer führen mit den Helden von Westeros

von

Mark Hübner-Weinhold

Manfred Klapproth

Illustriert von

Jörg Dommel

Verlag Franz Vahlen München

ISBN-Print: 978-3-8006-6061-2
ISBN-Ebook: 978-3-8006-6062-2

Wilhelmstraße 9, 80801 München
Satz und Illustrationen: Jörg Dommel
Druck und Bindung: Friedrich Pustet GmbH & Co. KG
Gutenbergstraße 8, 93051 Regensburg
Umschlaggestaltung: Jörg Dommel
Gedruckt auf säurefreiem, alterungsbeständigem Papier
(hergestellt aus chlorfrei gebleichtem Zellstoff)

CO_2 neutral
vahlen.de/nachhaltig

www.vahlen.de

Inhaltsverzeichnis

Inhalt

Anstelle eines Geleitworts

„Es kommt nicht auf den Kritiker an.
Nicht der Mann ist wichtig, der analysiert, wie der Starke strauchelt,
oder der dem Tatkräftigen nachweist, wie er noch besser hätte handeln können.
Der Ruhm gebührt dem Mann in der Arena,
dessen Gesicht von Staub, Schweiß und Blut gezeichnet ist;
der tapfer ringt; der sich irrt, der immer wieder scheitert,
weil es keine Anstrengung ohne Fehler und Versagen gibt.
Aber wer sich tatsächlich bemüht, die Taten zu vollbringen,
wer die Begeisterungsfähigkeit kennt, die restlose Hingabe,
wer sich einer würdigen Sache verschreibt,
nur derjenige kann wirklich den Triumph einer großartigen Leistung ermessen.
Er weiß aber auch, dass er scheitern kann, während er es wagemutig versucht hat,
so dass er nie in einem Atemzug mit jenen teilnahmslosen
und kleinmütigen Geistern genannt werden wird,
die weder Sieg noch Niederlage je gekostet haben.“

Theodore Roosevelt in seiner Rede „Citizenship in a Republic“ am 23. April 1910

Prolog

„Spielt man das Spiel um Throne,
gewinnt man oder stirbt.
Dazwischen gibt es nichts."

Königin Cersei Lennister (1.07)

Die Serie ist zu Ende, lang lebe die Serie. Diese Abwandlung der alten französischen Heroldsformel „Der König ist tot, lang lebe der König" beschreibt die Gemütslage von Millionen Fans von *Game of Thrones* weltweit. Sie hatten den Sendestart der finalen achten Staffel seit Monaten herbeigesehnt, wollten wissen, wie es endet, aber sie wollten eigentlich nicht, dass es endet. Manche wollten auch nicht, dass es so endet. Doch nun ist es vorüber. Sendeschluss. Das Spiel um den Eisernen Thron von Westeros ist abgeschlossen, die letzte Folge ausgestrahlt, viele Fragen wurden beantwortet und so manche blieb offen. Etliche Helden und Schurken sind den Serientod gestorben, andere haben überlebt und gestalten nun eine ungewisse Zukunft. Und einige, wie Jon Schnee und Arya Stark, machen sich wieder auf die Reise.

Damit stellt sich die Sinnfrage: Gibt es ein Leben nach *Game of Thrones*? Ja. Selbst, wenn Sie sich heute vielleicht nur schwer vorstellen können (und es eigentlich auch kaum möglich ist), dass jemals wieder eine andere Serienwelt so komplex und faszinierend, so spannend und gnadenlos gut inszeniert sein wird. Auch wenn die beiden Serienmacher David Benioff und Daniel Brett Weiss ausgestiegen sind und bei Disney angeheuert haben, Home Box Office, kurz HBO, das New Yorker Unternehmen, das die weltweit erfolgreichste Fernsehserie ausgestrahlt hat, wird auf jeden Fall weiterhin Kult-Romane von George R.R. Martin verfilmen. Getreu dem Motto „Valar Dohaeris – Alle Menschen müssen dienen" arbeitet die Produzentin Jane Goldman seit 2018 gemeinsam mit dem Schriftsteller intensiv an einem Ableger, der rund 5000 Jahre vor *Game of Thrones* spielen soll. Arbeitstitel: Blutmond. Seien Sie also gewiss: Der nächste Winter naht.

Doch *Game of Thrones* ist so reich und vielschichtig, dass sich nicht nur wiederholtes Ansehen jeder einzelnen Episode lohnt. Wer die Boxen mit den einzelnen Staffeln daheim im Regal stehen hat, weiß nun auch das üppige Bonusmaterial zu würdigen.

Im Videoportal YouTube gibt es zudem Hunderte von zumeist englischsprachigen Analysen und Zusammenschnitten. Sie können mit *Game of Thrones* kochen und backen oder sich vom Reiseführer an die Orte des Geschehens begleiten lassen. Richtig tief und erkenntnisreich eintauchen lässt sich mit der Sekundärliteratur zur Serie: Literaten, Kulturwissenschaftler, Historiker, Philosophen, Psychologen, Verhaltens- und Hirnforscher haben die Welt von Westeros (und Essos) unter ihre fachliche Lupe genommen.

Kaum jemand jedoch hat bislang systematisch untersucht, wie Führung in *Game of Thrones* funktioniert. Denn im Kern geht es in der Serie um Macht. Und damit auch um Führung. Für uns bilden diese beiden Begriffe eine Symbiose. Macht bedeutet, andere Menschen in ihrem Denken und Handeln beeinflussen zu können. Macht wird entweder ergriffen oder verliehen. Dauerhaft bestehen kann Macht nur, wenn sie qua Amt und/oder Kompetenz durch wirksame Führung ausgeübt wird. Dass diese nach moralischen Maßstäben gut oder schlecht sein kann, dafür liefert uns *Game of Thrones* vitale Beispiele – von Ned Stark bis Daenerys Targaryen. Diese prallen Figuren sind es, die uns alle in den Bann ziehen. Vor unseren Augen entfaltet sich ein lebendiges Drama – mit Menschen voller Ehrgeiz und Tapferkeit, mit List und Tücke, Täuschung und Verrat, Liebe und Hass, Triumph und Scheitern. Unterm Strich also genau das, was wir täglich am Arbeitsplatz erleben. Gut, vielleicht weniger blutig und endgültig, aber den Typen und ihren Motiven begegnen wir auch im Berufsleben. Deshalb ist *Game of Thrones* auch ein Lehrstück, wenn Sie wissen wollen, wie Führung funktioniert.

Wir schließen mit diesem Buch eine Lücke – und schlagen gleichzeitig eine Brücke zwischen bester Fernsehunterhaltung und praktischem Führungswissen für den beruflichen Alltag. Unser Ziel ist es, Ihnen anhand von *Game of Thrones* Freiräume für Denkansätze zu eröffnen, die Ihnen helfen, sowohl die Helden der Serie als auch Ihre Kollegen und sich selbst aus neuen Perspektiven zu sehen. Wir betrachten *Game of Thrones* als 72 Stunden und 16 Minuten klug investierter Weiterbildung und liefern hiermit die passende Anleitung dafür. Wenn Sie also bereit sind, ein paar Stunden Lesezeit in dieses Buch zu investieren, werden Sie nicht nur zentrale Charaktere der Serie mit anderen Augen sehen, sondern können sogar von Daenerys, Jon, Tyrion & Co. lernen, selbst eine wirksamere Führungskraft zu werden. Dieser Praxistransfer für Ihre persönliche Entwicklung ist der Nutzwert, den wir Ihnen mitgeben werden. Versprochen!

Was erwartet Sie nun auf den nächsten gut 350 Seiten? In der Einleitung verneigen wir uns kurz vor dem Heiligen Gral der Fantasy-Literatur, Tolkiens „Herr der Ringe", und vergleichen die beiden Sagas. Dann werden wir darlegen, warum die Drachen von Daenerys ein passendes Symbol für die moderne Arbeitswelt sind und warum Sie lernen sollten, Ihre eigenen Drachen zu reiten. Anschließend beleuchten wir, was *Game of Thrones* als Fernseh-Event so besonders macht, nämlich die einzigartig komplexe Art der Erzählung. Sie erfahren dann im zweiten Teil des Buchs, wie das universelle Grundmuster guter Geschichten aussieht und auf welche Heldenreisen die Hauptfiguren der Serie gehen. Im dritten Teil schlagen wir den Bogen zum Thema Leadership und erläutern Begriffe, Grundlagen und Kernaufgaben von Führung. Damit kennen Sie unser Verständnis wirksamer Führung und sind vorbereitet für den umfangreichen vierten Teil des Buchs: In sieben Kapiteln analysieren wir darin detailliert, wie die Charaktere in *Game of Thrones* entscheiden und handeln und warum Führung funktioniert oder scheitert. Je zwei Kernelemente wirksamer Führung haben wir in Teil 4 zu einem Kapitel gebündelt. Jedes Kapitel schließt mit der Rubrik „Praxisfragen für Führungskräfte“: Damit geben wir Ihnen ein Werkzeug an die Hand für Ihren Job als Führungskraft. Daneben finden Sie im gesamten Buch zahlreiche „Tipps von Tyrion“, die Ihnen weitere praktische Impulse geben sollen. Abgerundet wird das Buch mit einer Übersicht über die Staffeln und Episoden der Serie, einer Auflistung wichtiger Figuren und Darsteller sowie einem Verzeichnis ausgewählter Literatur zur Serie und zum Thema Leadership. Besonders stolz sind wir Autoren, dass der Illustrator Jörg Dommel unser Buch so einzigartig gestaltet und die Helden von *Game of Thrones* künstlerisch wiederbelebt hat.

Ein Konflikt, den jeder deutschsprachige Autor bei *Game of Thrones* zu lösen hat, ist die Namenskonvention. Haus Lannister oder Lennister? Greyjoy oder Graufreud? Ist King’s Landing die Hauptstadt oder Königsmund? Heißt Samwell Tarlys Freundin nun Gilly oder Goldy? Wir haben uns konsequent für die Varianten der deutschsprachigen Synchronisation entschieden. Das mag nicht jedem eingeschworenen Fan behagen - und klingt zugegebenermaßen manchmal seltsam -, doch ist diese eingedeutschte Version den allermeisten Lesern aus dem Fernsehen vertraut.

Damit ist zugleich auch geklärt, dass wir unsere Analyse ausschließlich auf die HBO-Serie gründen. Ein vergleichendes Wechselspiel zwischen der Fernsehserie *Game of Thrones* und dem zugrunde liegenden Romanzyklus „Das Lied von Eis und Feuer“ von George R.R. Martin hätte sicher seinen inhaltlichen Reiz, würde aber nicht nur den Rahmen dieses Buches sprengen, sondern Verwirrung stiften. Denn die Abweichungen zwischen Serie und Romanen sind von Staffel zu Staffel größer geworden. Sie müssen also die Romane nicht gelesen haben, um dieses Buch für Ihre persönliche Karriereentwicklung nutzen zu können. Wir gehen nur davon aus, dass Sie mit dem Inhalt der Fernsehserie vertraut sind. Hier spoilern wir erbarmungslos. Doch keine Sorge: Sie müssen weder alle Wappen und Stammbäume von Westeros kennen noch Hoch-Valyrisch beherrschen, um unserer Analyse folgen zu können. Hodor.

Falls Sie dieses Buch jetzt in den Händen halten sollten, ohne die Serie bislang gesehen zu haben, warnen wir Sie an dieser Stelle vor: Sie könnten in Kürze einem Verlangen zum Opfer fallen, das Sie mindestens 72 Stunden Freizeit kostet. Denn *Game of Thrones* macht süchtig. Wir kennen etliche Menschen, die solch ein Spektakel mit Rittern, Drachen und Zombies eigentlich gar nicht anschauen wollten, aber schon nach wenigen Episoden nicht mehr aufhören konnten. Und mit unserem Buch laden wir Sie nicht nur zur Reflexion über Führung ein, sondern animieren Sie auch zum wiederholten Anschauen von Szenen oder gar ganzen Episoden der Serie. Wer also nach oder während der Lektüre gern die angesprochenen Szenen noch einmal „live" sehen will, kann sich an unseren Hinweisen wie in folgendem Beispiel orientieren: Erste Sitzung des Kleinen Rates mit Ned Stark (1.03) - das bedeutet Staffel 1, Episode 3. Und dann ist da noch die Sache mit der gendergerechten Sprache. Wir entscheiden uns gegen die sprachlichen Ungetüme der Diversität und priorisieren lieber die Lesbarkeit des Textes. Wenn wir also von „Führungskraft", „Chef" oder „Manager" sprechen, schließen wir damit selbstverständlich alle Geschlechter mit ein.

Da wir das Manuskript wenige Wochen nach der Ausstrahlung von Staffel 8 abgeschlossen haben, konnten wir die Ereignisse der letzten Episoden noch berücksichtigen. In unserer Deutung der Charaktere hat sich dadurch allerdings wenig verändert. Dass Jon am Ende nicht den Thron besteigen wird und Daenerys stirbt, hatten wir tatsächlich vor dem Start der achten Staffel prognostiziert; nicht allerdings, dass Jon seine Geliebte töten würde. Vielleicht hätten wir doch der Roten Priesterin Melisandre besser zuhören sollen: In Jon Schnee glaubte sie Azor Ahai, den wiedergeborenen Krieger des Herrn des Lichts, zu erkennen. Demnach besagt eine alte Legende, dass eben dieser Krieger die Weißen Wanderer bezwingen wird, dazu aber seine Geliebte mit einem Stich ins Herz opfern muss. Doch Melisandre lag schon bei Stannis voll daneben, und immerhin ist es final Arya, die den Nachtkönig besiegt – und nicht Jon. Cersei hatten wir eher als Opfer von Arya oder sogar ihres verzweifelten Zwillingsbruders Jaime gewähnt, nicht aber von einem einstürzenden Altbau erschlagen. Bran hingegen war für uns ein sehr wahrscheinlicher Kandidat auf den Thron, gerade, weil er emotional so unbeteiligt wirkt, keinerlei eigene Ambitionen hat und daher weise regieren kann.

Überrascht waren wir von der Vehemenz der Reaktion zahlreicher Fans, die mit dem Ende nicht zufrieden waren und sogar eine Petition für eine Neuverfilmung der achten Staffel angestrengt haben. Wer sich wie wir als Autor mit *Game of Thrones* beschäftigt, kommt nicht umhin, das Ende der Serie einzuordnen. Dabei geht es vor allem um die Episoden 8.03 „Die lange Nacht", 8.05 „Die Glocken" und das Finale 8.06. Wir werden an dieser Stelle nicht die zahlreichen Diskussionen über Inkonsequenzen und logische Brüche im Drehbuch wieder aufwärmen; hier schwingen viele Emotionen und enttäuschte Erwartungen mit. Auch der vergessene Starbuck's-Becher in 8.03 und die beiden Plastikflaschen in 8.06 sind hinreichend debattiert worden.

Machen wir uns nichts vor: Egal, wie die Serie alternativ ausgegangen wäre, es würde immer Millionen von Fans geben, die sich für ihre Helden ein anderes Ende gewünscht hätten. Eine Serie von derart emotionaler Sogwirkung erzeugt bei vielen hoch identifizierten und buchstäblich infizierten Fans eben auch zahllose Theorien und Wünsche, wie ein würdiger Abschluss sein sollte. Deren Enttäuschung, so analysierte Xaver Bitz in der Süddeutschen Zeitung, sei „allerdings weniger ein Problem dessen, was in der finalen Staffel geliefert wurde, als vielmehr ein selbstgemachtes. Die Erwartungshaltung ist schuld [...] Jede winzige Aussage der Beteiligten wurde vermessen und durchleuchtet, jeder noch so kurze Teaser-Trailer in seine Einzelteile und deren Bedeutungen zerlegt. Natürlich ist da jetzt Enttäuschung. Wer alles vermisst, wer jede noch so abstruse Entwicklung antizipieren will, kann nicht mehr überrascht werden."[1] Produzent Dan Weiss kommentierte das entsprechend: „Wir wissen auch, dass eine bestimmte Anzahl von Leuten die beste aller möglichen Versionen hassen wird, egal, was wir tun, auch wenn es die optimale Version ist. Es gibt keine Version, zu der alle sagen: „Ich muss zugeben, ich stimme mit jedem anderen Menschen auf dem Planeten überein, dass dies der perfekte Weg ist, dies zu tun" - das wäre eine unmögliche Realität, die es nicht gibt."[2] Insofern konnten die beiden Produzenten David Benioff und Dan Weiss am Ende eigentlich nur verlieren. Und zwar nicht so sehr, weil sie das Finale in den Augen vieler Zuschauer vergeigt haben, sondern viel mehr, weil es das Finale ist. Die Geschichte ist vorbei. Aus. Ende. Das Lagerfeuer, das acht Jahre lang die Seelen und Herzen der Fans gewärmt hat, ist erloschen.

Überzeugt sind wir allerdings, dass den Produzenten und Drehbuchautoren bereits ab Staffel 7 die Geduld ausgegangen ist, die Serie in angemessener Länge zu Ende zu erzählen. Das dürfte bei Staffel 8 auch an den fehlenden Romanvorlagen liegen; die Drehbuchautoren waren brillant im Adaptieren von Martins Ideen, aber nur begrenzt originell in der kreativen Weiterentwicklung. So fokussiert sich *Game of Thrones* vor allem in der finalen Staffel auf die visuell eindrucksvollen Szenen der Schlachten um Winterfell (8.03) und Königsmund (8.05), doch leidet die Charakterentwicklung an der zeitlichen Verknappung. Am Budget kann das nicht gelegen haben, denn der Sender HBO soll sich von den Produzenten sogar mehr Folgen für Staffel 8 gewünscht und entsprechendes Geld in Aussicht gestellt haben.[3] Und mehr Sendezeit hätte den Charakterzeichnungen unserer Meinung nach wirklich gutgetan. Das zeigt sich insbesondere in den beiden Episoden 8.02 und 8.04, die von zahlreichen Dialogen getragen werden und so stark zum Verständnis von Motiven und Entscheidungen der Charaktere beitragen – so, wie es in den ersten sechs Staffeln der Standard der Serie war.

Trotz dieser Schwächen: *Game of Thrones* ist das Beste, was je an anspruchsvoller Fernseherzählung produziert wurde. Und die Serie bietet uns ein Füllhorn zeitloser und zugleich lebendiger Beispiele für wirksame Führung.

Das war's mit dem Prolog. Auf nach Westeros.

Teil 1: Was Game of Thrones so besonders macht

*„Ein Löwe schert sich doch nicht
um die Meinung seiner Schafe."*

Lord Tywin Lennister (1.07)

Eine Verbeugung vor Tolkiens „Herr der Ringe"

In vielerlei Hinsicht ist „Das Lied von Eis und Feuer" George R. R. Martins Verbeugung vor und Gegenentwurf zu John R. R. Tolkiens Epos „Herr der Ringe". Der Eiserne Thron als Symbol der absoluten Macht ist das narrative Äquivalent zum Ring des dunklen Herrschers. Zwar hat der Thron nicht die bösartige Kraft des einen Rings, doch wer auf ihm sitzt oder nach ihm strebt, stirbt in *Game of Thrones*: Robert, Joffrey, Tommen, Cersei, Kleinfinger, Daenerys. Die dunkle Kraft beider Objekte wird nur durch das Feuer gebrochen, das sie geschmiedet hat – das ewige Feuer des Schicksalsbergs oder das Drachenfeuer. Vergleicht man die Figuren, so lassen sich ebenso spannende Parallelen ziehen, etwa von Jon Schnee zu Aragorn und Frodo, vom Nachtkönig zu Sauron, von Samwell Tarly zu Samweis Gamdschie – und Sean Bean als großer Kämpfer stirbt in der Rolle des Ned Stark ebenso wie als Boromir.

Martin hat nie einen Hehl aus seiner Verehrung für die Bücher von Tolkien gemacht. Gefragt, ob am Ende vielleicht alle seine Hauptfiguren sterben würden, erklärte Martin 2015 in einem Interview mit der britischen Zeitung „The Observer": „Es ist kein Geheimnis, dass Tolkien einen großen Einfluss auf mich hatte, und ich liebe es, wie er den Herrn der Ringe beendet hat. Es endet mit einem Sieg, aber es ist ein bittersüßer Sieg. Frodo ist nie wieder der Alte, und er geht später weg in die Unsterblichen Lande westlich des Meeres, und die anderen Leute leben ihr Leben weiter. Dass er am Ende das Auenland verlässt, ein genialer Einfall, den ich im Alter von 13 Jahren nicht verstanden habe [...] Aber jedes Mal, wenn ich es lese, verstehe ich die Brillanz dieses Finales mehr und mehr. Ich kann nur sagen, dass das die Art von Ton ist, die ich anstreben werde."[1]

Bevor Martin das Finale seiner Saga geschrieben hat, haben uns David Benioff und Dan Weiss ihre verfilmte Variante vorgeführt. Dabei haben sich die Serienmacher vermutlich stark an den Ideen orientiert, die der Schriftsteller ihnen für das Ende skizziert hat.[2] Tatsächlich haben sich Benioff und Weiss ziemlich strikt an das gehalten, was Martin schon im „Observer"-Interview angedeutet hat: Es war ein bittersüßer Abschluss der Serie. Manche Zuschauer hat es überrascht und enttäuscht, dass nicht Jon am Ende der Regent der Sieben Königslande geworden ist. Schließlich erscheint der Heilige Jon als Idealbesetzung für diese Aufgabe: ehrlich, rechtschaffen, den Menschen zugetan, aber zugleich mit den Schrecken des Kriegs vertraut. In diesem Geist hat er seine zweite große Liebe Daenerys getötet, um die Reiche der Menschen zu schützen vor der pyromanischen Psychopathin auf dem Eisernen Thron. Verdient dieser Mann, der erst sein Leben und dann seine Liebe für die Menschheit geopfert hat, nicht die Königswürde? Wäre er nicht ein gerechter Monarch?

Auf den ersten Blick wäre Jon als Herrscher über Westeros eine klare Parallele zu Aragorn in „Der Herr der Ringe". Auch Aragorns wahre Identität als Thronerbe wird viele Jahre geheim gehalten, um ihn vor Feinden zu schützen – ähnlich wie es Ned mit der Herkunft von Jon gehalten hat. Beide sind gefürchtete Schwertkrieger und kämpfen gegen einen übermächtigen Feind – der Nachtkönig hier, Sauron dort. Doch Aragorn regiert nach dem Sieg über Sauron schließlich die vereinigten Königreiche von Arnor und Gondor und darf seine Geliebte Arwen heiraten. Jon dagegen erdolcht Daenerys und lehnt die Königswürde ohnehin ab: „Ich will den Thron nicht. Das wollte ich nie." (8.05).

Das Schicksal als König ist nicht für Jon bestimmt. Doch wird ihm als Abgang jener geniale Einfall von Tolkien zuteil, den George R. R. Martin so gerühmt hat: Er verabschiedet sich von seiner Familie, besteigt wie Frodo ein Schiff, reist zur Schwarzen Festung und reitet schließlich mit den Wildlingen in das Land nördlich der Mauer, während das Leben in Westeros ohne ihn weitergeht. Insofern beginnt Jon als Aragorn und endet als Frodo. In Jons Persönlichkeitsentwicklung spiegelt sich die bei Frodo durch die dunkle Macht des Rings verursachte Zerrissenheit wider; Jons Gefühle oszillieren immer wieder zwischen Loyalität und Liebe, zwischen Pflicht und Familie, zwischen Verantwortung und Freiheit. Ein kleines Pflänzchen Hoffnung schenken uns die Serienmacher fast beiläufig in der Schlussszene: Aus dem ewigen Eis nördlich der Mauer sprießt eine zarte grüne Pflanze – ein Symbol dafür, dass der Winter nun endlich vorüber ist.

Diese ambivalente Mehrdeutigkeit markiert den großen Unterschied zwischen „Herr der Ringe" und *Game of Thrones*: Tolkien zieht klare Grenzen zwischen Gut und Böse, die Figuren sind Schwarz oder Weiß und geraten nur durch den Einfluss des Rings ins moralische Trudeln. Bei Martin dagegen gibt es viele Grautöne, nur wenige Charaktere sind durchweg bösartig wie Joffrey und Ramsay. Figuren wie Jaime Lennister, Sandor Clegane, Kleinfinger und sogar Cersei faszinieren, weil sie eben nicht eindimensional gezeichnet sind, sondern sich überraschend entwickeln. *Game of Thrones* ist gespickt mit Prophezeiungen, die sich nicht erfüllen, so manchen losen Enden von Erzählsträngen und etlichen überraschenden Wendungen, während es bei Tolkien stringent dem Schicksalsberg im Lande Mordor entgegengeht. So gesehen ist der „Herr der Ringe", erstmals 1954/55 veröffentlicht, eine sehr klassische Erzählung, die auch den gesellschaftspolitischen Zeitgeist einer bipolaren Nachkriegsweltordnung widerspiegelt. *Game of Thrones* dagegen, der erste Band der Romanvorlage erschien 1996, ist mit seinen komplexen Schattierungen, unklaren Motiven und schillernden Charakteren ein Abbild der multipolaren Welt nach dem Ende des Kalten Krieges.

Wo die Drachen leben: Führen im Wandel

„Hic sunt dragones" - hier gibt es Drachen. Mit diesen lateinischen Worten wurden auf dem kupfernen Hunt-Lenox-Globus, entstanden zwischen 1503 und 1510, die unbekannten Gebiete im südöstlichen Asien markiert. Die europäischen Geographen vermuteten dort Fabeltiere wie geflügelte, feuerspeiende Riesenechsen und gigantische Seemonster. Die lateinische Formulierung und ihre englische Übersetzung „Here be dragons" haben es in der Popkultur und sogar im Geschäftsleben zum geflügelten Wort geschafft. Im Quellcode von Software-Anwendungen wird die Phrase häufig als Kommentar eingefügt, um andere Entwickler vor schlecht geschriebenem Code oder unübersichtlichen Abschnitten zu warnen. Das Kürzel „tbd" steht nicht nur für „to be discussed", „to be decided" oder „to be done", sondern mit dem Kürzel für „there be dragons" wird in der Finanzwelt auch auf nicht absehbare Risiken hingewiesen.[3]

Drachen sind in der europäischen Mythologie ein Symbol für das gefährliche Unbekannte, sogar ein Sinnbild des Chaos. „Drachen sind wundersame Geschöpfe, ‚fleischgewordenes Feuer', aber in der Geopolitik der Bekannten Welt sind sie zugleich gefährlich destabilisierende Faktoren."[4] Und so rasch wie Drogon, Rhaegal und Viserion, die drei Drachen von Daenerys Targaryen, wachsen im heutigen Arbeitsleben auch die Herausforderungen für viele Führungskräfte und sind manchmal schwer zu kontrollieren. Die Drachen im modernen Business begegnen uns in einer Welt, die sich nach dem Ende des Kalten Krieges und im Zuge von Globalisierung und Digitalisierung rasant verändert.

Oft werden diese schwierigen Rahmenbedingungen mit dem Akronym VUCA beschrieben, mit dem das US Army War College Anfang der 1990er-Jahre die multilaterale Weltordnung nach dem Zusammenbruch der Sowjetunion beschrieb. Dieses Kunstwort steht für die Anfangsbuchstaben der englischen Begriffe *volatility* (Volatilität, Flüchtigkeit), *uncertainty* (Unsicherheit), *complexity* (Komplexität) und *ambiguity* (Ambiguität, Mehrdeutigkeit). Für Politik und Wirtschaft bedeutet VUCA demnach, dass die berechenbare Stabilität vergangener Jahre verloren ist. Es gibt kein simples Schwarz oder Weiß mehr, das Entscheidungen leicht macht, sondern einen bunten Mix unklarer Möglichkeiten. Durch globale Verflechtungen werden Probleme und ihre Auswirkungen immer vielschichtiger. Ursache und Wirkung verschwimmen oft und sind immer schwieriger zu verstehen. Zugleich beschleunigt die Digitalisierung Prozesse auf allen Ebenen.

Diese exponentiell zunehmende Geschwindigkeit der Technologie ist das eigentliche Problem für uns Menschen. Denn auch früher gab es bereits Phasen großer Flüchtigkeit, Unsicherheit, Komplexität und Mehrdeutigkeit. Versuchen Sie sich nur einmal das Chaos vorzustellen, was in Deutschland während des Dreißigjährigen Krieges oder in Frankreich während der Revolutionsjahre nach 1789 herrschte. Stabilität und Sicherheit im Alltag waren für viele Menschen damals weniger selbstverständlich als für uns heute in Europa. Insofern ist VUCA eigentlich nur ein moderner Begriff für ein altes Phänomen. Mit einem gravierenden Unterschied: dem Tempo der technologischen Veränderungen.

Diese Geschwindigkeit in Kombination mit komplex-unklaren Sachverhalten und diversen Variablen überfordert uns Menschen. Warum? Die Antwort darauf geben uns die Hirnforscher. Simpel erklärt, kann unser präfrontaler Kortex, also der vordere Bereich der welligen, zweieinhalb Millimeter dünnen Schicht Großhirnrinde, der uns zum logischen Denken und Problemlösen befähigt, nur eine begrenzte Anzahl an Informationen gleichzeitig behalten und verarbeiten. Eine einfache Übung verdeutlicht das: Würde Ihnen jetzt eine siebenstellige Zahl, etwa

7340552

genannt werden, könnten Sie diese im Anschluss problemlos wiedergeben. Müssten Sie aber eine zwölfstellige Ziffernfolge wie

937460651327

erinnern, ist das fast unmöglich – es sei denn, Sie beherrschen Mnemotechniken. Einen ähnlichen Versuch könnten wir mit Wörtern machen: Sieben kurze Wörter können viele Menschen leicht in der richtigen Reihenfolge behalten, nehmen wir zum Beispiel passend zu unserem Thema:

Thron – Schwert – Wolf – Mauer – Eis – Drache – Feuer.

Würden wir aber noch fünf weitere Wörter hinzufügen, wie

Schlacht – Burg – Schiff – Gold – Wein,

dürfte es den allermeisten von Ihnen schwerfallen, alle zwölf Wörter zu erinnern, dazu noch in der richtigen Reihenfolge. Gedächtnisübungen, die wir seit 2002 regelmäßig mit Seminarteilnehmern gemacht haben, bestätigen durchgängig diese Erkenntnisse der Hirnforschung: Wer nicht über besondere Techniken verfügt, kann maximal sieben plus/minus zwei Informationen gleichzeitig im Kurzzeitgedächtnis abspeichern und wiedergeben.

Zwei weitere Punkte kommen hinzu: Erstens umfasst der präfrontale Kortex zwar nur vier bis fünf mickrige Prozent unseres Hirnvolumens, verbrät aber relativ viel Stoffwechselenergie wie Glukose und Sauerstoff. Evolutionsbiologisch ist unser Gehirn jedoch darauf geeicht, so wenig Energie wie möglich zu verbrauchen, weil während der längsten Zeit der Menschheitsgeschichte unsicher war, wann wieder Energie durch Nahrung zugeführt werden würde. Das bedeutet: Wir fühlen uns im Chill-Modus am wohlsten. Es ist einfach so, wir verspüren grundsätzlich ein gewisses Unbehagen, wenn wir uns anstrengen müssen – und brauchen Motivation und Disziplin, um aktiv zu werden. Außerdem benötigt unsere Denkfähigkeit regelmäßig Nachschub an Treibstoff und unterliegt Leistungsgrenzen, weil das Gehirn Auszeiten braucht. David Rock, Erfinder des Begriffs Neuroleadership, stellt deshalb fest: „Wirkliche Konzentration ist nur über einen begrenzten Zeitraum möglich.“[5]

Auch der zweite Punkt stellt eine Leistungsgrenze unseres Gehirns dar: Der präfrontale Kortex arbeitet seriell. Er erledigt eins nach dem anderen. Wer daher bei seiner Arbeit Wert auf Genauigkeit legt, sollte seine Aufmerksamkeit nicht teilen. Studien zeigen klar: Entscheidungen können dann umso effektiver getroffen werden, je weniger Variablen wir im Kopf haben. Zwei Variablen sind optimal, mehr als drei oder vier sollten es nicht sein. Das bedeutet bei unserer täglichen Arbeit, dass wir uns angewöhnen müssen, komplexe Vorgänge in ihre Kernbestandteile zu zerlegen und zu vereinfachen, bis wir nur wenige Variablen haben – Schritt für Schritt. Ansonsten haben wir einen Flaschenhalseffekt: Wir entscheiden nicht, weil wir zu viele Optionen haben - und dahinter stecken weitere Entscheidungen fest. Das ist dann wie ein Papierstau im Drucker. Zudem fressen die unerledigten Prozesse im Gehirn die meisten Energieressourcen. Das bedeutet: Wenn wir uns ständig mit mehreren Themen gleichzeitig befassen müssen und dann noch Prozesse nicht als erledigt abhaken können, sind wir schnell und intensiv geistig erschöpft. Dieser Zustand verursacht negativen Stress, sogenannten Disstress. Vermutlich kennen Sie das selbst sehr gut, denn genau dieser Effekt tritt ein, wenn mehrere Entscheidungsprozesse im Job an irgendeiner Stelle der Bürokratie festhängen und Sie deshalb nicht weiterkommen oder wenn Sie nach einem langen Wochenende mit Dutzenden von Anfragen und Problemen konfrontiert werden, die Sie alle möglichst schnell lösen sollen.

Tyrions Tipp

Priorisieren Sie täglich, was Sie zu tun und zu entscheiden haben. Zerlegen Sie komplexe Vorgänge in mehrere Teilschritte und vereinfachen sie so. Denn Ihr Gehirn arbeitet seriell – es erledigt eine Aufgabe nach der anderen.

Die Drachen reiten: Entscheiden im Ungewissen

Um unter solchen Bedingungen trotzdem wirksam zu sein als Führungskraft, müssen Sie lernen, die VUCA-Drachen zu bändigen und zu reiten. Sie müssen entscheiden, ohne eindeutige Optionen zu haben. Führen in der heutigen Zeit bedeutet immer häufiger, die unentscheidbaren Entscheidungen zu treffen. Das klingt erst einmal paradox. Doch dieses „Auftreten unentscheidbarer Entscheidungen macht deutlich, dass eine Komplexitätsgrenze überschritten wird, ab der Verhalten und Fortgang eines Prozesses nicht mehr genau berechnet und geplant, sondern nur noch prognostiziert und in kleinen Iterationen gesteuert werden können", erläutert der Projektmanagement-Berater Olaf Hinz.[6]

In solchen Situationen helfen keine akribisch ausgearbeiteten Pläne, in umfangreichen Excel-Tapeten dokumentiert und in schicken PowerPoint-Präsentationen verewigt. Denn wie sagte sinngemäß schon der preußische Generalfeldmarschall Helmuth von Moltke: „Kein Plan überlebt die erste Feindberührung."[7] Als Führungskraft wird es Ihnen immer häufiger ergehen wie Jon Schnee vor der Schlacht von Winterfell (8.03): Sie können nicht wirklich planen, was passieren wird. Es gibt für die VUCA-Welt keine Handbücher oder Prozessbeschreibungen, in denen Sie nachschlagen könnten, was wann wie zu tun ist. Und gerade deshalb ist Führung so wichtig. Denn um unter diesen Bedingungen erfolgreich zu sein, braucht es klare und mutige Entscheidungen, ohne eindeutige Optionen zu haben.

So gesehen sind Sie als Führungskraft oft unterwegs wie ein Entdecker, der erstmals unbekanntes Terrain betritt, jenes Gebiet, wo angeblich die Drachen wohnen. Es gibt keine Landkarten. Nur einen Kompass und vielleicht einen Sextanten und die Sterne, mit deren Hilfe Sie navigieren können. Das sind Ihre Prinzipien, die Ihnen helfen, sich im Ungewissen zu orientieren. So gehen Sie voran, entscheiden, welchen Weg Sie und Ihre Mitarbeiter als Nächstes einschlagen. Sie werden stolpern, Fehler und Verluste machen, einige Schritte zurückgehen, neue Pfade ausprobieren, bis Sie schließlich einen Weg zum Ziel gefunden haben – oder aber gescheitert sind. Denn auch das gehört zur Biographie einer wirksamen Führungskraft. Scheitern. Wieder aufstehen. Etwas Neues wagen. Wer solche Lektionen lernt, wird führungsstark im Wandel sein.

Schlauer durch Fernsehen: Die Kraft der Komplexität

Nachdem wir uns jetzt den äußeren Rahmenbedingungen Ihres Führungsalltags ein wenig angenähert haben, wollen wir jetzt den Blick auf *Game of Thrones* richten. Die Fantasiewelt von George R. R. Martin ist ungewöhnlich komplex – sie ist total VUCA. Die Serie hat mehr als 500 Figuren mit Text, fast 100 wichtige Charaktere, seltsame Namen, verwirrende Familienbeziehungen, undurchsichtige Bündnisse, wechselnde Schauplätze, exotische Kulturen, mystische Fähigkeiten und bizarre Bedrohungen sowie eine lange Vorgeschichte. Das fordert Ihr Gehirn mächtig heraus. Und wenn Sie einmal eine oder gar mehrere Folgen verpassen, fährt der Handlungszug ohne Sie weiter. Kein Anschluss, ohne zu wissen, was zuvor geschah. Denn die Figuren erklären nicht in dümmlichen Dialogen vorherige Ereignisse. Das macht die Serie anspruchsvoller als jede andere TV-Produktion – und das über rund 72 Stunden Sendezeit. Sie müssen also in der Lage sein, zu erkennen, wer das da gerade auf dem Bildschirm ist, und zu erinnern, in welchem Verhältnis die Person zu den anderen steht.

Bereits in "Der Winter naht", der 1. Episode von Staffel 1 lernen wir 18 zentrale Charaktere kennen, die für den Fortgang der Geschichte wichtig sein werden. Halten wir kurz inne und erinnern uns: Familie Stark mit Ned, Catelyn, Robb, Sansa, Arya, Bran und Jon Schnee, König Robert Baratheon, seine Gemahlin Cersei, ihr Zwillingsbruder Jaime Lennister und deren Inzucht-Produkt Joffrey, der Zwerg Tyrion Lennister, die Geschwister Viserys und Daenerys Targaryen, Dothraki-Fürst Khal Drogo, der verbannte Ritter Ser Jorah Mormont, der ungeliebte Theon Graufreud und der unwirsche „Hund" Sandor Clegane. Außerdem erscheinen in der allerersten Folge der fortan wenig bedeutsame, jüngste Stark-Sohn Rickon, Neds Bruder Benjen, Maester Luwin, Septa Mordane, Waffenmeister Rodrik Cassel und sein Neffe Jory Cassel, Hauptmann der Truppen von Winterfell, die Hure Ros und die drei Grenzer der Nachtwache, Will, Gared und Ser Weymar Rois, Joffreys jüngere Geschwister Myrcella und Tommen sowie der einfältige Hüne Hodor. In Summe 31 Charaktere binnen 52 Minuten. Das muss Ihr Gedächtnis erst einmal verarbeiten.

Die Serie springt von unterschiedlichen Figuren an verschiedenen Schauplätzen hin und her. Ihr Gehirn muss aktiv arbeiten, muss sich Personen und Handlungszusammenhänge merken, um später wieder darauf zurückgreifen zu können. Hirnforscher nennen das *spaced repetition* – also sequenzielle Wiederholung. Diese findet in *Game of Thrones* zusätzlich in einem emotional äußerst anregenden Kontext statt. Sie kommen daher vor dem Bildschirm geradezu in den sogenannten Flow. So bezeichnet der ungarische Psychologe Mihály Czikszentmihály das als beglückend erlebte Gefühl eines mentalen Zustandes völliger Vertiefung und restlosen Aufgehens in einer Tätigkeit.[8] Und genau das ist optimal dafür, synaptische Verbindungen im präfrontalen Kortex zu bilden, im vorderen Teil Ihrer Großhirnrinde. Sie speichern dort das Wissen ab, kombinieren es mit emotionalen Bewertungen, verschalten die komplexen Zusammenhänge und können so der vielschichtigen Handlung folgen und sie später aktiv erinnern. Das ist buchstäblich ein Workout für Ihr Gehirn. „*Game of Thrones* zu sehen, kann einen Menschen schlauer machen oder zumindest wichtige Hirnareale trainieren", schreibt der Wissenschaftsjournalist Josué Cardona.[9]

Damit haben wir Ihnen jetzt beiläufig eine überzeugende Begründung geliefert, warum Sie den Kauf der Serien-Boxen eigentlich als Weiterbildungsmaßnahme steuerlich absetzen können sollten. Falls Ihr Fiskus nicht mitspielt (offen gestanden, wir waren nicht erfolgreich!), machen Sie sich nichts daraus: Sie haben immerhin sinnvoll in Ihre geistige Fitness investiert.

Und einen noch wichtigeren Schritt machen Sie jetzt mit der Lektüre dieses Buches. Denn Gehirnjogging mit dieser Serie ist zwar an sich schon gesund, bringt Sie aber wie ein Sudoku nicht wirklich weiter. Und das wollen Sie doch, oder? Weiterkommen. Als Führungskraft wachsen, besser führen, erfolgreich sein, einen echten Beitrag leisten und auf der Karriereleiter noch ein paar Sprossen erklimmen.

Von anderen lernen: Die Macht guter Geschichten

Blicken wir noch einmal gemeinsam zurück auf den Beginn der Serie. Wir begegnen in einem spätmittelalterlichen Setting der Familie Stark in ihrem idyllischen Landleben. Sie wird durch Pflicht und Loyalität, durch Intrigen und Verrat in den Strudel eines gnadenlosen Kampfes um die Krone der Sieben Königslande und später der nackten Existenz menschlichen Lebens in Westeros gerissen. Nach und nach wird die Handlung immer komplexer: mehr Charaktere, mehr Helden und mehr Schurken, exotische Schauplätze, Krieg an mehreren Fronten, Drachen, Schattenwölfe und übernatürliche Bedrohungen, welche die Starks nur aus den gruseligen Erzählungen von Hodors Urgroßmutter Nan kennen. Die alte Nan übernimmt für die Kinder der Starks in Winterfell gewissermaßen die Rolle des Unterhaltungsmediums. Sie ist Buch, Hörspiel und Fernsehen zugleich. Sie beherrscht das vermutlich älteste Soft Skill der Menschheit: das Geschichtenerzählen, neudeutsch gern als Storytelling bezeichnet. „In allen Zeiten und Kulturkreisen sind wir heimisch geworden auf dieser Welt, indem wir Geschichten erzählt haben, über Generationen hinweg [...] Erzählungen bieten Orientierung, stiften Identität und schaffen Vertrauen; wir lernen andere Menschen über persönliche Erzählungen kennen und manchmal lieben [...] und wir arbeiten erfolgreicher, wenn unser Team nicht nur von außen vorgegebene Ziele und Zahlen zu erfüllen hat, sondern Teil einer Reise, eines großen Abenteuers ist“, schreibt der Literaturwissenschaftler Martin Beyer.[10]

Das ist keine romantisch-soziologische Wunschvorstellung, sondern eine neurobiologische Realität. Auch in diesem Punkt belegen Hirnforscher die Fakten. Sie konnten nachweisen, dass Geschichten im menschlichen Körper biochemische Reaktionen auslösen. Je nach Art einer Geschichte werden von unseren Nervenzellen unterschiedliche Neurotransmitter ausgeschüttet, sogenannte Botenstoffe, die für unsere Gefühle verantwortlich sind. So wird bei uns das Glückshormon Dopamin freigesetzt, als Jon Schnee mit Ygritte den Aufstieg auf die Mauer schafft (3.06), den Kampf mit einem Weißen Wanderer gewinnt (5.08) oder von den Toten wiederaufersteht (6.02). Oxytocin wird oft als „Kuschelhormon“ bezeichnet; der Stoff sorgt für Vertrauen, ist im Gehirn für das Gefühl von Verbundenheit und Empathie zuständig. Erscheinen sympathische Figuren wie Ser Davos Seewert oder Samwell Tarly auf dem Bildschirm, produzieren wir mehr Oxytocin – ebenso wie während der Liebesszenen von Robb und Talisa in Staffel 2 und 3 oder von Daenerys und Jon in Staffel 7 und 8. Oxytocin funktioniert besonders gut im Zusammenspiel mit dem Stresshormon Cortisol. Das sorgt dafür, dass wir neugierig werden und wissen wollen, wie es mit unseren Helden und ihrer Geschichte weiter und zu Ende geht.

Je besser eine Geschichte inszeniert ist, je dramatischer ihr Spannungsbogen gelingt, desto neugieriger werden wir und desto wohler fühlen wir uns. Dass gute Geschichten uns fesseln, liegt also buchstäblich in unserer Natur. Sie erinnern sich: Im letzten Abschnitt haben wir kurz das Flow-Konzept des Psychologen mit dem beinahe unaussprechlichen Namen Czikszentmihály vorgestellt. Verursacht wird dieses beglückende Gefühl durch ein fein ausbalanciertes Wechselspiel ihrer Hormone, ausgelöst von den Ereignissen und Charakteren von *Game of Thrones*. Die Serie serviert uns dazu noch eine Vielzahl unterschiedlicher Spannungsbögen, die geschickt miteinander verwoben werden. Besagte Komplexität der Geschichte eben.

Ein weiterer Aspekt kommt hinzu: *Game of Thrones* spielt geschickt mit unseren Erwartungen und bricht mit traditionellen Rollenklischees. Haben Sie in der allerersten Episode vermutet, dass der arrogante Jaime Lennister den kleinen Bran aus dem Turm stürzt (1.01)? Wohl eher nicht. Wir sind durch Märchen, Romane, Film und Fernsehen seit jungen Jahren darauf konditioniert, dass das Gute am Ende siegt. Und haben deshalb erwartet, dass Ned Stark, der Held der ersten Staffel, schon irgendwie begnadigt wird. Doch am Ende von 1.09 rollt sein Kopf. Nach diesem traumatischen Erlebnis hätten wir mit dem Schlimmsten rechnen müssen. Und dennoch ist die Rote Hochzeit ein weiterer Schock: Neds Sohn Robb, dessen schwangere Frau Talisa und Mutter Catelyn Stark werden am Ende der dritten Staffel gemeuchelt (3.09). Und es kommt noch schlimmer: Mit dem Mord an Jon Schnee endet Staffel 5 und stürzte das Publikum anno 2015 in kollektive Depressionen. Die Botschaft der Drehbuchautoren ist klar: Niemand, wirklich niemand ist in dieser Serienwelt vor dem überraschenden Ableben sicher. So viel mussten wir lernen: Auch die Fan-Lieblinge, die Identifikationsfiguren der Serie, rafft es überraschend dahin. Weil *Game of Thrones* so geschickt mit unseren Erwartungen spielt und sie immer wieder aufbricht, spricht uns diese Serie so an. Denn das Unerwartete ist ein Schock. Und der bleibt emotional tief verankert im Gedächtnis. Es sind Geschichten, die Sie niemals vergessen werden. Weil sie gleich doppelt wirksam sind: erstens als spannende, brillant inszenierte Geschichte an sich und zweitens durch den Bruch mit unseren seit der Kindheit geprägten Erwartungen. Das wühlt unsere Gefühle auf.

Das erklärt, warum diese Serie so unfassbar beliebt ist, dass Staffel 7 mehr als eine Milliarde Mal illegal aus dem Internet heruntergeladen wurde.[11] Bei allem Hype, bei aller Begeisterung, die wir für dieses einzigartige Fernseh-Event empfinden – am Ende ist es nur eine Geschichte. Fiktion. Nichts, was wirklich passiert ist. Aber weil *Game of Thrones* eine so gute Geschichte ist, lieben wir sie. Geschichten sind der kulturelle Kitt von Gesellschaften. So wie in Deutschland Generationen von Kindern und Erwachsenen Grimms Märchen und die Abenteuerromane von Karl May (vor-)gelesen haben, so hat sich *Game of Thrones* zu einem globalen Lagerfeuer entwickelt, das Menschen ganz unterschiedlicher Herkunft eint.

Beyer bezeichnet Geschichten als Schlupflöcher, wie „das berühmte ‚rabbit hole' aus Alice im Wunderland“:[12] Wir können durch sie einen Blick auf Menschen in anderen Zeiten und Welten werfen. Wir lernen so gefahrlos andere Denkweisen und Lebenswege kennen. Und menschliches Verhalten in all seinen Facetten – von Niedertracht bis Heldenmut. Der Thriller-Autor und Marketing-Professor Veit Etzold meint, dass der Mensch sich schon immer seine „Best Practices" in Form von Geschichten erzählt habe: „Solches Storys haben den Menschen seit Jahrhunderten das Überleben gesichert. Die Erfahrung, wie man dem Säbelzahntiger entkommt, das Mammut erlegt oder Schutz vor Unwetter findet, hat sich der Urmensch abends am Feuer in Form von Storys erzählt. Dieses biologische Gedächtnis ist über 70.000 Jahre alt und hat zum Überleben der Menschen beigetragen."[13] So wird auch klar, warum viele der heiligen Bücher von Religionen, etwa die christliche Bibel, der islamische Koran, der jüdische Talmud oder Teile der hinduistischen Veden, im Kern Geschichtssammlungen sind. Die narrative Kraft, die ihnen innewohnt, hat Menschen über Jahrhunderte fasziniert und zu Glaubensgemeinschaften zusammengeschweißt.

„Geschichten lassen ein Gefühl der Resonanz entstehen - ich fühle mich mit der Welt verbunden, mit anderen Menschen, ich empfinde mein Denken und Tun als sinnvoll."[14] Bereits als Kind lernen wir durch diese Erzählungen moralische Kategorien kennen. Geschichten sind unser Kompass im Leben. Was wir durch sie lernen, setzt Leitplanken für unsere eigene Entwicklung. Und da *Game of Thrones* menschliches Verhalten in beinahe allen Facetten erzählt und dabei eben oft Führung und Macht eine Rolle spielen, ist die Serie ein hervorragender Kompass für das Berufsleben.

Einen weiteren Aspekt der Bedeutung von Geschichten erklärt der renommierte US-amerikanische Organisationspsychologe Dacher Keltner: „Geschichten gut erzählen zu können, trägt […] dazu bei, auf Dauer Macht zu erhalten: Es verstärkt das Interesse der anderen und verringert den Stress, den das Leben in einer Gruppe mit sich bringt. Es fördert das Gemeinwohl, gemeinsam lachen zu können und ungezwungener zu sein und schafft Freude: Das alles sind Erfahrungen, die die Dopaminproduktion erhöhen und in sozialen Netzen starke Bindungen schaffen. […] Gute Geschichten sind ein mächtiges Mittel, um den komplexeren Herausforderungen des Lebens und dem von ihnen erzeugten Stress einen Sinn zu geben."[15]

Ein Meister der Kunst des Storytellings war übrigens der legendäre US-Präsident Abraham Lincoln. Er hatte die besondere Begabung, fast jedes Gespräch mit einer passenden Anekdote oder Geschichte zu würzen. Wohl beinahe jeder, der mit Lincoln zu tun hatte, egal, ob Minister, Soldat oder Kutscher, bekam etwas aus seinem schier unerschöpflichen Vorrat an Anekdoten, Witzen und Geschichten zu hören. Als er einmal erfuhr, dass seine Minister gern eine Kabinettssitzung verschieben wollten, weil sie schlecht darauf vorbereitet waren, kommentierte er: „Es ist sehr natürlich, dass sie es verschieben wollen. Vor einigen Wochen waren hier zwei Männer im Gefängnis, denen die Hinrichtung bevorstand, und ihre Freunde waren sehr bestrebt, die Hinrichtung zu verschieben."[16] Um Menschen zu beschreiben, die nicht genug bekommen können, erzählte Lincoln gern: „Das erinnert mich an den Farmer, der behauptet hat: Ich bin nicht gierig nach Land. Ich will nur das, was an mein Land angrenzt.“[17]

Solche Anekdoten und Geschichten dienten Lincoln auf meist humorvolle Art dazu, andere Menschen zu überzeugen, zu inspirieren, zu loben, zu motivieren, aber auch zu kritisieren. In *Game of Thrones* können Sie dieses Talent vor allem bei Tyrion und bei Davos Seewert beobachten.

Tyrions Tipp

Fangen Sie an, Ihre Botschaften in spannenden Geschichten zu verpacken. Damit überzeugen Sie Mitarbeiter und Kunden. Denn gute Geschichten berühren die Menschen emotional, bleiben im Gedächtnis haften und stiften Sinn.

Teil 2: Die Heldenreise – Mutter aller Geschichten

„Nichts auf der Welt ist mächtiger als eine gute Geschichte. Nichts kann sie aufhalten, kein Feind vermag sie zu besiegen."

Tyrion Lennister (8.06)

Das Konzept der Heldenreise

Überzeugende Geschichten leben von Figuren, mit denen wir uns identifizieren können. Das kann eine volkstümliche Sagengestalt wie Robin Hood sein, ein Recke der Mythologie wie Odysseus, Kinocharaktere wie der Boxer Rocky Balboa oder Jedi-Ritter Luke Skywalker, ein Freiheitskämpfer wie Nelson Mandela oder eine junge Heldin wie Arya Stark. Es spielt keine Rolle, ob diese Charaktere wirklich gelebt haben oder fiktiv sind. Entscheidend ist, dass all diese Figuren Aufgaben und Probleme zu lösen haben, Widerstände überwinden müssen, um am Ende erfolgreich zu sein – oder auch zu scheitern. Irgendwann im Laufe ihres Lebens ereilt sie der Ruf des Abenteuers. Es geschieht etwas, was sie drängt oder zwingt, aus ihrem bisherigen Dasein aufzubrechen und sich auf den Weg zu machen. Jeder dieser Charaktere geht auf eine Reise, die nicht nur die Umwelt mehr oder minder stark beeinflusst, sondern vor allem sie oder ihn mental, emotional und bisweilen körperlich weiterentwickelt.

Dieses Konzept wird in der Literatur als Heldenreise bezeichnet. Es geht zurück auf die Analysen des Mythenforschers Joseph Campbell (1904-1987). Bei seinen Reisen zu Naturvölkern stellte er fest, dass diese Menschen sich alle Geschichten erzählten, um voneinander zu lernen. Campbell fiel auf, dass diese Geschichten unabhängig von der jeweiligen Kultur eine typische Abfolge vergleichbarer Situationen hatten und darin immer wieder ähnliche Charaktertypen vorkamen. Möglicherweise ist auch das ein Ergebnis evolutionärer Effizienz unseres Gehirns: Das versucht, Energie zu sparen, indem es nicht alle Eindrücke und Ereignisse gleich gewichtet, sondern auf Prototypen setzt. „Diese dienen danach als Muster, von denen nur noch die Varianten gespeichert werden."[1] Tatsache jedenfalls ist: „Von der Prähistorie bis in die Gegenwart, von den Eskimos in der Arktis bis zu den Beduinen in der Sahara, von den Indios in Südamerika bis zu den Aborigines in Australien beruht jede Heldengeschichte auf der gleichen Struktur", erklärt der Persönlichkeitstrainer Christian Gálvez.[2] Campbell schrieb nun dieses Grundmuster auf und legte damit die Heldenreise frei: das allgemein gültige Muster für Geschichten, die Menschen verstehen und aus denen sie lernen.[3] In seinem Standardwerk „Der Heros in tausend Gestalten"[4] stellt er umfassend dar, dass alle Geschichten, Mythen und Märchen, die seit Jahrtausenden in allen Kulturen auf der Welt erzählt werden, auf dem gleichen Muster basieren.

Und diese archetypische Struktur ist auch das Konstruktionsprinzip großer Kinoerfolge. Für Hollywood hat der Drehbuchtrainer Christopher Vogler das Konzept der Heldenreise adaptiert, indem er die Gedanken Campbells und die Archetypen des Schweizer Psychologen Carl Gustav Jung zusammengefasst und vereinfacht hat.[5] Aus 17 Stationen bei Campbell hat Vogler zwölf gemacht. Die Indiana-Jones-Filme mit Harrison Ford oder die Abenteuer des Kunsthistorikers Robert Langdon (gespielt von Tom Hanks) in den Verfilmungen der Thriller von Dan Brown sind nach Voglers Modell konzipiert. Die Liebeskomödie „Pretty Woman" mit Richard Gere und Julia Roberts, der Science-Fiction-Film „Matrix" sowie die Zeichentrickfilme „Das Dschungelbuch" und „Findet Nemo" folgen diesem Muster. James Cameron nutzte das Prinzip für „Avatar – Aufbruch nach Pandora". George Lucas soll geäußert haben, dass er ohne Joseph Campbells Konzept noch immer am Drehbuch für „Star Wars" schreiben würde.[6] Tatsächlich entspricht die Geschichte von Luke Skywalker dem Bauplan der Heldenreise, ebenso wie die Story von Jyn Erso im Star-Wars-Ableger „Rogue One". Auch die eisige Odyssee von Leonardo di Caprio im oscarprämierten „The Revenant – Der Rückkehrer" ist eine Heldenreise.

Doch genug der Beispiele. Wie sieht denn nun dieses universelle Muster der Heldenreise aus? Die Idee ist ganz einfach: Der Protagonist geht auf eine Reise, an deren Ende er (meist) an den Ausgangspunkt zurückkehrt. Eine Kreisbewegung mit einer Reihe von Stationen, die wie ein fester Fahrplan der Reise zugrunde liegen. Am besten lässt sich dieses Konzept als Bild verdeutlichen:

Die Heldenreise

Das vereinfachte Konzept der Heldenreise nach Vogler

1) Ausgangspunkt der Reise ist die gewohnte Welt des Helden, der Alltag. Dieser ist gefährdet durch äußere Bedrohung oder inneren Mangel, der sich in Langeweile oder Unzufriedenheit äußern kann.

2) Der Held wird zum Abenteuer gerufen – durch ein Ereignis oder einen Auftrag.

3) Diesem Ruf verweigert sich der Held daraufhin zumeist. Er will die gewohnte Welt nicht verlassen, will den Auftrag nicht erfüllen oder ist durch Ereignisse so geschockt, dass ein Aufbruch nicht möglich scheint.

4) Ein Mentor überredet ihn daraufhin, die Reise anzutreten, manchmal ist es auch ein Befehl. Das Abenteuer beginnt.

5) Bald überschreitet der Held die erste Schwelle in die andere Welt mit neuen Regeln. Nun gibt es kein Zurück mehr.

6) Daraufhin wird er auf meist mehrere Bewährungsproben gestellt und trifft dabei auf Feinde und neue Verbündete.

7) Schließlich dringt er bis zur tiefsten Höhle vor, zum gefährlichsten Punkt der Reise. Hier ist der Held oft am Tiefpunkt angelangt, körperlich und mental am Ende, in hoffnungsloser Lage.

8) Dann findet als dramatischer Höhepunkt die entscheidende Prüfung statt: die Konfrontation mit dem meist übermächtig scheinenden Gegner oder ein anderes aussichtloses Unterfangen. Es gelingt dem Helden, verborgene Kräfte zu mobilisieren und den Widersacher zu besiegen; manchmal unterstützt von Helfern oder magischen Werkzeugen.

9) Der Held wird belohnt, indem er z.B. den Schatz oder das „Elixier" (konkret: ein Gegenstand; oder abstrakt: besonderes, neues Wissen) raubt und/oder eine große Bedrohung besiegt und so viele seiner Verbündeten rettet. Manchmal ist auch die Rache des Helden für erlittene Verluste und Schmerzen die Belohnung.

10) Der Held tritt den Rückweg in die gewohnte Welt an. Hier warten weitere Prüfungen.

11) Die Entscheidung für den Rückweg ist nicht selbstverständlich. Manchmal ist der Held so erschöpft, dass es ihn große Überwindung kostet, sich zur Rückreise aufzuraffen. Manchmal ist der Held auch durch Verlockungen der anderen Welt versucht, dort zu bleiben. Und weitere Prüfungen können den Rückweg zur Tortur machen.
Nur, wer diese Hindernisse überwindet, den Verlockungen widersteht, ein Opfer leistet, erlebt die Auferstehung (oder Wiedergeburt) als neuer Mensch, sozusagen als Meister der zwei Welten.

12) Abschließend kehrt der Held mit dem „Elixier" in die Heimatwelt zurück. Durch das Abenteuer ist er zu einer neuen Persönlichkeit gereift. Insofern erlebt der Held den Alltag nun aus einer anderen Perspektive und oft mit höherem Status.

So weit in aller Kürze das Konzept von Vogler auf Basis der Campbell'schen Mythentheorie. Nehmen wir diese zwölf Stationen der Heldenreise jetzt einmal genauer unter die Lupe, indem wir den Fokus wieder auf *Game of Thrones* richten. George R. R. Martin hat sein Werk nämlich nicht nur mit einer, sondern gleich einer Vielzahl von Heldenreisen gespickt. Sie laufen parallel, verknüpfen sich miteinander, trennen sich und kommen manchmal wieder zusammen. Manche Stationen der Heldenreise wiederholen und überlagern sich. Einige Charaktere erleben sogar mehrere Heldenreisen. So beginnt für Daenerys eine verkürzte zweite Heldenreise, nachdem sie mit drei Drachenbabys aus dem Feuer gestiegen ist und eine dritte, als sie nach Drachenstein in die für sie neue Welt kommt. Manchmal gibt es mehrere Mentoren für unsere Helden. So haben Ned Stark, Jeor Mormont, Manke Rayder, Samwell Tarly und Davos Seewert starken Einfluss auf Jon. Auch dieses virtuose Orchestrieren des Heldenreisen-Konzepts ist ein weiteres Moment der faszinierenden Komplexität von *Game of Thrones*. Schauen wir uns also an, wie es sich mit den Heldenreisen in der Serie verhält.

Heldenreisen in Game of Thrones

Wer nicht auf Heldenreise geht

Das entscheidende Merkmal einer Heldenreise ist nicht die äußere, physische Bewegung im Sinne einer Fahrt, Wanderung oder eines Ritts, sondern die innere Entwicklung einer Figur auf eine neue, positive Entwicklungsstufe ihrer Persönlichkeit. Mit diesem Ansatz ist es einfach, einige wichtige Charaktere der Serie auszumustern. Als wir Tywin Lennister erstmals auf dem Bildschirm begegnen, ist er als Persönlichkeit bereits fertig geschmiedet. Er verändert seine Denkmuster und Verhaltensweisen nicht, sondern zieht stur sein Ding durch. Dem Ruf, als Hand des Königs zu dienen, kommt er nur allzu gern nach; Königsmund ist für ihn keine fremde Welt.

Das sieht für Ned Stark ganz anders aus: Er hat überhaupt keine Lust auf den Job der Hand, den König Robert ihm anträgt, und verweigert sich deshalb zuerst. Nur die Nachricht von der mutmaßlichen Ermordung seines alten Mentors Jon Arryn durch die Lennisters lässt Ned die Offerte annehmen – auch, um seinen alten Freund Robert zu beschützen (1.01). Ned erlebt mehrere Konfliktsituationen, dringt in die tiefste Höhle des Inzests von Cersei und Jaime vor, wird aber in der entscheidenden Prüfung von den Lennisters besiegt und später hingerichtet. Doch ist nicht dieser kopflose Ausgang seines Trips nach Königsmund der Grund, warum Ned aus unserer Sicht keine wirkliche Heldenreise macht. Sondern die sture Stabilität seiner Persönlichkeit: Ned bleibt Ned, in allen neun Episoden, die er in Staffel 1 erlebt. Wie Sie im Kapitel „Werte & Vertrauen“ erfahren werden, ist Neds starrer Wertekodex gleichermaßen tugendhaft wie selbstmörderisch.

Betrachten wir einen anderen Sturkopf: Stannis Baratheon. Der Ruf, der ihn ereilt, ist sein Anspruch als legitimer Thronerbe von Robert. Von Zweifel oder gar Weigerung keine Spur: Stannis kennt fortan nur ein Ziel, nämlich, den Thron zu erobern. Dieser Mission opfert er alles, sogar seine eigene Tochter. Dabei hat er mit Melisandre, der Roten Frau, eine mächtige Beraterin. Er muss sich zwar etlichen Konflikten stellen, doch ist dabei keine positive Persönlichkeitsentwicklung zu beobachten. Im Gegenteil: Stannis befindet sich mental und moralisch in einer Abwärtsspirale, die nach der Niederlage in der ersten Schlacht von Winterfell mit seiner Hinrichtung durch Brienne von Tarth ihr Ende findet (5.10).

Eine gleichfalls konsequent abwärts gerichtete Antiheldenreise macht Cersei Lennister. Von Anfang an als intrigantes und rücksichtloses Miststück konzipiert, entwickelt sich ihre Figur zu einer egomanischen und rachsüchtigen Diktatorin, der jedes Mittel Recht ist, um den Thron zu besetzen und zu halten. Sogar Jaime, ihren Zwillingsbruder, Geliebten und Vater ihrer Kinder, opfert sie ihrem Machtanspruch.

Wen können wir noch ausklammern aus dem Heldentourismus? In ihrer Persönlichkeit weitgehend unverändert bleiben folgende wichtige Figuren: Petyr Baelish, Lord Varys, Davos Seewert, Catelyn Stark, der Söldner Bronn, Lord Kommandant Jeor Mormont, Ser Allisar Thorn, Jaqen H'ghar, der Hohe Spatz, Manke Rayder, Roose und Ramsay Bolton, Olenna Tyrell, Tormund Riesentod, Daario Naharis und natürlich Hodor. Sie sind ausgereift, als wir sie kennenlernen, und entwickeln ihre Persönlichkeiten kaum weiter. Für die Statik der Geschichte sind solche Figuren ungemein wichtig: Sie sind ruhende Pole, die ein stabiles Gegengewicht zum volatilen Kurs der sich fortlaufend verändernden Charaktere bilden.

Die Heldenreisegesellschaft

Wer sind nun die reisenden Helden in *Game of Thrones*? Die stärksten Persönlichkeitsentwicklungen verzeichnen wir bei Daenerys, Jon, Sansa, Arya, Bran, Tyrion, Samwell, Theon und beim Bluthund Sandor Clegane. Wir werden jetzt nicht jede einzelne Heldenreise nachzeichnen, sondern konzentrieren uns in den nächsten Abschnitten auf die drei herausragenden Figuren Daenerys, Jon und Tyrion. Die faszinierende innere und äußere Reise von Arya werden wir dann später im Kapitel „Selbstführung & Kompetenz“ untersuchen. Erlauben Sie uns noch eine Vorbemerkung: Die Zuordnung von Ereignissen zu den einzelnen Stationen der Charaktere ist Interpretationssache und insofern höchst subjektiv. Auch wir Autoren haben an etlichen Stellen untereinander und mit Seminarteilnehmern diskutiert und unterschiedliche Ansätze geprüft. Deshalb gilt: Das Modell der Heldenreise ist idealtypisch und lässt sich nicht immer ganz sauber anwenden. Vielleicht kommen Sie an manchen

Stellen zu einer anderen Zuordnung. Das macht aber auch die Herausforderung und den Spaß aus, sich damit zu befassen.

Denjenigen Lesern, die die Serie nur teilweise oder vielleicht gar nicht gesehen haben, wollen wir mit den Heldenreisen der drei wichtigsten Protagonisten die Chance geben, einen Überblick über die Geschichte von *Game of Thrones* aus drei Perspektiven zu bekommen. So können Sie den weiteren Ausführungen leichter folgen und bekommen einen Anreiz, vielleicht doch mit der kompletten Sichtung der Serie zu starten.

Für die Leser, die die Serie gut kennen, ist es sicherlich spannend zu sehen, wie wir die Ereignisse im Leben von Daenerys, Jon und Tyrion in die Phasen des Modells der Heldenreise einsortiert und interpretiert haben. Im Nachgang erläutern wir dann, welchen Nutzen und Mehrwert Sie aus dem Konzept der Heldenreise für sich und andere ziehen können, und zwar sowohl unter dem Aspekt Führung als auch Ihrer persönlichen Entwicklung.

Die Heldenreise von Daenerys Targaryen

Lassen Sie uns mit Daenerys beginnen. Wir machen auf ihrer Heldenreise sogar drei Wiederholungsschleifen aus. Nachdem sie wiedergeboren wurde und bei der zweiten Schleife sogar heimkehrt nach Westeros, setzt sie ihre Reise jeweils wieder mit Bewährungsproben, also auf der sechsten Station, fort.

1) Die gewohnte Welt, der Status Quo

Daenerys ist die Tochter von Aerys II. Targaryen, dem ermordeten irren König von Westeros. Sie wächst im Exil der freien Städte von Essos gemeinsam auf mit ihrem älteren Bruder Viserys, der sich als rechtmäßiger König der Königslande betrachtet. Wegen ihres Thronanspruchs beabsichtigt der amtierende König der Sieben Königslande, Robert Baratheon, die Geschwister töten zu lassen. Die sanftmütige und schüchterne Daenerys steht unter der Obhut und dem Willen ihres cholerischen und selbstsüchtigen Bruders, der den Eisernen Thron von Westeros zurückerobern möchte und vergeblich Verbündete dafür sucht.

2) Ruf des Abenteuers – die Herausforderung für Daenerys

Viserys und ihr Gastgeber Illyrio Mopatis wollen Daenerys mit Khal Drogo, dem Anführer der Dothraki, einem nomadischen Reitervolk, verheiraten. Als Gegenleistung erwartet Viserys die 40.000 Mann starke Armee des Khal, die ihn bei der Rückeroberung von Westeros unterstützen soll. Eine Königin für eine Armee.

3) Verweigerung und Angst vor Veränderung

Daenerys hat Angst vor Khal Drogo. Sie will den wilden Reiterlord nicht ehelichen, doch lässt ihr Bruder ihr keine Wahl, da es sonst keine Chance auf eine Rückkehr in die Heimat gäbe. Für Viserys ist seine Schwester nur ein Mittel zum Zweck, ihm geht es um das Bündnis mit dem Kriegsherrn, der noch nie besiegt wurde.

4) Begegnung mit den Mentoren, welche ihr Wissen, Werkzeuge und Waffen geben

Illyrio Mopatis schenkt ihr zur Hochzeit drei versteinerte Dracheneier, die sie zur Mutter der Drachen machen werden. Daenerys lernt während der Hochzeitszeremonie den verbannten Ritter Ser Jorah Mormont kennen. Als Brautgeschenk übergibt er ihr Bücher über Westeros. Jorah wird für Jahre ihr Mentor, Berater und Beschützer; er unterrichtet sie in der Kultur und den Gebräuchen der Dothraki. Ihre Dienerin Doreah, eine ehemalige Hure, wird ihr als weitere Mentorin die Kunst der körperlichen Liebe beibringen, mit der sie den dominanten Khal für sich gewinnen wird. Die zweite Dienerin Irri bringt ihr die Sprache ihres neuen Volkes bei. Weitere Mentoren im Verlauf der Ereignisse werden Ser Barristan Selmy, Daario Naharis, Tyrion Lennister und Lord Varys.

5) Überschreiten der ersten Schwelle – neue Welt, neue Regeln

Daenerys entwickelt sich zur Khaleesi, zur Königin der Dothraki. Sie lernt schnell und passt sich dem Leben mit Khal Drogo an. Es gelingt ihr, den Khal für sich zu gewinnen durch Mut, Zuneigung und guten Sex. Aus dem schüchternen Mädchen wird eine selbstbewusste Frau, die erkennt, dass ihr Bruder schwach ist und niemals Westeros wird erobern können.

6) Bewährungsproben, Teil 1

Sie macht Drogo stolz, als sie tapfer ein rohes Pferdeherz isst, das ihren ungeborenen Sohn stärken soll. Mehrmals hat sie Streit mit ihrem Bruder, gegen dessen Gewalt sie sich schließlich wehrt. Nachdem Viserys sie mit einem Schwert bedroht hat, schüttet Drogo ihm einen Kessel mit geschmolzenem Gold über den Kopf – und Daenerys schaut ungerührt zu, wie ihr Bruder stirbt. Ein Weinhändler versucht, sie im Auftrag König Roberts zu vergiften und wird von Jorah daran gehindert. Als Daenerys erlebt, wie die Dothraki gefangene Frauen der Lhazareen schänden, greift sie ein und nimmt eine Gruppe der Frauen unter ihre Obhut. Damit verstößt sie gegen die Tradition der Dothraki und provoziert einen Zweikampf, bei dem Drogo von seinem getöteten Gegner verwundet wird. Eine der Frauen, die Heilerin Mirri Maz Duur, rächt sich für den Überfall durch die Dothraki, indem sie Drogos Wunde angeblich behandelt, dabei aber eine schwere Entzündung verursacht.

7) Die tiefste Höhle – zur Erkenntnis

In ihrer Verzweiflung bittet Daenerys die Heilerin, ihre Magie einzusetzen, um Drogo zu retten. Einige Krieger wollen gewaltsam das Blutzauber-Ritual verhindern; dadurch verliert Daenerys ihr ungeborenes Kind. Der Khal überlebt zwar, aber nur im Wachkoma. Das Khalasar, das nur den Starken folgt, löst sich auf. Daenerys erstickt ihren geliebten Drogo, um ihm ein würdeloses Siechtum zu ersparen. Sie hat ihren Mann, ihr ungeborenes Kind und den Großteil ihres Volkes verloren.

8) Die entscheidende Prüfung und die Veränderung

Daenerys widersteht der Versuchung, die Dracheneier teuer für ein gutes Leben zu verkaufen, wie es Jorah vorschlägt. Sie legt diese ins Feuergrab von Khal Drogo und geht selbst in die Flammen.

9) Die Belohnung

Daenerys steigt lebendig und unversehrt aus der Asche, als Mutter von drei lebenden Drachen. Diese Wiedergeburt bestärkt sie in ihrem immer stärker werdenden Glauben, dass sie die rechtmäßige Thronfolgerin ist. Sie repräsentiert die Macht der Drachen und steht damit in der Tradition des Hauses Targaryen. „Blut von meinem Blut“, sagt Ser Jorah und kniet zusammen mit den verbliebenen Dothraki vor ihr nieder. Sie ist ihre neue Führerin. Ihr Ziel ist die Eroberung des Eisernen Throns der Sieben Königslande.

6) Bewährungsproben, Teil 2

Es folgen etliche weitere Prüfungen auf ihrem Weg durch Essos: die Odyssee durch die Rote Wüste; der Diebstahl ihrer Drachen und der Kampf gegen den Hexenmeister Pyat Pree im Haus der Unsterblichen in Qarth; der Verrat von Doreah und Xaro Xhoan Daxos; das Attentat im Hafen von Astapor, das Barristan Selmy vereitelt; die trickreiche und gewaltsame Übernahme der Eunuchen-Armee der Unbefleckten, die Eroberung und Befreiung der Sklaven von Astapor; die Eroberung von Yunkai und die Befreiung der dortigen Sklaven; und schließlich die Eroberung von Meereen, wo sie als Königin regiert. Daenerys erfährt, dass Jorah sie für König Robert ausspioniert hat und verbannt ihren treuen Ritter. Ihre drei Drachen sind immer schwerer zu kontrollieren. Schließlich tötet Drogon ein dreijähriges Mädchen und verschwindet; Daenerys kettet die beiden kleineren Drachen in den Katakomben von Meereen an.

7) Die zweite tiefste Höhle – neue Erkenntnis

Diese Höhle ist diesmal kein singuläres Ereignis, sondern eher eine stetig wachsende Erkenntnis ihrer Herrschaft. Als die Sklavenmeister von Astapor und Yunkai wieder die Macht an sich reißen, stellt sie ihren Plan zurück, nach Westeros zu segeln, um den Eisernen Thron zu erobern. Im Fokus steht nun die dringliche Einsicht, den von ihr befreiten Menschen zu helfen: „Ich werde tun, was Königinnen tun. Ich werde regieren", ist ihre Erkenntnis. Daenerys will die Welt von Unterdrückung befreien, die Eroberin hat sich zur Befreierin entwickelt. Doch ihre Regentschaft provoziert auch den Widerstand der Söhne der Harpyie, der etliche Menschen das Leben kostet, darunter auch Barristan.

8) Die zweite entscheidende Prüfung und die Veränderung

Nachdem Sie der Attacke der Söhne der Harpyie aus der Arena von Danzak dank Drogon entkommen ist und von den Dothraki verschleppt wird, brennt sie den Tempel der Dosh Khaleen mit sämtlichen Khals nieder. Daenerys selbst steigt unversehrt aus der Flammenhölle ...

9) Die zweite Belohnung

... und vereinigt die versammelten Dothraki, die sie als neue Herrscherin anerkennen, zu einem 100.000 Mann starken Khalasar, das ihr treu ergeben ist. Sie hat ihre Invasionsarmee gewonnen. Und ihr verbannter Mentor Jorah ist zum zweiten Mal zurückgekehrt, um ihr das Leben zu retten – doch leidet er an der Grauschuppenkrankheit und muss nun Heilung suchen.

10) Die Rückkehr mit der Belohnung und neue Hindernisse

1.000 Schiffe, 100.000 Mann und drei ausgewachsene Drachen begleiten Daenerys in ihre Heimat, die sie dramatisch verändern möchte. Doch ihre Feinde, allen voran Cersei Lennister, formieren sich.

6) Bewährungsproben, Teil 3

Die Herausforderungen in der für sie neuen Welt von Westeros sind vielfältig. Wie soll sie vorgehen, wie findet sie Verbündete, wem kann sie trauen? Ihre Hand Tyrion und Lord Varys warnen sie davor, die volle Feuerkraft ihrer Drachen einzusetzen, um Kollateralschäden bei der Zivilbevölkerung zu verhindern. Daenerys ist hin- und hergerissen zwischen Nachsicht und einem ausgeprägten Hang zu grausamer Härte. Sie begegnet Jon Schnee, dem König des Nordens, der sein Knie nicht beugen will, aber ihre Hilfe braucht, um gegen eine ominöse Armee von Untoten im hohen Norden zu kämpfen. Daenerys verliebt sich in Jon. Tyrions Pläne zur Eroberung von Casterlystein scheitern, und Euron Graufreud zerstört einen Teil ihrer Flotte und nimmt ihre Verbündeten Asha Graufreud und Ellaria Sand gefangen. Daenerys greift nun mit Drogon in den Krieg ein: Gemeinsam mit der Dothraki-Kavallerie vernichtet sie einen Beutezug der Lennisters und verbrennt Lord Randyll Tarly und seinen Sohn Dickon, weil diese ihr Knie nicht beugen wollen. Der getreue Jorah Mormont kehrt geheilt in ihre Dienste zurück. Sie lässt Jorah und Jon nach Norden ziehen, um einen Zombie zu fangen, der Cersei vorgeführt werden soll, um diese von der wirklichen

Gefahr zu überzeugen. Daenerys fliegt mit ihrer Luftwaffe nach Norden und rettet Jons von Untoten eingeschlossene Expedition, verliert aber den Drachen Viserion an den Nachtkönig – und vermeintlich auch Jon. Doch dieser kehrt zurück, anerkennt sie als Königin und schenkt ihr auch seine Liebe. Daenerys verhandelt mit Cersei, die scheinheilig ihre Unterstützung zusagt. Schließlich kommt es in Winterfell zur großen Schlacht gegen die Armee der Toten. Die Hälfte ihrer Dothraki und Unbefleckten wird getötet, und Ser Jorah stirbt, während er heldenhaft ihr Leben verteidigt.

7) Die dritte tiefste Höhle - mit der letzten Erkenntnis

Daenerys gerät immer tiefer in einen Strudel misstrauischer Einsamkeit. Die Nordländer reagieren kalt und abweisend auf sie, während sie Jon verehren. Dieser erfährt von Samwell, dass er der wahre Thronerbe und Daenerys seine Tante ist und zieht sich deshalb von ihr zurück. Den Thron will er selbst nicht, und er verweigert sich auch ihrem Vorschlag, das Geheimnis seiner Herkunft zu wahren und gemeinsam als Liebespaar zu regieren. Als dann auch noch ihr zweiter Drache Rhaegal von Euron und kurz danach Missandei auf Befehl Cerseis getötet werden, fällt Daenerys in eine Depression. Die Drachenmutter fühlt sich allein gelassen und verraten, denn alle lieben Jon und fürchten sie. Sie verbrennt Lord Varys wegen Hochverrats. Ein letzter Versuch, Jons Liebe zurückzugewinnen, scheitert; er wendet sich ab. Ihre Erkenntnis: Wenn sie nicht geliebt wird, will sie nun mit Angst regieren.

8) Die letzte entscheidende Prüfung und die Metamorphose

Die Strategie für die Schlacht um Königsmund geht auf: Dank der Feuerkraft des letzten Drachens Drogon gelingt es, Eurons Flotte und die Verteidigungsanlagen der Stadt in einer Art Blitzkrieg zu zerstören. Die Glocken läuten, die Stadt kapituliert. In diesem Moment wird Daenerys final zur irren Königin, trifft eine grausame Entscheidung und fackelt mit ihrem Drachen die ganze Stadt mitsamt Tausenden von Menschen ab. Sie ist auf die dunkle Seite der Macht gewechselt.

9) Die Belohnung und neue Hindernisse

Daenerys steht vor dem Eisernen Thron, hat ihr Ziel erreicht, ist aber zur Diktatorin geworden. Zuvor hat sie in einer flammenden Rede ihre Armee darauf eingeschworen, nicht haltzumachen, sondern die alten Herrscherhäuser, darunter auch Winterfell, zu zerstören und so eine freie Welt in ihrem Geiste zu schaffen.

10) Der Rückweg mit entsprechendem Widerstand

Als Jon den Thronsaal betritt, hofft Daenerys, dass nun doch die Liebe siegt und küsst ihn innig, als er ihr sagt, dass sie immer seine Königin bleiben werde. Doch Jon, von Tyrion überzeugt, hat ihren Irrsinn und die Gefahren für die Menschen und vor allem seine Familie erkannt und tötet sie mit einem Stich ins Herz. Drogon rächt sich nicht an Jon, sondern schmilzt den Eisernen Thron ein und fliegt mit Daenerys‘ Leiche davon.

11) Die Wiedergeburt

Nein, es gibt keine dritte Wiedergeburt. Daenerys hat sich auch nicht selbst geopfert. Jon hat seine Liebe geopfert und damit den Weg frei gemacht für eine neue, vielleicht eine bessere Welt – wie sie Daenerys in ihrer ursprünglichen Vision einmal vorschwebte.

12) Heimkehr mit dem Elixier

Daenerys selbst erfährt keine Heimkehr. Das Land ihrer Träume war für sie grau, kalt und abweisend. Aber mit ihrem Tod – und um den furchtbaren Preis vieler Menschenleben in Königsmund – hat sie das Elixier der Freiheit in die alte und neue Welt gebracht. Und mit einem König wie Bran, frei von allen egoistischen Begierden, besteht eine echte Chance auf einen großen gesellschaftspolitischen Wandel und mehr Gerechtigkeit. Damit wäre Daenerys' Leben ein erfülltes, vollendet mit einem großartigen Vermächtnis.

Die Heldenreise von Jon Schnee

Die zweite Heldenreise, die wir unter die Lupe nehmen, ist die von Jon Schnee, der ja der Neffe von Daenerys ist, aber davon bis zur Episode 8.02 keine Ahnung hat – und erst ein paar Tage vor dieser Offenbarung ein Liebesverhältnis mit der attraktiven Targaryen begonnen hat.

1) Die gewohnte Welt, der Status Quo

Jon Schnee gilt als Bastardsohn von Lord Eddard Stark. Er wächst gemeinsam mit Neds ehelichen Kindern Robb, Sansa, Arya, Bran und Rickon in Winterfell, der eindrucksvollen alten Festung der Familie, auf. Als Oberhaupt des Hauses Stark ist Ned der Wächter des Nordens. Jon ist Teil der Familie und wird von Ned mit traditionellen nordischen Ehrbegriffen und Regeln aufgezogen. Wahrhaftigkeit, Mitgefühl und Familie sind ihm wichtig. Ned und seine anderen Kinder lieben ihn, vor allem Arya, doch Neds Gattin Catelyn lehnt Jon ab, da er sie immer an die Untreue ihres Mannes erinnert. So ist Jon zwar immer bei der Familie Stark, aber als Bastard nicht wirklich einer von ihnen. Anstatt darauf rebellisch zu reagieren und sich zu isolieren, entwickelt Jon ein ausgeprägtes Pflichtbewusstsein. Introvertierte Demut und Bescheidenheit sind zwei Charakterzüge, die ihn auszeichnen. Ned prägt ihn sogar stärker als seinen eigenen Sohn Robb. Jon lernt das Handwerk des Kriegers und ist ein exzellenter Schwertkämpfer, was in der Welt von Westeros auch ein starkes Moment von Bestimmung ist. Wie ein Zen-Krieger perfektioniert er diese Fähigkeit, ohne damit je zu kokettieren oder gar zu prahlen, wie zum Beispiel Jaime Lennister.

2) Ruf des Abenteuers – die Herausforderung für Jon

Von einem Deserteur der Nachtwache, den Ned verurteilt und hinrichtet, hört Jon, dass die Weißen Wanderer, jene unheimlichen Eiskreaturen, die Tote zum Leben erwecken können, vielleicht wirklich existieren. Auf dem Rückritt nach Winterfell finden die Starks sechs Schattenwolfwelpen; den Albino davon zieht Jon auf und nennt ihn Geist. Als später Neds Bruder Benjen, der Erste Grenzer der Nachtwache, Winterfell besucht, erfährt Jon, dass er bei der Bruderschaft, die die Eismauer hoch im Norden bewacht, auch als Bastard willkommen sei.

3) Verweigerung und Angst vor Veränderung

Gemeinsam mit Onkel Benjen, Tyrion Lennister sowie seinem Schattenwolf an der Mauer angekommen, muss Jon seine Vorstellung von einer noblen Bruderschaft, welche das Reich vor Wildlingen und Weißen Wanderern beschützt, aufgeben. Ihm wird klar, dass es sich bei der Nachtwache überwiegend um eine Bande von Verbrechern und Ausgestoßenen handelt. Jon ist den anderen Rekruten beim Schwertkampftraining haushoch überlegen, lässt es sie spüren und zieht sich den Zorn der Brüder zu. Erst als Tyrion ihm vor Augen führt, dass die anderen nie eine Kampfausbildung von einem Waffenmeister erhalten haben, verändert Jon seine Haltung, trainiert die anderen Rekruten und beschützt den dicken Neuankömmling Samwell „Sam“ Tarly. Dafür legt Jon sich auch mit dem harten Ausbilder Ser Allisar Thorn an.

4) Begegnung mit den Mentoren, welche ihm Wissen, Werkzeuge und Waffen geben

Jeor Mormont, der alte Lord Kommandant der Nachtwache, wird Jons Mentor. Er ernennt den Jungen zu seinem persönlichen Kämmerer, was Jon zunächst gar nicht behagt, denn er wollte Grenzer werden. Sein neuer Freund Sam macht ihm klar, dass Jeor ihn zu seinem Nachfolger aufbauen will; Sam wird im Laufe der Serie immer mehr zu einem kollegialen Berater von Jon. Dieser wird zum Vertrauten von Jeor, der ihm klar macht, dass er zu folgen lernen müsse, wenn er einmal führen wolle. Zum Dank für die Lebensrettung vor einem Wiedergänger überreicht der Lord Kommandant Jon „Langklaue“, das Familienschwert der Mormonts, das eigentlich Jeors verbanntem Sohn Jorah zugestanden hätte, der aber Schande über die Familie gebracht hat. Dieses Schwert ist aus valyrischem Stahl geschmiedet, welcher die Eigenschaft hat, Weiße Wanderer töten zu können. „Langklaue“ ist also eine magische Waffe. Jeor lehrt Jon, dass der kommende Krieg gegen die Toten wichtiger sei als der Krieg um den Eisernen Thron. Weitere Mentoren bei der Nachtwache sind der greise und weise Maester Aemon und Ser Allisar Thorn, der Jon zwar hasst, ihn aber auch auf die Härten jenseits der Mauer vorbereitet.

5) Überschreiten der ersten Schwelle – neue Welt, neue Regeln

Jon hat den Eid der Nachtwache geleistet und sein Leben damit der Verteidigung der Mauer gewidmet. Er geht mit 300 Brüdern der Nachtwache unter Jeors Führung auf eine Expedition, den Großen Ausmarsch, in das Land nördlich der Mauer. Auf dem Bergfried von Craster beobachtet Jon, wie der Siedler einen neugeborenen Sohn einem Weißen Wanderer opfert.

6) Bewährungsproben, Teil 1

Auf dem langen Weg der Prüfungen wird Jon von Wildlingen gefangen genommen. Der erfahrene Nachtwachenbruder Qhorin Halbhand lässt sich von Jon bewusst im Zweikampf töten, damit dieser als Deserteur von den Wildlingen akzeptiert wird und sie ausspionieren kann. Jon kommt in das große Wildlingslager, sieht erstmals einen Riesen, gewinnt das Vertrauen von Manke Rayder, dem Anführer des Freien Volkes, und die Liebe der Wildlingsfrau Ygritte. Sie veranlasst ihn, sein Keuschheitsgelübde als Bruder der Nachtwache zu brechen. Gemeinsam mit Mankes Vertrautem Tormund Riesentod und einer kleinen Truppe von Wildlingen erklimmen Jon und Ygritte die Mauer und dringen in den Süden ein. Er hintergeht und verlässt Ygritte, um zur Nachtwache zurückzukehren. In der Schwarzen Festung wird er von Allisar Thorn beschuldigt, seinen Eid gebrochen zu haben, doch Maester Aemon glaubt seinen Berichten über Riesen und einen Wildlingstreck von 100.000 Menschen auf dem Weg zur Mauer. Zwei Überlebende der Expedition, Grenn und Eddison Tollett, kehren zurück und bestätigen Jons Berichte. Allisar genehmigt Jon eine Strafexpedition zu Crasters Bergfried, um Jeors Ermordung zu rächen und die Deserteure zu töten, bevor sie brisante Informationen an die Wildlinge preisgeben können. Nach Rückkehr der Expedition greift Manke mit der gesamten Wildlingsarmee die Mauer von Norden aus an, während der Trupp, mit dem Jon die Mauer erklommen hat, die Schwarze Festung angreift. Die Nachtwache kann den Angriff unter großen Verlusten abwehren. In diesem Kampf stirbt Jons Geliebte Ygritte durch einen Pfeil in den Rücken, als sie Jon gegenübersteht. Jon weiß, dass die Nachtwache keinen weiteren Angriff überstehen wird, und geht als Unterhändler zu den Wildlingen, um Manke zu töten. Bevor es dazu kommt, greift Stannis Baratheons Armee an und besiegt die Wildlinge. Da Manke weder das Knie beugen noch seine Männer für Stannis‘ Krieg zur Verfügung stellen will, verurteilt Stannis ihn zum Tod auf dem Scheiterhaufen. Mit einem Pfeil ins Herz erspart Jon Manke, den er sehr schätzt und der ihm ein Mentor geworden ist, die Feuerqualen. Jon wird auf Vorschlag von Sam und mit der entscheidenden Stimme von Maester Aemon zum 998. Lord Kommandanten der Nachtwache gewählt; er selbst hat diesen Führungsjob nicht angestrebt. Jon ernennt Allisar überraschend zum Ersten

Grenzer und richtet Janos Slynt, den ehemaligen Kommandanten der Stadtwache von Königsmund, hin, als dieser sich seinem Befehl widersetzt. Konsequent lehnt er anschließend auch Stannis' Angebot ab, ihn zum Lord von Winterfell zu ernennen. Stannis und vor allem seine Hand Davos Seewert sind weitere Mentoren für Jon.

7) Die Tiefste Höhle – zur Erkenntnis

Jon hat Weiße Wanderer und Wiedergänger mit eigenen Augen gesehen und kennt die Berichte von Sam, Edd, Grenn und den Wildlingen. Er erkennt die wirkliche Bedrohung für die Menschheit und interpretiert die Eidformel der Nachtwache neu. Die Reiche der Menschen zu schützen, so seine Erkenntnis, schließe das Freie Volk mit ein. Er definiert seine Mission als Lord Kommandant neu, es geht um Rettung der Menschheit gegen die Armee der Untoten. Der erste Schritt dazu ist, die Wildlinge aus dem Norden hinter die Mauer in den Süden zu holen, damit sie nicht als lebende Tote die Armee des Nachtkönigs stärken. Da die Wildlinge seit Jahrhunderten als Feinde der Nachtwache gelten, ist dieser Schritt ein Bruch aller Regeln. Jon ist sich dessen bewusst und konsultiert Meister Aemon, der ihm rät, zu tun, was getan werden müsse, denn der Winter rücke immer näher.

8) Die entscheidende Prüfung und die Veränderung

Jon trifft die Entscheidung und überlässt Allisar Thorn die Führung der Nachtwache. Mit dem gefangenen Tormund verbündet er sich und zieht nach Norden, um in Hartheim die Wildlinge zu überzeugen, gemeinsam gegen die Armee der Untoten zu kämpfen. Dafür verspricht Jon ihnen Siedlungsland südlich der Mauer. Die Wildlinge misstrauen Jon, glauben aber Tormund – und schließlich stimmen die meisten dem Plan zu. Tausende sterben, als während der Einschiffung im Hafen von Hartheim die Armee des Nachtkönigs angreift. Die Überlebenden passieren die Mauer, sehr zum Unwillen von Allisar, der meint, dass Jons gutes Herz sie alle umbringen werde. Kurz darauf wird Jon von Allisar und seinen Anhängern mit mehreren Dolchstößen ermordet.

9) Die ultimative Belohnung – die immaterielle Gabe

Jon wird von Davos gefunden und durch die Rote Priesterin Melisandre wieder zum Leben erweckt. Der „Heilige Jon" ist auferstanden, und manche seiner Männer halten ihn für ein gottgleiches Wesen. Der Junge ist tot, der Mann lebt. So wird durch Tod und Wiederauferstehung eine veränderte Persönlichkeit symbolisiert – ähnlich wie bei Daenerys durch ihre beiden Feuertode. Jon verurteilt und exekutiert die Meuterer, unter ihnen Allisar Thorn. Dann macht er seinen Freund Edd zum 999. Lord Kommandanten der Nachtwache und quittiert den Dienst mit den Worten „Meine Wache ist zu Ende". Jon ist für die Nachtwache gestorben und betrachtet damit seinen lebenslangen Eid als erfüllt. Er ist des Kämpfens müde und auf der Suche nach einem neuen Lebenssinn.

6) Bewährungsproben, Teil 2

Da klopft seine Schwester Sansa in der Begleitung von Brienne von Tarth und ihrem Knappen Podrick Payn an das Tor der Schwarzen Festung – und startet die zweite Schleife von Jons Heldenreise. Sansa will mit seiner Hilfe den Norden zurückerobern und Winterfell von ihrem Peiniger Ramsay Bolton befreien. Doch Jon will nicht mehr kämpfen. Sansa versucht, ihn mit einem Appell an die Werte ihres Vaters zu motivieren, damit er gegen das personifizierte Böse, Ramsay, und für die Freiheit des Nordens kämpft. Jon ändert schließlich seine Meinung, als eine Nachricht von Ramsay eintrifft, in der er seine Ehefrau Sansa zurückfordert und droht, ansonsten den gefangenen jüngsten Stark-Sohn Rickon und jeden Wildling südlich der Mauer zu töten. Allerdings stehen Jon und Sansa lediglich 2.000 Mann zur Verfügung, wohingegen Ramsay über eine Armee von 5.000 Mann verfügt. Gemeinsam mit Davos, Melisandre, Brienne und Tormund schmieden sie einen Plan, um Winterfell zu erobern. Doch Verbündete sind rar. Tormund kann die Wildlinge bewegen mitzukämpfen, und Lyanna Mormont stellt dank Davos' rhetorischem Geschick 62 Mann; Haus Glauer schließt sich nicht an, die mächtigen Umbers und Karstarks stehen auf Ramsays Seite.

7) Die zweite tiefste Höhle – neue Erkenntnis

Jon realisiert, warum er wirklich die Welt vor den Weißen Wanderern retten will: Es geht um seine Kernwerte, es geht um Freiheit, Familie und Mitgefühl. Tief in ihm arbeitet der Wertekodex von Ned Stark, der ihn als Ziehvater und wichtigster Mentor geprägt hat. Jetzt geht es ihm darum, Rickon zu retten, auch wenn Sansa glaubt, dass ihr kleiner Bruder ohnehin verloren sei. Für Jon ist die Rettung der Menschheit persönlich geworden.

Bei einem Treffen am Vortag der Schlacht fordert Jon Ramsay zum Zweikampf auf, um den Krieg auf alte Weise und ohne weitere Opfer zu beenden. Doch Ramsay weiß um Jons Schwertkünste und schluckt den Köder nicht. Schnell erkennt er, wie er Jon manipulieren kann: mit der Familie.

8) Die zweite entscheidende Prüfung und die Veränderung

Am Tag der Schlacht spielt Ramsay ein perfides Spiel mit Jon. Die Armeen stehen sich gegenüber, Ramsay lässt Rickon frei und auf Jon zulaufen, beginnt dann aber, mit Pfeilen auf den Jungen zu schießen. Jon verliert die Nerven, wirft alle sorgsam abgestimmten Schlachtpläne über den Haufen und galoppiert auf Rickon zu, der trotzdem von einem Pfeil getötet wird. Nun steht Jon allein in der Mitte des Schlachtfelds, während die Bolton-Soldaten ihn angreifen. Um ihren Kommandeur zu retten, stürmt auch Jons zahlenmäßig weit unterlegene Armee los. Ramsay hat sein Ziel erreicht, seine Armee kesselt die Truppen der Starks schnell ein und tötet Mann um Mann. Jon geht in einem rasch wachsenden Leichenberg seiner Kameraden unter, droht von den Gefallenen zerquetscht zu werden. Im letzten Moment eilt Sansa mit den Rittern vom Grünen Tal zur Hilfe, wendet die Schlacht und rettet auch Jons Leben. Damit schützt die älteste Stark-Tochter sowohl ihre Heimat Winterfell als auch Jon und seine weitere Mission, die Menschheit vor dem Nachtkönig zu bewahren. Jon überwältigt Ramsay im Hof von Winterfell. Sansa triumphiert und lässt ihren Peiniger von seinen eigenen Hunden töten, mit denen Ramsay so oft andere brutal zerfetzt hat.

9) Die ultimative zweite Belohnung

Der gerettete, symbolisch ein zweites Mal wiederauferstandene Jon verändert sich nach dieser dramatischen Erfahrung: Er wird nie wieder seinen Kopf verlieren. Bei allem, was er fortan tut, fokussiert er sich auf seine Mission, die Menschheit zu retten und wahrhaftig zu bleiben. Dieser Auftrag hat im Zweifel Vorrang vor persönlichen Wünschen und der Liebe. Was ihn bislang in der Schwertkampfkunst ausgezeichnet hat, eine ins sich ruhende Zen-Haltung, ist jetzt ein Teil seiner mentalen Stärke.

10) Die Rückkehr mit der Belohnung und neuen Hindernissen

Nach der Schlacht wird Jon mit starker Fürsprache der jungen Lyanna Mormont von den anwesenden Lords zum König des Nordens ausgerufen. Er tritt in die Fußstapfen seines Ziehvaters Ned. Wiederum hat Jon sich nicht um die Aufgabe beworben, sondern die Menschen vertrauen ihm wegen seiner Persönlichkeit, seiner Taten und seines Mutes. Als „Der Weiße Wolf" trägt er fortan seine Mission in die Welt und macht jedem klar, wie groß die Bedrohung durch den Nachtkönig wirklich ist. Dagegen ist der Kampf um den Eisernen Thron unbedeutend.

6) Bewährungsproben, Teil 3

Nach seiner Krönung beginnt die dritte Schleife seiner Heldenreise. Jon stellt sicher, dass sich seine Gefolgsleute auf den Kampf mit den Untoten vorbereiten und dass Drachenglas, welches die Weißen Wanderer töten kann, gesammelt wird. Tormund wird mit seinen Wildlingen nach Ostwacht geschickt, da Jon dort den Angriff des Nachtkönigs erwartet. Mit Sansa kommt es offen zu Differenzen bezüglich der Vorgehensweise; geschickt geschürt werden diese von Petyr „Kleinfinger" Baelish. Von Tyrion Lennister, der Hand der Drachenkönigin, erhält Jon eine Einladung nach Drachenstein, um sich Daenerys anzuschließen im Kampf gegen Cersei. Gleichzeitig erhält er einen Brief von seinem Freund Samwell Tarly, den er zum Studieren an die Zitadelle von Altsass geschickt hat. Sam weist daraufhin, dass es in Drachenstein große Mengen an Drachenglas geben soll. Zudem erachtet sein neuer Berater und Mentor Davos Seewert die Feuerkraft der Drachen als hilfreich im Kampf gegen den Nachtkönig. Also beschließt Jon, Tyrions Einladung anzunehmen – gegen den Widerstand von Sansa, Lady Mormont und einiger Lords. Jon überlässt Sansa die Regierungsgeschäfte und warnt Petyr davor, sich seiner Ziehschwester zu nähern. Kleinfinger wird später von Sansa und der in Winterfell eingetroffenen Arya des Verrats überführt und hingerichtet. Jon reist mit Davos nach Drachenstein und lernt die Drachenkönigin kennen. Hier überschneiden sich erstmals beider Heldenreisen. Jon weigert sich, vor ihr sein Knie zu beugen, und versucht, ihr zu vermitteln, wie unwichtig es angesichts der Bedrohung durch den Nachtkönig sei, wer auf dem Eisernen Thron säße. Er bittet sie um Erlaubnis, Drachenglas abbauen zu dürfen für den Kampf gegen die Weißen Wanderer. Sie glaubt ihm nicht, aber dank Tyrions Empfehlung lässt sie Jon gewähren. Erst nach und nach wächst mehr Vertrauen zwischen der Drachenkönigin und dem König des Nordens. Jon kann sich zum Erstaunen von Daenerys ihrem Drachen Drogon nähern und ihn streicheln. Durch eine Rabenbotschaft erfährt Jon, dass Arya und auch ihr Bruder Bran nach Winterfell zurückgekehrt sind.

Tyrion schmiedet einen Plan, um seine Schwester Cersei zum gemeinsamen Kampf gegen die Untoten zu bewegen: Einer der Zombies soll gefangen und zur Königin nach Königsmund gebracht werden. Jon will die Expedition leiten. Der genesene Jorah Mormont schließt sich ihm an; Jon will ihm „Langklaue" übergeben, doch Jorah lehnt dies ab, da er das Schwert seines Vaters nicht verdiene. Weitere Mitglieder der Expedition sind König Robert Baratheons Bastard Gendry, Tormund sowie Sandor Clegane, Beric Dondarrion und Thoros von Myr. Diese glorreichen Sieben fangen einen Wiedergänger, der mit seinem Geschrei die anderen Zombies alarmiert. Jon schickt Gendry nach Ostwacht, um Hilfe zu holen. Der restliche Kommandotrupp wird auf einer kleinen Insel von Hunderten von Untoten eingekesselt. Thoros, der Mann mit dem Flammenschwert, erliegt seinen Verletzungen. Die Lage scheint hoffnungslos, die Zombies greifen an, als Daenerys mit ihrer Luftwaffe erscheint. Sie fliegt Jorah, Tormund, Sandor, Beric und den gefesselten Wiedergänger aus, verliert aber den Drachen Viserion, der vom Nachtkönig mit einem Eisspeer getroffen wird. Jon bricht im Eis ein und wird schließlich von seinem verschollenen Onkel Benjen gerettet, der sich dabei opfert. Völlig entkräftet erreicht Jon die Mauer. Er anerkennt Daenerys als Königin und beugt das Knie; zugleich wird die gemeinsame Zuneigung immer offensichtlicher.

In der Drachengrube von Königsmund präsentieren die Alliierten Cersei und ihrem Clan den Wiedergänger. Das scheint Cersei von der Gefahr zu überzeugen. Sie stimmt einer Waffenruhe zu, allerdings nur unter der Bedingung, dass Jon sich keiner Seite verpflichtet. Das lehnt er aus Ehrgefühl ab, weil er bereits Daenerys die Treue geschworen habe. Die Verhandlungen drohen zu scheitern, doch Tyrion überzeugt seine Schwester scheinbar. In Wirklichkeit aber hofft sie, dass die Alliierten sich im Kampf im Norden aufreiben, und plant mit Euron Graufreud, heimlich die Goldene Kompanie gegen Daenerys in Stellung zu bringen. Auf der Schiffsreise nach Norden schlafen Jon und Daenerys miteinander. Schließlich erreichen sie mit der Armee der Unbefleckten Winterfell unter den misstrauischen Blicken der Nordmänner. Seine Gefolgsleute werfen Jon vor, das Knie vor der Drachenkönigin gebeugt zu haben. Jon hält dagegen, dass er anders den Norden nicht hätte beschützen können. Es gibt ein emotionales Wiedersehen mit Arya, und Jon muss zwischen Daenerys und Sansa vermitteln. Danach hat er seine erste Flugstunde auf dem Drachen Rhaegal; an einem Wasserfall erlebt er letzte romantische Momente mit Daenerys.

Anschließend eröffnet ihm Sam, dass er nicht der Bastard Jon Schnee, sondern Aegon Targaeryen ist, ehelicher Sohn von Lyanna Stark und Prinz Rhaegar Targaryen, und damit der rechtmäßige Erbe des Eisernen Throns. Jon ist erst ungläubig, dann wütend auf Eddard Stark, doch Sam erklärt ihm, dass Ned nur sein Versprechen seiner Schwester gegenüber gehalten und Jon vor König Roberts Rache geschützt habe.

Die Armee der Untoten rückt an. Von Bran erfahren die Verbündeten, dass dieser das eigentliche Ziel des Nachtkönigs sei, weil er das lebende Gedächtnis der Menschheit ist. So schmieden die Alliierten einen Schlachtplan, der Bran als Lockvogel vorsieht. Jon und Daenerys werden auf den beiden Drachen auf den Nachtkönig warten, während sich die vereinte Armee der Nordmänner, Wildlinge, Unbefleckten und Dothraki in und vor der Burg positioniert. In der Krypta berichtet Jon seiner Königin die Wahrheit über seine Herkunft.

Kurz darauf findet die Schlacht um Winterfell statt und kann final nur auf Kosten vieler Menschenleben, darunter Jorah und Lyanna Mormont, Theon Graufreud, Beric Dondarrion und Eddison Tollett, und dank der Kampfkunst von Arya gewonnen werden, die den Nachtkönig mit einem Dolch aus valyrischem Stahl den Garaus macht: Er und seine gesamte Armee zerspringen wie Glas und fallen auseinander. Daenerys bittet Jon nach der Schlacht, sein Geheimnis niemandem zu offenbaren. Sie will als Königin mit ihm an ihrer Seite regieren. Doch Jons Treue zu seiner alten Familie ist größer, er offenbart sich Sansa und Arya, die Daenerys misstrauen. Sansa wiederum plaudert das Geheimnis bei Tyrion aus.

7) Die dritte Tiefste Höhle - mit der letzten Erkenntnis

Die Schlacht um Königsmund steht bevor. Jon beobachtet, dass der Verlust ihres Drachens Rhaegal, von Jorah und ihrer engen Beraterin Missandei Daenerys extrem getroffen hat. Dass Jon sich der Liebesbeziehung mit seiner Tante verweigert, stürzt sie in Depressionen; sie fühlt sich ungeliebt und von ihm verraten, zumal er das Geheimnis seiner Abstammung seinen Schwestern offenbart hat. Ihn interessiert sein Thronanspruch nicht. Er spürt die Veränderung in seiner Königin, und das bereitet ihm große Sorgen. Doch sein Wertekodex erlaubt ihm nicht, mit einer Lüge zu leben, auch nicht für seine zweite große Liebe Daenerys.

8) Die letzte entscheidende Prüfung und die Metamorphose

Die Strategie für die Schlacht um Königsmund geht auf: Dank der Feuerkraft des letzten Drachens Drogon gelingt es Daenerys, Eurons Flotte und die Verteidigungsanlagen der Stadt in einer Art Blitzkrieg zu zerstören. Die Glocken läuten, die Stadt kapituliert, eigentlich ist das Sterben vorbei. In diesem Moment muss Jon tatenlos zusehen, wie seine geliebte Daenerys final zur irren Königin wird. Sie trifft eine grausame Entscheidung und fackelt mit ihrem Drachen die ganze Stadt mitsamt Tausenden von Menschen ab. Seine Königin ist auf die dunkle Seite der Macht gewechselt. Viele ihrer Soldaten laufen dadurch aufgestachelt Amok, schänden und töten wahllos unschuldige Zivilisten. Jon versucht, seine Männer zurückzuhalten, jedoch ohne Erfolg. Er kann auch Grauer Wurm, den Kommandeur der Unbefleckten, nicht daran hindern, gefangene Soldaten der Lennister auf der Straße hinzurichten.

Wie betäubt schreitet Jon die Treppe zum Roten Bergfried hinauf, wo Daenerys erscheint und sich bei ihren Soldaten bedankt und diese für weitere Schlachten bis zum Endsieg begeistert. Jon muss zusehen, wie Tyrion verhaftet wird, nachdem er wütend den Dienst als Hand der Königin quittiert hat. Daenerys sieht Jon emotionslos an und geht weg. Arya taucht plötzlich auf und warnt Jon davor, dass Sansa nie das Knie vor dieser Königin beugen werde. In seiner Zelle versucht Tyrion, Jon davon zu überzeugen Daenerys zu stoppen, damit sie ihren Amoklauf nicht fortsetzen kann: „Sie tötet jeden, der sich ihr in den Weg stellt!" Jon jedoch ist verzweifelt, ratlos und nicht bereit, seine Königin zu töten. „Die Liebe ist der Tod der Pflicht", zitiert er Maester Aemon. Da dreht Tyrion die Worte um: „Manchmal ist die Pflicht der Tod der Liebe." Dann findet Tyrion, wie weiland Ramsay, den richtigen Trigger für Jon, seine Familie: „Glaubt Ihr, Eure Schwestern werden das Knie beugen?"

9) Die Belohnung und eine neue große Herausforderung

Jons „Belohnung" als Ergebnis des Gesprächs mit Tyrion ist ein Bewusstseinszustand völliger Klarheit. Er weiß genau, was er zu tun hat. Es gibt keine Zweifel, er sieht seine Aufgabe klar vor sich. Er tut, was er tun muss. Als Jon schließlich mit Daenerys allein vor dem Eisernen Thron steht, bestätigt er ihr noch einmal, dass sie immer seine Königin sein werde. Sie umarmen und küssen sich, dabei tötet er sie so, wie er selbst schon einmal ermordet wurde, mit einem Dolchstoß ins Herz. Er fängt sie auf, und Daenerys stirbt in seinen Armen wie einst auch Ygritte. In Erwartung seines sicheren Flammentodes durch Drogon, beobachtet er, wie der letzte Drache versucht, Daenerys aufzuwecken. Als ihm das nicht gelingt, vernichtet der Drache mit seinen Feuerstößen nicht Jon, sondern den Eisernen Thron und fliegt mit der Leiche seiner Mutter davon.

11) Die Wiedergeburt

Im Gegensatz zu Daenerys gibt es für Jon eine Wiedergeburt. Er erwartet die Todesstrafe für seine Tat, doch einigen sich die Lords und Ladys von Westeros und Grauer Wurm als Kommandeur der Invasionsarmee schließlich auf lebenslange Verbannung: Jon muss wieder zur Nachtwache zurückkehren.

12) Heimkehr

So erlebt Jon eine Heimkehr. Er darf zurück, wohin ihn der Ruf des Abenteuers am Anfang seiner Heldenreise geführt hat. Dorthin, wo er hingehört, wie Tormund einmal sagte. Diesen alten Freund trifft er an der Mauer wieder, zusammen mit Geist, seinem Schattenwolf. Die letzten Bilder der Serie zeigen, wie Jon, Tormund, Geist und das Freie Volk durch den Tunnel der Mauer kommen und gemeinsam in den Norden ziehen. Einen kurzen Moment lang sehen wir mitten im schmelzenden Schnee eine kleine grüne Pflanze sprießen. Ein Symbol für eine hoffnungsvolle Zukunft? Jon jedenfalls sieht zufrieden, ja vielleicht sogar glücklich aus.

Die Heldenreise von Tyrion Lennister

1) Die gewohnte Welt, der Status Quo

Gehen Sie nun mit auf die Heldenreise des letzten der drei zentralen Charaktere von *Game of Thrones*: Tyrion ist jüngste Sohn von Tywin Lennister, dem wahrscheinlich mächtigsten Lord der Sieben Königslande, und der Bruder der Zwillinge Cersei und Jaime. Er ist kleinwüchsig und hat kein gutes Verhältnis zu seinem Vater, welcher ihm die Schuld für den Tod seiner Mutter gibt und ihn noch am Tag seiner Geburt ins Meer werfen wollte. Ungeachtet ihrer Differenzen genießt Tyrion dennoch die Privilegien, Spross einer reichen und mächtigen Familie zu sein. Er und Jaime haben ein brüderliches Verhältnis zueinander; der Ritter der Königsgarde beschützt Tyrion, wenn erforderlich. Das Verhältnis zu seiner Schwester Cersei ist dagegen von gegenseitigem Hass geprägt, denn auch sie gibt ihrem Bruder die Schuld am Tod ihrer Mutter. Tyrion weiß vom inzestuösen Verhältnis seiner Geschwister und dass Cerseis drei Kinder nicht von ihrem Ehemann, König Robert, sondern von Jaime stammen. Als Reaktion auf seine soziale Ausgrenzung in der Familie hat er eine Schwäche für Prostituierte und Trinkgelage entwickelt; er ist jedoch auch gebildet, intelligent und schlagfertig. Seine Waffen sind Worte, er schützt sich durch Sarkasmus und schwarzen Humor. Zugleich ist er Menschen gegenüber, die ihm wohlgesonnen sind, freundlich zugewandt und hilfsbereit.

2) Ruf des Abenteuers - Herausforderungen für Tyrion

Tyrions Abenteuer beginnt mit einer Reise aus Königsmund in den Norden. Er begleitet den Tross des Königs, der seinen alten Kampfgefährten Ned Stark zur Hand des Königs ernennen will. Er nutzt den Abstecher in die nördliche Provinz und begleitet Jon Schnee zur Mauer, von der er unbedingt mal pinkeln möchte. Der Bastard und der Zwerg kennen beide das Gefühl von Ausgrenzung, das schweißt sie zusammen. Tyrion gibt Jon Tipps, wie er besser mit den Nachtwachenbrüdern zurechtkommen kann. Zurück in Winterfell übergibt Tyrion seinen Entwurf eines Spezialsattels für Bran Stark, der beinabwärts gelähmt ist, weil Jaime ihn vom Turm gestoßen hat, nachdem der Junge ihn und Cersei beim Liebesspiel ertappt hatte. Tyrion, der Zwerg, hat ein Herz für Krüppel, Bastarde und Zerbrochenes. Auf der Rückreise nach Königsmund wird er von Catelyn Stark gefangengenommen; sie beschuldigt ihn fälschlicherweise des versuchten Mordes an Bran und will ihn für einen Prozess zu ihrer Schwester Lysa Arryn nach Hohenehr im Grünen Tal mitnehmen. Auf dem Weg dorthin wird der Trupp von Angehörigen der Bergstämme angegriffen. Tyrion rettet Catelyn das Leben und tötet seinen ersten Mann. Durch seine Redegewandtheit führt er auf Hohenehr ein Götterurteil durch Zweikampf herbei, das der Söldner und zukünftige Gefährte Bronn für ihn gewinnt. Auf den Weg in die Freiheit werden beide erneut von Felsenkrähen eingekreist, doch Tyrion verspricht ihnen reiche Belohnung und überzeugt sie, für die Lennisters zu kämpfen. Tyrion wird von Tywin mit seinen neuen Verbündeten in die Schlacht gegen die Starks geschickt und überlebt. In der Nacht vor der Schlacht führt Bronn ihm die geheimnisvolle und attraktive Hure Shae zu, die zur Liebe seines Lebens wird. Schließlich wird er von seinem Vater beauftragt, an dessen Statt als Hand zu regieren und den neuen König Joffrey zur Räson zu bringen.

3) Verweigerung und Angst vor Veränderung

Von Verweigerung keine Spur bei Tyrion. Er hat kaum Gelegenheit, sich den ständig neuen Herausforderungen zu verweigern, sondern er muss einfach reagieren und sich geschickt anpassen, um zu überleben. So führt eine Reise manchmal zu unverhofften Ereignissen.

4) Begegnung mit den Mentoren, welche ihm Wissen, Werkzeuge und Waffen geben

Obwohl er ein miserables Verhältnis zu seinem Vater hat, prägt der Machtmensch Tywin mit seinem taktischen Geschick und kaltblütigen Handeln Tyrion. Unterstützung erhält Tyrion von Lord Varys, dem Geheimdienstchef, der sein Potenzial erkennt und wertschätzt, ferner von Bronn, der als Leibwächter die körperliche Schwäche von Tyrion ausgleicht, und natürlich von Shae, die er entgegen dem Befehl seines Vaters heimlich mit nach Königsmund genommen hat.

5) Überschreiten der ersten Schwelle – neue Welt, neue Regeln

Tyrion übernimmt die Aufgabe als Hand des Königs mit großer Ernsthaftigkeit und entwickelt Freude an seiner neuen Rolle und leistet gute Arbeit. Er lernt schnell, weiß seine neue Autorität gut einzusetzen und agiert clever in der Schlangengrube am Königshof.

6) Bewährungsproben, Teil 1

Er trennt sich im kleinen Rat von Cerseis Lakai Maester Pycelle, schickt ihren Getreuen Janos Slynt, den Kommandanten der Stadtwache, an die Mauer und ersetzt diesen mit seinem Retter Bronn. Er schützt Sansa Stark vor den öffentlichen Demütigungen durch ihren zukünftigen Gemahl König Joffrey, den er auch mehrfach maßregelt. Die Rivalität mit Cersei eskaliert. Ohnehin ist sie brüskiert durch Tyrions neue Machtposition, doch als er ihre Tochter Myrcella nach Dorne schickt, um das Haus Martell enger an die Krone zu binden, schwört die Königsmutter Rache.

Tyrion bereitet gemeinsam mit Bronn die Verteidigung von Königsmund gegen Stannis Baratheon vor, der sich als wahrer Thronerbe von Robert Baratheon sieht und Joffrey nicht anerkennt. Tyrion mobilisiert die Stadt und stößt dabei auf die Vorräte der Pyromantiker, Unmengen an Seefeuer, mit dem er einen großen Teil von Stannis' anrückender Flotte zerstört. Trotzdem greift Stannis die Mauern der Stadt an. Tyrion hat inzwischen seinen feigen Neffen König Joffrey als Heerführer ersetzt und die verbliebenen Kämpfer mit einer starken Rede für einen Gegenschlag motivieren können: „Tapfere Männer klopfen da gerade an unsere Tür. Gehen wir sie umbringen!“ Im Kampfgetümmel wird er von einem Ritter der Königsgarde schwer verwundet. Dieser wurde von Joffrey beauftragt, in der Schlacht unauffällig den lästigen Onkel zu töten. Sein Knappe Podrick Payn rettet ihm das Leben. Tywin, der ein Bündnis mit dem Haus Tyrell geschlossen hat, kommt mit seiner Armee noch rechtzeitig und inszeniert sich gekonnt als Retter von Königsmund.

7) Die Tiefste Höhle – zur Erkenntnis

Tyrion braucht Zeit, um sich von den Verwundungen zu erholen. Inzwischen hat Tywin sich als der Sieger der Schlacht am Schwarzwasser feiern lassen und die Aufgabe als Hand des Königs selbst übernommen. Auch Bronn hat er seines Amtes enthoben und die Kämpfer der Bergstämme heimgeschickt. Für seine Leistungen als Hand und seinen mutigen Einsatz bei der Verteidigung von Königsmund erwartet Tyrion eine Belohnung. Er fordert den Familienstammsitz Casterlystein als rechtmäßiges Erbe, doch Tywin reagiert empört auf die Ansprüche seines Sohnes. Als Tyrion nach dem Grund fragt, antwortet sein Vater noch wütender. Er hätte seine eigene Mutter bei der Geburt getötet, er sei eine kranke, gehässige, kleine Kreatur voll von Neid, Lust und Durchtriebenheit und doch dürfe Tyrion seinen Namen und sein Banner tragen, da Twyn nicht beweisen könne, dass er nicht sein Sohn sei. Die Götter hätten ihn verflucht, indem sie ihn zusehen ließen, wie sein Sohn herumwatschele und dabei das Wappen des stolzen Löwen trage. Kein Mensch und kein einziger Gott könnten ihn dazu bringen, Tyrion Casterlystein zu geben, damit er es in ein Hurenhaus verwandele. Die Schimpftirade endet mit „[...] die nächste Hure, die ich deinem Bett finde, hänge ich auf." Tyrions Hoffnung auf Anerkennung durch seinen Vater ist verflogen. Er begreift, dass es völlig egal ist, was er leistet, sein Vater wird ihn nie respektieren. Doch unabhängig davon erkennt Tyrion, dass er als Hand umsichtig und erfolgreich gehandelt hat – eine wichtige Erfahrung für die Zukunft.

8) Die entscheidende Prüfung und die Veränderung

Unerwartet wird Tyrion zu einem Treffen des Kleinen Rats eingeladen und bekommt von seinem Vater die Aufgaben von Petyr Baelish als Meister der Münze zugewiesen. Nachdem Joffrey inzwischen die Verlobung mit Sansa gelöst hat und Margaery Tyrell heiraten wird, weist Tywin außerdem seinen Sohn an, Sansa zu ehelichen. Auf diese Weise hofft Tywin, nach dem Tod von Robb Stark Winterfell und damit den Norden zu sichern.

Joffrey nutzt Tyrions Hochzeit, um ihn zu demütigen. Tyrion ist unglücklich, da er Shae liebt und Sansa nicht verletzen will. Um seine Geliebte vor Tywin und Cersei zu schützen, trennt er sich schweren Herzens von ihr und will sie nach Pentos schicken; dabei ist er nicht in der Lage, ihr seine wahren Motive zu offenbaren. Verständnislos, wütend und weinend verlässt Shae Tyrions Kammer. Auf der nachfolgenden Hochzeit von Joffrey und Margaery kommt es zum Eklat. Der psychopathische König hat es wieder auf Tyrion abgesehen und treibt die Demütigungen auf die Spitze, ein Verhalten, das fast alle abstößt, bis auf Cersei, die das Schauspiel genießt. Dann beginnt Joffrey zu husten und stirbt kurz danach an einer Vergiftung, nicht ohne im Todeskampf noch auf Tyrion zu zeigen. Cersei hält Tyrion für den Mörder und veranlasst seine Verhaftung.

Tywin arrangiert einen dramatischen Schauprozess. Jaime bietet seinem Vater an, aus der Königsgarde auszutreten und das Familienerbe als Lord von Casterlystein anzutreten, wenn dieser Tyrion verschont. Tywin erklärt, dass er ohnehin beabsichtige, Tyrion „nur" zur Nachtwache zu schicken, wenn er gestehe. Nach den Erfahrungen, die Ned Stark machen musste, traut Tyrion diesem Deal nicht. Überraschend taucht Shae im Prozess auf und belastet Tyrion vernichtend. Am Ende einer Wutrede, in der er sich öffentlich von Tywin, Cersei und dem undankbaren Volk von Königsmund distanziert, verlangt Tyrion erneut, wie schon auf Hohenehr, ein Götterurteil durch Zweikampf. Cersei bestimmt den Berg, Gregor Clegane, als ihren Kämpfer. Auf Tyrion Seite fällt Jaime aus, weil er seine Schwerthand verloren hat, auch Bronn lehnt ab, nachdem Cersei seine Verlobung mit einer reichen Adligen arrangiert hat. Nur der dornische Prinz Oberyn Martell, der Rache für den Mord an seiner Schwester durch Gregor Clegane sucht, will für Tyrion kämpfen. Der gewandte und kampferfahrene Oberyn besiegt Clegane, aber statt ihn gleich zu töten, versucht er, ein Geständnis von Gregor zu erzwingen, was dieser nutzt, um Oberyn doch noch den Schädel zu zerquetschen. Tywin bestätigt daraufhin schnell das Todesurteil für Tyrion.

In der Nacht wird Tyrion von Jaime und Varys befreit. Bevor er aus dem Roten Bergfried flieht, geht er in die Gemächer seines Vaters. In dessen Bett findet er seine Liebe Shae, die ihn erstechen will und die er daraufhin erdrosselt. Dann rächt er sich für alle Demütigungen seines Vaters, indem er Tywin auf dem Abort mit der Armbrust von Joffrey erschießt, nachdem dieser Shae wiederholt als unbedeutende Hure bezeichnet hat. Varys bringt ihn in einer Kiste auf ein auslaufendes Schiff und muss mit ihm nach Pentos jenseits der Meerenge fliehen.

9) Die ultimative Belohnung – die immaterielle Gabe

Wieder ist ein Todgeweihter dem Teufel von der Schippe gesprungen. Tyrion bekommt ein neues Leben geschenkt, mit dem er – ähnlich wie Jon Schnee - nicht sofort etwas anfangen kann. Deshalb pflegt er zuerst seine schlechten Gewohnheiten und trinkt zu viel Wein, um die Vergangenheit zu ertränken. Er ist nach dem Tod von Shae und dem Verlust all seiner Privilegien in einem depressiven Tief. Varys, der sein Leben dem Wohl des Reiches gewidmet hat, hat Pläne und hilft Tyrion mit seiner persönlichen Wertschätzung und optimistischen Haltung aus dem mentalen Tief heraus. Er entpuppt sich als wichtigster Mentor von Tyrion im Verlauf der ganzen Serie. Varys will jemanden auf dem Eisernen Thron sehen, der über die nötige Strenge, aber auch Güte verfügt, von den Menschen geliebt wird und über einen alten starken Namen verfügt. Deshalb plant er, mit Tyrion nach Meereen zu Daenerys Targaryen zu reisen, weil er glaubt, dass sie vielleicht die geeignete Königin sei. Auf dem Weg dahin wird Tyrion in Volantis vom verbannten Jorah Mormont erkannt und entführt, der mit seiner bedeutenden Geisel Daenerys wieder gnädig stimmen möchte.

Während der gefährlichen Reise sieht Tyrion das erste Mal in seinem Leben einen lebenden Drachen. Der Anblick des fliegenden Drogon bringt ein Moment von Sinn und Glauben zurück in sein Leben. Später werden sie von Sklavenhändlern gefangengenommen und überleben nur dank Tyrions Überredungskünsten, indem er Jorah als legendären Ritter aus Westeros anpreist. Beim Gladiatorenkampf in einer Arena, in der auch Daenerys wider Willen weilt, gibt Jorah sich zu erkennen und Tyrion offenbart sich als sein Geschenk für Daenerys. Tyrion überzeugt Daenerys, Jorah nicht zu töten, sondern ihn erneut zu verbannen, und ihn selbst als Berater in ihre Dienste zu nehmen, weil er die Menschen und die Politik in Westeros kenne und ihr nützlich sein könne. Die Drachenkönigin willigt ein. Der kleinwüchsige Lennister ist angekommen in einer neuen Welt und bekommt in seinem neuen Leben eine neue Chance: Er wird politischer Berater einer sozialrevolutionären Königin. Sie haben vieles gemeinsam: Beide hatten schreckliche Väter, beide verloren ihre Mütter im Kindbett, und beide haben ein Herz für die Schwachen. Tyrions Zynismus schwindet und er beginnt, an Daenerys zu glauben.

6) Bewährungsproben, Teil 2

Mit seinem neuen Leben in Essos beginnt für Tyrion der zweite Durchlauf seiner Heldenreise mit weiteren Bewährungsproben. Es startet dramatisch mit der blutigen Konterrevolution der Söhne der Harpyie in der Arena von Daznak. Daenerys wird im letzten Moment von Drogon evakuiert, der den Aufstand in Flammen erstickt. Tyrion und die übrigen Berater können ebenfalls entkommen. Dank seiner Spione macht Varys Tyrion in Meereen ausfindig und trifft bald darauf dort ein. Er hilft nun seinem alten Freund dabei, die Stadt zu befrieden, während Daenerys verschwunden bleibt. Mutig befreit Tyrion Viserion und Rhaegal, die beiden eingesperrten Drachen, von ihren Ketten.

Er versucht, eine Beziehung zu Grauer Wurm, dem General der Unbefleckten, und der Beraterin Missandei aufzubauen. Als ehemalige Sklaven zweifeln die beiden jedoch an seinem Friedenspakt mit den Sklavenhändlern von Yunkai und Astapor, welche die Söhne der Harpyie unterstützt haben. Die innenpolitische Situation scheint sich zu stabilisieren, bis plötzlich die Kriegsflotte der Sklavenhändler Meereen angreift und mit Brandgeschossen bombardiert. In diesem Moment kehrt Daenerys mit Drogon zurück. Ihr erste Reaktion, mit Ihrer Luftwaffe die Flotte und die Städte der Sklavenhändler komplett abfackeln zu wollen, kann Tyrion ihr ausreden mit dem Hinweis auf ihren irren Vater, der Königsmund in Schutt und Asche legen wollte. Die Sklavenhändler verlangen die Kapitulation und den Abzug von Daenerys. Sie zerstört daraufhin mit ihren drei Drachen eines der feindlichen Katapultschiffe, während die Dothraki-Kavallerie unter Daarios Führung Meereen von Land her zurückerobert. Die Söhne der Harpyie werden vernichtet, die feindliche Armada kapituliert angesichts der Drachen.

Asha und Theon Graufreud erscheinen in Meereen und bieten Daenerys ihre Flotte an. Tyrion ermuntert sie zu diesem Bündnis und empfiehlt ihr die Trennung von Daario, damit sie offen für eine Heirat sei, um Verbündete zu gewinnen. In einem bewegenden Gespräch gesteht Tyrion ihr, dass er, der stets ein Zyniker gewesen sei, an sie glaube. Er schwört ihr seinen Rat, solange er lebe. Daraufhin offenbart ihm Daenerys seine zukünftige Rolle: Sie ernennt ihn zur Hand der Königin. Daenerys schenkt ihm das Vertrauen, das er von seinem Vater nie wirklich bekommen hat. Der sichtlich bewegte Tyrion hat zum ersten Mal in seinem Leben keine passenden Worte parat, und so kniet er nur still vor seiner Königin nieder.

Mit einer riesigen Flotte, bestehend aus den Schiffen der Graufreuds und der ehemaligen Sklavenhalter sowie Schiffen der Martells und Tyrells, segelt Daenerys schließlich mit Tyrion, Varys, Grauer Wurm und Missandei an ihrer Seite, flankiert von ihren drei Drachen, nach Westeros, um den Eisernen Thron zu erobern.

7) Die zweite Tiefste Höhle – neue Erkenntnis

Daenerys landet auf der Insel mit der Festung Drachenstein. Sie will die Throneroberung schnell durchführen. Doch Varys und Tyrion warnen vor einem Feuerkrieg mit den Drachen, der Daenerys sehr schnell den Ruf ihres Vaters einbringen würde. Die beiden Berater setzen daher im ersten Schritt auf Bündnisdiplomatie mit anderen Häusern, um eine Allianz zu schmieden gegen Cersei, die nach dem Selbstmord ihres zweiten Sohns Tommen selbst auf dem Thron sitzt. Tyrion empfiehlt Daenerys, Jon Schnee, den König des Nordens, nach Drachenstein einzuladen, was sie auch macht. Tyrion wählt eine Strategie der kleinen Schritte, um Königsmund zu belagern und vom Nachschub abzuschneiden. Olenna Tyrell warnt Daenerys vor Tyrions Rat. Tatsächlich scheitern seine Pläne, wodurch die Allianz die Streitkräfte der Häuser Tyrell, Graufreud und Dorne verliert. Das bringt ihm schwere Vorwürfe seiner Königin ein, die an seiner Treue zweifelt und befürchtet, dass Tyrion in Wirklichkeit seine Familie, die Lennisters, schützen wolle. Tyrion bestreitet das, aber intuitiv hat sie einen wunden Punkt getroffen. Vor allem möchte Tyrion nicht, dass Jaime etwas zustößt. Dieser Loyalitätskonflikt zerreißt ihn. Auch die Motive seines Lebensretters und Freundes Varys werden von Daenerys in Frage gestellt.

8) Die zweite entscheidende Prüfung und die Veränderung

Daenerys greift mit Drogon und ihren Dothraki den Beutezug der Lennisters an, auf dem das Gold und die Vorräte der Tyrells transportiert werden. Tyrion wird Zeuge, wie sein Bruder Jaime fast den Feuertod stirbt, als er Daenerys angreift und im letzten Moment von Bronn gerettet wird. Anschließend kann er Daenerys nicht davon abhalten, den stolzen Lord Randyll Tarly und seinen Sohn Dickon von Drogon hinrichten zu lassen, weil diese das Knie nicht vor ihr beugen wollen. Tyrions innerer Konflikt eskaliert weiter, zumal auch Varys zunehmend Zweifel an Daenerys hegt. Tyrion trifft sich heimlich mit seinem Bruder Jaime in Königsmund, um ihm zu verdeutlichen, dass Daenerys dank ihrer Drachen den Krieg gewinnen werde, sie aber mit einem Waffenstillstand einverstanden sei.

9) Die ultimative zweite Belohnung

Um Cersei zu einem Bündnis gegen die Armee des Nachtkönigs zu bewegen, schmiedet Tyrion den Plan, einen Wiedergänger zu fangen und nach Königsmund zu bringen. Tyrions Belohnung in einer für ihn sehr schwierigen Situation ist die Hoffnung, dass es gelingt, mit der Umsetzung seines Plans sowohl Daenerys zu dienen als auch seiner Familie das Überleben zu sichern.

10) Die Rückkehr mit der Belohnung und neuen Hindernissen

Die Mission, die Jon anführt, ist erfolgreich, kostet Daenerys aber ihren kleinsten Drachen Viserion. Dennoch kann Tyrion mit seinem Masterplan zur Rettung der Welt in seine Heimat zurückkehren, aus der er als Vatermörder geflohen war. So steht er als Organisator im Fokus der Friedenskonferenz zwischen dem Team Cersei und dem Team Daenerys. Erst die Vorführung und Vernichtung des Wiedergängers scheint Cersei von der wirklichen Gefahr zu überzeugen. Sie stimmt einer Waffenruhe zu, allerdings nur unter der Bedingung, dass Jon sich keiner Seite verpflichtet. Der lehnt aus Ehrgefühl ab, weil er bereits Daenerys die Treue geschworen hat. Tyrion hadert mit Jon, die Verhandlungen drohen zu scheitern, da entscheidet sich Tyrion, allein mit seiner Schwester zu reden, um sie umzustimmen. Das Gespräch läuft nicht gut, da Cersei ihm die Schuld an den Toden ihrer Kinder gibt. Tyrion ist ob der Sturheit seiner Schwester verzweifelt und bittet sie darum, ihn einfach von ihrem Leibwächter Gregor Clegane umbringen zu lassen. Cersei jedoch verschont ihn. Er registriert, dass sie erneut schwanger ist. Am Ende überzeugt er seine Schwester scheinbar, dem Waffenstillstandsabkommen zuzustimmen – vorübergehend ein großer Erfolg und die Belohnung für seine diplomatischen Anstrengungen. In Wirklichkeit aber hofft Cersei, dass die Alliierten sich im Kampf im Norden aufreiben, und plant mit Euron Graufreud, heimlich die Goldene Kompanie gegen Daenerys in Stellung zu bringen. Nur ein Mann der Lennisters begreift die wahre Gefahr und schließt sich der Allianz an, um gegen die Untoten zu kämpfen: Tyrions geliebter Bruder Jaime.

6) Bewährungsproben, Teil 3

Nach der kurzen Heimkehr nach Königsmund beginnt für Tyrion der dritte und letzte Zyklus seiner Heldenreise. An Bord des Schiffes nach Weißwasserhafen beobachtet er, dass Jon Daenerys in ihrer Kajüte besucht. In Winterfell verteidigt er Jon, als die Lords des Nordens diesem vorwerfen, das Knie vor Daenerys gebeugt zu haben; dank Jon gäbe es die größte Armee, die die Welt je gesehen habe. Sansa macht ihm deutlich, dass sie an Cerseis Bündnistreue nicht glaube und daher an seiner Intelligenz zweifle. Als Jaime sich vor der Drachenkönigin verantworten muss, verteidigt er diesen, da er sein Wort gehalten habe; doch ist es die Fürsprache von Brienne von Tarth, die Jaime rettet. Daenerys ist wütend auf Tyrion, weil wieder ein Plan nicht funktioniert hat, und droht ihm mit Entlassung, wenn er sich in seinem Bruder irre. Daenerys schickt Tyrion mit Varys und den Frauen und Kindern in die Krypta von Winterfell, da er in der Schlacht ohnehin nicht helfen könne. Dort überlebt Tyrion das Gemetzel

Nach der Schlacht taucht Bronn auf, der von Cersei Schnellwasser und seine Ländereien zugesichert bekommen hat, wenn er Jaime und Tyrion töte. Tyrion verspricht ihm das reiche Rosengarten als Belohnung nach dem Krieg, wenn er ihm diene. Sansa verrät Tyrion das Geheimnis von Jons Herkunft, die Daenerys' Thronanspruch aushebelt. Auf der Schiffsreise nach Drachenstein berichtet er Varys davon, der Jon für den geeigneteren König hält. Nachdem ihr Schiff von Euron Graufreud versenkt worden ist, rettet Varys ihn vor dem Ertrinken.

Ein letzter verzweifelter Versuch von Tyrion, mit seiner Schwester zu verhandeln, um den Feuersturm auf Königsmund zu verhindern, scheitert. Ihre Antwort ist, Missandei, die gefangene Vertraute von Daenerys, vor den Augen der Drachenkönigin und ihren Männern köpfen zu lassen. Varys zweifelt an der Geistesverfassung der Königin und will sie vergiften, um das Reich zu schützen. Daraufhin verrät Tyrion seinen alten Freund und Mentor an Daenerys, die ihn von Drogon zu Tode grillen lässt. Tyrion gibt nicht auf, Daenerys vom Angriff auf Königsmund abzuraten, damit nicht Tausende von Unschuldigen sterben müssten. Er bietet an, ein letztes Mal mit seiner Schwester Cersei zu reden. Falls es ihm gelinge, sie von einer Kapitulation zu überzeugen, werde er die Glocken läuten lassen. Tyrion erfährt, dass Jaime bei dem Versuch, zurück in die Stadt zu Cersei zu gelangen, festgenommen wurde. Daenerys warnt ihn erneut, dass eine weitere Enttäuschung seine letzte sein würde. Natürlich befreit Tyrion, der immer noch Hand ist, seinen Bruder - und bittet ihn, gemeinsam mit Cersei ins Exil zu fliehen und die Glocken der Kapitulation läuten zu lassen. Sentimental bedankt er sich bei Jaime, der stets der einzige war, der ihn nicht wie ein Monster behandelt hätte.

Die Schlacht von Königsmund endet, wie schon in den Heldenreisen von Jon und Daenerys beschrieben, mit einem Feuersturm. Die Drachenkönigin entscheidet sich im Moment der Kapitulation, diese nicht anzunehmen und brennt mit ihrem verbliebenen Drachen die Stadt bis auf die Grundmauern nieder. Tausende Menschen sterben. Alle Versuche von Tyrion (und auch Varys), genau das zu verhindern, sind gescheitert. In den Katakomben des Roten Bergfrieds entdeckt Tyrion die goldene Hand seines Bruders und räumt weinend die Leichen von Jaime und Cersei frei.

Als Daenerys zu ihrer siegreichen Armee spricht und Jon besorgt zuhört, tritt Tyrion neben sie. Die Drachenkönigin bezichtigt ihn des Verrats, weil er Jaime befreit habe. Tyrion wirft ihr im Gegenzug vor, eine ganze Stadt niedergemetzelt zu haben und schleudert sein Abzeichen als Hand in den Schmutz, woraufhin sie ihn verhaften lässt.

7) Die dritte Tiefste Höhle - mit der letzten Erkenntnis

Tyrion hat jetzt glasklar erkannt, dass Varys Recht hatte mit seiner Befürchtung, dass Daenerys eine irre Königin werden könnte. Die Konsequenz ist alternativlos: Daenerys Targaryen muss sterben, die Frau, die auch er, Tyrion Lennister, liebt und der er sich verschrieben hatte. Es gibt nur einen, der das erledigen kann. Jemand, der die Möglichkeit hat, an der Leibgarde und am Drachen vorbeizukommen: Jon Schnee, der Mann, der in Wirklichkeit Aegon Targaryen ist, der wahre Erbe des Eisernen Throns. Tyrion wartet auf seine Chance.

8) Die letzte entscheidende Prüfung und die Metamorphose

Die Chance kommt, als Jon ihn in seiner Gefängniszelle besucht. Tyrion braucht all sein rhetorisches Geschick, um den tief deprimierten, aber immer noch verliebten Jon zu der Erkenntnis zu führen, das zu tun, was notwendig ist. Mit dem entscheidenden Verweis auf die tödliche Gefahr für Sansa, Arya und Bran motiviert er Jon, seine geliebte Königin zu töten. Tyrion erkennt die Notwendigkeit, Tyrion schmiedet den Plan, Tyrion findet sein Werkzeug und bringt es präzise in Stellung. Tyrion hat durch Jon sein Ziel erreicht.

10) Die Belohnung und eine neue große Herausforderung

Die Überlebenden der Schlachten treffen sich alle wieder in der alten Drachengrube. Tyrion wird von Grauer Wurm den Lords und Ladys von Westeros vorgeführt. Grauer Wurm will mit den Unbefleckten entscheiden, was mit den Verrätern Jon und Tyrion passieren soll. Tyrion, der Meisterkommunikator, übernimmt einmal wieder die Gesprächsführung und erklärt, solche Angelegenheiten könnten nur der neue König oder die neue Königin entscheiden. Er schlägt überraschend Bran als neuen König vor, weil dieser die Geschichten der Menschen in sich vereinen würde. Bran erklärt sich bereit für die Königswürde, und die Versammlung stimmt seiner Wahl zu – bis auf Sansa, die wieder ein unabhängiges Königreich im Norden errichten will. Bran ernennt Tyrion zu seiner Hand. Als Grauer Wurm interveniert und auf einer Strafe für den Kleinwüchsigen besteht, erklärt Bran, dass die neue Aufgabe Tyrions Strafe sei.

11) Die Wiedergeburt

Tyrion war die Hand von König Joffrey, er war kurz Heerführer in der Schlacht um Königsmund, er war Meister der Münze, er war die Hand von Königin Daenerys und wird jetzt als Hand von König Bran, dem Gebrochenen, wiedergeboren. Er entsagt dem Lotterleben als reicher Sohn und widmet sein Leben einer Aufgabe, die er stets gern, verantwortungsvoll und gut gemacht hat.

12) Heimkehr

So kehrt er wieder zurück in den Kleinen Rat als Vertreter des Königs mit Bronn als Meister der Münze, Samwell als Großmaester, Davos als Meister der Schiffe und Brienne als Lord Kommandantin der Königsgarde. Die erste Sitzung dieses neuen Kleinen Rats macht Hoffnung darauf, dass das neue Regime wirklich den Menschen von Westeros dienen wird. So erfüllt sich in gewisser Weise auch Daenerys' Vision von einer Welt, die frei von Knechtschaft, Ungerechtigkeit und Willkür ist. Tyrion ist die ideale Führungskraft, um diese Vision Schritt für Schritt umzusetzen – als Diener der Menschheit.

Was die Heldenreisen mit Ihnen und Ihrem Team zu tun haben

Ein hilfreiches Modell für eigene Herausforderungen

Nun haben wir drei komplexe Heldenreisen durchgespielt. Allerdings sind Sie natürlich weder Daenerys noch Jon oder Tyrion. Was also bringen Ihnen die Heldenreisen außer unzähligen Stunden beglückender Entspannung im Film und in der Literatur? Heldenreisen sind, wie jede gute Geschichte, ein Kompass, der uns helfen kann, unser Leben richtig auszurichten. Die Helden dienen uns zur Identifikation: Wir versetzen uns mental in ihre Lage, wir überdenken eigene Lösungsstrategien für deren Herausforderungen, reflektieren deren Reaktionen, Scheitern und Erfolg. Wir leiden und freuen uns mit den Helden. Das allein wäre bereits ein Gewinn, weil wir emotional und kognitiv teilhaben dürfen am Ergebnis eines kreativen Prozesses von Autoren, Regisseuren und Schauspielern.

Doch kann es Ihnen weit mehr bringen, sich einmal intensiv mit dem Thema Heldenreise zu befassen. Denn die Heldenreise ist ein Modell, das recht einfach den kreisförmigen Prozess unserer Persönlichkeitsentwicklung(en) darstellt. Jeder von uns hat in seinem Leben Phasen der Stabilität. In unserer gewohnten Welt läuft alles rund, es gibt keine nennenswerten Veränderungen. Doch dann wandeln sich die Dinge. Denken Sie nur einmal an die Zeit nach Ihrem Schulabschluss. Für die meisten Menschen beginnt dann der Aufbruch in die weitgehend unbekannte neue Welt des Berufslebens oder des Studiums. Ein Job- und Standortwechsel ist eine ähnliche spannende Herausforderung, vielleicht sogar im Ausland. Es können aber auch unvorhersehbare Ereignisse sein, die Sie aus der Komfortzone der gewohnten Welt herausreißen: zum Beispiel der Verkauf des Unternehmens, für das Sie arbeiten, eine überraschende Kündigung, die Sie ereilt, die Trennung von Ihrem Partner, ein Unfall, der zu einer Behinderung führt, ein Trauerfall im engsten Umfeld. All das sind Szenarien, die viele Menschen täglich erleben. Es sind Herausforderungen, denen Sie sich stellen müssen und die Sie aus der Bahn werfen können.

Faszinierenderweise reagieren alle Menschen ähnlich in solchen Lebenskrisen, wie psychologische Forschungen belegen. Wir durchlaufen, vereinfacht gesagt, immer die folgenden Phasen nacheinander:

Phase 1: Schock

Phase 2: Verneinung und Ablehnung („Das kann doch nicht sein")

Phase 3: Zorn („Das ist ungerecht " und „Der/die sind schuld")

Phase 4: Resignation und Depression
(„Es wird nie mehr so sein wie früher" und „Ich will nicht mehr")

Phase 5: Akzeptanz („Es ist, wie es ist." und „Machen wir das Beste daraus")

Phase 6: Ausprobieren und Neubeginn („Es geht doch" und „Es ist eigentlich gut so").

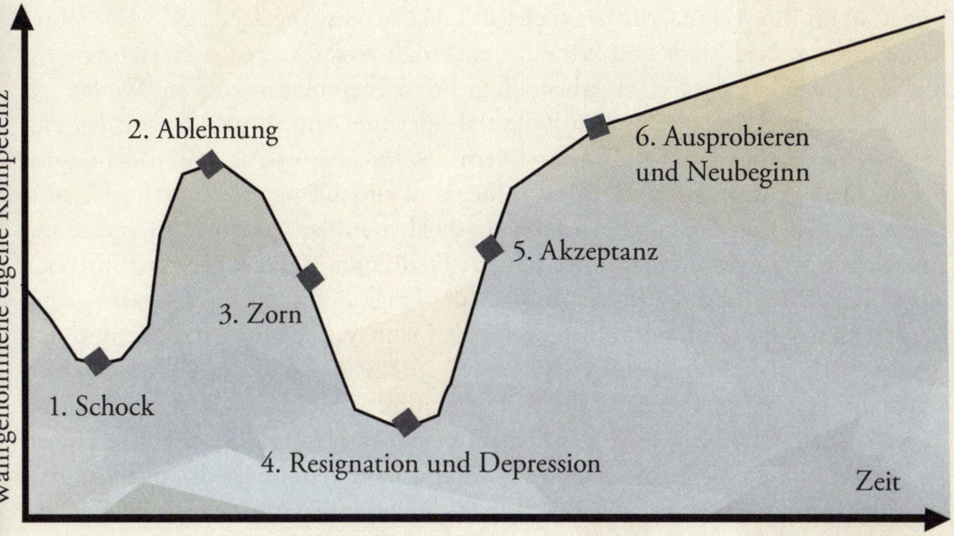

Typische Reaktionsphasen bei Veränderungen

Tyrions Tipp

Versuchen Sie, bei Krisen eines Mitarbeiters herauszufinden, in welcher Phase er sich befindet, um angemessen reagieren zu können. Auch bei Change-Prozessen durchlaufen Ihre Mitarbeiter diese Phasen, und große Probleme ergeben sich häufig deshalb, weil die Führungskräfte die Veränderung bereits akzeptiert haben (Phase 5), die Mitarbeiter aber noch fluchen (Phase 3). Hier ist der Stress für beide Seiten vorprogrammiert.

Je nach Tragweite des Ereignisses, psychischer Konstitution und sozialem Umfeld des Betroffenen, durchlaufen Menschen diese Phasen unterschiedlich schnell und ungleich intensiv. Auch können Menschen in solchen Veränderungsprozessen in vorherige Phasen zurückfallen oder in einer Phase steckenbleiben, wie der Führungsexperte Alexander Groth erklärt.[7] Wenn wir in diesem Zusammenhang Arya und Sansa betrachten, so ist das einschneidende Schockerlebnis die Hinrichtung ihres Vaters. Während Aryas Zorn sich rasch in ihrer Todesliste manifestiert und sie während ihrer ereignisreichen Flucht kaum Zeit für Resignation hat, sondern ums Überleben kämpft, durchlebt Sansa eine lange depressive Phase, die durch Joffreys Demütigungen noch verstärkt wird.

Selbst, wenn Ihre Veränderungen vielleicht nicht so einschneidend sind wie die Enthauptung von Ned Stark und keine Lebenskrisen auslösen, ist die Heldenreise ein hilfreiches Modell, das Sie im Arbeits- und Privatleben nutzen können. Werfen wir dazu erst einmal den mythischen Ballast ab, der mit dem Begriff des Helden einhergeht. In der Literatur wird oft und gern beschrieben, welche Anforderungsprofile die ideale Führungskraft erfüllen sollte. Und einschlägige Wirtschaftsmagazine befördern den Kult des einsamen Führungshelden an der Unternehmensspitze mit Auszeichnungen wie „Manager des Jahres". Fredmund Malik, einer der führenden europäischen Management-Experten, hält die Frage nach den Eigenschaften einer idealen Führungskraft für grundlegend falsch. Denn welche Vorstellung werde durch solche überhöhten Anforderungen verbreitet? „Es ist das Bild des Universalgenies. Irgendwie ist die Vorstellung in die Welt gekommen, Manager – und insbesondere Top-Manager – müssten eine Kreuzung aus einem antiken Feldherrn, einem Nobelpreisträger und einem Fernseh-Showmaster sein. Nun kann man diesen Idealtypus zwar durchaus beschreiben, was weiterhin reichlich getan wird, aber wir können ihn in der realen Welt nicht finden."[8]

Raus aus der Komfortzone!

Ohne Ihnen zu nahe treten zu wollen, gehen wir einfach mal davon aus, dass Sie ebenso wenig wie wir ein Universalgenie sind. Die da Vincis, Leibniz', Newtons, Humboldts und Goethes sind unter uns eher rar gesät. Und doch schlummert in „jedem von uns eine tiefe, ursprüngliche Sehnsucht danach, im Leben seine innere Stimme zu finden"[9], wie der einflussreiche Management-Vordenker Stephen R. Covey schreibt. Gemeint ist damit die einzigartige persönliche Bedeutung, der Beitrag, den wir leisten, das, wofür wir der Nachwelt in Erinnerung bleiben. „Wir wollen Spuren im Universum hinterlassen"[10], sagte Apple-Visionär Steve Jobs. Um das zu erreichen, müssen wir unser Bestes geben. Wir müssen trainieren, uns neuen Herausforderungen stellen. Nur dann können wir unsere Persönlichkeit weiterentwickeln und Stärken stärken.

Genau darum geht es bei der Heldenreise. Sie bietet jedem von uns die Chance, als Mensch insgesamt zu wachsen, aber auch speziell in unseren Rollen in der Familie, im Freundeskreis, in der Gemeinde, in der Freizeit und selbstverständlich im Rahmen unserer beruflichen Aufgaben als Mitarbeiter, Spezialist, Teamleiter, Chef und Unternehmer. Es geht darum, stärker, besser und erfolgreicher zu werden. Wie wir in *Game of Thrones* beobachten können, gehören zur Heldenreise nicht nur positive Entwicklungen, im Gegenteil: Eine Reise bringt immer Risiken mit sich; häufig gibt es Rückschläge, Enttäuschungen, Entbehrungen, Niederlagen, gnadenlose Misserfolge, selbst finales Scheitern und der Tod können am Ende der Reise stehen – jedenfalls in der Serie.

Vereinfachen wir das komplexe Konzept der Heldenreise mit seinen zwölf Phasen nach Vogler doch einmal. Dazu nutzen wir das „3-Zonen-Modell", welches seit den 90er-Jahren bei Trainern in der Personalentwicklung sehr populär ist und gern zur Veranschaulichung von Veränderungsprozessen genutzt wird.

Das 3-Zonen-Modell

Die erste Zone ist die Komfortzone. Sie markiert den Bereich, in dem Sie sich als Mensch wohl und sicher fühlen. Sie kennen sich aus, alles ist vertraut, Sie können abschätzen, was auf Sie zukommt und Ihre Aufgaben locker bewältigen. Es gibt keine größeren Herausforderungen. Unseren Seminarteilnehmern sagen wir an dieser Stelle: „Wenn alles so herrlich rund läuft und unsere aktuellen Routinen völlig ausreichen, das Pensum zu bewältigen, dann schenkt uns das Universum ein Problem." Ein typischer Impuls von Menschen ist dann oft das Prinzip Hoffnung: Sie hoffen, dass es sich das Problem von allein löst oder durch einfache Maßnahmen erledigt werden kann. Häufig funktioniert das nicht, und das ist auch gut so. Sie kennen ja sicher das Sprichwort: Stillstand ist Rückschritt. Wer gemütlich in der Komfortzone verharrt, wird im Leben nicht vorankommen. Die Helden in *Game of Thrones* bekommen viele Geschenke dieser Art während der acht Staffeln. Denken Sie nur an Daenerys, die das luxuriöse Exil in Pentos verlassen muss, als sie mit Khal Drogo verheiratet wird.

In der Serie geht es meistens um Leben und Tod. Doch kann es auch in unserer realen Welt schnell existenziell bedrohlich werden. Ereignisse wie ein schwieriger neuer Chef, Kündigung, Insolvenz des Arbeitgebers, Unfall, Burn-out oder andere Erkrankungen sind Probleme, die Sie nachhaltig aus Ihrer Komfortzone herauskatapultieren – mit den emotionalen Phasen, die wir im letzten Abschnitt dargestellt haben. Oft geraten Menschen dann in die dritte Zone, die Panikzone. Sie sind überfordert mit den neuen Herausforderungen. Unsicherheit und Angst sind die Folge, die Leistungs- und Lernfähigkeit sinkt. In einer Abwärtsspirale kann das zum Versagen und Scheitern bei der Lösung der Probleme führen – und diese negativen Erfahrungen wiederum zum Verlust des Selbstwertgefühls und zu einer Verkleinerung der ursprünglichen Komfortzone. Die Geschichte von Theon Graufreud ist hier beispielhaft. Immer wieder versagt Theon, wenn er Rückgrat haben sollte. Solche Niederlagen und Misserfolge können uns kleiner machen als wir waren. Doch wenn wir aus unseren Krisen lernen und immer wieder aufstehen und es erneut versuchen, besteht auch immer die Chance auf Wachstum. Der Erfinder Thomas Alva Edison hat gesagt: „„Erfolg ist ein Gesetz der Serie und Misserfolge sind Zwischenergebnisse. Wer weitermacht, kann gar nicht verhindern, dass er irgendwann auch Erfolg hat." Selbst Theon darf am Ende seine Schwester Asha befreien und dann in Winterfell den Heldentod sterben, geliebt und betrauert von Sansa.

Insbesondere durch die Krisen, die uns kurz- und manchmal auch langfristig in die Panikzone befördern, reifen wir, wenn es uns gelingt, sie zu bewältigen und einen neuen Zustand zu akzeptieren. Solche Krisen sind meist nicht vorhersehbar und damit auch nicht planbar. Anders verhält es sich in der zweiten Zone, der Wachstumszone. Wir gehen gezielt in sie hinein, um Lösungen zu finden. Wir betreten neues Terrain, durchbrechen unsere Routinen, erhalten neue Anregungen, Erfahrungen und Kompetenzen und wachsen somit. Dadurch erweitern wir auch unsere Komfortzone. Im Seminar vergleichen wir es gern mit einem Baum, der beim Wachsen jährlich Ringe zulegt, immer tiefere Wurzeln schlägt und dessen Krone immer weiter gen Himmel greift. Um uns als Persönlichkeit so weiterzuentwickeln, müssen wir uns neue Routinen und Fähigkeiten erarbeiten. Manche unserer Seminarteilnehmer sind an dieser Stelle skeptisch. Sie möchten sich zwar auch gern weiterentwickeln, verknüpfen das aber mit dem Mantra „Ich will so bleiben, wie ich bin". Dabei geht es uns nicht um die Veränderung der Persönlichkeit. Wir sprechen hier von der Erweiterung des eigenen Handlungsrepertoires, indem wir neue Verhaltensmuster ausbilden. Dafür müssen wir neue Routinen erlernen, und Sie wissen, wieviel Fleißarbeit das bedeutet. Hirnforscher belegen, dass die Anlage eines neuen Verhaltensmusters auf der bewussten Ebene 10 bis 15 Wiederholungen braucht. Dann haben wir zwar noch keine sechsspurige neuronale Datenautobahn in unseren synaptischen Verknüpfungen gebaut, aber immerhin einen gangbaren Dschungelpfad.

Es dauert im Durchschnitt 66 Tage, bis eine Gewohnheit automatisch abläuft. Dies ist das Ergebnis einer wissenschaftlichen Studie zum Thema „Neue Gewohnheiten etablieren", die ein Forscherteam des University College London veröffentlicht hat.[11] In der Praxis lag die schnellste Automatisierung einer neuen Gewohnheit bei 18 Tagen, die längste dauerte 254 Tage. Lernen hat natürlich etwas mit der Komplexität der Gewohnheit, mit der Motivation, der Wichtigkeit, der Sinnhaftigkeit, der vorhandenen Kompetenz, der Emotionalität, der Belohnung, dem Schmerz und anderen Faktoren zu tun. Auf jeden Fall aber mit vielen Wiederholungen, um etwas möglichst perfekt beherrschen zu können. Amerikas Erfolgstrainer Anthony Robbins sagte hierzu, die Wiederholung sei die Mutter der Fähigkeit.[12]

Wer von Ihnen gelernt hat, ein Musikinstrument zu spielen oder einen sportlichen Bewegungsablauf perfekt einzustudieren, weiß, wovon wir sprechen. In der Serie ist Arya ein wunderbares Beispiel: Unter Anleitung von Syrio Forel sowie dann Jaqen H'ghar und der Heimatlosen trainiert sie jahrelang diszipliniert Kampftechniken, unter Schweiß, Blut, Schmerzen und Tränen, manchmal kurz vor dem eigenen Zusammenbruch, um am Ende mit einer geschmeidigen Bewegung den Nachtkönig zu töten und die Welt zu retten.

Was können Sie nun aus dem Konzept der Heldenreise und dem 3-Zonen-Modell über Führung lernen? Erfolgreiche Führungspersönlichkeiten zeichnen sich dadurch aus, dass sie „nie stehengeblieben sind und sich allzeit weiterentwickelt haben"[13], schreibt Warren Bennis. Diese Weiterentwicklung findet nur in der Wachstumszone und in Krisen statt, nicht in der Komfortzone. Insofern sehen wir es als eine zentrale Aufgabe einer Führungskraft, sich selbst und ihre Mitarbeiter durch Fördern und Fordern, sprich punktuelles Überfordern, gezielt aus der Komfortzone in die Wachstumszone zu bewegen. Nur so kann eine systematische Weiterentwicklung erfolgen. Diese leichte Überforderung darf nicht in der Panikzone enden, sondern sollte dem individuellen Leistungsniveau der Personen angepasst sein. Wichtig ist, dass das Fordern durch Fördern begleitet wird. Das bedeutet, die Führungskraft oder andere Personen stehen als Ausbilder, Mentor und Coach zur Verfügung, damit es am Ende tatsächlich zu einer Erweiterung der Komfortzone durch Erfolge in der Wachstumszone kommt. Für uns sind gute Führungskräfte Reiseleiter auf den Heldenreisen ihrer Mitarbeiter. Und sie suchen sich selbst Mentoren, die ihre eigene Weiterentwicklung befördern.

Tyrions Tipp

Keiner ist so gut, dass er nicht noch besser werden könnte. Ihre Aufgabe als Führungskraft ist es, Ihre Mitarbeiter immer wieder mit neuen Herausforderungen aus der Komfortzone in die Wachstumszone zu führen, also sie zu fordern. Bleiben Sie aber bitte fördernd dran, damit der Prozess nicht in der Panikzone endet. Übrigens: Personalentwicklung findet im Alltag durch die Führungskraft und nicht in der Personalabteilung statt.

Werden Sie Ihr eigener Held!

Ein letzter Aspekt der Heldenreise, der uns im Kontext Ihres Führungsalltags wichtig ist: Wachstum findet vor allem im Zusammenwirken mit anderen Menschen statt. Als Eremit auf der berühmten einsamen Insel können Sie sich zwar viel theoretisches Wissen aneignen, doch werden Sie sich nur durch Interaktion mit anderen Menschen wirklich weiterentwickeln. Sie lernen von anderen und holen sich Rat, Sie probieren Dinge aus, treffen Entscheidungen, diskutieren Prozesse, reflektieren Maßnahmen, Reaktionen, Erfolge und Misserfolge gemeinsam, geben und bekommen Feedback, freuen sich mit- und ärgern sich übereinander.

Wir sind überzeugt, dass die Zeit der einsamen Helden vorbei ist. Besser noch: Es hat diese Zeit eigentlich nie gegeben. Denn selbst charismatische Führungskräfte wie Abraham Lincoln, Nelson Mandela oder Steve Jobs konnten nur wirksam sein, weil sie ein effizientes Team um sich versammelten, das ihre Visionen operativ umgesetzt hat. Gleichwohl sind wir Menschen so konditioniert, dass wir uns lieber dem einen Erzähler als einer Gruppe von Berichterstattern zuwenden, dass wir dem Dirigenten mehr Ruhm als dem Orchester zubilligen, dass wir einfach gern wissen möchten, wer der Anführer ist. „Unser hierarchisch strukturiertes Gehirn sucht bei neu eintreffenden Informationen immer nach Hierarchien. Wer ist der Boss?“[14], schreibt der Marketing-Experte Werner T. Fuchs. Gerade in Krisensituationen ist die Sehnsucht nach dem charismatischen Helden stark, der Entscheidungen trifft und den erforderlichen

Wandel vorantreibt. „Der Drachentöter hat genau dann Hochkonjunktur, wenn die Wirtschaft am Boden ist. Er soll das Ruder an sich reißen und das Schiff durch Unwetter und die tosende See navigieren“[15], erklärt die Führungskräfte-Entwicklerin Angelika Höcker. Doch ist dieser Heldenmythos nur unsere Wunschvorstellung, die trügerische Hoffnung auf einen (Er-)Löser unserer Probleme. Wir projizieren unsere Sehnsucht nach einfachen Lösungen in das Bild einer genialen Führungskraft. Doch wie wir eingangs gesehen haben, gibt es in der modernen VUCA-Welt keine simplen Lösungen. Deshalb kann Führung auch nur in Kooperation gelingen, wie Olaf Hinz in seinem Buch „Das Führungsteam“ überzeugend darlegt.[16]

Damit haben wir Ihnen hoffentlich schmerzfrei den Zahn gezogen, dass Sie selbst als Führungskraft der einsame Superheld sein oder werden müssen. Aber ein Held bleiben Sie für uns trotzdem. Und zwar der Held Ihrer eigenen Lebensreise. In diesem Sinne ist die Heldenreise ein Modell, das Sie nutzen können, um erstens Stationen Ihres bisherigen Lebens im Rückblick zu identifizieren und zweitens, um Veränderungen in Zukunft aktiv zu gestalten. Der Monomythos, den Campbell analysiert hat, diese Ur-Geschichte, handelt vom Helden und seinem Widersacher. Wir können diesen Kampf auch als Parabel unserer eigenen Entwicklung begreifen, wie es die US-amerikanischen Gestalttherapeuten Paul Rebillot und Melissa Kay beschrieben haben.[17] So erzählt die Heldenreise von dem grundlegenden inneren Konflikt des Menschen zwischen Sehnsucht und Sicherheit, zwischen seinem Wunsch oder der Notwendigkeit nach Veränderung und Entwicklung einerseits und seiner Angst davor andererseits.

Im Kontext Ihrer eigenen Karriere beschreibt die Heldenreise Ihre ganz persönliche Weiterentwicklung zu einer wirksamen Führungs- oder auch Fachkraft. „Ein Held, ob im Mythos oder in der heutigen Welt, ist jemand, der einen Ruf hört und ihm folgt“[18], schreiben Rebillot und Kay. Dieser Ruf wird Sie ereilen, nicht nur einmal. Und dann stehen Sie vor der Entscheidung, die gewohnte Welt zu verlassen, wie es Jon getan hat, als er zur Nachtwache aufgebrochen ist. Das kann eine große Veränderung sein wie ein neuer Führungsjob bei einem anderen Unternehmen in einer anderen Stadt. Das kann aber auch der Auftrag sein, ein Projekt in Ihrer Organisation zu leiten. Sie werden überlegen und vielleicht zaudern, ob Sie Ihre Komfortzone verlassen und dem Ruf folgen sollen. Sie werden den Rat und Zuspruch von Mentoren brauchen. Denn wie sagt doch Jorah Mormont so treffend: „Niemand kann auf dieser Welt ohne Hilfe überleben. Niemand.“ (2.07). Sie werden Fehler machen und Rückschläge erleben wie alle Helden in *Game of Thrones*. Und auch Sie werden in das Dunkel der tiefsten Höhle gelangen und die entscheidende Prüfung bestehen müssen. All das gehört dazu, um zu reifen und Ihre Persönlichkeit weiter zu entwickeln. Gehen Sie mutig auf Ihre innere Reise! Gestalten Sie selbst den Wandel, statt sich von ihm wie eine Flipperkugel hin- und herschießen zu lassen. Warum Sie aktiv werden sollten? Weil Sie es können. Die Entscheidung liegt bei Ihnen. Sie allein sind dafür verantwortlich, was Sie aus Ihrem Leben machen. Das ist Ihr größtes Potenzial – und vielleicht auch Ihre größte Herausforderung. Denn wenn Sie über sich hinauswachsen wollen, bekommen Sie es mit sich selbst zu tun. Immer. Überall. Egal, wo Sie hingehen, egal, wie anders die Umstände sein mögen: Sie nehmen sich immer mit. Also werden Sie Ihr eigener Held.

Praxisfragen für Ihre Heldenreise

Fragen, die Sie sich selbst stellen sollten:

- Was möchte ich erreichen in meinem Leben?
- Wie soll mein Vermächtnis aussehen?
- Wie sieht meine gewohnte Welt aus? Verspüre ich den Wunsch, etwas zu verändern oder einen Traum zu verwirklichen?
- Was ist für mich aktuell der Ruf des Abenteuers? Wie genau sieht die Herausforderung aus, vor der ich momentan stehe?
- Habe ich mich ursprünglich geweigert, auf die Reise zu gehen? Oder zögere ich noch, die Herausforderung anzunehmen?
- Was hindert mich wirklich daran, etwas zu verändern?
- Welche Momente von Angst und Widerstand bei Veränderungen kann ich bei mir selbst erkennen? Kann ich benennen, was wirklich der Grund für meine Ablehnung ist?
- Wer waren und sind meine Mentoren?
- Habe ich diesen Mentoren jemals für Ihre Unterstützung gedankt?
- Wen kann ich in meinem Netzwerk ansprechen, um Wissen zu gewinnen? Wer kann mich dabei unterstützen, meinen Traum zu verwirklichen?
- Was würde mir dabei helfen, meine Komfortzone zu verlassen, damit ich mich weiterentwickeln kann? Mit welchen Maßnahmen kann ich mich selbst motivieren?

Inhalte mit diesem Hinweis können Sie kostenlos herunterladen auf der Website der Autoren: ***www.leadership-by-got.com*** *oder scannen Sie einfach den nebenstehenden QR-Code ein.*

Teil 3: Leadership – in Theorie und Praxis

„Willst du eines Tages Anführer sein?
Dann lerne gefälligst zu folgen."

Lord Kommandant Jeor Mormont (2.01)

Was ist eigentlich Leadership?

Nachdem wir im letzten Teil das Konzept der Heldenreise vorgestellt, an den drei Protagonisten Daenerys, Jon und Tyrion durchdekliniert und die Bedeutung der Heldenreise für Ihre persönliche und die Entwicklung Ihrer Mitarbeiter erläutert haben, laden wir Sie nun ein, uns bei einer weiteren Reise in die Welt praktisch relevanter und anwendbarer Theorien zu begleiten. Dabei definieren wir zentrale Begriffe wie „Leadership", „Führung" und „Management", werfen Schlaglichter auf wichtige Aspekte der Organisationsentwicklung und verordnen die Welt von *Game of Thrones* in diesem Kontext, bevor wir Ihnen im dann folgenden Teil Schritt für Schritt die Kernelemente für Führungserfolg vorstellen und diese mit vielen Szenen aus der Erfolgsserie erläutern.

Fangen wir mit „Leadership" an, das Wort haben wir immerhin im Buchtitel. Übersetzt bedeutet das Wort „Führung". Doch tun wir uns im deutschsprachigen Raum oft schwer damit, wenn wir denjenigen beschreiben, der führt. „*Führer* ist seit der Zeit des Nationalsozialismus vorbelastet; viele Menschen verbinden damit Kadavergehorsam, der so gar nicht zum Bild des mündigen Mitarbeiters passen will."[1] Darüber hinaus hat Führung im Deutschen noch weitere inhaltliche Aspekte, die mit Leadership nicht übereinstimmen. In Organisationen bezeichnet Führung die Leitungsebene, in Wettbewerben einen Vorsprung im Ergebnis. In der Mechanik beschreibt es die vorgegebene Bahn bei der Bewegung eines Körpers. Im Tourismus ist eine moderierte Besichtigung damit gemeint. Beim Paartanzen ist Führung die Aufgabe eines Partners, initiativ Tanzfiguren einzuleiten. Und schließlich werden auch Strafgefangene wegen „guter Führung" vorzeitig aus dem Gefängnis entlassen und somit ihr sozial erwünschtes Verhalten belohnt.

Klar ist damit: Leadership ist per se der deutlich präzisere Begriff. Und ein Leader ist uns historisch bedingt auch deutlich sympathischer als ein Führer.

Doch selbst, wenn Sie diese begriffliche Unschärfe im Deutschen ausblenden und sich auf den Aspekt des Anführens von anderen Menschen fokussieren, bleibt der Begriff Führung (ebenso wie Leadership) seltsam unklar. Haben Sie einmal ernsthaft versucht, mit Kollegen oder Freunden zu diskutieren, was eigentlich die Essenz von Führung ist? Was bedeutet Führung? Vielleicht können Sie sich auf eine vage gemeinsame Idee einigen, doch fragt man genauer nach, treten meist erhebliche Unterschiede im Verständnis zutage. Kein Wunder, gibt es doch allein im deutschsprachigen Raum mehr als 1.000 Definitionen von Führung. Tausende von Wissenschaftlern und Autoren weltweit haben sich bereits an diesem Thema abgearbeitet. Die meisten Führungstheorien und die daraus resultierenden Definitionen haben eine lange Tradition, die unterschiedliche Perspektiven auf das Thema widerspiegeln. Diese diversen Zugänge lassen sich kaum mehr in eine neue komplexe Definition pressen, die auch nur ansatzweise den Anspruch auf anerkannte Allgemeingültigkeit erheben könnte. Insofern werden wir an dieser Stelle kein weiteres Gras im Dothrakischen Meer säen und eine eigene Führungsdefinition herleiten, sondern uns auf den für unsere Zwecke relevanten Kern beschränken.

Allgemein beschreiben die Begriffe „Führung“ und „Leadership“ in unserem Kontext einen Prozess, der darauf gerichtet ist, das Verhalten anderer Menschen zielorientiert zu beeinflussen. Harvard-Professor John P. Kotter hat es knackig so auf den Punkt gebracht: „Leadership definiert, wie die Zukunft aussehen soll, bringt die Menschen mit dieser Vision in Einklang und inspiriert sie, diese trotz aller Hindernisse umzusetzen.“[2] Der Veränderungscoach Ilja Grzeskowitz veranschaulicht und ergänzt Kotters knappe Aussage so: „Leadership ist die Fähigkeit, einer Gruppe von Menschen eine (neue) Vision und Richtung zu geben, so dass diese sich mit dem Ziel und der Haltung aktivierend identifizieren können. Ein guter Leader ist in der Lage, diese Vision nicht nur sprachlich attraktiv zu formulieren, sondern sie auch mit Werten und Überzeugungen zu füllen und – die wichtigste Voraussetzung von allen – sie durch das eigene Handeln vorzuleben.“[3]

Der Ursprung des Wortes Leadership

Claus Otto Scharmer, Professor am Massachusetts Institute of Technology (MIT), ist der Herkunft der Wörter auf den Grund gegangen: „Die indo-europäische Wurzel des englischen Wortes leadership und des deutschen Wortes Leitung ist ‚leith‘ und bedeutet wörtlich ‚nach vorne gehen‘, ‚über die Schwelle gehen‘ oder ‚sterben‘. Die tiefere Erfahrungsschicht von Führung in Veränderungsprozessen zeigt eine spürbare Resonanz von dieser ursprünglichen Bedeutung der Wortwurzel, die in der existenziellen Erfahrungsdimension in transformationalen Veränderungsprozessen sichtbar wird: im Loslassen und Sterben-lassen des Alten und im In-die-Welt-bringen des Neuen und in dem Mysterium und dem Nichts, das zwischen diesen beiden Bewegungen liegt.“[4]

Diese Gedanken von Scharmer verweisen nachdrücklich auf das Konzept der Heldenreise und seine Bedeutung für Veränderungsprozesse. Wie Sie im vorherigen Teil des Buchs nachvollziehen konnten, gehen unsere Helden über eine Schwelle in eine neue Welt mit anderen Regeln und erleben eine tiefgreifende persönliche Entwicklung. Bei Daenerys und Jon ist dieser Transformationsprozess sogar mit einem symbolischen Tod verbunden, mit dem sie final die alte Welt hinter sich lassen. Wie sagt doch Maester Aemon zu Jon? „Mit etwas Glück findest Du die Kraft zu tun, was getan werden muss. Töte den Jungen, Jon Schnee. Der Winter rückt immer näher. Töte den Jungen und lass' den Mann geboren werden." (5.05). Dass Jon die Dolchstiche überlebt und Daenerys zwei Feuer, bleibt für ihre Umwelt ein Mysterium; für beide sind es Wiedergeburten auf einer höheren Bewusstseinsstufe.

Doch zurück zur ganz irdischen Bedeutung des Wortes „Leitung". Der Begriff wird im Deutschen oft synonym zu „Führung" gebraucht, vor allem, wenn wir von funktionalen Aufgaben innerhalb einer Organisation sprechen. Dann gibt es eine Leitungs- oder Führungsebene. Aber: Leitung basiert nach unserem Verständnis auf der formalen Position oder Funktion. Solche Positionen werden meist für einen längeren Zeitraum besetzt und mit disziplinarischen Befugnissen ausgestattet. Leitung ist also zuerst einmal nur ein Türschild, ein Titel auf der Visitenkarte, ein Kästchen im Organigramm. Da stehen nicht „Führer" oder „Führung", sondern „Leiter" oder „Leitung". Leitung muss keine visionären Ziele verfolgen, sie verwaltet bestehende Strukturen, befolgt Vorschriften, sanktioniert Fehlverhalten und arbeitet manchmal stur Anordnungen ab. Wir reden dann von Bürokraten, Apparatschiki, wie sie früher im sozialistischen Osteuropa geschimpft wurden – und wie sie heute noch in vielen Unternehmen und Behörden existieren. Leitungspositionen sind die klassischen Vorgesetzten, diejenigen, die anderen vor-gesetzt werden – egal, ob sie führen können oder nicht. Daher sollten solche Vorgesetzten kritisch die IKEA-Frage beantworten: Leitest Du noch oder führst Du schon?

Das Problem der Führungskräfte-Auswahl

Leider werden in Organisationen viel zu oft exzellente Fachkräfte zu Führungskräften befördert, weil es meist die einzige Möglichkeit ist, in die nächste Gehaltsstufe zu kommen. Ob diese Personen wirklich führen wollen, hinterfragen sie häufig nicht einmal selbst. Ob sie überhaupt führen können, wird nur selten gründlich geprüft. Um den Mitarbeitern im Unternehmen Aufstiegschancen zu signalisieren, vor allem aber aus Bequemlichkeit und Kostengründen neigen viele Personalentscheider dazu, vakante Führungspositionen mit Kandidaten aus den eigenen Reihen zu besetzen. Warum? Weil sie als Fachleute gute Arbeit geleistet haben. Doch ist fachliche Expertise wirklich ein Beleg dafür, dass jemand auch führen kann? Nein. „Kurzfristig mag ausgeprägte Fachkompetenz zwar Autorität verschaffen; langfristig ist ohne Glaubwürdigkeit und persönliche Reife nichts zu machen. Man sucht den besten Fachmann und ignoriert hartnäckig die Persönlichkeitsdefizite, die früher oder später die ganze Veranstaltung platzen lassen“, urteilt Management-Vordenker Reinhard K. Sprenger.[5] Die Unternehmensberater Markus Baumanns und Torsten Schumacher bestätigen das: „Die Personalauswahlpraxis ist jedoch immer noch nahezu ausschließlich auf die fachlichen Fertigkeiten eines Bewerbers ausgerichtet.“[6]

Das ist auch und vor allem deshalb so, weil in der Ausbildung unseres Nachwuchses viel zu wenig Wert auf die Vermittlung von Führungskompetenzen gelegt wird. Schaut man sich etwa die Hochschul-Curricula von angehenden Ökonomen, Juristen und Ingenieuren an, so finden die sogenannten Soft Skills, also soziale und mentale Kompetenzen, kaum statt. Dabei punkten Kandidaten in Bewerbungsverfahren oft gerade damit. Typische Soft Skills sind zum Beispiel Teamfähigkeit, Kritikfähigkeit, Lernbereitschaft, Kommunikationsfähigkeit, Zuverlässigkeit, Verantwortungsbewusstsein, Eigeninitiative und Empathie. Diese Kompetenzen machen in puncto Führungsarbeit den Unterschied aus. Ein großer Teil davon wird durch das Elternhaus und das soziale Umfeld junger Menschen geprägt. Doch kann das bedeuten, diese Themen der Persönlichkeitsentwicklung in der beruflichen und akademischen Ausbildung weitgehend auszublenden? Unserer Überzeugung nach nicht. Tatsache ist: Die mangelnde Vermittlung und Beherrschung von Soft Skills verursacht die meisten Probleme, die wir in den Führungshierarchien von Organisationen heutzutage haben.

In *Game of Thrones* sehen wir ein gutes Beispiel für durchdachte und systematische Führungskräfte-Auslese: Obwohl Jon Schnee wegen seiner hervorragenden Fähigkeiten als Schwertkämpfer und Reiter einen erstklassigen Grenzer abgeben würde, teilt Lord Kommandant Jeor Mormont ihn zu den Kämmerern ein. Jon ist enttäuscht und wütend, weil er immer nur Grenzer werden wollte, doch Samwell macht ihm klar, was diese Berufung wirklich bedeutet: „Der alte Mann ist der Lord Kommandant der Nachtwache. Du wirst bei ihm sein, Tag und Nacht. Ja, sicher musst Du seine Sachen waschen. Aber Du wirst auch seinen Schriftverkehr handhaben,

Tyrions Tipp

Befördern Sie niemanden zur Führungskraft, der nicht den Willen und die Kompetenzen zum Führen hat. Prüfen Sie Motivation und Haltung eines Kandidaten sehr gründlich. Im Zweifel entscheiden Sie gegen den Kandidaten.

ihn zu Besprechungen begleiten, ihm in der Schlacht als Knappe dienen. Du wirst an allem teilnehmen, über alles Bescheid wissen. Und er hat selbst nach dir verlangt. Er will dich zum Kommandanten aufbauen." (1.07). Jeor erkennt früh das Führungspotenzial, das in Jon schlummert, und bewahrt ihn vor der Fachkarriere als Grenzer.

Durch die Betonung der Fachkompetenzen wird auch das Peter-Prinzip fest in den Leitungspositionen einer Organisation zementiert. Sie haben bestimmt schon von diesem Prinzip gehört. Die berühmte These des Erziehungswissenschaftlers Laurence J. Peter aus dem Jahr 1969 besagt: „In einer Hierarchie neigt jeder Beschäftigte dazu, bis zu seiner Stufe der Unfähigkeit aufzusteigen".[7] Unprofessionelle Personalauswahl lähmt somit ein Unternehmen, indem es zu wenig Wert auf eine wirkungsvolle Prüfung von Führungskompetenzen der Kandidaten legt. Mit Janos Slynt, dem verräterischen Kommandanten der Stadtwache von Königsmund, der von Tyrion zur Mauer geschickt wird und dort in der Schlacht gegen die Wildlinge so kläglich versagt, haben wir buchstäblich eine Verkörperung des Peter-Prinzips. Und denken Sie mal an Ihre eigene Organisation: Gibt es dort nicht auch einen Janos Slynt? Ihnen werden sicherlich Beispiele für Vorgesetzte einfallen, die nicht führen können und sich irgendwo verstecken, wenn es gilt, an der Front zu sein.

Führende haben Folgende

Führung ist eine Frage der Einstellung („Ich will führen!") und der Fähigkeit („Ich kann führen!"). Das Handwerk kann jeder erlernen, das Wollen aber muss man mitbringen. Führung gehört zum Auftrag von Leitung; die entsprechenden Kompetenzen sorgsam abzuprüfen, ist eine Kernanforderung bei der Besetzung der Position.

Im besten Fall kommt beides zusammen, ein Vorgesetzter entpuppt sich als wirksame Führungskraft. Aber es muss eben nicht so sein, wie Sie vermutlich selbst in Ihrem Berufsleben schon erlebt haben oder mit Sicherheit noch erleben werden. Wie der Organisationspsychologe Wolfgang Scholl von der Berliner Humboldt-Universität erklärt, sei Führung „eine flexible Ressource guter Zusammenarbeit". Führung könne bei aktuellem Bedarf jederzeit von jedem Beteiligten innerhalb einer Gruppe spontan versucht und durch Akzeptanz bestätigt werden. „Wer initiativ wird und andere koordinierend einbezieht, der führt", so Scholl.[8] Im Gegensatz zur reinen Machtausübung durch einen Vorgesetzten braucht Führung also zwingend die Akzeptanz der Gruppe. In seiner bahnbrechenden historischen Studie „Leadership" schrieb der Harvard-Politologe James MacGregor Burns: „Führung über Menschen wird ausgeübt, wenn Personen mit bestimmten Motiven und Zwecken im Wettbewerb oder im Konflikt mit anderen institutionelle, politische und andere Ressourcen mobilisieren, um so die Motive der Anhänger wachzurufen, zu aktivieren und zu befriedigen."[9] Reinhard K. Sprenger bringt es simpel auf den Punkt: „Führende haben Folgende".[10]

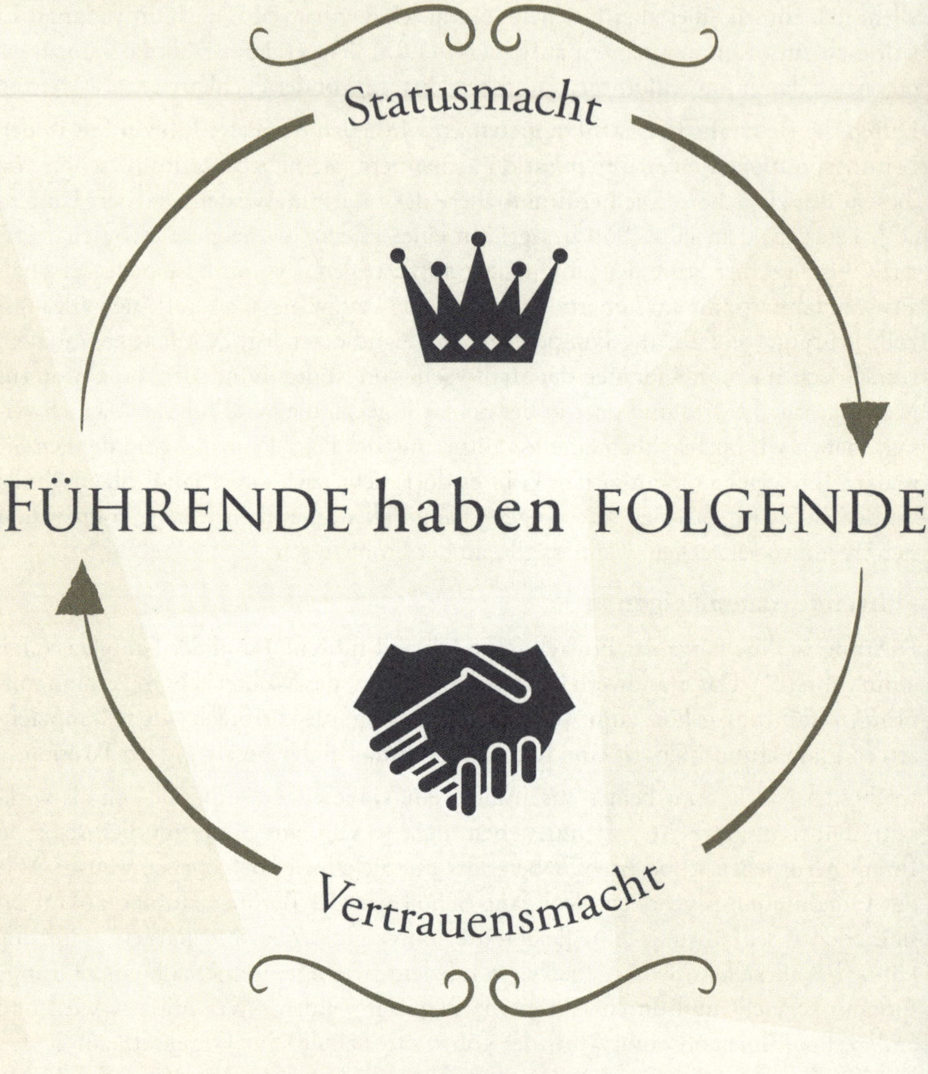

Das Verhältnis von Führung und Macht

Nehmen Sie sich einen Moment Zeit und denken Sie einmal gründlich über diese Aussage nach. Denn ihr wohnt eine radikale Kraft inne. Sprenger schreibt: „Nur derjenige, dem die Menschen *freiwillig* folgen, hat als Führungskraft eine Existenzberechtigung. Wer die Karriereleiter hinaufgestiegen ist, ist von denjenigen abhängig, die er hinter sich gelassen hat." Reine Statusmacht, also formale Autorität von Amts wegen, das Türschild, die Visitenkarte, das Kästchen im Organigramm haben nur wenig Bedeutung. Wenn Führung wirklich wirksam sein soll, funktioniert sie nur, wenn die Gruppe der Führungskraft folgt.

Der einflussreiche Organisationspsychologe Dacher Keltner von der University of California in Berkeley geht sogar so weit, dass Macht uns von der Gruppe konsensual verliehen wird: „Wir gewinnen Macht, wenn wir Wege finden, das Leben anderer in unseren sozialen Netzen zu verbessern. Unsere Macht wird uns von anderen gewährt".[11] Wir nennen das Vertrauensmacht. Genau das passiert, wenn Jon Schnee, der Bastard, von den Lords per Akklamation zum König des Nordens ernannt wird (6.10). Das Vertrauen in die Führungskompetenz von Jon steht hier vor dem Status, der ihm von den Adligen verliehen wird. Ähnlich ist es mit Bran, der seine Königswürde dem Vertrauensvorschuss verdankt, den ihm die wichtigsten Vertreter der Sechs Königreiche geben (8.06).

Führung, so erklärt Sprenger, habe „genauso lange Bestand, wie eine Führungskraft auf freiwillige Gefolgschaft rechnen kann."[12] Sprenger spricht somit Vorgesetzten, denen die Mitarbeiter die Gefolgschaft verweigern, situativ die Führungskompetenz ab. Aber unter anderen Bedingungen, mit anderen Menschen, könnten dieselben Vorgesetzten erfolgreich führen, erläutert der Querdenker.

Damit leuchtet er ein Kernproblem vieler Führungskonzepte aus: Sie personalisieren nämlich Führung, „als einseitige, von einer Person ausgehende Einflussnahme. Führung ist danach Eigenschaft und Verhalten einer Person, eben der Führungskraft. Das heißt: Was sich als Effekt von Führung zeigt, wird einem Individuum zugerechnet. Die Führungskraft wird gedacht als aktiv-gebend-treibend, der Mitarbeiter als passiv-empfangend-angetrieben."[13] Dieser personenzentrische Ansatz blendet zweierlei aus: Erstens die Wechselwirksamkeit zwischen Menschen, den Einfluss, den andere Personen auf die Führungskraft haben, und zweitens den institutionellen und kulturellen Rahmen, der das Verhalten von Menschen entscheidend mitprägt. Sprenger verweist hier auf die Sichtweise der Systemtheorie: „Sie erinnert daran, dass wir Menschen nicht nur agieren, sondern auch reagieren. Wir treffen auf Vorhandenes und passen uns an. [...] Auch Führungskräfte sind keine freischwebenden Charaktere, sondern eingebunden in die strukturelle Verfasstheit eines Unternehmens."[14]

Die Fähigkeit, in bestimmten Situationen mit Menschen so wirksam zu kooperieren, dass sie gemeinsam für ein Ziel arbeiten und freiwillig Anordnungen befolgen, ist demnach der ultimative Praxistest für wirksame Führung. Denken wir zurück an die bereits zitierten Worte von Kotter: „Leadership definiert, wie die Zukunft aussehen soll, bringt die Menschen mit dieser Vision in Einklang und inspiriert sie, diese trotz aller Hindernisse umzusetzen."

Auch in der fiktiven Welt von *Game of Thrones* finden wir keine ideale Führungskraft. Das spricht für die außergewöhnliche Qualität der Romanvorlage von George R. R. Martin: Er hat Charaktere gezeichnet, die unvollkommen sind, die auf der Suche nach dem richtigen Weg sind, die Fehler machen, die mit anderen kooperieren, die freiwillige Gefolgsleute suchen, finden und verlieren. Diese Helden erleben Triumphe ebenso wie Misserfolge, die sie reflektieren und sich dadurch als Führungspersönlichkeit weiterentwickeln.

Leadership und Management

Bleibt noch eine abschließende Klärung vorzunehmen: Was ist eigentlich der Unterschied zwischen Leadership und Management? Diese Frage wird in der betriebswirtschaftlichen Organisationslehre seit den 1970er-Jahren intensiv debattiert. So hatte Harvard-Professor Abraham Zaleznik in einem 1977 erschienenen Artikel die Unterschiede im Handeln von Managern und Leadern hervorgehoben.[15] Richtig populär wurde die Diskussion durch einen Kollegen aus Harvard. Der bereits zitierte John P. Kotter hat in seinem Bestseller „A Force for Change – How Leadership Differs From Management“[16] 1990 folgende klare Unterscheidung getroffen: Manager seien eher Verwalter, Leader dagegen Visionäre. Management stehe eher für das perfekte Organisieren der Abläufe, Planung und Kontrolle. Leadership bedeute dagegen, die Geführten mit Visionen zu inspirieren und zu motivieren. Leadership schaffe Kreativität, Innovation, Sinnerfüllung und Wandel. Kotter bestimmt für jede Tätigkeit drei Kernprozesse:

Management	Leadership
1. Planen und Budgetieren	1. Die Richtung vorgeben
2. Organisieren und Stellen besetzen	2. Mitarbeiter danach ausrichten
3. Controlling und Probleme lösen	3. Motivation und Inspiration

Ein wesentlicher Unterschied besteht außerdem im Fokus:

Management	Leadership
denkt und handelt vom Unternehmen aus.	denkt und handelt vom Menschen aus.

Auch die Ergebnisse unterscheiden sich:

Management	Leadership
erzeugt Ordnung und Konstanz.	erzeugt Wandel und Bewegung.

Provokant könnten wir also festhalten:

Management	Leadership
arbeitet *im* System.	arbeitet *am* System.

Beim Managen geht es demnach um Administration, Effizienz, Prozesse, Systeme und Ressourcen. Manager sind die Techniker des Geschäfts, verantwortlich für die „harten“ Themen. Leader dagegen sind für die „weichen“ Themen Motivation, Kommunikation, Inspiration und Innovation zuständig.[17] Oder, wie die Ökonomen Warren Bennis und Burt Nanus es auf den Punkt brachten: „Manager machen die Dinge richtig, Führende tun die richtigen Dinge.“[18] Ein prägnantes Beispiel dafür liefert uns die Nachtwache: Lord Kommandant Jeor Mormont bestimmt die Richtung und den Kurs, er ist der Anführer, der Leader. Sein Waffenmeister Allisar Thorn dagegen ist ein Manager: Er sorgt dafür, dass die Rekruten gut gedrillt werden. Auch der Erste Baumeister Othell Yarwick und der Oberste Kämmerer Bowen Marsh zählen zu den Managern, die für Ordnung und zuverlässige Prozesse im System Nachtwache verantwortlich sind.

Die Fähigkeiten, die einen Manager und einen Leader kennzeichnen, unterscheiden sich gemäß Kotter so stark, dass sie selten in einer Person zusammenkommen. Meistens sind Vorgesetzte in einer der beiden Tätigkeiten deutlich besser als in der anderen. Laut einer von Kotter angeführten Studie waren 95 Prozent der Manager der Meinung, es gäbe zu wenige Vorgesetzte, die beide Qualitäten hätten. Kotter kommt auch aufgrund eigener Beobachtung zu dem Schluss, die meisten Unternehmen seien »over-managed« und »under-led«.[19] Es gibt demnach zu viele Planer, Verwalter und Controller in Organisationen und zu wenige Führungskräfte, die zukunftsorientiert eine Zielrichtung vorgeben, vorleben und die damit verbundenen und notwendigen Entscheidungen treffen.

Während Kotter ebenso wie Bennis und Nanus beide Kompetenzen gleichermaßen für funktional bedeutsam erachten und keine Wertung vornehmen, hat die Aufgabentrennung in den vergangenen drei Jahrzehnten zu einer Verklärung von Leadership und zu einer Abwertung der Management-Tätigkeit geführt. So spitzt beispielsweise der deutsche Unternehmensberater Niels Pfläging zu: „Management, das war das, was Unternehmen gebraucht haben, um den Laden am Laufen zu halten. Management entstand als Konsequenz aus der tayloristisch geteilten Organisation – hier Hirn, dort Arm -, um die nicht denkenden Teile der Maschine in Gang zu halten. […] Management ist schlicht: Maschinenbefeuerung. Kohle in den Ofen schippen. Manager sind Heizer.“[20]

Fredmund Malik warnt dagegen zurecht davor, dass dem Management oft nur negative Eigenschaften zugeordnet würden, wie „bürokratisch, nicht innovativ, nicht dynamisch, vergangenheitsorientiert und dergleichen“, während man die guten und wünschenswerten Qualitäten in die Leadership-Schublade einsortiere. „Man vergleicht also schlechtes Management mit guter Leadership. Das ist schlicht unlogisch.“[21] Der Schweizer Wissenschaftler fokussiert daher nicht auf die Unterschiede von Leadership und Management, sondern auf die Wirksamkeit von Menschen in Organisationen: „Wirksamkeit heißt, sowohl effektiv als auch effizient zu sein. Wirksamkeit heißt, die richtigen Dinge richtig zu tun – im Denken ebenso wie im Handeln."[22] Das bedeutet: In Organisationen kann Leadership nur dann erfolgreich sein, wenn gutes Management sie unterstützt. Was gutes Management bedeutet, hat wiederum Ilja Grzeskowitz trefflich definiert: „Management ist die Fähigkeit, innerhalb einer Gruppe die beteiligten Personen, Prozesse und Ressourcen anhand von bereits etablierten Werten, Überzeugungen und Regeln zu steuern, zu kontrollieren und optimal einzusetzen."[23] Damit wird noch einmal glasklar: Management arbeitet im System, es ist auf Optimierung von Prozessen innerhalb der bestehenden Struktur ausgerichtet. Tyrion erweist sich in der Serie immer wieder als wirksamer Manager. Eine Qualität, die er schon in jungen Jahren offenbarte, wie dieser Dialog mit Varys aus der Episode 2.08 belegt: „Als ich das Mannesalter erreichte, übertrug mein Vater mir die Verantwortung über die Abwasserkanäle und Zisternen in Casterlystein." Spöttisch kommentiert Varys: „Ein hochwohlgeborener Klempner." Worauf Tyrion antwortet, nicht ohne Stolz auf seine Management-Kompetenzen: „Nie floss das Wasser besser und all die Scheiße fand ihren Weg ins Meer."

Entscheidend ist für uns: Leadership darf wirksames Management nicht ausklammern. Beide Fähigkeiten brauchen einander; die eine ist ohne die andere meistens wirkungslos. Im seltenen Idealfall verfügt ein Manager über ausgeprägte Leadership-Fähigkeiten oder ein Leader hat zugleich fundierte Management-Kompetenzen. Mit zunehmender Komplexität eines Unternehmens oder Projekts jedoch muss Führung, wenn sie im Malik'schen Sinne wirksam sein will, die organisatorischen Aufgaben delegieren. Dabei ist Achtsamkeit geboten, damit sich Führung nicht abkoppelt vom Management. „Das Zusammenspiel dieser beiden Tätigkeiten findet auf der Strukturebene statt, wenn abgesprochen wird, mit welchem Arbeitsprogramm der angelegte Kurs erreicht werden soll", beschreibt Hinz diese wichtige Verzahnung im Arbeitsalltag. Selbst, wenn beide Tätigkeiten von einer Person durchgeführt werden, sollte diese Führungskraft sich sehr wohl die unterschiedlichen Rollen und Aufgaben des eigenen Tuns bewusst machen: Die Führungskraft muss ständig überprüfen, „wie die Ergebnisse des Managementprozesses auf den Führungsprozess zurückwirken und ob Führung darauf aktiv reagieren will/muss."[24]

Im Kontext von *Game of Thrones* heißt das: Ein König, der einen Großkonzern wie die Sieben Königreiche erfolgreich regieren will, braucht (mindestens) eine Hand,

Tyrions Tipp

Leadership und Management brauchen einander, allein sind sie wirkungslos. Je komplexer eine Organisation wird, desto wichtiger ist es, dass die Führung organisatorische Aufgaben delegiert, aber die Ergebnisse des Managements ständig im Führungsprozess rückkoppelt.

die für ihn zuverlässig das administrative Tagesgeschäft erledigt. Sogar Robert Baratheon, weit davon entfernt, eine inspirierende Führerfigur zu sein, weiß das. Deshalb beharrt er so darauf, Ned zur Hand zu ernennen. „Ich will, dass du mein Königreich lenkst, während ich esse, trinke und mich vorzeitig in die Gruft hure. [...] Du hast mir geholfen, den Eisernen Thron zu erobern. Jetzt hilf mir, das verdammte Ding zu halten." (1.01). In den 17 Jahren seiner Regentschaft hat Robert nur drei Sitzungen des Kleinen Rates beigewohnt. Während er sich dann mit Frauen oder auf der Jagd vergnügt, regiert Ned und trifft Entscheidungen im Namen des Königs. Das wird besonders deutlich in jener Szene, als Ned im Thronsaal Recht spricht und Gregor Clegane wegen seiner Verbrechen zum Tode verurteilt (1.06).

Während Robert allerdings jegliche Kompetenz vermissen lässt, seinen Untergebenen eine inspirierende Vision und Richtung zu geben, sind das Qualitäten, über die Daenerys verfügt, wie wir später genauer darlegen werden. Während ihrer Audienzen in Meereen empfängt die Königin Hunderte von Bittstellern und übt sich so im mühsamen Tagesgeschäft des Regierens (4.06 & 4.10). Daenerys schart im Verlauf der Serie eine wachsende Zahl von Managern um sich, angefangen mit Jorah Mormont. Er und Grauer Wurm sorgen für Sicherheit und organisieren die Armee. Konsequent ernennt sie später Tyrion Lennister zu ihrer Hand und delegiert somit auch administrative Arbeit an ihren wichtigsten Berater (6.10), während sie als Führerin die Richtung vorgibt, ihre Gefolgsleute motiviert und den Wandel inspiriert.

Führung aus Sicht der Organisationsentwicklung

Braucht der Mensch überhaupt Führung?

In der Begriffsklärung zum Thema Führung haben wir eine Frage bislang ausgeblendet: Braucht der Mensch überhaupt Führung? Diese Frage stellt sich in der Serie überhaupt nicht. *Game of Thrones* spielt in einer mittelalterlichen Welt, wie die Historikerin Carolyne Larrington überzeugend analysiert hat: „Die Regeln der Baratheon-Monarchie und des Clansystems der Dothraki, der Verhaltenskodex der Bruderschaft der Nachtwache und für den Hüter des Nordens – sie alle decken sich mit Formen sozialer und kultureller Organisation, die sich im Europa und Zentralasien des Mittelalters findet. George R. R. Martins Weltkonstruktion schöpft hauptsächlich aus der Geschichte des europäischen Mittelalters [...], daneben aber greift er auch auf die Sitten und Gebräuche älterer Kriegerkulturen zurück – Kelten, Angelsachsen und Wikinger -, auf die Geschichte der Mongolen [...] übergreifende Konzepte wie die katholische Kirche und das Rittertum".[25]

Niemand dürfte im Mittelalter, am Kaiserhof von Karl dem Großen, beim Wikinger Leif Eriksson, beim englischen König Richard Löwenherz oder beim Mongolenfürsten Dschingis Khan ernsthaft die Frage gestellt haben, ob der Mensch überhaupt Führung braucht. Zumindest niemand, der nicht lebensmüde war. Warum also stellen wir diese Frage? Weil sie von Wissenschaftlern, Organisationsentwicklern und Beratern seit einigen Jahren intensiv diskutiert wird. Und weil etliche Verfechter kollaborativer Organisationsformen Führung im Sinne einer disziplinarisch verantwortlichen Funktion ablehnen.

Für Sie als Leser geht es in diesem Buch ja vorrangig darum, welche Führungsprinzipien von *Game of Thrones* Sie in Ihren Arbeitsalltag sinnvoll übertragen können. Wenn Führung also unnötig wäre, könnten wir das Buch an dieser Stelle beenden. Thema verfehlt. Schluss, Aus, Ende, danke für Ihre Aufmerksamkeit bis hierhin. Denn warum sollten Sie sich eigentlich mit den Führungskompetenzen von Jon, Daenerys und Co. beschäftigen, wenn ein Transfer in Ihre berufliche Welt völlig sinnlos wäre?

Sie ahnen es vermutlich bereits: Wir denken in Bezug auf den Sinn und Bedarf von Führung radikal anders als die Anhänger von führungsloser Selbstorganisation. Wir sind davon überzeugt, dass in einer VUCA-Welt mehr Führung erforderlich ist als je zuvor. Mehr allein reicht allerdings nicht: Wirksamer muss Führung sein.

Um das herauszuarbeiten, finden wir in *Game of Thrones* zahlreiche Beispiele. Deshalb schauen wir jetzt einmal darauf, welche Lebens- und Arbeitswelten wir in der Serie vorfinden, um anschließend die Brücke zu den Anforderungen moderner Organisationen zu schlagen.

Die Dothraki und das Freie Volk – tribale impulsive Organisationen

Aus einer entwicklungsgeschichtlichen Perspektive herrschen zwei Organisationsformen vor: Bei den Dothraki, einer Mixtur aus den Kulturen der Mongolen und nordamerikanischer Nomadenstämme wie den Komantschen oder Cheyenne, erleben wir die sogenannte tribale impulsive Organisation. Sie ist gekennzeichnet von ständiger Machtausübung durch den Anführer, um den Gehorsam der Untergebenen zu sichern. Persönliche Treue der Mitarbeiter zum Chef ist die Basis der Zusammenarbeit. So funktionieren heutzutage Mafiaclans, Rockergangs oder Stammesmilizen in Afrika. Khal Drogo beherrscht sein Khalasar, so lange er körperlich stark und unbesiegt ist. Nach alten Ritualen der Dothraki gilt, dass ein Khal, der nicht mehr reiten könne, keine Macht mehr habe, und deshalb verlieren viele Dothraki den Respekt vor dem verwundeten und geschwächten Drogo (1.09) – ein Verhalten, dem manche durch Krankheit oder Erfolglosigkeit angeschlagenen Führungskräfte selbst in modernen Organisationen noch begegnen können.

„Die Währung in dieser Welt ist Macht. Wenn ich mächtiger bin als du, dann kann ich einfordern, dass meine Bedürfnisse erfüllt werden; wenn du mächtiger bist als ich, dann ordne ich mich unter und hoffe, dass du für mich sorgst“[26], beschreibt der Organisationsforscher Frederic Laloux die grundlegende soziale Übereinkunft dieses rund 10.000 Jahre alten Systems. Dabei seien solche Organisationen sehr opportunistisch, „sie richten ihre Aufmerksamkeit nur auf die nächste Gelegenheit im Rahmen von Tagen oder Wochen“.[27] Sie leben im Hier und Jetzt und planen nicht langfristig systematisch für die Zukunft.

Eine spannende Variante der tribalen Organisation stellt das Freie Volk nördlich der Mauer dar – oder die „Wildlinge", wie sie in den Sieben Königslanden genannt werden. Sie leben in Stämmen, Dörfern und Gruppen, die untereinander meist zerstritten sind. Der Name Freies Volk nimmt Bezug auf ihre Gesellschaft, die keine politische Autorität, erbliche Titel oder höheren Besitzanspruch über das Land anerkennt. Ihr Motto lautet dementsprechend: „Wir knien nicht." Diese Wildlinge folgen nur Anführern, die sie selbst gewählt haben – so wie Manke Rayder. In der Geschichte des Freien Volks ist Manke eine von wenigen Personen, die den nicht erblichen Titel König-jenseits-der-Mauer tragen. Doch hat er keine Untertanen, wie ein Khal der Dothraki oder der Herrscher der Sieben Königslande, sondern folgen ihm die Menschen freiwillig, weil sie seine Führungskompetenz anerkennen.

Erinnern Sie sich? „Führende haben Folgende." Dafür ist Manke Rayder das beste Beispiel. Ähnlich wie die Häuptlinge bei vielen indianischen Kulturen muss auch Manke seine Führungswürde durch Klugheit, Redegewandtheit, Tapferkeit und umsichtige Urteile stets aufs Neue beweisen. Da dieses System nicht wie die Dothraki-Kultur auf physischer Macht beruht, sondern auf der freiwilligen Akzeptanz von Führungskompetenz, verkörpert das Freie Volk einen beinahe modernen Ansatz von Kollaboration in einer selbstverantwortlichen Gemeinschaft. Jetzt kommt allerdings das „Aber": Die Wildlinge sind so frei, dass keine einheitlichen Gesetze und Regeln durchgesetzt werden können. Zusammenarbeit ist somit niemals planbar.

Ob nun Dothraki oder das Freie Volk, langfristige Projekte wie den Bau einer mächtigen Festung oder gar einer 200 Meter hohen Eismauer können so verfasste Gesellschaften niemals verfolgen. Auch sind solche Systeme weder stabil noch sicher, denn in „tribalen Organisationen sind die Machtstrukturen in ständigem Fluss und die Menschen kämpfen um Einfluss."[28]

Die Sieben Königslande – eine traditionelle konformistische Organisation

Das sieht in der zweiten Organisationsform, dem sogenannten traditionellen konformistischen Paradigma, anders aus. „Traditionelle Organisationen bringen Stabilität in die Machtstrukturen, es gibt formelle Titel, feste Hierarchien und Organigramme [...] Die Planung und Ausführung sind strikt getrennt: das Denken geschieht oben, das Tun unten. Die Entscheidungen, die oben gefällt werden, gelangen durch aufeinanderfolgende Managementebenen nach unten", erklärt Laloux und charakterisiert so das Herrschaftsprinzip der Sieben Königslande. In dieser sesshaften, durch Landwirtschaft, Handwerk und Armee geprägten Gesellschaft gilt Stabilität als wichtigster Wert. Im Gegensatz zur Nomadenkultur sind in einer Welt, in der Aussaat, Ernte und Lagerung geplant werden müssen, Disziplin und langfristiges Prozessdenken existenziell wichtig. „In traditionellen konformistischen Organisationen werden Wachstum und Stabilität möglich, weil die Menschen damit zufrieden sind, in ihrer Rolle zu bleiben und nicht nach Höherem streben."[29] Zugehörigkeit zu einer Familie, einem Berufsstand, einer Dorfgemeinschaft, einer Kirche, einem Lehnsherren und einem Königreich stiftet Sinn und vermittelt soziale Sicherheit – zumindest in begrenztem Maße.

Solche Gesellschaften bringen ausgeprägte Gruppennormen und oftmals starre Verhaltensregeln hervor. Die traditionelle Welt von Winterfell mit auf Respekt und Pflicht basierender Lehnstreue und strengen Ehrbegriffen ist dafür ein typisches Beispiel. Den Wandel von der impulsiven Stammesorganisation hin zu einer konformistischen Gesellschaft beschreibt der Autor Ken Wilber so: „Die Fürsorge wird von mir auf die Gruppe erweitert – aber nicht weiter! Wenn du ein Mitglied meiner Gruppe bist – ein Anhänger [...] meiner Mythologie, meiner Ideologie – dann bist auch du „erlöst". Aber wenn du einer anderen Kultur, Gruppe, Mythologie angehörst und an einen anderen Gott glaubst, dann bist du verdammt."[30] Diese soziale Abgrenzung gegen andere – Wildlinge, Dothraki, sogar Menschen aus dem Königreich Dorne – ist ein ständiger Konfliktherd in *Game of Thrones*. Es ist die Haltung „Wir" gegen „die anderen". Im Laufe des Krieges um den Eisernen Thron werden es dann zunehmend die Loyalitäten zu den mächtigen Familien Lennister, Baratheon, Stark und Targaryen, die über das Schicksal von Menschen entscheiden. Erst mit der ultimativen Bedrohung durch die Armee des Nachtkönigs fokussiert sich ab Staffel 7 das Verständnis mühsam – und mit der egozentrischen Ausnahme von Königin Cersei – auf die soziale Zugehörigkeit zum „Wir Westerosi" gegen die „Anderen", die Zombies aus dem Norden. Nachdem allerdings der Nachtkönig in Episode 8.03 besiegt worden ist, brechen erneut die alten Vorurteile auf: Insbesondere im Norden finden die militanten Südländer – Dothraki, Unbefleckte und die Drachenkönigin – keine Akzeptanz. Daenerys fühlt sich zurecht ungeliebt, und ihre von Jorah stets genährte Hoffnung, das einfache Volk von Westeros werde ihr Zuneigung entgegenbringen, wird zunehmend enttäuscht.

Die traditionelle Organisation, wie wir sie gerade skizziert haben, ist weniger abhängig von der obersten Führungsperson, dem König, Befehlshaber, Vorstandsvorsitzenden oder Geschäftsführer, als tribal-impulsive Clans. Die Person an der Spitze hat zwar die Macht, den Kurs zu bestimmen und absoluten Gehorsam einzufordern, wie wir es aus Diktaturen kennen. Dennoch ist es für den Bestand des Systems unerheblich, ob der Chef Joffrey Baratheon, Ned Stark oder Cersei Lennister heißt. Selbst, wenn der Chef in dieser Organisation ausgetauscht wird, funktioniert das System weitgehend reibungslos weiter, weil es eine auf Stabilität angelegte formelle Hierarchie mit klar zugewiesenen Rollen und Aufgaben bildet. So funktionieren Erbmonarchien, Einparteiensysteme wie in China, die katholische Kirche und die meisten Großunternehmen mit Vorstand oder Geschäftsführung. Auch die Sieben Königreiche sind so organisiert, die Nachtwache und die Sekte der Spatzen. Weil persönliche Treue nicht mehr nötig ist, ermöglicht das traditionelle System den Aufbau großer Organisationen, in denen Tausende von Mitarbeitern sogar über weite Entfernungen zusammenarbeiten können.

Bei allen Vorzügen der Stabilität hat diese streng hierarchische Organisation einen entscheidenden Nachteil: Sie erzeugt eine Kultur von Befehl und Gehorsam. Ordnung und Konstanz prägen dieses System, es befördert Stillstand, Besitzstandswahrer und egoistische Karrieristen. Die traditionelle Organisation verursacht also genau die negative Ausprägung von Management, die so oft kritisiert wird. Pfläging beschreibt diesen Zusammenhang so: „Entscheidungen werden oben getroffen, Weisungen werden nach unten weitergegeben. Die Pyramide wird vom Management per Management gesteuert. Wo ist das Problem? Das Problem ist, dass es einen inneren Zusammenhang zwischen Verantwortung und Entscheidung und zwischen Entscheidung und Handlung gibt. Wer die Verantwortung für seine Entscheidung trägt, entscheidet anders, nämlich verantwortlich. Und wer selbst verantwortlich entscheidet, handelt anders, nämlich entschieden. Wer Verantwortung und Handeln in Organisationen systematisch voneinander trennt, der tilgt Entschiedenheit und Verantwortlichkeit aus der Organisation, der institutionalisiert Beliebigkeit und Verantwortungslosigkeit."[31] Der Diesel-Abgasskandal im VW-Konzern ist dafür ein abschreckendes Beispiel. Was auch im Detail der Prozess gegen den ehemaligen Vorstandschef Martin Winterkorn ergeben wird, klar ist: Die strenge Hierarchie, Obrigkeitshörigkeit und institutionalisierte Trennung zwischen Entscheidung im Vorstand und Ausführung im Betrieb begünstigte bei VW systematisch die ohnmächtige Verantwortungslosigkeit der Fachabteilungen und deckte zugleich die mächtige Verantwortungslosigkeit des Vorstandes.

Ähnlich wie Pfläging diagnostiziert der amerikanische Ökonom Gary Hamel in solchen Vorgängen ein strukturelles Problem der Machtkonzentration in der obersten Hierarchieebene: „Wenn man jemandem die Macht eines Königs gibt, dann entsteht früher oder später ein königliches Chaos." Hamel verweist darauf, dass in den meisten Fällen „die mächtigsten Manager am weitesten von der Wirklichkeit der konkreten Arbeit entfernt sind. Viel zu oft werden Entscheidungen auf einem fernen Olymp getroffen, die auf dem Boden der Tatsachen nicht umsetzbar sind."[32] Für diese abgehobene Selbstherrlichkeit einer obersten Führungsperson oder -clique gibt es in Politik und Wirtschaft zahlreiche aktuelle Beispiele. Denken Sie nur an die zunehmend autokratischen Regime oder an die Millionenboni, die manche Vorstände kassieren, obwohl ihr Unternehmen Verluste macht und Tausende von Stellen gestrichen werden.

Auch in *Game of Thrones* erleben wir die Auswüchse von Führung, der jede Bodenhaftung abhandengekommen ist. Joffrey, der Psychopath auf dem Eisernen Thron, zeigt eindrucksvoll, wohin unkontrollierbarer Narzissmus gepaart mit Macht führen kann. Dass solch ein Verhalten nicht im Vakuum entsteht, sondern immer einen Nährboden braucht, in dem es wie eine Bakterienkultur gedeihen kann, wird deutlich, wenn man seine Mutter mit ihm reden hört: „Eines Tages sitzt Du auf dem Thron, und dann bestimmst Du, was die Wahrheit ist. […] Du bist mein

Goldjunge. Und die Welt wird genauso sein, wie Du es wünscht." (1.03). Cersei bringt im Gespräch mit Tyrion knackig auf den Punkt, was sie von der Basis hält: „Ha, das Volk. Interessiert mich nicht." (2.02). Eine Aussage, die so mancher Firmenvorstand in Bezug auf seine Belegschaft auch tätigen würde – zumindest hinter verschlossenen Türen.

Sieben Königslande reloaded: die Organisation moderner Unternehmen

Während wir die tribale Variante mit ihrem Fokus auf physische Macht als Organisationsform für seriöse moderne Unternehmen ausblenden können, ist das traditionelle System auch heutzutage noch allgegenwärtig. Wenn bei Ihnen im Unternehmen ein hierarchisch strukturiertes Organigramm gepflegt wird, so steckt immer ein Stück traditionell-konformistisches Denken darin. Dieser altertümliche Ansatz erzeugt in Unternehmen angepasste Mitarbeiter, die ihre Kreativität und Intelligenz nur innerhalb eng gesteckter Grenzen einsetzen dürfen. Verstärkt wird dieser Prozess durch ein mehr als 100 Jahre altes Konzept: Der US-amerikanische Ingenieur Frederick Taylor veröffentlichte 1911 sein epochemachendes Hauptwerk „The Principles of Scientific Management"[33]. Die Theorie der wissenschaftlichen Betriebsführung verfestigte die konsequente Trennung des Denkens und Entscheidens in der Unternehmensleitung und des gehorsam ausführenden Handelns durch Arbeiter und Angestellte. Dieses tayloristische Grundprinzip wurde zum Standard der industriellen Massenproduktion im 20. Jahrhundert. Der Taylorismus beschreibt im Kern eine traditionelle konformistische Organisation und koppelt sie mit auf Effizienz getrimmter Leistungsorientierung und Kontrolle durch Zielvorgaben. Das Maß der Freiheit auf dem Weg zum Ziel ist dabei für die Mitarbeiter mal enger, mal weiter, je nach Unternehmenskultur, Branche, Rahmenbedingungen und Persönlichkeit der Vorgesetzten.

Eine derartig traditionelle Organisationsform mit stark formalisierten Rollen innerhalb einer hierarchischen Pyramide sowie exakten Prozessketten erleben wir immer noch als vorherrschendes Paradigma – nicht nur beim Militär und in Kirchen, sondern auch in den meisten Behörden und bei vielen Unternehmen. Ja, Hierarchien sind zwar flacher geworden (ein Ergebnis von kostensenkendem Lean Management), Führungskräfte verfügen über mehr Sozialkompetenz, aber, wie Baumanns und Schumacher richtig feststellen, die Art, wie wir Abläufe standardisieren und Skaleneffekte erzielen, die „Methoden, mit denen wir Unternehmen führen, stammen aus der ersten Hälfte des 20. Jahrhunderts"[34].

Nun müssen Methoden nicht deshalb per se schlecht sein, weil sie betagt sind. So erfolgen Längen- und Abstandsberechnungen bei rechtwinkligen Dreiecken seit dem sechsten vorchristlichen Jahrhundert nach dem Satz des Pythagoras. Knoten wie der Palstek oder die Endacht werden seit Jahrhunderten in der Schifffahrt benutzt. Das Grundverfahren des Bierbrauens oder Whiskybrennens ist trotz enormer technischer Fortschritte in Europa wie früher.

Doch haben sich die globale Ökonomie und das gesellschaftliche Bewusstsein in den letzten Jahrzehnten derartig verändert, dass nicht angepasste Mitarbeiter, sondern angepasste Unternehmen der Schlüssel zu einer erfolgreichen Zukunft sind. Das von Taylor auf Effizienz der industriellen Produktion hin getunte traditionelle Organisationssystem hat drei wesentliche Nachteile:

1) Es prägt eine Kultur von Befehl und Gehorsam, von Anpassung und Stillstand und mithin Verantwortungslosigkeit.
2) Es setzt auf stabile Prozesse und suggeriert Verlässlichkeit, Planbarkeit und Beherrschbarkeit.
3) Es ignoriert, dass Menschen mit ihrer Arbeit etwas Sinnvolles bewirken und so einen bedeutsamen Beitrag leisten wollen.

Szenarien vorbereiten statt detailliert planen

Den ersten Nachteil haben wir im vorhergehenden Abschnitt bereits erläutert. Der zweite Kritikpunkt führt uns wieder in die einleitend skizzierte VUCA-Welt: Wir sind in unserem Privat- und Berufsleben mit zunehmend flüchtigen, unsicheren, komplexen und mehrdeutigen Herausforderungen konfrontiert – und reagieren oftmals mit Werkzeugen des Industriezeitalters. „Um die passenden Ideen zu finden und deren Umsetzung zu durchschlagenden Produkten und Diensten zu ermöglichen, helfen die Reflexe und Standards aus tayloristischen Zeiten nicht weiter", argumentieren die Organisationsberater Bernd Oestereich und Claudia Schröder.[35] Mit endlos detaillierten Zahlenkolonnen auf Basis erzielter Ergebnisse versuchen Manager, die unternehmerische Entwicklung vorherzusagen und zu beherrschen. Vergeblich. Denn die wirtschaftliche Entwicklung der Vergangenheit ist kein zuverlässiges Prognoseinstrument, schon gar nicht, wenn Märkte und Rahmenbedingungen immer ungewisser werden. Wie Pfläging schreibt: „Zukunft kann man nicht managen, schon gar nicht in Form einer jährlichen, bürokratischen Top-Down-Veranstaltung namens Jahresplanung."[36]

Diese hierarchischen Planungsorgien legen ganze Unternehmensbereiche für Wochen, manchmal Monate lahm und verursachen Transaktionskosten, die weder wertschöpfend sind noch irgendwo erfasst werden. Oft zerschellen die Planzahlen an der Realität. „Entsprechende Abweichungen von der Planung werden als Planungsfehler missverstanden und müssen dann aufwendig begründet werden. Diese Rechtfertigungsrituale lähmen die Organisation zusätzlich"[37], fassen Baumanns und Schumacher ihre Erfahrungen zusammen. Dennoch halten viele Unternehmen stur an der Illusion der Planbarkeit des künftigen Geschäftes fest. Dieses Denken macht blind für Veränderungen und verhindert flexible Reaktionen auf unvorhersehbare Entwicklungen.

Dem amerikanischen Psychologen und Nobelpreisträger Daniel Kahneman zufolge werde die Wirkung von Führung in dieser Art kapitalistischer Planwirtschaft völlig überschätzt. In seinem bahnbrechenden Werk „Schnelles Denken, langsames Denken" argumentiert er, das Konzept von Führung beruhe auf der Annahme, dass die Ereignisse des Marktes vorhergesehen werden können.[38] Eine trügerische Annahme. Tyrion, der schlaue Zwerg, denkt ähnlich und glaubt stets, die Spielzüge seiner Gegner antizipieren zu können. Als Hand von Daenerys erlebt er dabei gleich dreimal ein Debakel: Die Sklavenmeister von Yunkai und Astapor halten sich nicht an das Friedensabkommen, das sie mit ihm getroffen haben, und bombardieren Meereen von See aus (6.08). Dann schlägt sein Plan fehl, Casterlystein, den Stammsitz seiner Familie, einzunehmen, um damit die Lennisters zu schwächen. Jaime hat seinen Bruder ausmanövriert, überlässt die Burg an der Westküste den Unbefleckten, nachdem er heimlich den Großteil der Garnison abgezogen hat, um in Rosengarten die Reichtümer der Tyrells zu plündern. Die Flotte der Drachenkönigin, mit der die Unbefleckten zur Invasion eingeschifft wurden, wird von Euron Graufreud zerstört (7.03). Und schließlich täuscht Cersei Tyrion, der die Verhandlungen zwischen ihr und Daenerys in der Drachengrube von Königsmund initiiert hat: Sie hält sich nicht an die Vereinbarung und wird keine Truppen zum Kampf gegen den Nachtkönig nach Norden entsenden (7.07).

Erinnern Sie sich noch an den alten Moltke, den wir im ersten Teil des Buchs schon zitiert haben? „Kein Plan überlebt die erste Feindberührung." Mit Blick auf eine dynamische und komplexe Wirklichkeit fordert Pfläging deshalb: „Hören Sie auf zu planen und bereiten Sie sich lieber auf die Eventualitäten vor. Es kommt immer anders, als im Plan steht."[39] Ob Finanz- oder Projektplan, je detaillierter Zahlen oder Prozessschritte für die Zukunft vorhergesagt und festgelegt werden, desto mehr wiegen sich Menschen in trügerischer Planungssicherheit und desto weniger flexibel reagieren sie auf ungeplante Abweichungen. Doch können Sie nicht bestimmen, wie die Zukunft abläuft.

Die zugespitzte Forderung könnte deshalb eigentlich nur lauten: „Schaffen Sie Ihre Planung ab!" Doch das ist auch nicht vernünftig, weil es immer sinnvoll ist, auf mögliche Szenarien vorbereitet zu sein. Planung muss daher stets Alternativen vorsehen, die rasche Reaktionen auf das Unerwartete ermöglichen. Ein wichtiger Zweck dieser Art von Planung ist der Fokus auf die Ziele: Was tun Sie, um Ihr Ziel zu erreichen, wenn Szenario A, B oder C eintritt? Wer so plant, bleibt in Bewegung, passt sich der Wirklichkeit an und reagiert dynamisch auf Veränderungen. So kleben Sie nicht statisch an Ihren exakt ausgearbeiteten Detailplänen und lähmen sich selbst. Hinz rät daher, lieber auf Sicht zu segeln, statt exakt zu planen. Damit meint er eine „Haltung, in der Flexibilität, seemännisch gelassene Reaktion, Erfahrung und der strukturierte Umgang mit dem Unvorhergesehenen breiten Raum einnehmen". Nur dann sei eine Führungskraft in der Lage, auf der Welle der Komplexität und Ungewissheit zu surfen.[40]

Sinn stiften: Menschen wollen mit Arbeit einen Beitrag leisten

Beim dritten Kritikpunkt an der tayloristischen Organisationsform mit traditioneller Hierarchie geht es im Grunde genommen um das von Karl Marx geprägte Konzept der entfremdeten Arbeit.[41] Wer am Fließband, am Schreibtisch oder an der Supermarktkasse nur Anordnungen befolgt und bis ins Detail vorgeschriebenen Prozesse stumpf ausführt, für den ist Arbeit eine triste Angelegenheit. Im marxistischen Sinne gehört die Tätigkeit so nicht dem arbeitenden Menschen; sie ist ihm fremd, weil das Produkt seiner Arbeit jemand anderem gehört. Die Arbeitstätigkeit befriedigt keine Bedürfnisse des Beschäftigten; sie dient nur als Mittel, um Bedürfnisse außerhalb der Arbeit zu befriedigen, also um die Kosten für Nahrung, Wohnraum, Kleidung, Mobilität, Freizeit und andere Dinge des modernen Lebens zu begleichen.

Tyrions Tipp

Verschwenden Sie keine Energie in detaillierte Planung, wenn ungewiss ist, was passieren wird. Bereiten Sie sich stattdessen solide auf mögliche Szenarien vor, um auch bei unvorhergesehenen Ereignissen flexibel reagieren zu können.

Hirnforscher bestätigen diesen Ansatz von Marx aus neurobiologischer Perspektive. Eine Tätigkeit, die keinen Spaß macht, mag unser Gehirn nicht. Es produziert keine Glückshormone, so dass wir ständig mit hohem Energieaufwand gegen unsere innere Lustlosigkeit arbeiten müssen. Wir hatten einleitend das Flow-Konzept von Czikszentmihály angesprochen, jenes als beglückend erlebte Gefühl eines mentalen Zustandes völliger Vertiefung und restlosen Aufgehens in einer Tätigkeit. Das dürften wohl nur wenige Menschen erleben, wenn Anordnungen monoton abgearbeitet werden. Natürlich kann nicht jeder Job ständig Flow-Erlebnisse hervorbringen. Aber Arbeit sollte Sinn stiften. Die meisten Menschen wollen arbeiten, um etwas zu bewirken. Sinn und das damit verbundene gute Gefühl entstehen, wenn wir unsere Fähigkeiten an Aufgaben mit möglichst konkreten Ergebnissen anwenden und uns so weiterentwickeln können. Tief in uns brennt eine Sehnsucht danach, einen Beitrag zu leisten, etwas Wichtiges zu bewirken, und wir verabscheuen den Gedanken, ein bedeutungsloses Leben gelebt zu haben. Stephen R. Covey hat diesem Gedanken seinen Bestseller „Der 8. Weg“[42] gewidmet. Er zeigt darin, dass dafür der Mensch mit all seinen Potenzialen im Mittelpunkt von Führung stehen muss. Gute Führungskräfte helfen anderen dabei, ihr Potenzial zu entwickeln – und so einen Beitrag zu leisten. Sie sind, wie wir im Zusammenhang mit der Heldenreise dargelegt haben, kundige Reiseleiter ihrer Mitarbeiter.

Ohne Führung keine sinnvolle Zusammenarbeit in Organisationen

„Es reicht, wenn jeder sich selbst führt“ [43], fordert die Autorin Susanne Klein in ihrem Buch „Kein Mensch braucht Führung“. Provakante These, provokanter Titel. Und nach unserer Meinung modischer Unfug. Im Grunde führt Klein den Buchtitel selbst ad absurdum, wenn sie bereits im ersten Teil Selbstführung als Kernkompetenz definiert und schreibt, „dass Führung eigentlich das Ziel haben müsste, die Fähigkeit zur Selbstführung zu unterstützen."[44] Damit bestätigt sie Coveys Position, der Führungskräfte vorrangig als Entwicklungshelfer begriffen hat: „Führung heißt, den Mitarbeitern ihren Wert und ihr Potenzial so deutlich vor Augen zu führen, dass sie es selbst in sich sehen."[45]

Autoritäre Vorgesetzte, aufgeblähte Zuständigkeitshierarchien, dirigistische Planungsorgien – ja, all das gehört unserer Überzeugung nach auf die Müllhalde der Organisationsgeschichte. Doch bedeutet das auch, Führung als bestimmten Personen fest zugeordnete Aufgabe habe ausgedient? Verfechter kollaborativer Organisationsmodelle wie Laloux und Pfläging wollen uns das glauben machen. Brian J. Robertson, der Entwickler der Holokratie-Methode, ist überzeugt: „Die grundlegenden Strukturen und Prozesse der Machtverteilung in einer Organisation halten die Möglichkeit offen, dass jeder Macht haben und ausüben kann."[46] Der Ort der Macht sei in diesem System nicht mehr eine Person an der Spitze, sondern ein Prozess, der selbstbestimmtes und -verantwortliches Handeln der Mitarbeiter ermögliche. Keine Frage, das klingt sympathisch. Doch unsere eigenen langjährigen Erfahrungen zeigen, dass sich in Gruppen fast immer Führungspersönlichkeiten herauskristallisieren, selbst wenn diese nicht formal dazu bestimmt wurden.

Natürlich kann und muss es für bestimmte Themen Spezialisten geben, die dann das Kommando übernehmen, wenn es darum geht, in ihrem speziellen Fachgebiet ein akutes Problem zu lösen. „Entscheidungsrecht ‚springt' dorthin, wo Probleme sind: Jede Entscheidung soll vom jeweils passenden Könner getroffen werden"[47], beschreibt Pfläging seine Idee von informeller Führung. Das gilt ohnehin für Hochleistungsteams, zum Beispiel bei Rettungsdiensten, medizinischen Spezialisten oder militärischen Kommandoeinheiten. In der Wissensgesellschaft nimmt diese Art der fachlich-situativen Führung durch Fachleute zu.

Und doch braucht es nach unserer Überzeugung am Ende immer auch formelle Führung, die die Richtung vorgibt, die Ergebnisse der Gruppe sinnvoll bündelt und eine finale Entscheidung treffen muss. Tom Peters und Robert H. Waterman beschreiben das Erfolgsgeheimnis exzellenter Unternehmensführung „als Nebeneinander von straffer zentraler Führung und möglichst großer Selbstständigkeit des einzelnen."[48] Baumanns argumentiert: „Das Ausbleiben von tayloristischer Hierarchie bedeutet nicht, keine Führung zu haben. Im Gegenteil: Flache Hierarchien brauchen stärkere Führung als klassisch hierarchisch organisierte Unternehmen. Sie brauchen klare Leitlinien, Strategien und Regeln."[49] Alles andere wäre Chaos. Strukturen und Prozesse würden auf Dauer nicht funktionieren, wenn niemand für die Umsetzung verantwortlich ist. Formelle Führung und ein hohes Maß an Selbstverantwortung und Selbstentwicklung in der Mitarbeiterschaft müssen sich nicht ausschließen. In ihren weltweit beachteten Fallstudien haben Peters und Watermann festgestellt: „Unternehmen, die eine straff-lockere Führung praktizieren, haben einerseits sehr strenge Regeln, lassen es aber gleichzeitig zu, dass ihre Mitarbeiter sehr selbstständig, unternehmerisch und innovativ denken und handeln (ja, sie verlangen das sogar)."[50]

Halten wir also abschließend fest:

Führung wird gebraucht,

- um Menschen in Einklang zu bringen mit dem Sinn einer Organisation oder Aufgabe;
- um die Ziele und damit den Kurs einer Organisation festzulegen, zu halten oder zu korrigieren;
- um einen Handlungsraum zu errichten, in dem Zusammenarbeit zur Wertschöpfung miteinander füreinander gelingt;
- um Konflikte zu entscheiden;
- um Mitarbeitern Unterstützung zu geben, ihr Potenzial zu entwickeln - für ihre persönliche Heldenreise.

Die Frage ist, wie das wirksam gelingen kann? Auf dem Prüfstand stehen die Prinzipien, die Methoden, die Aufgaben und die Kompetenzen der Führungskräfte. Diese werden wir anhand der Charaktere von *Game of Thrones* im vierten Teil des Buchs genau unter die Lupe nehmen.

Teil 4: Die Kernelemente wirksamer Führung

„Die Macht wohnt dort,

wo die Menschen glauben, dass sie wohnt."

Lord Varys (2.03)

Vorbemerkung

Führung in modernen Organisationen findet an den Schnittstellen von Strategie, Planung, Produktion, Innovation, Einkauf, Marktbearbeitung, Kundenbeziehung, Organisationsentwicklung, Personal- und Prozessmanagement, Kommunikation und Marketing statt. Führungskräfte sind im Tagesgeschäft meist intensiv mit administrativen Aufgaben befasst, doch ihr Fokus sollte darin liegen, den ihnen anvertrauten und folgenden Menschen einen Rahmen zu gestalten, in dem diese Mitarbeiter gut und gern für die gemeinsamen Ziele tätig sind. Führung ist eine sehr komplexe Aufgabe. Ihr positives Ergebnis ist messbarer Erfolg. Was dabei als Erfolg bewertet wird, hängt von ganz verschiedenen Faktoren ab, je nachdem, in welcher Branche und in welcher Organisationskultur die Führungskraft arbeitet und anhand welcher Maßstäbe gemessen wird.

Deshalb gibt es definitiv nicht *den* einen Weg oder *das* optimale Rezept, um eine wirksame Führungskraft zu werden. Schon aus diesem Grund haben bereits Tausende von Autoren ganz unterschiedliche Konzepte vorgestellt, wie Führung erfolgreich gelebt und umgesetzt werden kann. Viele dieser Bücher können Ihnen wertvolle Beiträge für Ihre Weiterbildung als Führungskraft liefern. Die Kunst besteht für Sie letztlich darin, in dieser prall gefüllten Bibliothek die zu Ihrer Persönlichkeit und Ihren aktuellen beruflichen Bedarfen passenden Ideen zu finden. Denn auch das ändert sich im Laufe der Jahre. Möglicherweise brauchten Sie gestern dringend Tipps, wie Sie in der typischen Sandwichposition im mittleren Management heftige Veränderungen in Ihrer Abteilung gestalten, wie Sie Trennungsgespräche führen, mit den Emotionen der Mitarbeiter umgehen, auf Widerstand reagieren und den vom Top-Management vorgegebenen Wandel glaubwürdig vertreten können. Heute benötigen Sie vielleicht Hinweise, wie es Ihnen am besten gelingt, ein agiles Projektteam über mehrere Standorte zu führen, dessen Mitarbeiter stark eigenverantwortlich agieren, während Sie für die Ergebnisse Ihren Kopf hinhalten müssen. Und morgen sind Sie als Krisenmanager in einer Abteilung mit hoher Fluktuation im Einsatz, sollen dort die spürbar niedrige Motivation der Mitarbeiter und zugleich die Kundenzufriedenheit steigern.

All das sind Führungsaufgaben. Sie werden daran gemessen, wie erfolgreich Sie diese erledigen. Das bestimmt Ihre Wirksamkeit als Führungskraft. Auch dabei werden Sie mal besser, mal schlechter abschneiden. Weil Ihnen manche Aufgaben mehr liegen als andere. Weil Sie sich in einem Job oder einem Unternehmen wohler fühlen als anderswo. Weil Sie während der Umsetzung einer Aufgabe gesundheitlich angeschlagen sind oder privaten Stress durchleben. Weil Sie ein starker Mentor unterstützt, der anderswo fehlt. Machen Sie sich deshalb klar:

- Es gibt nicht *den* einen Weg und *das* optimale Rezept, um als Führungskraft wirksam zu sein.
- Sie (re)agieren als Führungskraft unterschiedlich in unterschiedlichen Organisationskulturen und während verschiedener Lebensphasen.
- Sie sind nie fertig als Führungspersönlichkeit. Nutzen Sie jede Gelegenheit, zu lernen, zu verstehen und Ihr Wissen anzuwenden.

Eingedenk dieser Erkenntnisse: Wie wollen wir Sie dabei unterstützen, wirksamer zu führen? Indem wir Ihnen anhand der großartigen Geschichte(n) und Charaktere von *Game of Thrones* beispielhaft zeigen, was Führung ausmacht. Damit bekommen Sie nicht nur Impulse, die in Ihrem Gedächtnis haften bleiben, sondern auch praktische Anregungen, was Sie vom Verhalten von Jon, Daenerys & Co. in Ihrem Berufsalltag lernen und umsetzen können. Unsere Analyse haben wir in sieben Kapitel eingeteilt, um Ihnen darin die Kernelemente wirksamer Führung in jeweils einem Duo darzulegen.

Vision & Ziele
Werte & Vertrauen
Verantwortung & Konsequenz
Selbstführung & Kompetenz
Entwicklung & Zusammenarbeit
Klarheit & Kommunikation
Flexibilität & Konfliktfähigkeit

Warum wir genau diese Kernelemente gewählt haben, erfahren Sie im jeweiligen Kapitel. Die Dopplung von Elementen ist zum einen unsere Verbeugung vor George R. R. Martins genialer Romanvorlage zur Serie: „Das Lied von Eis und Feuer". Darin kommt unter anderem die Dualität von Nachtkönig und Herr des Lichts, von tödlichem Winter und Drachenfeuer zum Ausdruck. Zum anderen bündeln wir Elemente, die nach unserer Überzeugung eng zusammengehören, in einem kohärenten Duo – auch, um Komplexität zu reduzieren. Deshalb beschränken wir uns auf sieben Kapitel mit je einem Duo wirksamer Führung.

Wir haben übrigens lange diskutiert, mit welchem Begriff wir die 14 Wörter zusammenfassen. Prinzipien, Gebote, Gesetze, Maximen, Säulen, Lektionen, Skills, Wege, Pfade – das alles haben wir hin- und hergewälzt, Freunde genervt, Argumente gesucht und wieder verworfen. Am Ende haben wir uns für „Kernelemente" als passenden Begriff entschieden. Schließlich beschreiben alle 14 Wörter wesentliche Elemente von Führung, schließen aber nicht weitere Elemente aus. Und passenderweise sind Feuer und Wasser (gefroren dann eben Eis) neben Erde und Luft auch Teile der altgriechischen Vier-Elemente-Lehre. Noch einmal verneigen wir uns vor „Das Lied von Eis und Feuer".

Da Führung so viele Facetten hat, gäbe es natürlich zig andere Varianten, sich dem Thema anzunähern. Und Sie dürfen gern ein wenig skeptisch sein, ob es wirklich möglich ist, so komplexe Sachverhalte anhand einer gleichfalls komplexen Fernsehserie auf wenige Kernelemente zu destillieren. Doch auch als Autoren müssen wir entscheiden, konsequent Prioritäten setzen, selbst wenn die Lage nun mal so komplex und uneindeutig ist. Das war eine wesentliche Herausforderung unserer Selbstführung. Folgen Sie uns nun also in die Analyse der Kernelemente wirksamer Führung an Beispielen aus *Game of Thrones*.

Teil 4 - Kapitel 1: Vision & Ziele

„Lennister, Targaryen, Baratheon, Stark, Tyrell - alle nur Speichen eines sich drehenden Rades. Zuerst sind diese oben, dann jene, und es dreht und dreht sich weiter und zermalmt die Leute unter sich. [...] Ich werde das Rad nicht anhalten, ich werde das Rad zertrümmern."

Königin Daenerys Targaryen (5.08)

Was Vision & Ziele bedeuten

Der große ostasiatische Metallgong Tamtam lässt sich dramatisch laut anschlagen, aber auch geheimnisvoll leise. Und so geht es in der Geschäftswelt auch mit Begriffen zu wie Vision, Mission, Leitbild und Zielen. Mit viel lautem Aufwand werden Unternehmensleitbilder und Mission Statements erarbeitet, die dann in Hochglanzprospekten zirkulieren oder auf Tafeln dekorativ in der Empfangshalle verewigt werden.

Da finden sich dann Begriffe wie Qualität, Integrität, Respekt, Exzellenz bei Leistung und Service, Kundenorientierung, Innovation - allesamt selbstverständliche Werte, die „klingen, als wären sie einem Universalkatalog der guten Tugenden entnommen worden", wie Jack Welch süffisant anmerkt.[1] Fragt man aber Beschäftigte danach, was genau diese Leitbilder bedeuten und ob und wie sie in der Praxis gelebt werden, erlebt man oft ratloses Achselzucken bis hin zu resignierter Kritik. Nur öffentlich, gegenüber der Unternehmensführung, möchten die meisten Mitarbeiter solche Meinungen lieber nicht äußern. So bleibt ein grummelndes Raunen im Betrieb, wie ein sanft touchiertes Tamtam. Vision, Mission und Leitbilder bleiben oft nebulös. Um mehr Klarheit zu schaffen, wollen wir die Begriffe kurz definieren und sortieren.

Vision

Die Vision ist ein langfristiges, oft ideales Zukunftsbild einer Organisation. Sie beschreibt die Einzigartigkeit der Organisation und verleiht ihr dadurch eine Identität. Die Vision stiftet für die Mitarbeiter Sinn und gibt ihnen Orientierung. Eine klar ausformulierte Vision steht eher selten am Anfang einer Unternehmensgründung, sondern eher eine Geschäftsidee oder eine Erfindung, mit der ein bestimmtes Ziel verfolgt wird. Visionen entstehen nicht am Reißbrett, sondern entwickeln sich im Geschäftsbetrieb, sind also ein in die Zukunft projiziertes Konzentrat gelebter Wirklichkeit. Oftmals entstehen solche Zukunftsbilder als beiläufiges Ergebnis eines ganz anderen Prozesses; manchmal ist es dieser eine intuitive und mächtige Moment, den Malcolm Gladwell „Blink!"[2] nennt. Sie haben vielleicht auch schon einmal eine solche Eingebung gehabt. Eine wirksame Vision muss folgende drei Kriterien erfüllen: einfach und verständlich formuliert sein (leichte Kommunikation), Emotionen wecken (motivierende Wirkung), Sinn stiften (nachhaltiger Antrieb).[3]

Beispiele: Die Gründungsvision von Microsoft aus dem Jahr 1975 lautete „Ein Computer auf jedem Schreibtisch und in jedem Zuhause." Bei Google heißt es: „Googles Vision ist es, die perfekte Suchmaschine zu entwickeln." Das Einrichtungshaus IKEA formuliert es so: „Unsere Vision ist es, den vielen Menschen einen besseren Alltag zu schaffen – für die Kunden, aber auch für unsere Mitarbeiter und die Menschen, die bei unseren Lieferanten arbeiten." Damit geht die Vision von IKEA deutlich über die Rolle als Möbelhändler hinaus; von ihr beflügelt, sollen die Mitarbeiter einen Beitrag leisten zu einem positiven Wandel der Gesellschaft. Oft als Vision missverstanden und als solche ungeeignet, sind konkrete Marktziele wie „Bis 2030 wollen wir Branchenführer mit mindestens 20 Prozent Marktanteil sein." Eine solche Aussage beantwortet nicht die Frage nach dem Sinn und Zweck des Unternehmens, sie spricht niemanden emotional an (außer vielleicht einige Investoren und Aktionäre).

Mission

Während die Vision den Mitarbeitern Orientierung bietet, richtet sich die Mission an die Kunden eines Unternehmens. „Diese sollen ebenfalls wissen, wofür das Unternehmen – nach seinem eigenen Anspruch – steht und was es für die Kunden sein will. Eine gute Mission greift Werte auf, die für die Kunden wichtig sind und mit denen die Kunden sich identifizieren können. Die Mission drückt aus: Wie wollen wir von unseren Kunden gesehen werden? Warum soll der Kunde uns vertrauen und loyal sein?"[4] So beschreibt ein Mission Statement den Unternehmenszweck und erklärt den positiven Beitrag, den eine Organisation leisten will.

Beispiele: „Teslas Mission ist es, den weltweiten Übergang zu nachhaltiger Energie zu beschleunigen", lautet das Mission Statement des innovativen Mobilitätsunternehmens. Blicken wir wieder zu Google: „Die Mission von Google ist es, die Informationen der Welt zu organisieren und sie allgemein zugänglich und nützlich zu machen." Spüren Sie den Unterschied zur Vision, die die Mitarbeiter des Konzerns mit der Entwicklung der perfekten Suchmaschine beauftragt? Die Mission richtet sich klar am Kundennutzen aus.

Leitbild

Vision und Mission sind Teil des umfangreicheren Leitbildes; vervollständigt wird es durch Werte oder Leitsätze. Oftmals sind solche Leitbilder recht allgemein und hehren Zielen verpflichtet, wodurch sie schwammig und nichtssagend werden. Wir folgen lieber dem pragmatischen Ansatz von Jack Welch. Für ihn muss ein effektives Leitbild vor allem eine Frage beantworten: „Wie wollen wir in unserem Geschäftsfeld erfolgreich sein?". Diese Frage, so Welch, habe bestimmenden Charakter: „Sie zwingt Unternehmen, Entscheidungen über Mitarbeiter, Investitionen und andere Ressourcen zu treffen. Und sie schützt Unternehmen davor, den weit verbreiteten Fehler zu begehen, mit dem Leitbild ausdrücken zu wollen, dass man jedem Wunsch gerecht werden wird – jederzeit. Diese Frage zwingt Unternehmen, ihre Stärken und Schwächen zu definieren, um herauszufinden, wo sie in der Wettbewerbsarena gewinnbringend mitmischen können."[5]

Ziele

„Eine der wichtigsten Lehren des griechischen Philosophen Aristoteles war, dass der Mensch ein teleologischer Organismus ist. Das griechische Wort ‚telos' bedeutet Ziele. Aristoteles ist zu dem Schluss gelangt, dass alles menschliche Streben irgendeinem Zweck diene. Glücklich ist der Mensch nur dann, wenn er etwas tut, was ihn der Erfüllung seiner Wünsche näherbringt", schreibt Brian Tracy, einer der weltweit führenden Experten für Führungstechniken und Leistungspsychologie. Seine Logik ist zwingend: „Erfolg beruht auf Zielen, alles andere kommt von allein. Erfolgreiche Menschen sind stets extrem zielorientiert. Sie wissen, was sie erreichen wollen und darauf konzentrieren sie sich mit ganzer Kraft – jeden Tag aufs Neue. Ihre Fähigkeit, sich Ziele zu setzen, ist die Schlüsselqualifikation für Erfolg. Ziele setzen positive Gedanken, Ideen und Energie frei. Und eben damit sind diese Ziele zu erreichen."[6]

In Organisationen sind Ziele die in den operativen Betrieb heruntergebrochene Mission. Welche Ergebnisse wollen wir erreichen, um in unserem Geschäftsfeld erfolgreich zu sein? Um sie messbar zu machen, werden sie mit klaren Parametern wie Resultat, Zeit, Umsatz, Erlöse, Marktanteil, Wachstumsrate, Verluste und so weiter belegt. In modernen Organisationen „gibt es mehrere und sehr verschiedene Arten von Zielen. Sie unterscheiden sich nach ihrer zeitlichen Wirkung (lang-, mittel-, kurzfristig), nach ihrem Inhalt (strategische Ziele, operative Ziele), nach ihrem Gültigkeitsbereich (Gesamtziele, Bereichsziele, persönliche Ziele) und nach ihrem Konkretheitsgrad (allgemeine Ziele, konkrete Ziele)“, definiert Fredmund Malik.[7] Entscheidend ist: Die wichtigste Aufgabe von Führung ist es, für Ziele zu sorgen – und diese Aufgabe ist nicht delegierbar. Ohne Ziele bricht eine Organisation auseinander. Sie sind der Treibstoff, der die Arbeitsmaschinerie in Gang setzt und die Prozesse am Laufen hält. Auf Dauer sind Zielvorgaben aber nur dann wirklich wirksam, wenn sie mit der Vision verzahnt sind und die Arbeit an Zielen so von den Mitarbeitern als sinnvoll erlebt wird.

Wenn Sie Ihr Team, ein Projekt oder vielleicht sogar ein Unternehmen wirklich nach vorn bewegen wollen, müssen Sie sich auf zwei gleichermaßen wichtige Felder konzentrieren. Erstens müssen Sie Ihr langfristiges strategisches Ziel ständig im Blick behalten: Was ist der Zweck unseres Unternehmens oder Projekts? Für wen machen wir das wirklich? Wie wollen wir in unserem Geschäftsfeld erfolgreich sein? Und dabei müssen Sie gleichzeitig „die begrenzten Ressourcen der Organisation auf die kritischen kurzfristigen Aufgaben fokussieren, um Bewegung zu erzeugen und das Überleben des Unternehmens zu sichern“.[8] Das klingt vielleicht etwas martialisch, weil der Autor und Unternehmensberater Dennis Perkins es am Beispiel der legendären Endurance-Expedition (1914-16) erklärt. Damals kämpften der Polarforscher Ernest Shackleton und 27 Crew-Mitglieder in der antarktischen See 16 Monate lang erfolgreich ums nackte Überleben. Ihr Schiff, die „HMS Endurance“, wurde vom Packeis zermalmt; anschließend campierten und marschierten die Männer bei zeitweise mehr als 25 Minusgraden unter unvorstellbaren Strapazen und in totaler Isolation auf den driftenden, brechenden und alsbald schmelzenden Eisschollen, bevor sie in die mitschleppten Rettungsboote stiegen und sich durch im rauen Südatlantik zu einer verlassenen Insel retten konnten – mit dramatisch schwindenden Vorräten. Ein kleines Team mit Shackleton segelte weitere 800 Seemeilen zu einer Walfängersiedlung, um erfolgreich Rettung zu holen. Dass alle seine 27 Männer nach monatelangem Überlebenskampf unter härtesten Bedingungen körperlich gesund und emotional stabil nach Hause zurückkehren konnten, war Shackletons Krisenmanagement und seiner Führungskunst zu verdanken. Als die eigentliche Mission der Expedition, das Überqueren des Südpols, nicht mehr realisierbar war, schaltete Shackleton sofort um und richtete sein ganzes Denken und Handeln darauf aus, seine Crew heil nach Hause zu bringen. Mit flexibel angepassten Zielen zur kurzfristigen Umsetzung reagierte er auf die dynamischen Veränderungen der antarktischen

Umwelt. Der Boss, wie seine Crew ihn nannte, verwandelte so eine Katastrophe in einen Triumph. Zurecht wurde er von Zeitgenossen gerühmt als einer der „größten Führer, der je auf Gottes Erde gekommen ist“.[9]

Die Endurance-Geschichte ist ein extremes Beispiel für Führung unter Druck. Und doch ist der Vergleich mit Ihrem normalen Führungsalltag treffend. Denn auf die Frage, was der wichtigste Zweck von Führung sei, antwortet Bestseller-Autor Sprenger mit Blick auf die heutige Wirtschaft: „…das Überleben des Unternehmens sichern.“[10] Genau das ist Ihr Job als Führungskraft. Dafür werden Sie bezahlt. Nicht für Ihre Arbeitszeit oder für Leistung, ohnehin eine schwer messbare Kategorie. Von Ihnen wird Erfolg erwartet, gleichfalls eine wenig konkrete Maßeinheit, und mit diesem Erfolg tragen Sie zuerst zum Überleben und danach zum Fortschritt Ihrer Organisation bei.

Nachdem nun unser Verständnis der wesentlichen Begriffe rund um „Vision & Ziele“ zumindest grob geklärt ist, tauchen Sie nun mit uns ein in die Analyse der Charaktere, ihrer Motive und Handlungen.

Tyrions Tipp

Wenn Sie als Führungskraft wirksam sein wollen, müssen Sie sich auf zwei gleichermaßen wichtige Felder konzentrieren: Erstens müssen Sie Ihr langfristiges strategisches Ziel ständig im Blick behalten: Was ist der Zweck unseres Unternehmens oder Projekts? Für wen machen wir das wirklich? Wie wollen wir in unserem Geschäftsfeld erfolgreich sein? Und zweitens müssen Sie Ihre begrenzten Ressourcen auf die dringlichen Aufgaben fokussieren, um kurzfristige Erfolge zu erzielen.

Daenerys Targaryen

Das Rad zertrümmern – eine sozialrevolutionäre Vision

Nachdem Daenerys Tyrion in Episode 5.08 zum neuen Berater ernannt hat, diskutieren die Drachenkönigin und der kleinwüchsige Lennister über ihre weiteren Pläne. Daenerys will den Eisernen Thron von Westeros, doch Tyrion rät ihr, zunächst die Lage in Meereen und auf dem Kontinent Essos zu stabilisieren, weil sie hier die Unterstützung des Volkes habe. In Westeros mangele es ihr an Verbündeten. Die Bevölkerung kenne sie nicht, die mächtigen Häuser würden eigene Interessen verfolgen. Darauf entgegnet Daenerys: „Lennister, Targaryen, Baratheon, Stark, Tyrell - alle nur Speichen eines sich drehenden Rades. Zuerst sind diese oben, dann jene, und es dreht und dreht sich weiter und zermalmt die Leute unter sich." Tyrion ist skeptisch: „Ein schöner Traum. Das Rad stoppen. Ihr seid nicht die Erste, die davon träumt." Doch Daenerys lässt sich nicht beirren. Entschlossen antwortet sie: „Ich werde das Rad nicht anhalten, ich werde das Rad zertrümmern."

Was genau meint die Mutter der Drachen mit diesem Rad? Es ist das Rad der Macht, das die Herrschaft über Westeros symbolisiert, seit Daenerys' Vorfahre Aegon der Eroberer mit einer großen Armee und drei Drachen in Westeros einfiel und den Eisernen Thron für das Haus Targaryen gewann. Sechs der Königslande unterlagen, nur Dorne konnte der Invasion widerstehen. 300 Jahre lang wurde der Eiserne Thron fortan von Targaryen zu Targaryen vererbt, unterstützt von den mächtigen Häusern, die dabei halfen, das Rad immer weiter zu drehen und so auch ihre eigene Macht sicherten. Erst die Rebellion von Robert Baratheon setzte der Targaryen-Ära ein Ende. Der irre König Aerys wurde von Jaime Lennister getötet, seine neugeborene Tochter Daenerys und ihr älterer Bruder Viserys mussten ins Exil in die Freien Städte von Essos flüchten. Doch das Rad dreht sich weiter, um das Thronerbe von Robert und die Herrschaft über die Sieben Königslande streiten zu diesem Zeitpunkt der Serie Stannis Baratheon und die Lennisters.

Daenerys will dieses Rad, das ihre Familie über Generationen auf dem Thron gehalten hat, also zerstören. Wie sie das genau anstellen will, nachdem sie den Thron erobert hat, bleibt zwar vage, aber im Dialog mit Tyrion offenbart sie erstmals in aller Deutlichkeit ihre Vision. Und die ist nicht weniger als eine Revolution. Sie strebt einen radikalen und nachhaltigen strukturellen Wandel des Herrschaftssystems von Westeros an, so, wie sie bereits die traditionelle Sklavenhaltergesellschaft in den ghiscarischen Stadtstaaten Astapor, Yunkai und Meereen aufgelöst hat. Nun gibt es in Westeros zwar keine Sklaverei; diese wird dort sowohl vom Glauben an die Sieben als auch von der Religion der alten Götter des Waldes geächtet. Doch ist das gemeine Volk stark abhängig vom Wohlwollen oder der Willkür des Königs und der Lords, die herrschen. Was Daenerys anstrebt, ist eine neue Gesellschaftsordnung, die ein freies Leben aller Menschen ermöglicht. So gesehen will sie den freiheitlichen Lebensentwurf des Freien Volkes mit einem hierarchischen Organisationsmodell verschmelzen. Als sie die Armee der Unbefleckten übernimmt, stellt sie es jedem Soldaten frei, den Dienst zu quittieren und ein freies Leben zu führen oder sich ihr als freier Krieger anzuschließen (3.04). Da haben wir ihn wieder, diesen wuchtigen Satz: Führende haben Folgende.

Die Unbefleckten, viele der befreiten Sklaven, die Dothraki, Ser Jorah Mormont, Missandei, Tyrion und Lord Varys – sie alle folgen Daenerys, weil sie eine Vision hat, eine motivierende, positive Vorstellung einer Gesellschaft, in der die Menschen frei leben können. Im Gespräch mit Jon und Davos erklärt Missandei in Episode 7.04, warum sie für Daenerys arbeitet: „Ich diene meiner Königin, weil ich meiner Königin dienen will. Weil ich an sie glaube. [...] Alle, die wir mit ihr von Essos herkamen, glauben an sie. Sie ist nicht unsere Königin, weil sie die Tochter eines Königs ist, den wir nie kannten. Sie ist die Königin, die wir gewählt haben." Darauf flachst Davos zu Jon: „Vergebt Ihr mir, wenn ich die Seiten wechsle?"

Wie allerdings die in Aussicht gestellte Freiheit im Alltag ihrer Regentschaft in Westeros konkret ausgesehen hätte, bleibt unserer Fantasie überlassen – und die hat sich nach Daenerys' Wandlung zur irren Königin eher verdunkelt. Und doch hat ihre sozialrevolutionäre Vision eine einigende und bindende Kraft. Sie begeistert Menschen und bewegt sie, der Drachenmutter zu folgen. Daenerys gibt mit ihrer Vision die Richtung vor, in die ihr Unternehmen sich entwickeln soll.

Ihr primäres Ziel bleibt dabei jedoch die Rückeroberung des Eisernen Throns. Bereits früh, in Episode 1.07, erzählt sie Khal Drogo vom Eisernen Thron jenseits des Meeres, auf dem ein König oder eine Königin sitzen könne. Nachdem sie dank Jorah dem Giftattentat durch den Weinhändler entgangen ist, schwört Drogo voller Zorn, dass seine Khaleesi den Eisenstuhl, den sie so begehre, bekommen solle – und die Sieben Königslande gleich mit. Als die Invasion von Westeros schließlich begonnen hat und Daenerys auf Drachenstein erstmals Jon Schnee begegnet, erzählt sie ihm: „Ich wurde geboren, um die Sieben Königslande zu regieren. Und ich werde regieren." (7.03). Und nach der Schlacht von Winterfell wiederholt sie ihren Anspruch: „In allen sieben Königslanden werden die Menschen ohne Furcht und Grausamkeit leben – unter ihrer rechtmäßigen Königin." (8.04).

So sehr Daenerys auch auf ihren Thronanspruch fokussiert ist und diesen in final schrecklicher Weise durchzusetzen versucht, ihre Vision „Ich werde das Rad zertrümmern“ umfasst weit mehr als dieses Ziel. Sie drückt darin aus, wofür sie in Zukunft stehen will – als Symbol einer gerechten Regentschaft mit freien Gefolgsleuten. „Ich bin hier, um die Welt von Tyrannen zu befreien. Das ist meine Bestimmung“ (8.04). Mit dieser Vision inspiriert sie ihre Belegschaft, sie stiftet Sinn, sorgt für Orientierung und gibt die Richtung vor. Erinnern wir uns an Management-Legende Jack Welch, dem zufolge vor allem eine Frage zählt: „Wie wollen wir in unserem Geschäftsfeld erfolgreich sein?“[11] Daenerys kann nur dann erfolgreich sein, wenn ihr Geschäftsmodell sich so überzeugend von dem traditionellen Angebot ihrer Konkurrenten abhebt, dass sie genügend Folgende gewinnt, um die feindliche Übernahme durchführen zu können. Diese Eroberung ist dann ihr strategisches Unternehmensziel, die praktische Umsetzung der Vision und sozusagen der Auftrag des Unternehmens mit dem Namen „Daenerys Sturmtochter aus dem Hause Targaryen, rechtmäßige Erbin des Eisernen Throns, rechtmäßige Königin der Andalen und der Ersten Menschen, Beschützerin der Sieben Königslande, Mutter der Drachen, Khaleesi des großen Grasmeeres, die Unverbrannte, Sprengerin der Ketten“ (7.03).

Schauen wir uns die Entwicklung der Vision von Daenerys genauer an. Sie ist keinesfalls von Anfang an vorhanden. Lediglich eine starke innere Abneigung gegen Knechtschaft und Ungerechtigkeit ist Teil von Daenerys‘ Persönlichkeit. Nach ihrer Hochzeit mit Khal Drogo wächst sie rasch in ihre Rolle als Khaleesi hinein und wehrt sich erfolgreich gegen die gewalttätige Bevormundung durch ihren Bruder. Als Viserys sie wegen ihrer vermeintlichen Anmaßungen gegen ihn als Thronerben schlägt, wehrt sie sich und droht ihm: „Ich bin eine Khaleesi der Dothraki! Ich bin die Ehefrau des großen Khal, und ich trage seinen Sohn in mir. Wenn du das nächste Mal die Hand gegen mich erhebst, wird es das letzte Mal sein, dass du Hände hast.“ (1.04). Wenig später, nachdem die Dothraki ein Dorf geplündert haben, verhindert sie die Vergewaltigungen mehrerer Frauen durch die Krieger (1.08) – eine gute Tat, die dramatische Folgen für Khal Drogo und Daenerys haben wird.

Entscheidend ist: Daenerys bricht mit einer uralten Tradition der Dothraki, nach der die Sieger mit den Besiegten verfahren können, wie es ihnen beliebt. Vergewaltigung gehört da zum normalen Tagesgeschäft. Bereits hier zeigt sich die sozialrevolutionäre Ader der jungen Targaryen: Sie hinterfragt Traditionen, zerstört sie, wenn es in ihrer Macht liegt. Typische Sätze der konservativen Bewahrer-Fraktion wie „Das haben wir schon immer so gemacht“ akzeptiert sie nicht. Hierin zeigt sich die visionäre Stärke von Daenerys. Sie ist ein Veränderer, die geborene Initiatorin eines radikalen Change-Prozesses. Dieser Charakterzug scheint tief in ihr verankert zu sein. Wir lernen Daenerys anfangs zwar noch als schüchternes und unsicheres Mädchen kennen, das von ihrem Bruder dominiert wird und seinen Weisungen gehorcht. Doch Schritt für Schritt kalibriert ihr innerer Kompass Daenerys auf ihre Vision. Sie folgt

Prinzipien wie Gerechtigkeit, Freiheit und Gleichheit. Verstärkt wird ihre Entwicklung zur Kämpferin gegen soziale Ungerechtigkeit durch ihre Erlebnisse in den drei Sklavenstädten Astapor, Yunkai und Meereen, wo sie mit der brutalen Wirklichkeit der Sklaverei konfrontiert wird. Erst dadurch konkretisiert sich ihre Vorstellung einer Gesellschaft, in der alle Menschen frei leben können.

Sinn, Werte & Motivation: die Vision

Prozess: die Art der Umsetzung

Ergebnisse & Fakten: das Tun

Der „Goldene Kreis" nach Simon Sinek

Zuerst das Warum: Die Logik des „Goldenen Kreises"

Dieser Prozess ist ganz typisch für das Verhältnis von Vision und Zielen. Am Anfang steht nur selten eine klar ausformulierte Vision, sondern diese entwickelt sich erst im Laufe der Zeit, während die Geschäftsidee bereits umgesetzt wird. Daenerys' Geschäftsidee ist die Eroberung des Eisernen Throns, doch verfestigt sich dahinter die Vision, das Rad der Tyrannei zu zerbrechen. Diese Idee entsteht als evolutionärer Erfahrungsprozess. Um die Vision zu realisieren, definiert Daenerys ihr strategisches Unternehmensziel und entwickelt gemeinsam mit ihrem Management-Team Strategien, aus denen konkrete Maßnahmen wie die Rekrutierung einer Armee, Eroberung der Sklavenstädte und Organisation der Logistik abgeleitet und umgesetzt werden.

Klar ist: Nur für ihre Geschäftsidee, das Unternehmensziel der Throneroberung, würde die Drachenmutter nicht viele Menschen begeistern können, ihr zu folgen. Dann wäre sie ja nur eine weitere Speiche des Rades, das sie zertrümmern will. Aber die Vision dahinter, das Freiheitsversprechen, hat eine enorm bindende Kraft. Daenerys beantwortet so die Frage nach dem WARUM. Damit ist sie ein gutes Beispiel für die Erfolgslogik, die der Unternehmensberater Simon Sinek 2009 in seiner legendären TEDx-Rede „Start with Why" vorgestellt hat.[12] Sineks Kerngedanke: Die Leute kaufen nicht, was du tust, sie kaufen, warum du es tust. Das liegt daran, dass unsere Emotionen den Verstand beherrschen. Deshalb ist es entscheidend, zu erzählen und zu verstehen, WARUM wir Dinge tun – und nicht, WAS wir tun oder WIE wir es tun. Diese drei Fragen bilden die Ebenen des „Goldenen Kreises" von Simon Sinek.

Wer Menschen anführen und motivieren will, sollte diesen „Goldenen Kreis" mit seinen drei Ebenen kennen.

WARUM tun wir das? (Zweck der Existenz, Beweggründe)

WIE tun wir es? (Organisation, Prozess)

WAS tun wir? (Produkt, Ergebnis)

Zufall oder nicht, doch der Aufbau des „Goldenen Kreises" korrespondiert mit dem Aufbau unseres Gehirns. Die äußere Schicht, das WAS, entspricht dem Kortex, der Großhirnrinde, in der unser rationales Denken stattfindet. Das mittlere WIE und das innere WARUM sprechen Gefühle wie Vertrauen und Loyalität in unserem limbischen System an und aktivieren unsere instinktive Entscheidungszentrale, das Stammhirn, wo auch das berühmte „Bauchgefühl" verankert ist. Gut, diese Analogie von Sinek ist stark vereinfachend, aber ziemlich griffig.

Weniger erfolgreiche Menschen, so Sinek, kommunizieren vom äußeren zum inneren Kreis. Sie beginnen mit dem WAS und gehen über das WIE zum WARUM. Begeisternde und damit erfolgreiche Menschen wählen genau den anderen Weg. Denn mit dem WARUM sprechen sie die Emotionen stark an. Gerade in unsicheren Phasen, etwa der emotionalen Achterbahn eines Change-Prozesses, ist ein starkes

WARUM daher der Schlüssel, Mitarbeiter für den Wandel zu gewinnen. In seiner Rede behauptet Sinek, dass erfolgreiche Persönlichkeiten wie Martin Luther King Jr. oder Steve Jobs alle nach diesem Muster dachten, handelten und kommunizierten. Am Anfang ihres Wirkens hätte immer die Frage nach dem WARUM gestanden. Nur so schafften sie es, bedeutende Dinge zu vollbringen, indem sie ihre Mitstreiter und Unterstützer inspirierten. Steve Jobs' Geheimnis war simpel: „Tu das, was du liebst."[13] Nur dann könne mein sein Bestes geben. Und nur Menschen mit Leidenschaft könnten die Welt verbessern. „Diese Leidenschaft zu kanalisieren und zu nutzen, um Ideen in marktfähige Produkte und Dienstleistungen zu verwandeln, ist der Ausgangspunkt der meisten Innovationen, die die Welt verändert haben."[14] Jobs folgte seinem Herzen, und seine Leidenschaft hat letztlich einen Unterschied bewirkt. Für Jobs waren diejenigen, die Apple-Produkte kaufen, nicht einfach nur „Verbraucher", sondern Menschen mit Hoffnungen, Träumen und Ambitionen. Aus diesem Antrieb heraus entwickelte Jobs Produkte, um Menschen zu helfen, ihre Träume zu verwirklichen. Ähnlich können wir Daenerys' Vision begreifen, den Menschen ein Leben ohne Sklaverei und Tyrannei zu ermöglichen. Der „Goldene Kreis" ist somit ein gutes Modell dafür, eine Organisation aufzubauen und dabei andere motivieren zu können, der Vision und damit auch der Führung zu folgen.

Tyrions Tipp

Ohne ein klares Verständnis davon, warum Sie eine Aufgabe tun, welchen Sinn Ihre Arbeit hat, welchen Beitrag Sie für die Vision Ihrer Organisation liefern, werden Sie nicht erfolgreich sein. Mit einer starken Antwort auf die Frage „Warum?" erzeugen Sie Begeisterung und Leidenschaft.

Wie aus einer Sozialrevolutionärin eine Diktatorin wird

Daenerys' Vision entspricht dem „Goldenen Kreis", wobei das WIE sie immer wieder mit neuen Herausforderungen konfrontiert. Allerdings stellt sie noch eine Frage vor das WARUM: nämlich WER? Bis zur Invasion von Westeros sind das diejenigen, für die sie ihre Vision realisieren will. Es ist Daenerys' vage Vorstellung vom gemeinen Volk, von den Menschen, die von Tyrannen beherrscht werden. Das ist im Kern erst einmal beste Kundenorientierung, denn Daenerys versucht, sich an den Bedürfnissen, Wünschen, Hoffnungen und Ängsten der Menschen auszurichten – und baut ihre Mission somit für eine große Zielgruppe auf. Doch stellt sich diese als ziemlich heterogen heraus und entspricht nicht den naiven Vorstellungen, die Daenerys sich macht. Die Aufstände in Meereen zeigen, wie schwierig es in der Realpolitik ist, eine Utopie durchzusetzen. Daenerys glaubt dennoch, dass die einfachen Westerosi ihren Thronanspruch unterstützen würden: „Das Volk wird sich erheben, um für seine rechtmäßige Königin zu kämpfen, wenn ich zurückkehre." (2.06). Doch bei den Nordmännern, vom Freien Volk gar nicht zu reden, findet ihre Vision in Staffel 8 keinen Resonanzboden. Dort fehlt nicht nur die Erfahrung der Sklaverei, wie auch anderswo in Westeros, sondern ist der Lebensstil in der rauen und kalten Welt von Winterfell ohnehin viel stärker durch Autonomie und individuelle Freiheit geprägt als in den exotischen Welten von Essos. Niemand will sich hier einer fremden Herrscherin beugen, die nicht von den eigenen Lords erwählt wurde. Hinzu kommt das in der traditionellen Welt des Nordens ausgeprägte Misstrauen gegen Südländer. Neben dem Verlust ihres zweiten Drachens Rhaegal und enger Vertrauter wie Jorah Mormont und Missandei erlebt Daenerys insbesondere beim Bankett nach der Schlacht von Winterfell (8.04), wie einsam sie ist und wie sehr die Starks und ihre Verbündeten zusammenhalten. Diese Ausgrenzung wird verstärkt durch Sansas offenkundige Abneigung, die wachsenden Zweifel an Tyrions Loyalität, das durchsickernde Geheimnis von Jons Thronanspruch und den Verrat durch Varys. Nach und nach gerät Daenerys so in eine emotionale Abwärtsspirale.

„Daenerys hatte sehr enge Freunde und Berater", erklärt Produzent David Benioff Daenerys' seelischen Zustand. „Und fast alle von ihnen haben sich entweder gegen sie gewandt oder sind gestorben. Zu einem Zeitpunkt, wo sie Vertraute dringend bräuchte, ist sie sehr allein." Als dann auch noch Jon ihre Zuneigung nicht erwidert, weil er keinen Sex mit seiner Tante will, trifft sie eine Entscheidung: „Na, schön. Dann soll die Angst regieren", wendet sie sich von Jon ab und legt so das Fundament für den schrecklichen Angriff auf Königsmund (8.04). „In diesem Moment findet sie sich damit ab, die Dinge auf eine Art zu tun, die unschön oder sogar grauenhaft ist", erklärt Dan Weiss.[15] Daenerys wird zur diktatorischen Fanatikerin.

Daenerys' Wandlung ist nicht überraschend

Viele Fans haben kritisiert, dass dieser Wandel von Daenerys zu extrem und ihre Charakterentwicklung in Staffel 8 somit völlig überraschend sei. Wir sind anderer Meinung. Die Gefahr, dass Daenerys in die Fußstapfen ihres irren Vaters treten wird, zeichnet sich klar ab. Von Staffel 1 an gibt es deutliche Indikatoren für die erbarmungslose Gewaltbereitschaft der Drachenmutter. Schauen wir uns doch einmal einige zentrale Szenen an, in denen sich das Inferno von Königsmund bereits andeutet. Das beginnt damit, dass Daenerys beinahe regungslos zuschaut, als Khal Drogo ihrem Bruder Viserys einen Topf geschmolzenes Gold über den Kopf schüttet. Emotional unbeteiligt kommentiert sie die Ermordung ihres Bruders: „Er war kein Drache. Feuer kann einen Drachen nicht töten." (1.06). Als sie nach dem Marsch durch die Rote Wüste mit dem kläglichen Rest ihres Khalasars vor den Mauern der mächtigen Stadt Qarth steht und um Einlass und Nahrung bittet, weist der feiste Gewürzhändler als Sprecher des Rates der Dreizehn sie zurück. Erbost droht Daenerys den Dreizehn: „Wenn meine Drachen ausgewachsen sind, holen wir uns zurück, was mir gestohlen wurde, und zerstören die, die mir Unrecht getan haben. Wir werden Armeen niedermetzeln und Feuer auf Städte regnen lassen. Schickt uns fort und Ihr brennt als erste." (2.04). An dieser Stelle spricht sie aus, was später in Westeros passieren wird – und zwei Episoden später wiederholt sie ihre Drohung: „Ich bin Daenerys Sturmtochter vom Blut des alten Valyria, und ich nehme mir, was mein ist! Mit Feuer und mit Blut werde ich es mir holen!" (2.06).

Jorah klärt seine Königin in Astapor auf: „Wenn Ihr auf dem Thron Eurer Vorfahren sitzen wollt, müsst Ihr ihn erobern. Das bedeutet, Ihr werdet Blut an den Händen kleben haben." Sie entgegnet kühl: „Das Blut meiner Feinde, nicht das Unschuldiger." Jorah fragt daraufhin Barristan: „In wie vielen Kriegen habt Ihr gekämpft, Ser Barristan?" „Drei." „Habt Ihr schon einen erlebt, in dem nicht Unschuldige zu Tausenden umkamen?" Schweigend schüttelt Barristan den Kopf. Jorah: „Ich war in Königsmund nach der Plünderung. Wisst Ihr, was ich vorfand? Ein Massaker an Babys, Kindern, alten Männern. Mehr geschändete Frauen, als man zählen konnte. In jedem Mann steckt ein wildes Tier, und es regt sich, wenn man ihm ein Schwert in die Hand drückt. Aber die Unbefleckten sind keine Männer. Sie vergewaltigen nicht, sie veranstalten keine Gemetzel, es sei denn, man befiehlt es ihnen. Wenn Ihr sie kauft, werden sie nur die töten, deren Tod Ihr wünscht." (3.03). In der Nachbetrachtung wirkt auch diese Szene wieder wie ein Vorzeichen des Massakers in Königsmund.

Nach der Eroberung von Meereen genießt die Drachenmutter die jubelnde Zuneigung der befreiten Sklaven und lässt 163 Meister der Stadt kreuzigen – als Vergeltung für ebenso viele gekreuzigte Sklavenkinder auf der Straße nach Meereen. Barristan versucht, sie davon abzuhalten: „Manchmal ist es besser, Ungerechtigkeit mit Gnade zu begegnen." Sie antwortet: „Ich begegne Ungerechtigkeit mit Gerechtigkeit." (4.04). Nachdem sie erfahren hat, dass die alten Machthaber, die sogenannten weisen Herren, in Yunkai wieder die Macht an sich gerissen und die befreiten Leibeigenen erneut versklavt haben, befiehlt sie Daario Naharis, die Stadt zurückzuerobern und alle Herren hinzurichten. Nun versucht Jorah, ihr treuer Berater, sie von dieser extremen Maßnahme abzubringen: „Die weisen Herren einzupferchen und sie zu Tausenden abzuschlachten, ist auch keine Art, mit Menschen umzugehen. Für die Sklaven, die Ihr befreit habt, ist Gewalt alles, was sie je gekannt haben. Wenn Ihr wollt, dass sie etwas Anderes lernen, müsst Ihr es ihnen zeigen." Daenerys fragt: „Und die Sklavenhändler womit strafen? Güte? Einer Geldstrafe? Einer strengen Verwarnung?" Jorah: „Es ist verlockend, seine Feinde als böse zu betrachten. Aber Gut und Böse stehen auf beiden Seiten jedes Kriegs, der je geführt wurde." Daenerys wehrt ab: „Lasst die Priester über Gut und Böse streiten. Sklaverei ist Realität. Ich kann sie beenden, ich werde sie ausmerzen, genau so wie die, die dafür verantwortlich sind." Jorah wendet ein: „Ich habe Männer in die Sklaverei verkauft, Khaleesi." Daenerys: „Und heute helft Ihr mir, ihnen den Weg in die Freiheit zu zeigen." Noch einmal versucht es Jorah: „Ich wäre jetzt nicht hier, wenn Ned Stark mit mir verfahren wäre wie

Ihr mit den Yunkischen verfahren wollt." Schließlich lässt Daenerys sich von Jorah überzeugen und stellt die weisen Herren vor die Wahl: „[...] Sie können in meiner neuen Welt leben, oder sie können in ihrer alten Welt sterben." (4.07).

In der siebten Staffel, kurz nach ihrer Ankunft in Westeros, findet auf Drachenstein ein Kriegsrat statt mit Daenerys, Tyrion, Olenna Tyrell, Ellaria Sand, Asha und Theon Graufreud. Asha und Ellaria fordern den direkten Angriff auf Königsmund mit der Flotte und den Drachen. Doch Daenerys lehnt ab: „Ich bin nicht hier, um Königin der Asche zu sein." In dieser Situation befolgt sie noch den Rat, den ihr Tyrion zuvor gegeben hat, nämlich die Bevölkerung in der Hauptstadt zu verschonen. Anschließend spricht Daenerys mit Olenna unter vier Augen. Was die Patriarchin von Rosengarten ihr rät, ist geradezu wegweisend für das weitere Handeln der jungen Targaryen. „Frieden ist nie von Dauer, mein Kind. [...] Er ist ein schlauer Mann, Eure Hand. Ich habe viele schlaue Männer gekannt. Ich habe sie alle überlebt. Wisst Ihr warum? Ich habe sie ignoriert. Die Lords von Westeros sind Schafe. Seid Ihr ein Schaf? Nein! Ihr seid ein Drache. Seid ein Drache!" (7.02). Und so verhält sich Daenerys fortan auch. Sie fackelt den Beutezug der Lennisters auf dem Goldweg ab, grillt anschließend ihre Gefangenen Randyll und Dickon Tarly – gegen Tyrions Rat. Nur ihre Liebe zu Jon Schnee hält sie zu diesem Zeitpunkt von weiteren Schreckenstaten ab. Noch.

Auf der Psycho-Couch: Warum Daenerys Amok läuft

Das ändert sich entscheidend im weiteren Verlauf der Serie. Daenerys verliert ihre beiden Drachen Viserion und Rhaegal. Ihre beiden engsten Vertrauten Jorah und Missandei sterben vor ihren Augen. Missandeis letztes Wort, bevor Gregor Clegane sie enthauptet, ist eine Aufforderung zum Feuersturm: „Dracarys!" (8.04). In diesem Moment, einem letzten widerlichen Triumph von Cersei, ist klar, was passieren wird. Hinzu kommt: Daenerys' Thronanspruch ist in Gefahr, nachdem Jon ihr gestanden hat, dass er in Wirklichkeit Aegon Targaryen ist, und dieses Geheimnis den Stark-Schwestern weitererzählt. Daenerys erlebt in Winterfell, wie beliebt Jon ist und wie wenig sie als Königin geachtet wird. „Weit mehr Menschen in Westeros lieben Dich als mich. Für mich haben sie keine Liebe übrig. Sie fürchten mich nur", beklagt sie gegenüber Jon (8.05). Varys verrät sie, Tyrion enttäuscht sie, und Jon entzieht ihr zumindest körperlich seine Liebe. Sie spricht kaum und verweigert die Nahrungsaufnahme. Sie wirkt depressiv, doch schlägt ihre Passivität während des Angriffs auf Königsmund in unkontrollierte Raserei um.

Nun maßen wir Autoren uns nicht an, eine fundierte psychologische Diagnose dieser Persönlichkeitsentwicklung zu stellen. Lassen wir daher eine Expertin zu Wort kommen. Die klinische Psychologin Drea Letamendi hat in einer Artikelserie für die Website www.fandom.com mehrere zentrale Charaktere von *Game of Thrones* analysiert. Daenerys sei selbstbewusst, entschlossen und bemerkenswert belastbar. Die

Psychologin attestiert ihr einen zunehmend extremen Perfektionismus, den sie wie folgt herleitet: Ihre Jugend und die erste Zeit mit Khal Drogo seien durch aggressive männliche Dominanz und „Versachlichung, Erniedrigung und erzwungene Unterwerfung" gekennzeichnet. Mit Hilfe von Doreah, dem Lustmädchen aus Lys, lerne Daenerys, ihre Sexualität zu nutzen, um erfolgreich den Status einer Gleichen zu erlangen. „Die Flucht vor der Unterwerfung durch Aufstieg ist eine perfekte Darstellung ihrer selbstgeschriebenen Erzählung, die sich vorwärtsbewegt", schreibt Letamendi. Daenerys habe unzählige Torturen aller Art erlitten und nicht nur überlebt, sondern auch Wege gefunden, die Hilflosigkeit in Humanität zu verwandeln. „Manchmal ist sie genial. Manchmal ist sie göttlich." Durch ihr Targaryen-Erbe verfüge sie zudem über die übernatürliche Fähigkeit, feuerfest zu sein – und sie habe drei Drachen. „Solche Erfahrungen in Selbstgenügsamkeit, Einzigartigkeit und Überlebensfähigkeit können zu Perfektionismus führen", so Letamendi.

Daenerys' Erfahrungen mit Erfolg und öffentlicher Wahrnehmung führten zu gesteigerten Erwartungen an die eigene Entwicklung: „Psychologisch gesehen stellt ein Mensch mit perfektionistischen Eigenschaften sehr strenge und unrealistisch hohe Anforderungen an sich selbst. Mit der Zeit wird Daenerys von ihrem idealen Selbst verzehrt. Sie entwickelt eine Alles-oder-Nichts-Mentalität bezüglich Leistung und Können und überträgt dieses Schema verallgemeinernd auf andere; zum Beispiel, wenn man das Knie nicht beugt, kann man nicht mit ihr koexistieren. Letztendlich ist eine perfektionistische Denkweise eine selbstzerstörerische Art, in dieser Welt zu leben - man kann nicht in Richtung Selbstverbesserung wachsen, ohne Fehler zu machen und eigenes Versagen anzuerkennen. Aber einzugestehen, dass sie Unrecht hat, gehört nicht zu Daenerys' Repertoire, zumindest nicht mehr. Vielmehr hat Daenerys als Ergebnis eines verstärkten Perfektionismus eine ziemlich harte innere Stimme entwickelt, die aus den Normen und Notwendigkeiten besteht, die sie im Laufe der Jahre angesammelt hat und die sie davon überzeugen, dass sie Königin werden wird und dass kein anderer Ausgang akzeptabel ist."[16]

Wie stimmig diese Analyse ist, zeigt sich, als Daenerys Jon Schnee bei seinem Besuch auf Drachenstein mitteilt: „Ich habe mein Leben in fremden Ländern verbracht. So viele Männer haben versucht, mich umzubringen. Ich kenne nicht einmal mehr ihre Namen. Ich wurde verkauft wie eine Zuchtstute. Ich wurde angekettet und verraten, vergewaltigt und geschändet. Wisst Ihr, was mich durchhalten ließ in all diesen Jahren im Exil? Vertrauen. Nicht in irgendwelche Götter, nicht in Mythen und Legenden. In mich selbst. In Daenerys Targaryen. Die Welt hatte seit Jahrhunderten keine Drachen mehr gesehen, bis meine Kinder geboren wurden. Die Dothraki hatten nie das Meer überquert, gar keines – sie taten es für mich. Ich wurde geboren, um die Sieben Königslande zu regieren. Und ich werde es tun." (7.03). Daenerys ist von ihrer eigenen Einzigartigkeit so berauscht, dass ihr der Blick für die Realität abhandengekommen ist und sie skrupellos über Leichen geht, um das zu erreichen, was sie als ihre Bestimmung ausgemacht hat. Es ist wieder einmal Tyrion, der das erkennt und in der Kerkerzelle in

Königsmund gegenüber Jon ausspricht: „Als sie Sklavenhalter von Astapor ermorden ließ, hat sich bis auf die Sklavenhalter niemand beschwert. Sie waren schließlich böse Menschen. Wer wollte klagen, als sie in Meereen über 100 große Meister ans Kreuz schlagen ließ – sie waren böse Menschen. Und die dothrakischen Khals, die sie lebendig verbrannt hat, hätten ihr weitaus Schlimmeres angetan. Ganz gleich, wohin sie auch geht, es sterben böse Menschen. Und wir stehen jubelnd neben ihr. Und sie wird dadurch immer mächtiger und immer gewisser, dass sie das Gute und Richtige tut. Sie glaubt, es sei ihre Bestimmung, eine bessere Welt zu erschaffen, für jeden von uns. Wenn man daran glaubt, wenn man daran wirklich glaubt, würde man nicht jeden töten, der sich dieser Utopie in den Weg stellt?" (8.06).

So wendet sich das WARUM ihrer Vision final vom altruistischen Ziel einer Befreiung des Volkes von Knechtschaft zu einem diktatorischen Absolutheitsanspruch: Nur sie, so glaubt Daenerys Targaryen, sei im Besitz der absoluten Wahrheit und wisse, was für das Volk am besten sei. Die Vernichtung von Königsmund wird für sie damit zum notwendigen Exempel, das die Verwirklichung ihrer Vision durch Angst absichern soll.

Insbesondere, weil Daenerys' anschließende Rede an ihre Soldaten (8.06) wie ein Propaganda-Auftritt von Nazi-Größen inszeniert wurde und Darstellerin Emilia Clarke dafür intensiv Ansprachen von Adolf Hitler studiert hat[17], wurde die Drachenkönigin mit dem Diktator verglichen. Ein Vergleich, der völlig unzutreffend ist und die Vision von Daenerys komplett ausblendet. Denn während Hitler eine totalitäre Weltherrschaft der arischen Rasse wollte und andere Völker als unterlegene Objekte der Ausbeutung und Unterdrückung betrachtete, strebt Daenerys die Freiheit von Tyrannei an. Sie befreit die Sklaven von Astapor, Yunkai und Meereen und gesteht ihnen ein selbstbestimmtes Leben zu – obwohl diese keineswegs dem arisch-blonden Idealtypus entsprechen, den die Targaryens selbst verkörpern. Daenerys setzt aktiv auf ethnische und kulturelle Diversität, Gleichberechtigung und Freiheit – ein Gedanke, der Hitler völlig absurd erschienen sein muss.

Die Vernichtung von Königsmund mit Tausenden von Opfern ist keine bewusst geplante Strategie, sondern das Resultat einer impulsiven Handlung, die am Ende einer emotionalen Negativspirale steht. Dennoch wird Daenerys' Vision am Ende wahr: Das Rad der mächtigen Herrscherhäuser scheint zerstört, mit Bran als gewähltem König und einem philanthropischen Rat zeichnet sich eine bessere Zukunft für Westeros ab. Ihr Leben endet also erfüllt. Ihr Tod ist in diesem Sinne sogar eine Gnade, denn Jon bewahrt Daenerys so in ein weiteres Abgleiten zur dunklen Seite der Macht.

Tyrions Tipp

Wenn Sie eine Vision verfolgen, stellen Sie diese regelmäßig auf den Prüfstand. Hinterfragen Sie hartnäckig, wie realistisch diese noch ist. Erarbeiten Sie einen solchen Check-up gemeinsam mit Kollegen, Mitarbeitern und externen Beratern. So stellen Sie sicher, dass Ihre Vision nicht zur Utopie wird und Sie blindlings Ressourcen verschwenden für etwas, von dem nur Sie überzeugt sind.

Das Macht-Paradox: Daenerys korrumpiert sich selbst

Neben der klinischen Diagnose von Drea Letamendi gibt es einen eindeutigen Befund aus organisationspsychologischer Perspektive, der verständlich macht, warum Daenerys' positive Vision in einem blutrünstigen Fiasko und mit ihrem Tod endet. Dacher Keltner, Professor für Psychologie an der University of California in Berkeley, ist ein anerkannter Experte für die biologischen und entwicklungsgeschichtlichen Aspekte menschlicher Emotionen. Wir hatten ihn eingangs im Zusammenhang mit der Macht von guten Geschichten bereits erwähnt. Als Ergebnis von 20-jähriger Forschungsarbeit hat er Verhaltensmuster identifiziert, die er mit dem Begriff „Macht-Paradox" zusammenfasst.

Keltner schreibt: „Das Macht-Paradox besteht in Folgendem: Wenn unsere Macht und unser Einfluss zunehmen, versuchen wir, mit den besten Fähigkeiten, die unsere menschliche Natur zu bieten hat, etwas zu bewirken und etwas in der Welt zu verändern. Die Fähigkeit, etwas zu bewirken, drückt sich darin aus, dass wir das Leben der anderen verändern. Aber wir verlieren die Macht wieder aufgrund unserer schlimmsten Fähigkeit: In einer paradoxen Wende verleitet uns das Bewusstsein, über Macht und Privilegien zu verfügen, zu Machtmissbrauch. In unseren dunkelsten Momenten ähnelt unser Verhalten dann dem triebgesteuerten Soziopathen, die außer Kontrolle geraten sind."[18] Viel klarer kann man die Entwicklung von Daenerys kaum beschreiben – und Keltner hat seine Theorie unabhängig von *Game of Thrones* aufgestellt. Mit seinen Forschungen belegt der Psychologe eine berühmte Aussage des britischen Historikers Lord John Acton, der 1887 schrieb: „Macht tendiert dazu, korrupt zu machen, und absolute Macht korrumpiert absolut."[19]

Keltners Ansatz bricht radikal mit dem seit 500 Jahren vorherrschenden Verständnis von Macht. Dies sei tief und nachhaltig geprägt vom Florentiner Philosophen „Niccolò Machiavelli, der 1513, also im Zeitalter der Renaissance, ein Buch mit dem Titel ‚Il Principe' (Der Fürst) verfasst hat, in dem er argumentiert, dass Macht im Wesentlichen mit Stärke, Betrug, Unbarmherzigkeit und strategischer Gewalt zu tun hat."[20] Es ist dieses, auf Autorität durch Zwang und Gewalt gegründete Verständnis von Macht, das auch die Welt von *Game of Thrones* prägt. Wie die mächtigen Häuser regieren, wird von Machiavelli explizit beschrieben. „Der Fürst" gehört zu den hundert einflussreichsten Büchern, die je geschrieben wurden und hat die Handlungsweisen von einigen der mächtigsten Herrscher der Geschichte bestimmt. Kaiser Karl V., Oliver Cromwell, Sonnenkönig Ludwig XIV., Friedrich der Große, Napoleon, Bismarck, Hitler und Mussolini – sie alle waren Bewunderer des florentinischen Denkers.[21]

Tyrions Tipp

Mit Freundlichkeit und Güte allein werden Sie es als Führungskraft nicht weit bringen. Dies wird als Schwäche häufig ausgenutzt. Sie werden es nie allen recht machen können. Stellen Sie sich also der Realität und überlegen Sie, wie Sie Ihre Ziele erreichen können. Dabei müssen Sie manchmal die konventionellen Regeln brechen. Entscheidend ist, dass Sie bereit sind, auch den Preis dafür zu zahlen.

Geprägt von seinen Erlebnissen im grausamen Machtkampf um die norditalienischen Städte mit wechselhaften Koalitionen, Intrigen und Verrat (also genau wie in den Sieben Königslanden), schrieb Machiavelli nieder, wie ein Fürst regieren sollte, wenn er an der Macht bleiben wolle. Er geht dabei nicht normativ vor, indem er erklärt, wie moralisch gute Herrschaft auszusehen habe, sondern sagt analytisch knallhart, was zu tun ist. Machiavelli war Pragmatiker. Ihn interessierten nicht Visionen und Prinzipien, sondern nur das Notwendige und Machbare. Eigentlich war er zwar ein Anhänger einer republikanischen Verfassung und kein Freund von Diktatoren, „dennoch war er der Meinung, dass Italien, wenn es denn schon mit Diktatoren leben musste, besser dran war, wenn diese zumindest ihren Job beherrschten".[22] Insofern ist „Der Fürst" ein praktisches Handbuch für Diktatoren. Das erklärt seine Popularität bei diesem Berufsstand.

Schaut man sich Machiavellis Ratschläge an, so scheinen George R. R. Martin und die Drehbuchautoren sich fröhlich aus der Trickkiste des Florentiners bedient zu haben. Der Philosoph vertritt beispielsweise die These, dass es völlig unmöglich und zugleich unsinnig sei, stets und überall nach der moralisch einwandfreien Lösung zu suchen: „Ein Mensch, der immer nur das Gute möchte, wird zwangsläufig zugrunde gehen inmitten von so vielen Menschen, die nicht gut sind".[23] Klingt wie das Drehbuch für die moralischen Dilemmata von Jon Schnee, die wir an späterer Stelle beschreiben. Sogar Daenerys' Feuersturm in Königsmund lässt sich mit Machiavelli rechtfertigen: „Es gibt in der Tat kein sichereres Mittel, sich im Besitz einer eroberten Stadt zu halten, als sie zu zerstören".[24]

Kommen wir zurück zum Macht-Paradox von Dacher Keltner. Nach dessen Überzeugung lässt sich das machiavellistische Verständnis von Macht heute nicht mehr halten, weil sich die Gesellschaft dramatisch verändert habe. Machiavellis Konzept „kann viele wichtige Entwicklungen in der Geschichte der Menschheit nicht erklären: die Abschaffung der Sklaverei, den Sturz von Diktatoren, das Ende der Apartheid, den Aufstieg der Bürgerrechte und der der Rechte der Frauen oder die Bewegungen, die Homosexuellen zu ihren Rechten verhalfen [...] Am entscheidendsten ist aber vermutlich, dass uns die Gleichsetzung von Macht mit Gewalt und Betrug blind dafür macht, wie sehr Macht in unserem Alltag verbreitet ist und unser Miteinander bestimmt."[25]

Keltner entwickelt ein Gegenmodell zu Machiavelli. Macht werde demnach in der heutigen Welt nicht mehr ergriffen, sondern uns von anderen verliehen: „Wir gewinnen Macht, wenn wir Wege finden, das Leben anderer in unseren sozialen Netzen zu verbessern: Unsere Macht wird uns von anderen gewährt – bei der Arbeit, in sozialen Organisationen der verschiedensten Art, in Freundschaften, in Liebesbeziehungen und in der Familie."[26] Macht bedeute, so Keltner, den Status anderer zu ändern. Aufgrund seiner empirischen Forschungen kommt Keltner zu einem radikalen Schluss: Gruppen verleihen denen Macht, die das Gemeinwohl fördern. Das erklärt, warum Daenerys von den befreiten Sklaven von Yunkai auf Händen getragen und als „Mhysa" (Mutter) verehrt wird (3.10). Das erklärt, warum Jon Schnee, obwohl er als Bastard gilt, von den Lords zum König des Nordens ausgerufen wird (6.10). Im Gegensatz zu Daenerys greift Jon in keiner Situation aktiv nach der Macht. Gegen seinen Willen schlägt Samwell Tarly ihn als Lord Kommandant der Nachtwache vor (5.02). Lyanna Mormont hält nach der Schlacht der Bastarde eine flammende Rede für Jon als König des Nordens, und die Lords des Nordens folgen ihr (6.10).

Keltners Theorie bestätigt die Erkenntnis „Führende haben Folgende". Denn die Folgenden sind diejenigen, die der Führungskraft die Macht verleihen. In traditionellen Kontexten wird diese Macht hierarchisch formalisiert und so auf Dauer etabliert, wie wir es bei den Wahlen von Jon Schnee zum Lord Kommandanten und von Bran zum König von Westeros erleben. In modernen Teams oder auch in informellen Gruppen wird die Führungsmacht oft nur für begrenzte Dauer zur Erledigung einer Aufgabe verliehen – nämlich so lange, wie ein bestimmtes Expertentum gebraucht wird, um die Gemeinschaft voranzubringen.

Doch wie begründet Keltner den Machtmissbrauch? Seine Annahme ist, dass wir Macht durch Empathie gewinnen, aber den Bezug zu anderen, denen wir dienen sollten, verlieren, wenn wir uns mächtig fühlen. Genau das ist das Paradoxon: Die Macht entzieht sich selbst ihre Grundlage, weil der Führende die Folgenden vernachlässigt und erniedrigt: „Verspüren wir absolute Macht, verschiebt sich unsere Aufmerksamkeit auf unsere eigenen Interessen und vermindert damit unsere Fähigkeit zu Empathie, also unser Verständnis von dem, was andere fühlen und denken. Mit dem Verblassen unserer Empathie schwindet auch unsere Fähigkeit zu moralischen Gefühlen, die auf Empathie beruhen. Insbesondere schwindet unser Mitleid, also die

Sorge um das Wohlergehen der anderen, sodann unsere Ehrfurcht und Dankbarkeit für das, was wir von anderen bekommen."[27]

Genau diese Entwicklung können wir bei Daenerys beobachten. Während sie sich anfangs noch von Jorah und später Tyrion hat beraten und überzeugen lassen, blendet sie am Ende vollkommen aus, was ihre Berater und selbst ihr Geliebter Jon denken und vorschlagen. Daenerys wähnt sich im Besitz der absoluten Wahrheit und ist bereit, alles, was ihr im Weg steht, rücksichtslos auszumerzen. Auch das erklärt Keltner: „Es zählt zu den großen Begabungen des menschlichen Geistes, diese moralischen Defekte wegzuerklären. Menschen mit wachsender Macht und wachsendem Reichtum rechtfertigen ihren erhöhten Rang und den Machtmissbrauch, den eine solche absolute Macht mit sich bringt, mit Geschichten, die davon handeln, wie außergewöhnlich sie sind. Das geht sogar so weit, dass sie erklären, sie seien sogar biologisch denen überlegen, die es nicht nach oben schaffen."[28]

Tywin Lennister

Dem Löwen-Patriarchen fehlt strategischer Weitblick

Tywin Lennister ist der Prototyp des Fürsten, den Machiavelli sich vorgestellt hat, ein Renaissance-Herrscher wie aus dem Bilderbuch. Er ist ein erfahrener und erfolgreicher Feldherr, der die Interessen des Hauses Lennister rücksichtslos über alles Andere stellt. Sein Gold hat lange Zeit die Herrschaft von Robert Baratheon finanziert. Nach dessen Tod und Ned Starks Hinrichtung ist Tywin der starke Mann von Westeros. Mit Unterstützung der Tyrell-Truppen rettet Tywin Königsmund vor der Einnahme durch Stannis Baratheon (2.09).

Tywin ist *das* Alphatier unter all den Führungskräften, die uns in Westeros begegnen. Bereits in seiner allerersten Szene setzt er die entsprechende Duftmarke: Während er im Heerlager der Lennisters einen Hirsch ausweidet (ein symbolisch interessanter Regieeinfall, handelt es sich doch um das Wappentier des verstorbenen Königs Robert Baratheon), liest er seinem ältesten Sohn Jaime die Leviten (1.07).

In ihrer launigen Analyse „*Game of Thrones* on Business“ schreiben Tim Phillips und Rebecca Clare: „Tywins völlig gerechtfertigter Glaube an seine eigene Überlegenheit lässt ihn handeln wie ein Diktator. Er ist brutal gegenüber Untergebenen, Feinden und sogar seinen eigenen Kindern: Er bedauert, dass Tyrion überhaupt Teil seiner Familie ist, behandelt Cersei wie eine Zuchtstute und fordert von Jaime, dass er endlich ein erwachsener Mann werde. Aus seiner Enttäuschung über sie alle Drei macht er keinen Hehl.“[29] Gerechtfertigt ist sein Glaube an die eigene Überlegenheit sicher nicht, doch wie Daenerys erliegt auch Tywin dem Macht-Paradox.

So dominant Tywin auch agieren mag, er offenbart einen eklatanten Mangel an strategischem Weitblick. Als er von Joffrey nach dem Targaryen-Mädchen gefragt wird, ist Tywin der Meinung, dass sie keinerlei Bedrohung für das Reich darstellen würde, da der Kopf des letzten Drachens so groß wie ein Apfel gewesen sei, als er getötet wurde. Solche Kuriositäten am anderen Ende der Welt wären von kleinster Bedeutung (3.07). Der Lennister-Patriarch erkennt die ferne Bedrohung durch Daenerys nicht, ihm fehlt die Vorstellungskraft, dass Dinge anders laufen könnten, als er das gewohnt ist. Tywin betrachtet sich selbst als den Mittelpunkt des politischen Geschehens und erkennt die Veränderungen an den Randbereichen des Reiches nicht.

Übertragen in die heutige Wirtschaftswelt bedeutet das: Als Branchenführer reagiert die Lennister AG nur auf traditionelle Wettbewerber wie die Starks und die Tyrells. Tywin als CEO agiert dabei zwar äußerst geschickt, aber beschränkt sich auf das standardisierte Kerngeschäft. Das Start-up-Unternehmen von Daenerys, das sich in einem Randsegment des Marktes aufstellt und neue Zielgruppen mit einer attraktiven Angebotsvision anspricht, ignoriert er. Was Daenerys dem Markt bietet, ist eine sogenannte Basisinnovation: Diese „schwächen zumeist die Wettbewerbsposition der Branchenführer. Denn Basisinnovationen verbessern nicht die bestehende Leistung, sondern schaffen die Grundlage für völlig neue Leistungen. Sie erzeugen einen ganz neuen Kundennutzen, weil sie Art und Grund der Produktanwendung verändern“[30], erläutert der Unternehmensstratege Robert Edward Neurohr. Mit ihrer sozialrevolutionären Vision formuliert Daenerys nicht weniger als eine völlig neue Leistung, nicht ein modifiziertes Mehr vom Ewiggleichen, also vom Rad der Herrschaft der großen Häuser von Westeros.

Ökonomisch vergleichbar ist das mit dem Siegeszug der MP3-Technologie, die die jahrzehntelang etablierte Dominanz der Musikbranchenführer wie Sony, Warner Music und Universal in wenigen Jahren schredderte. Nicht diese Giganten, sondern der Nischenanbieter Apple mit dem iPod wurde zum Sieger der MP3-Revolution. „Apples visionärer Unternehmensführer Steve Jobs erkannte […] die Chance, die in der neuen MP3-Technologie lag.“[31] Jobs war wie Daenerys ein Systemveränderer, der bestehende Strukturen konsequent infrage stellte und ein neues, attraktives

Leistungsversprechen für die Kunden schuf. Tywin, der CEO des Marktführers, erkennt die innovative Kraft des Start-ups nicht, insbesondere nicht die Gefahren einer überlegenen Luftwaffe. Dass ein möglicher Erfolg von Daenerys im überseeischen Markt als potenzielles Sprungbrett für den Angriff auf das eigene Kerngeschäft dienen kann, übersieht Tywin. Sogar sein Schwiegersohn, der Trunkenbold Robert, zeigte mehr strategisches Gespür für potenzielle Gefahren, als er die Ermordung von Daenerys und ihrem ungeborenen Kind befahl.

An anderer Stelle jedoch lässt Tywin pragmatischen Realismus erkennen, der keinen Raum für Utopien lässt. Im Gespräch mit Cersei gesteht er, dass der Reichtum der Lennisters versiegt und die Krone hoch verschuldet sei. Cersei fragt ungläubig: „Es muss jemanden bei der Eisernen Bank geben, mit dem Du eine Vereinbarung treffen kannst?" Tywin: „Die Eiserne Bank ist die Eiserne Bank. Es gibt da keinen Jemand." Cersei beharrt: „Jemand arbeitet dort. Sie besteht aus Menschen." Doch Tywin antwortet nüchtern: „Und ein Tempel besteht aus Steinen. Wenn ein Stein zerbröckelt, dann nimmt der nächste seinen Platz ein. Und der Tempel wahrt seine Form für 1000 Jahre oder mehr. Genau das ist die Eiserne Bank, ein Tempel. Wir leben alle in ihrem Schatten, und kaum einer von uns weiß es. Du kannst ihnen nicht entkommen, du kannst sie nicht betrügen, du kannst sie nicht mit Ausreden umstimmen. Wenn du ihnen Geld schuldest und nicht selbst zerbröckeln willst, bezahlst du es eben zurück." Pragmatisch und realistisch wie ein moderner Unternehmer versteht Tywin, dass die schönsten Visionen Luftblasen bleiben, wenn es am Geld fehlt, sie zu verfolgen. Und sogar er als mächtiger Kriegsherr anerkennt die kalte Allmacht des Systems Bank. Er weiß, dass er Kredite zuverlässig zurückzahlen muss, wenn er nicht pleitegehen will (4.05).

Die Vision einer 1.000-jährigen Dynastie

Es ist Tywin, der hinter den Kulissen mit Walder Frey und Roose Bolton paktiert, den beiden Lords Titel und Garantien verspricht, damit sie ihr Bündnis mit Robb Stark verraten und diesen in eine tödliche Falle locken. Taktisch ist das Tywins Meisterstück. Obwohl sie schon vorher keine unbedingt vertrauenswürdigen Männer waren, haben Frey und Bolton „ihren Ruf durch den Bruch aller ethischen Normen auf der Roten Hochzeit immerhin unheilbar ruiniert", wie Carolyne Larrington urteilt."[32] „Das Gastrecht hat große Tradition, nicht nur in der europäischen Kultur. In Dantes ‚Göttlicher Komödie' werden diejenigen, die das Gastrecht brechen, in den untersten Kreis der Hölle verbannt; bei Shakespeare ist es Macbeth, den fortan der Fluch der schlechten Tat ereilt, nachdem er als Gastgeber seinen König Duncan ermordet hat."[33]

Die abscheuliche Verletzung des Gastrechts bei der Roten Hochzeit nimmt Tywin als Hand des Königs nicht nur billigend in Kauf, er ist derjenige, der dieses Massaker verursacht. Als Tyrion seine Abscheu bekundet, fragt ihn sein Vater: „Erklär' mir, warum es edler ist, zehntausend Männer auf dem Schlachtfeld zu töten als ein

Dutzend bei einer Feier?“ (3.10). Es ist das gleiche Argument, das Varys benutzt, um gegenüber Ned Stark den geplanten Mord an der schwangeren Daenerys zu rechtfertigen (1.05). Doch während Varys nur Krieg und somit Leid für das Volk vermeiden will, ist für Tywin erste Priorität, die eigene Familie zu beschützen – und somit seine Vision von einer Lennister-Herrschaft über die Sieben Königslande umzusetzen. „Der Name der Familie lebt weiter. Das ist alles, was weiterlebt. Nicht deine ruhmreichen Taten, nicht deine Ehre, aber die Familie. [...] Wir können eine Dynastie errichten, die noch 1.000 Jahre währt“, erklärt er Jaime (1.07). Seine Überzeugung spricht er gegenüber Tyrion glasklar aus: „Das Haus, das die Familie an erste Stelle setzt, wird immer das Haus besiegen, das den Wünschen und Launen seiner Söhne und Töchter den Vorrang gibt. Ein guter Mann tut alles, was in seiner Macht steht, um seine Familie voranzubringen, unabhängig von den eigenen Launen.“ (3.10).

Tywins Hauptaugenmerk gilt dem Schmieden von strategisch wichtigen Bündnissen, um die Herrschaft der Lennisters abzusichern. Kleinfinger schickt er ins Grüne Tal, um Lysa Arryn zu ehelichen und so deren Ritter auf Seiten der Krone zu haben. Er verheiratet Tyrion mit Sansa, der vermeintlich einzigen noch lebenden Stark-Erbin, um so Zugriff auf Winterfell zu bekommen. Und Cersei soll Loras Tyrell heiraten, um das Bündnis mit der reichen und mächtigen Familie aus Rosengarten zu festigen; zu diesem Zweck wird Maes Tyrell, der Vater von Loras und Margaery, auch in den Kleinen Rat berufen. Mit Roose Bolton als neuem Wächter des Nordens und dem Haus Frey kontrolliert Tywin zudem auch die Flusslande und den Norden. Mit Oberyn Martell im Kleinen Rat und der geplanten Heirat von Myrcella Lennister mit Trystan Martell wäre auch das Bündnis mit Dorne perfekt – doch ereilt Tywin der Tod auf dem Abort, bevor er seine Bündnispolitik erfolgreich abschließen kann.

Stannis Baratheon

Klares Ziel, schwache Vision

Bei der Analyse von Visionen und Zielen wichtiger Figuren von *Game of Thrones* führt kein Weg an Stannis vorbei. „Der Eiserne Thron steht mir zu, dem Recht nach“, bekundet er seinen Anspruch gegenüber Renly, dem jüngsten der Baratheon-Brüder

(2.04). Von diesem Ziel weicht er bis zu seiner Hinrichtung durch Brienne von Tarth (5.10) nicht ab. Stur bis in den Tod kämpft Stannis um das Thronerbe von Robert. „Wenn ich meinen Anspruch nicht erhebe, wird mein Anspruch vergessen. Ich will nicht als Blatt in eines andern Geschichtsbuch enden", erklärt er seinem Berater Davos Seewert (4.03). Viele Eigenschaften verbinden Tywin und Stannis: Beide pflegen einen autoritären Führungsstil; sie sind humorlos, meist beherrscht, kampferfahren, gelten als hervorragende Kommandeure, dulden kaum Widerspruch und wollen die Herrschaft über Westeros. Das Ziel haben sie beide. Doch genau an dieser Stelle unterscheiden sich beide eklatant: Tywin verfolgt die Vision einer 1.000-jährigen Lennister-Dynastie auf dem Eisernen Thron, auf dem er selbst nicht Platz nehmen will; Stannis dagegen hat nur seinen ganz persönlichen Thronanspruch im Visier. Und während Tywin seine Schachzüge strategisch klug plant und – wie bei der Roten Hochzeit – im Hintergrund Bündnisse schmiedet, geht Stannis eher wie ein gereizter Stier vor – und verliert jeglichen Blick für die Realität. Trotz der klaren Niederlage im Kampf um Königsmund will er nicht aufgeben, so dass seine Männer ihn gegen seinen Willen vom Schlachtfeld retten müssen (2.09). Auch in seine letzte Schlacht vor Winterfell zieht er, obwohl er als erfahrener Soldat wissen sollte, dass sein auf wenige Fußtruppen dezimiertes Heer keine Chance gegen die Kavallerie von Ramsay Bolton hat (5.10).

Im Bann der Beraterin

Was ist es, das Stannis buchstäblich ins Verderben treibt und das ihn sogar seine Tochter Sharin als Opfergabe für den Feuergott verbrennen lässt? Es ist der Einfluss der roten Priesterin, Melisandre von Ashai. Sie predigt die Religion des Herrn des Lichts, auch bekannt als R'hllor, eine Gottheit, die in Essos verehrt wird, aber in Westeros kaum Anhänger hat. Die Gläubigen des Herrn des Lichts gehen davon aus, dass es sich bei der gegenwärtigen Welt um die Hölle handelt, aus deren Dunkelheit der Herr des Lichts seine Getreuen retten wird. Außerdem erwarten sie die Ankunft des auserwählten Kriegers Azor Ahai, der die Dunkelheit mit dem Schwert Lichtbringer bekämpfen wird. In Stannis Baratheon glaubt Melisandre diesen Prinzen, der verheißen wurde, zu erkennen. So fordert sie Renly auf, vor seinem Bruder niederzuknien: „Er ist der Auserwählte des Herrn, geboren in Salz und Rauch." (2.04).

Stannis erliegt den Einflüsterungen und körperlichen Reizen der roten Frau; er und ein Großteil seines Hofstaates schwören dem traditionellen Glauben an die Sieben ab und bekennen sich zum Herrn des Lichts. Melisandre ist es, die Stannis' legitimen Thronanspruch mit der religiösen Vision des auserwählten Kriegers verknüpft. Während Stannis eigentlich nur ein WAS verfolgt, nämlich den Thron, setzt die Priesterin ein WARUM und versucht so, dem Ziel einen höheren Sinn zu geben. Bei Stannis, einem asketischen Skeptiker, der sinnliche Freude kaum kennt, verstärkt dieser Glaube seinen ausgeprägten Rechtsanspruch. Allerdings fällt diese Vision in Westeros nicht auf fruchtbaren Boden. Zum einen ist der Glaube an R'hllor den meisten Menschen zu obskur; sie halten an der Religion der Sieben oder den alten Göttern fest. Zum anderen ist Stannis kein überzeugender Botschafter einer sinnstiftenden Vision. „Niemand will Dich als König. Du wolltest niemals Freunde haben, Bruder. Doch ein Mann ohne Freunde ist ein Mann ohne Macht“, schleudert Renly ihm in einem denkwürdigen Palaver entgegen (2.04). Schon zuvor, im Gespräch mit Ned Stark, beschreibt Renly seinen Bruder in düsteren Farben: „Wir alle wissen, was Stannis ist. Er erweckt weder Liebe noch Ergebenheit. Er ist kein König.“ (1.07). Nun könnte man das als neidvolle Boshaftigkeit eines jüngeren Bruders mit eigenen Ambitionen auf den Thron auslegen. Doch zeigt Stannis im Laufe der Serie eine solche emotionale Kälte und Verbohrtheit, dass Renlys Charakterisierung sehr glaubwürdig erscheint. Stannis mangelt es an einer überzeugenden Vision und zunehmend an personellen und logistischen Ressourcen, um sein Ziel zu erreichen. So ist es nur logisch, dass er im Schnee vor Winterfell stirbt.

Das Verhältnis von Stannis zu Melisandre lässt sich übrigens gut in die moderne Wirtschaft übertragen. Allzu oft vertrauen Vorstände oder Geschäftsführer nicht ihren eigenen Mitarbeitern, sondern heuern für viel Geld Beratungsunternehmen an, deren strategische Ratschläge sie mehr oder minder blind befolgen. Funktioniert die Strategie, hat die Führung alles richtig gemacht; klappt es nicht, sind die Berater schuld. Nun können und wollen wir beileibe nicht alle Unternehmensberater über einen Kamm scheren; es gibt wie in jeder Branche das ganze Kompetenzspektrum von Meistern bis zu Scharlatanen. Doch arbeiten manche Berater strikt nach dem Melisandre-Prinzip: Sie haben ein bestimmtes Konzept, ein manchmal sogar wissenschaftlich basiertes System, das sie jedem Kundenunternehmen überzustülpen versuchen. Dieses Konzept ist für die Berater gewissermaßen der Herr des Lichts, und ihr Job ist es, die Richtigkeit des Systems im Kundenunternehmen nachzuweisen – egal, ob der Ansatz überhaupt auf dieses Unternehmen passt oder nicht. Wenn der Einsatz dieser Berater nicht erfolgreich ist, so liegt es nach deren Überzeugung an der Unfähigkeit der Kundenmitarbeiter, das System richtig zu implementieren, nicht aber am System selbst. Denn das wird nicht in Frage gestellt. Genauso verfährt Melisandre mit Stannis. Lange Zeit ist er für sie der Auserwählte, doch als er scheitert, hat sie sich halt im Kunden geirrt, zweifelt aber nicht am System Herr des Lichts. Flugs sucht sie einen neuen Kunden, dem sie ihren Beratungsansatz verkaufen kann. Doch Jon Schnee braucht ihre Beratung nicht - nur ihre Zauberkunst.

Tyrions Tipp

Seien Sie vorsichtig, wenn Berater Ihnen ein bewährtes System für erfolgreichere Strategien verkaufen wollen. Ein starrer Beratungsansatz passt oft nicht zur Kultur von Organisationen. Und die Kultur ist immer stärker als Systeme.

Petyr „Kleinfinger“ Baelish

Ein Mann ohne Motiv

Petyr Baelish, genannt Kleinfinger, anfangs Meister der Münze und später Lord von Harrenhal, ist einer der faszinierendsten Charaktere der Serie. Mehr noch als Cersei oder Tywin ist er der Meister der Intrige. So bricht der Krieg zwischen den Lennisters und den Starks letztlich nur aus, weil er gemeinsam mit seiner Geliebten Lysa Arryn deren Ehemann Jon Arryn, die Hand von König Robert, tötet, und den Verdacht geschickt auf die Lennisters lenkt. Nur aus diesem Grund folgt Ned Stark der Berufung an den Königshof, um dort Nachfolger von Jon Arryn zu werden, dessen Tod aufzuklären und seinen Freund Robert vor den Lennisters zu schützen (1.01). Fortan nimmt das Drama seinen Lauf.

Kleinfingers falsches Spiel bleibt lange unklar, seine wirklichen Ziele zu verstehen, ist schwierig für die anderen Protagonisten. Sogar Lord Varys, der meist bestens informierte Spionagechef am Königshof, kann Petyr nur schwer einschätzen – und vertrauen schon gar nicht. Als Varys Kleinfinger dabei ertappt, wie dieser andächtig auf den leeren Thron starrt, fragt er: „Wenn Ihr Euch dort oben vorstellt, wie seht Ihr aus? Passt Euch die Krone? All diese Lords und Ladys schmeicheln und buckeln sie? Diejenigen, die Euch jahrelang verhöhnten.“ Darauf entgegnet Petyr sarkastisch: „Es ist schwierig für sie, zu schmeicheln und zu buckeln ohne Köpfe.“ Varys: „Ein Mann mit großen Ambitionen und ohne Moral – ich würde nicht gegen Euch wetten.“ (1.10). Später, in einem Gespräch mit Olenna Tyrell, bezeichnet Varys Kleinfinger als einen der gefährlichsten Männer von Westeros (3.04).

Damit hat der Eunuch recht. Denn als Mitglied im Kleinen Rat und Meister der Münze ist Petyr ein wichtiger Faktor im Zentrum der Macht. Da er aber weder über ein nennenswertes Lehen noch über Soldaten verfügt, nimmt ihn außer Varys niemand wirklich ernst im Spiel um den Thron. Kleinfinger ist ein gnadenloser Opportunist, paktiert stets mit der Seite, die ihm nutzt, macht dies aber so raffiniert, dass er bei Bedarf die Seiten wechseln oder auch heimlich mit beiden Seiten kooperieren kann. Da er seine Ziele nicht offenlegt, bleibt rätselhaft, was er wirklich will. Eine sehr bewusste Taktik, die Petyr Sansa nach ihrer Flucht aus Königsmund erläutert: „Ein Mann ohne Motiv ist ein Mann, den keiner verdächtigt. Man soll seine Gegner immer verwirren. Wenn die nicht wissen, wer Ihr seid oder was Ihr wollt, können sie nicht wissen, was Ihr als Nächstes vorhabt." Sansa: „Ich glaube Euch nicht. Wenn sie Euch erwischen, stecken sie Euren Kopf auf einen Pfahl, genau wie den meines Vaters. Das riskiert Ihr? Nur um sie zu verwirren?" Petyr antwortet: „So viele Männer, die so wenig riskieren. Ihr Leben lang gehen sie der Gefahr aus dem Weg. Und dann sind sie tot. Ich würde alles riskieren für das, was ich will." Sansa hakt nach: „Und was wollt Ihr?" Petyr: „Ich will alles." (4.04).

Die Vision? Bin ich!

In dieser Szene offenbart er erstmals, dass er die Regentschaft über die Sieben Königslande anstrebt. Sein Ziel ist damit klar formuliert. Und Petyr Baelish arbeitet hart daran, es zu erreichen. Dafür dient ihm das Chaos, das er mit seinen Intrigen in Westeros auslöst. In einem berühmten Dialog mit Varys macht er das deutlich: „Chaos ist kein Abgrund, Chaos ist eine Leiter. Viele, die versuchen, sie zu erklimmen, scheitern und dürfen es nie wieder versuchen. Sie zerbrechen an ihrem Sturz. Und manchen wird die Gelegenheit geboten, sie zu erklimmen, doch sie weigern sich, sie klammern sich ans Reich oder an die Götter oder an die Liebe. Illusionen, nur die Leiter ist echt. Der Aufstieg ist alles!" (3.06). Später, in Episode 6.10, nach dem Sieg über Ramsay Bolton, ist sich Kleinfinger seiner Sache so sicher, dass er alles auf eine Karte setzt und in Winterfell Sansa in seinen Plan einweiht: „Jedes Mal, wenn ich vor einer Entscheidung stehe, schließe ich die Augen und sehe dasselbe Bild. Wenn ich ein Vorgehen erwäge, frage ich mich: Trägt es dazu bei, dieses Bild zu verwirklichen? Es aus meinen Gedanken zu befreien und in die Welt zu setzen? Und ich handle nur, wenn die Antwort ja lautet. Das Bild von mir auf dem Eisernen Thron". Dann schiebt er nach: „Mit Euch an meiner Seite." Sansa verweigert sich jedoch seiner Avance und sagt ihm, dass er nicht dem Norden diene, sondern nur sich selbst (6.10).

Ähnlich wie Stannis verfolgt Kleinfinger ein großes Ziel, doch hat er keine Vision, mit der er Menschen bewegen kann, ihm zu folgen. Während Stannis, der immerhin der legitime Thronerbe ist, vergeblich versucht, diese Vision über die neue Religion zu erzeugen, fehlt Kleinfinger jeglicher Ansatz, eine kraftvolle, positive Vorstellung der Zukunft zu entwickeln, die ihm loyale Gefolgschaft sichern könnte. Er ist völlig auf sich selbst fixiert, hat nur das Bild von sich auf dem Eisernen Thron vor Augen, sonst nichts.

Typen wie Petyr Baelish finden Sie wohl in jeder größeren Organisation. Es sind Karrieristen, die nur eins im Blick haben: ihren eigenen Aufstieg. Und zwar egal, ob in diesem Unternehmen oder einem anderen. Solche Egoisten kennen keine wirkliche Loyalität. Loyal sind sie nur denjenigen gegenüber, die ihren Zwecken nutzen, aber nur solange, wie sie ihren Zwecken nutzen. Zeigt ein Förderer Schwäche, fallen die Kleinfinger der modernen Welt ihnen rasch in den Rücken und verbünden sich mit neuen einflussreichen Personen, um selbst weiter auf der Karriereleiter zu klettern.

Tyrions Tipp

Wenn Sie Typen wie Kleinfinger im Kollegenkreis haben, sollten Sie allerhöchste Vorsicht walten lassen. Erzählen Sie nie mehr als nötig, geben Sie möglichst wenig Persönliches von Ihnen preis. Selbst, wenn Sie im Umgang mit einer solchen Person reserviert bleiben, lassen Sie es nicht an professioneller Freundlichkeit mangeln. Denn Sie wissen nie, ob dieser Typ es nicht doch schafft, irgendwann Ihr Chef zu sein.

Varys

Der Talleyrand von Westeros

Ähnlich wie Petyr Baelish ist Lord Varys ein undurchsichtiger Charakter. Als Waisenjunge in Essos aufgewachsen und seiner Genitalien beraubt, schlug er sich als geschickter Dieb durch ein höchst unsicheres Leben. Er suchte sich kleine Waisenkinder und vermittelte ihnen die Fähigkeit zu lesen und die Kunst, unentdeckt herumzuschleichen, um Geheimnisse zu belauschen und zu stehlen. Dieses ausgedehnte Netzwerk seiner „kleinen Vögelchen" brachte Varys den Ruf als „Spinne" und bestinformierte Person ein. Deshalb engagierte ihn der irre König Aerys. Bei Hofe wurde Varys Mitglied im Kleinen Rat und als Meister der Flüsterer Chefspion des Königs. Diese Funktion behielt er auch bei den Königen Robert und Joffrey, was seine Flexibilität belegt, aber auch für Misstrauen sorgt. Varys ist der Talleyrand von *Game of Thrones*. Charles-Maurice de Talleyrand-Périgord war einer der bekanntesten französischen Staatsmänner sowie Diplomat während der Französischen Revolution, der Napoleonischen Kriege und beim Wiener Kongress als Vertreter von König Louis

XVIII., dem er als Nachfolger von Napoleon zum Thron verholfen hatte. Da er in allen Regimen seiner Zeit hohe Ämter innehatte, steht sein Name heute für politischen Opportunismus und Anpassungsfähigkeit.

Schon äußerlich unterscheiden sich der filigrane Kleinfinger und die massige Spinne erheblich, doch viel eklatanter ist der Gegensatz bei ihren Visionen und Zielen. „Ich bin wohl einer der wenigen Männer in der Stadt, der nicht König werden will" (1.10), erklärt Varys im Gespräch mit Petyr. Als Tyrion ihn nach geglückter Flucht aus Königsmund fragt, warum Varys ihn befreit und nach Pentos geschmuggelt habe, antwortet der Eunuch: „Ich habe es nicht für Euch getan, ich tat es für die Sieben Königslande." Tyrion sarkastisch: „Ein betrunkener Zwerg wird nie der Erretter der Sieben Königslande sein." Varys: „Ich glaube nicht an Erretter. Ich glaube, fähige Herren spielen eine tragende Rolle im Krieg, der da kommt." Tyrion bohrt im weiteren Gespräch nach: „Worauf genau seid Ihr aus?" Und Varys antwortet: „Auf Frieden, Wohlstand, ein Land, in dem die Mächtigen nicht die Machtlosen ausbeuten." Tyrion spottet: „Wo Burgen aus Lebkuchen gebaut, und die Burggräben mit Brombeerwein gefüllt sind. Die Mächtigen haben die Machtlosen immer ausgebeutet, so sind sie überhaupt erst zu ihrer Macht gekommen." Varys: „Schon möglich. Womöglich haben wir uns so sehr an den Schrecken gewöhnt, dass wir annehmen, es ginge nicht anders." (5.01).

Tyrions Tipp

Wertschätzen Sie solche Mitarbeiter wie Lord Varys. Er ist gut ausgebildet und erfahren, ein genialer Kommunikator mit klaren Werten. Er vertritt eine eigene Meinung, die kompatibel mit den Zielen des Unternehmens ist. Selbstständiges Engagement und motivierter Einsatz sind Ihnen sicher. Ein solcher Mitarbeiter kann anstrengend bis gefährlich werden, wenn die Visionen, Werte oder Ziele auseinanderdriften. Doch hält Ihnen ein kritischer Geist auch einen Spiegel vor und zwingt Sie zur Reflektion. Seien Sie dafür dankbar.

Frieden und Wohlstand für das Volk – die Vision der Spinne

Varys verfolgt keine persönlichen Ziele wie Kleinfinger – außer das eigene Überleben. Denn er ist überzeugt, dass seine Fähigkeiten nützlich sind, um seine Vision zu verwirklichen: ein Reich, in dem die Menschen in Frieden, Wohlstand und Sicherheit leben können. Diese Vision ähnelt stark der von Daenerys, nur, dass die Drachenmutter ihre eigene Thronbesteigung als conditio sine qua non, als notwendige Bedingung zur Umsetzung der Vision betrachtet. Varys ist das letztlich egal. Er stellt sein ganzes Wirken in den Dienst seiner Vision, unabhängig von den Personen, die gerade an der Macht sind. Weil sein Handeln einem höheren Zweck dient, nämlich den Menschen im Reich, ist seine Loyalität davon abhängig, ob die herrschende Person seine Vision umsetzen kann.

Dieses Denken wird offenbar, als Daenerys in Episode 7.02 den Eunuchen auf Drachenstein verhört, weil sie an seiner Loyalität zweifelt: „Wer gab den Befehl, mich umzubringen?" Varys zögernd: „König Robert." Daenerys hakt nach: „Wer hat die Mörder angeheuert? Wer schickte den Befehl nach Essos zum Mord an Daenerys Targaryen?" Varys windet sich: „Euer Hoheit, ich tat, was getan werden musste." Daenerys: „Um selbst zu überleben!" Tyrion versucht zu intervenieren: „Lord Varys hat sich bewährt als loyaler Diener." Daenerys erbost: „Sich als loyal bewährt? Im Gegenteil, meine ich. Wenn ihm ein Monarch missfällt, konspiriert er, um den nächsten krönen zu lassen. Was für eine Art Diener ist das?" Darauf setzt Varys zu einem langen Monolog an: „Die Art, die das Reich braucht. Unvermögen sollte nicht mit blinder Treue belohnt werden. So lange ich meine Augen habe, werde ich sie verwenden. Ich entstamme keinem großen Haus. Ich komme aus dem Nichts. Ich wurde als Sklave verkauft und zu Opferzwecken verstümmelt. Als kleines Kind wohnte ich in Gassen, in der Gosse, in verfallenen Häusern. Ihr wollt wissen, wem meine Loyalität gehört? Nicht irgendwelchen Königinnen oder Königen, sondern dem Volk. Dem Volk, das unter Despoten leidet und unter gerechter Herrschaft gedeiht. Dem Volk, dessen Herzen Ihr erobern wollt."

Tatsächlich missfällt Varys in Staffel 8, wie Daenerys zunehmend psychopathische Züge annimmt. Verzweifelt versucht er, die Königin vom Feuersturm auf Königsmund abzuhalten: „Eure Hoheit, ich habe geschworen, Euch in die Augen zu sehen und es offen auszusprechen, sollte ich je denken, dass Ihr einen Fehler begeht. Und dies hier ist ein Fehler. [...] Cersei muss vernichtet werden. Doch wenn wir Königsmund angreifen mit Drogon, den Unbefleckten und den Dothraki, werden zehntausende Unschuldige ihr Leben verlieren. Genau deshalb ruft Cersei sie in die Stadt, in den Roten Bergfried. Dies sind die Menschen, die Ihr vorhabt zu beschützen. Ich bitte Euch, Euer Hoheit: Lasst davon ab, die Stadt zu zerstören, die Ihr retten wolltet. Werdet nicht wie jene, die Ihr bemüht wart zu besiegen." (8.04). Doch Daenerys befindet sich bereits in der Abwärtsspirale und will die Stadt angreifen. „Ich sorge mich um ihre Geistesverfassung", gesteht der Spionagemeister Tyrion nach dem Abschuss des Drachens Rhaegal. Nachdem er von Tyrion die Wahrheit über Jons Abstammung erfahren hat und diesen für den geeigneteren Herrscher hält, um dem Volk eine friedliche Zukunft zu sichern, versucht Varys, die Königin zu vergiften, doch sie nimmt keine Nahrung zu sich. So unternimmt Varys einen letzten Versuch, Jon davon zu überzeigen, seinen Thronanspruch durchzusetzen. „Was genau wollt Ihr?", fragt Jon ihn. Varys: „Was ich immer gewollt habe: Den richtigen Herrscher auf dem Eisernen Thron." (8.05). Jon verweigert sich, Tyrion verrät Varys, und dieser wird von Daenerys zum Tod durch Drachenfeuer verurteilt. Der Eunuch stirbt für seine Vision, paradoxerweise hingerichtet von derjenigen, die auch für eine bessere Welt kämpft und an die er geglaubt hat.

Obwohl lange Zeit ein undurchsichtiger Charakter, entpuppt sich Varys als eine Führungskraft der mittleren Ebene, die uns großen Respekt abnötigt. Obwohl er Diener vieler Könige war, hat er stets seine Vision im Blick behalten: die Utopie einer gerechte(re)n Welt mit Frieden und Wohlstand für das Volk. Konfrontiert mit den Schwächen wechselnder Herrscher, sucht er stets die Möglichkeit, eine geeignete Person auf den Thron zu hieven. So stellt er seine Vision über Loyalität zu seinen Königen; diese gilt nur dem Volk. Obwohl sein Verhalten opportunistisch wirkt, weil er sich so geschmeidig immer neuen Herrschern andient, handelt Varys konsequent verantwortungsethisch – immer mit dem Blick dafür, was am meisten Schaden vom Volk abwenden könnte.

Jon Schnee

Die Mission: „Nur noch kurz die Welt retten"

Jon Schnee ist 16 Jahre jung, als er seine Heimat Winterfell verlässt und zur Mauer aufbricht. Sein Ziel ist es, mit seinem Onkel Benjen, dem Ersten Grenzer der Nachtwache, ein paar Abenteuer nördlich der Mauer zu erleben. Jon ist naiv, hat romantische Vorstellungen vom Leben einer noblen Brüderschaft, welche die Reiche der Menschen schützt. Doch wird er schnell aus seinen jugendlichen Illusionen gerissen, als er den Alltag und die Männer der Nachtwache kennenlernt. Rekrutiert werden die Ausgestoßenen des Königreichs. Den Job an der Mauer machen vor allem Diebe, Vergewaltiger und Mörder, die lieber den Rest ihres Lebens im Dienst der Nachtwache verbringen als hingerichtet zu werden oder im Kerker zu verrotten. Und ihr Ausbilder ist ein erbarmungsloser Schleifer, Ser Allisar Thorn, der seine Rekruten quält. Anfangs widerwillig passt Jon sich rasch der Realität an.

Nachdem er Lord Kommandant Jeor Mormont vor einem Wiedergänger gerettet hat (1.08) und später in Crasters Bergfried jenseits der Mauer beobachtet, wie Craster einer Kreatur mit leuchtend blauen Augen einen neugeborenen Sohn als Opfer in den Schnee legt (2.02), dämmert es Jon langsam, wer eigentlich die wahre Gefahr aus dem Norden ist. Doch die Expedition der Nachtwache, seine Gefangennahme durch die Wildlinge, die Liaison mit Ygritte, der Aufstieg auf die Mauer und der Kampf um die Schwarze Festung lassen ihn immer wieder kurzfristige Ziele verfolgen. Erst, als er selbst Lord Kommandant ist, wird seine Vision klar. Jon hat nicht weniger vor, als die Menschheit vor den Untoten zu retten. Dafür bricht er mit uralten Traditionen der Nachtwache, verbündet sich mit dem „Feind", dem Wildling Tormund Riesentod, und reist mit ihm gemeinsam nach Hartheim, einer Siedlung des Freien Volkes. In einer denkwürdigen Ansprache in der Langhalle von Hartheim versucht Jon, die Wildlinge zur Kooperation zu bewegen (5.08):

„Wir sind keine Freunde. Wir waren es auch nie. Und wir werden es heute auch nicht werden. Hier geht es nicht um Freundschaft, sondern ums Überleben. Darum, dass eine 200 Meter hohe Mauer euch schützen kann vor denen da draußen [...] Den Weißen Wanderern ist es egal, ob ein Mann vom Freien Volk oder eine Krähe ist. Für die sind wir nur eins: Fleisch für ihre Armee. Aber zusammen können wir sie schlagen. [...] Ich kannte Manke Rayder. Ein Krieg mit der Nachtwache war nie sein Ziel, sondern ein neues Leben für sein Volk, für euch. Wir sind bereit, euch dieses neue Leben zu geben. [...] Ich verlange nicht, dass ihr eure Toten vergesst. Meine werde ich auch nie vergessen. Ich habe 50 Brüder verloren in der Nacht, in der Manke uns angegriffen hat. Aber ich möchte, dass ihr jetzt an eure Kinder denkt. Sie werden nie selbst Kinder haben, wenn wir uns jetzt nicht zusammentun. Die lange Nacht wird kommen, und die Toten kommen mit ihr. Kein Clan kann sie aufhalten, das Freie Volk kann sie nicht aufhalten, die Nachtwache kann sie nicht aufhalten, und all die Könige im Süden können das auch nicht. Nur wir alle – gemeinsam." Jon will dem Freien Volk Land südlich der Mauer zur Besiedelung geben. Dafür sollen die Wildlinge schwören, mit der Nachtwache gemeinsam gegen die Armee der Untoten zu kämpfen. Bis auf die kannibalistischen Thenns folgen ihm die Clans des Freien Volkes, weil sie Tormund vertrauen. Während der Evakuierung der Wildlinge auf Schiffe greifen die Zombies an und massakrieren Tausende von Menschen. Entsetzt beobachtet Jon von einem Boot aus, wie der Nachtkönig mit einer Geste seiner ausgebreiteten Arme die Toten wieder auferstehen lässt und seiner Armee hinzufügt. Spätestens in diesem Moment weiß er, was seine Mission ist: „Nur noch kurz die Welt retten", wie ein bekannter Song von Tim Bendzko heißt. Jon verfolgt keine Vision, er zeichnet kein ideales Zukunftsbild der Gesellschaft, verfolgt keine positive Utopie, sondern erkennt Notwendigkeiten und handelt, um die Menschen zu retten. Übertragen heißt das: Jon arbeitet vor allem kundenorientiert. Er hat eine Mission.

Der Heilige Jon von Winterfell

Nach seiner Ermordung durch die konservativen Hardliner der Nachtwache um Allisar Thorn (5.10) und der anschließenden Wiederauferstehung mit Hilfe von Melisandre (6.02) verliert Jon die Orientierung, quittiert den Dienst und will einfach nur weg. Er leidet vermutlich an einer posttraumatischen Belastungsstörung, was angesichts der schockierenden Erlebnisse in Hartheim und seiner

Nahtoderfahrung kaum verwundern kann. Nur die Ankunft von Sansa und der Kampf für seine Familie gegen Ramsay Bolton geben seinem Leben einen neuen Sinn und bringen Jon Schnee mental wieder in die Spur.

Nach dem Sieg in der Schlacht der Bastarde wird Jon von den versammelten Lords auf Winterfell zum König des Nordens ausgerufen. In diesem Moment besinnt er sich auf seine Vision. Er schwört die Lords auf Winterfell auf den kommenden Krieg gegen den Nachtkönig und die Armee der Toten ein. Jon macht klare Zielvorgaben: Allen Maestern trägt er auf, alles an Drachenglas zusammenzutragen, um daraus neue Waffen gegen die Weißen Wanderer zu schmieden. Außerdem verlangt er, dass nicht nur jeder Mann zwischen 10 und 60 Jahren im Umgang mit Waffen unterrichtet wird, sondern auch alle Frauen. Er selbst reist mit Ser Davos nach Drachenstein, um Daenerys, ihre Drachen und ihre mächtige Armee als Verbündete im Kampf gegen die Zombies zu gewinnen. Während sie nur das Ansinnen hat, dass Jon das Knie vor ihr beugt und sie als Königin anerkennt, ignoriert er diese Machtspielchen und erklärt: „Die Armee der Toten ist real, die Weißen Wanderer sind real, der Nachtkönig ist real. Ich habe sie gesehen. Wenn sie die Mauer überwinden und wir immer noch untereinander streiten, sind wir erledigt" (7.03).

Jon stellt sein ganzes Handeln in den Dienst der Mission, das Überleben der Menschheit zu sichern. Sein Ziel ist es, die Armee des Nachtkönigs zu besiegen. Vergleicht man Daenerys und Jon, so wird deutlich, dass sein Anspruch sehr viel existenzieller ist als die sozialrevolutionäre Idee der Drachenkönigin. Bei Jon geht es ums nackte Überleben der Menschheit, bei Daenerys „nur" um die soziale Verfasstheit der Gesellschaft. Dabei verfolgt Jon kein egoistisches Ziel wie Daenerys mit ihrem Anspruch auf den Eisernen Thron. Jon denkt und handelt vollkommen altruistisch, also uneigennützig, selbstlos und nur auf das Wohl der anderen bedacht. Er strebt nicht nach Macht, sie wird ihm verliehen – und sie korrumpiert ihn nicht. Im Gegensatz zu Daenerys scheint Jon immun gegen das Macht-Paradox. Betrachten wir jetzt noch seine Wiederauferstehung nach der Ermordung durch Allisar und Genossen (übrigens symbolstark neben einem Kreuz mit der Aufschrift „Verräter"), so wird die Figur Jon mit Ähnlichkeiten zum Jesus-Mythos versehen - ein von George R. R. Martin und den Drehbuchautoren zweifellos beabsichtigter Effekt. Er ist der „Heilige Jon". So ist es auch nur konsequent, dass er am Ende derjenige ist, der seine Geliebte Daenerys tötet. Dabei wird dieser Akt keinesfalls als Heldentat überhöht. Nicht die Rettung der Menschheit vor einer irren Königin ist sein Motiv, sondern vor allem die Sorge um seine Familie und seine Heimat. „Ich hab' nie eine Krone gewollt. Alles, was ich wollte, war, den Norden zu beschützen", erklärt er Sansa (8.01). In der letzten Episode will Jon vor allem Sansa, Arya und Bran vor Daenerys' Zorn schützen. Dafür opfert er alles.

Praxisfragen für Führungskräfte

Fragen, die Sie Ihren Vorgesetzten stellen sollten:

- Was ist der Sinn unseres Unternehmens (Vision)?
- Welchen Beitrag leistet unser Unternehmen (Mission)?
- Was leisten wir für unsere Kunden?
- Wie verkaufen wir unsere Vision?
- Welche Rolle spielen dabei die Mitarbeiter?
- Was sind die aktuell wichtigen Unternehmensziele und -strategien?
- Welchen Beitrag können ich und mein Team leisten?

Fragen, die Sie sich selbst stellen sollten:

- Wie sieht meine persönliche Vision aus? Welchen Beitrag möchte ich in meinem Leben leisten?
- Warum möchte ich das erreichen?
- Wann empfinde ich meine Arbeit als sinnvoll?
- Was ist meine Mission in Bezug auf Führung?
- Was ist meine Mission in Bezug auf unsere Kunden/Lieferanten/Geschäftspartner?
- Welche Ziele will ich
  a) in den nächsten drei Monaten,
  b) innerhalb eines Jahres,
  c) innerhalb von fünf Jahren erreichen?

- Zahlen diese Ziele wirklich auf meine Vision ein?
- Wie sieht meine konkrete Strategie zur Umsetzung aus?
- Welche Maßnahmen ergreife ich bis wann?
- Welche Ressourcen sind dafür nötig?
- Trägt meine Arbeit zur Vision meines Unternehmens bei?
- Trägt meine Arbeit zur Umsetzung meiner persönlichen Vision bei?

Fragen, die Sie Ihren Mitarbeitern stellen sollten:

- Kennen Sie die Vision und die Mission unseres Unternehmens?
- Was macht Sie stolz, für unser Unternehmen zu arbeiten?
- Warum machen Sie diesen Job?
- Wie trägt Ihre Arbeit zu unserem Erfolg bei?
- Wie würden Sie unsere Vision als Team beschreiben?
- Wie würden Sie unsere Mission als Team beschreiben?
- Was sind Ihre persönlichen Ziele?
- Wie und bis wann wollen Sie Ihre Ziele erreichen? (Maßnahmen/ Zeitplan)

Inhalte mit diesem Hinweis können Sie kostenlos herunterladen auf der Website der Autoren: ***www.leadership-by-got.com*** *oder scannen Sie einfach den nebenstehenden QR-Code ein.*

Teil 4 - Kapitel 2: Werte & Vertrauen

„Wenn Menschen genug falsche Versprechungen machen, verliert unser Wort seinen Wert. Dann gibt es keine Antworten mehr, nur bessere und bessere Lügen."

König Jon Schnee (7.07)

Was Werte & Vertrauen bedeuten

Prinzipien oder Werte? Eine wesentliche Unterscheidung

In der Logik von Jack Welch „stehen Werte einfach für Verhaltensweisen – möglichst konkret, handfest und so anschaulich, dass wenig Raum für Phantasie bleibt."[1] So gesehen sind Werte, wie „Leistung, Leidenschaft, Integrität, Diversität", wie sie zum Beispiel der Sportartikelhersteller Adidas nennt, recht abstrakte Vorgaben. Solche Werte sollten Welch zufolge durch sehr konkrete Verhaltensanweisungen mit Leben gefüllt werden. Ein Unternehmenswert wie „Wir behandeln unsere Kunden so, wie wir selbst behandelt werden möchten", klingt im ersten Moment überzeugend, doch wirksam wird er erst, wenn den Mitarbeitern klar ist, was das in der Praxis bedeutet. Dazu braucht es Vorgaben wie: „Begrüßen Sie jeden Kunden freundlich. Fragen Sie den Kunden, ob Sie ihm etwas zu trinken anbieten dürfen. Vergessen Sie nicht, sich beim Kunden zu bedanken. Wünschen Sie jedem Kunden zum Abschied einen schönen Tag." Das liest sich vielleicht banal, aber wie Sie sicher selbst schon erlebt haben, sind solche Verhaltensweisen noch lange nicht selbstverständlich.

Für unser Thema ist ein Gedanke von Stephen R. Covey entscheidend: „Werte sind soziale Normen – sie sind persönlich, emotional, subjektiv und bestreitbar. Jeder von uns hat Werte, sogar Verbrecher."[2] Auch Cersei, getrieben vom egoistischen Streben nach Vorherrschaft und Macht, hat Werte, denen sie sich verpflichtet fühlt. Familie scheint dabei ganz oben zu stehen, und zwar in einer ausgeprägten Wagenburg-Mentalität: „Jeder, der keiner von uns ist, ist ein Feind", erklärt sie Joffrey (1.03). Ja, bei Cersei gibt es eine spürbare Verbindung zur Familie, besonders natürlich zu Jaime sowie zu ihrem Vater, doch sind es ihre Kinder, die ihrem Leben einen Sinn geben, so lange sie leben. Sie stehen eindeutig vor ihren übrigen Verwandten. Das wird deutlich, als Cersei Sansa den Rat gibt: „Liebe niemanden außer deinen Kindern. In der Beziehung hat eine Mutter keine Wahl." (2.07).

Im Allgemeinen verstehen wir unter Werten allerdings als erstrebenswert oder moralisch gut betrachtete Charaktereigenschaften. Wer Werte vertritt, dem geht es nicht um Erfolg um jeden Preis, sondern um eine normative Haltung. Wertorientierung bedeutet, durch sein Handeln zu zeigen, dass man für die richtigen Dinge einsteht. Gekennzeichnet wird dies durch sittliche Ideale wie Integrität, Respekt, Ehrlichkeit, Zuverlässigkeit, persönliche Verantwortung. Diese Werte erwachsen aus der kulturellen Tradition einer Gemeinschaft, die sie als bindend anerkennt. Entspricht ein Chef solchen Werten, sprechen wir gern von „guter Führung". Wie jemand ein Ergebnis erzielt, wird dann mindestens ebenso wichtig, wie der Umstand, dass jemand erfolgreich ist. Wie Sie in diesem Kapitel sehen werden, ist genau das ein Problem für Ned Stark. Seine starren, nordisch geprägten Wertvorstellungen kollidieren mit der Realität von Königsmund.

Da also Werte so subjektiv und damit problematisch sind, folgen wir der Linie von Covey, der jenseits der Werte eine viel klarere Kategorie ausmacht: „Die Frage, die Sie sich stellen müssen, lautet: Beruhen meine Werte auf Prinzipien? Letztlich sind Prinzipien Naturgesetze, sie sind unpersönlich, sachlich, objektiv und offensichtlich."[3] In der strengen wissenschaftlichen Definition ist ein Prinzip eine Gesetzmäßigkeit, die über allem steht und aus der anderes seinen Ursprung hat. Umgangssprachlich wird der Begriff weniger streng verwendet. Man sagt „Ein Mann mit Prinzipien" und meint damit meistens „Ein Mann mit klaren Werten". Der Unterschied zwischen

Werten und Prinzipien entspricht dem zwischen einer Landkarte und einem Kompass. „Ein richtiges Prinzip ist wie ein Kompass: Es weist immer den richtigen Weg."[4] Werte dagegen sind wie Landkarten: Man muss sie richtig lesen können, sie können veraltet sein oder topografische Gegebenheiten nicht korrekt darstellen. „Sie stellen nicht die geografischen Regionen selbst dar, sondern sind nur subjektive Versuche, diese abzubilden. [...] Eine exakte Landkarte ist ein gutes Handwerkszeug, ein guter Kompass ein unfehlbares Führungsinstrument."[5]

Zufall oder nicht: Die Kompassnadel richtet sich immer nach Norden aus. In *Game of Thrones* sind es die von den Starks repräsentierten Werte, die unsere Zustimmung finden: Ehrlichkeit, Gerechtigkeit, Freundlichkeit, Integrität, Würde, Respekt, Nächstenliebe. Das sind mehr als nur subjektive Werte. Es sind universelle Normen, die als Grundlage menschlichen Zusammenlebens unabdingbar sind. So gesehen sind die Starks prinzipienorientierte Führungspersönlichkeiten, die ihren Kompass nach dem „wahren Norden" ausgerichtet haben und ihrem Gewissen folgen. Gewissen? Noch so ein vager, oft religiös oder philosophisch aufgeladener Begriff. Lassen wir noch einmal den großen Management-Prediger Stephen R. Covey zu Wort kommen: „Das Gewissen ist das innere moralische Empfinden für Recht und Unrecht, der Drang zu Sinnhaftigkeit und eigenen Beiträgen. Es ist die Kraft, die die Vision, Disziplin und Leidenschaft leitet, und steht in völligem Gegensatz zu einem Leben, das vom Ego beherrscht wird. [...] Wenn Vision, Disziplin und Leidenschaft vom Gewissen geleitet werden, hat Führung Bestand und verändert die Welt unwiderruflich zum Guten. Mit anderen Worten: Moralische Autorität bewirkt, dass formale Autorität funktioniert."[6] Klingt das nicht wie eine Beschreibung dessen, wofür Ned gestorben ist, Jon seine Liebe geopfert hat und Bran am Ende am Ende auf dem Thron sitzt?

Vertrauen wirkt immer

Sich führen lassen heißt, sich jemandem anzuvertrauen. Menschen folgen einem Führer nur dann freiwillig, wenn sie ihm vertrauen. Doch was genau ist Vertrauen? David Horsager, Gründer des Trust Edge Leadership Institute, definiert das wie folgt: „Vertrauen ist der zuversichtliche Glaube an einen Menschen, ein Produkt oder eine Organisation."[7] Denken Sie nur mal an den Stuhl, auf dem Sie gerade sitzen. Sie vertrauen darauf, dass er nicht unter Ihnen zusammenbricht – und zwar, ohne jedes Mal zu prüfen, ob er Ihr Gewicht wirklich aushält. Denken Sie an Ihre Bank. Sie vertrauen darauf, dass Ihr Guthaben auf dem Girokonto jederzeit für Sie verfügbar ist. Sie haben nicht jeden Tag Sorge, dass die Bankbeschäftigten Ihr Geld verzocken. Denken Sie an das Wasser, das bei Ihnen aus der Leitung kommt oder das Sie in Flaschen kaufen: Sie vertrauen darauf, dass es rein ist und Sie es ohne gesundheitliche Schäden trinken können. Ohne Vertrauen würde unser gesamter Alltag nicht funktionieren. „Vertrauen ist der Anfang von allem", lautete einst der Werbeslogan der Deutschen Bank. Dass es ausgerechnet dieser Absender war, hat nach diversen

Skandalen zwar einen bitteren Beigeschmack, aber der Spruch als solcher ist trotzdem wahr. Der Unternehmensberater Stephen M. R. Covey, Sohn des oben mehrfach zitierten Stephen R. Covey, formuliert es so: „Vertrauen wirkt immer – rund um die Uhr, an 365 Tagen im Jahr. Es ist die Grundlage für jede Kommunikation, alle Beziehungen, alle Projekte und unsere Erfolge. Vertrauen verändert die Qualität jedes einzelnen Augenblicks. Und es bestimmt unsere Zukunft – sowohl im Beruf wie auch im Privatleben. […] Deshalb ist Vertrauen die Schlüsselkompetenz für alle Führungskräfte in unserer neuen globalen Wirtschaft. Denn nichts wirkt schneller und effektiver als Vertrauen – in allen Situationen."[8]

Tyrions Tipp

Ohne Vertrauen fehlt die Grundlage für dauerhaften Erfolg. Dafür müssen Sie fachliche Kompetenz mitbringen und die Menschen empathisch wohlwollend ansprechen. Nicht mit belanglosem Smalltalk, sondern mit wirklichem Interesse an der Person. Fragen Sie Ihre Mitarbeiter, was ihnen wirklich wichtig ist und warum. Und öffnen Sie sich selbst, offenbaren Sie Ihre Leidenschaften und geben Sie Ihre Fehlbarkeit zu. Das macht Sie menschlich, nahbar und steigert das Vertrauen enorm.

Es gibt keine zwischenmenschliche Beziehung, die dauerhaft ohne Vertrauen funktioniert. Wirksame Führung ist deshalb ohne Vertrauen nicht möglich. „Vertrauen ist sicherer als jede Sicherungsmaßnahme. Vertrauen kontrolliert effektiver als jedes Kontrollsystem. Vertrauen schafft mehr Werte als jedes wertsteigernde Managementkonzept"[9], schreibt Reinhard K. Sprenger in seinem Klassiker „Vertrauen führt". Nun wird Vertrauen von zahlenfokussierten Managern gern als soziale Tugend, als weicher Faktor geringschätzt. Doch ist Vertrauen eine messbare ökonomische Größe, wie Covey eindrucksvoll belegt: „Denn es gibt eine einfache Formel, mit der wir Vertrauen als eindeutig messbaren Erfolgsfaktor identifizieren können. Diese Formel beruht auf einer überaus wichtigen Erkenntnis: Vertrauen wirkt sich immer auf die Schnelligkeit und die Kosten aus. Wenn das Vertrauen abnimmt, sinkt auch die Schnelligkeit und gleichzeitig steigen die Kosten:

↓ Vertrauen = ↓ Schnelligkeit ↑ Kosten

Wenn das Vertrauen aber wächst, steigt auch die Schnelligkeit, wohingegen die Kosten sinken:

↑ Vertrauen = ↑ Schnelligkeit ↓ Kosten

Es ist wirklich so einfach, so klar, so vorhersehbar!"[10]

Ein Beispiel gefällig? Die älteren Semester von Ihnen werden sich noch daran erinnern, wie schnell in der Regel die Sicherheitskontrollen am Flughafen vor den Terroranschlägen vom 11. September 2001 abliefen. Meist hat es gereicht, wenn man eine halbe Stunde vorm Boarding am Airport war, Gepäck und Reisende wurden nur in Einzelfällen gründlich gecheckt. Nach dem 11. September wurden die Kontrollen deutlich verschärft, um die Sicherheit zu gewährleisten und das Vertrauen zum Fliegen wieder zu erhöhen. Jetzt sollte man zwei Stunden vor Abflug da sein, weil sich meist Warteschlangen an den Kontrollstellen bilden. Dadurch dauern Flugreisen länger und verursachen mehr Kosten. Also: Weniger Vertrauen, weniger Schnelligkeit, mehr Kosten.

Doch gibt es auch viele alltägliche Beispiele dafür, wie gut Vertrauen funktioniert. Denken Sie etwa an die Selbstbedienungskasse bei Obst- und Gemüseständen am Straßenrand. Die Landwirte vertrauen auf die Ehrlichkeit der Kunden; sie brauchen dort kein Personal und sparen Zeit und Kosten, und der Einkauf geht rasant. Meistens funktioniert dieses vertrauensbasierte System. Auch das Modell der Vertrauensarbeitszeit beweist die zwingende Logik der Covey-Formel: Der Arbeitgeber vertraut dem Mitarbeiter, durch weniger Kontrolle und Heimarbeit steigen Effizienz und Geschwindigkeit der Arbeit, die Kosten sinken – und das Vertrauen steigt. Bei diesem Modell ist das Vertrauen in die Zuverlässigkeit der Mitarbeiter ebenso wichtig wie das Vertrauen in die Führungsfähigkeiten des Vorgesetzten. Das stellt hohe Anforderungen an die Kompetenz der Beteiligten: an die Sozialkompetenz und Fähigkeit zum Selbstmanagement der Arbeitnehmer und die Führungskompetenz der Vorgesetzten.

Viele Menschen glauben, dass Vertrauen nur eine Frage des Charakters sei. Wir vertrauen demnach Menschen, weil sie aufrichtig sind und sich anständig verhalten. Doch das allein reicht nicht, wie Stephen R. M. Covey erklärt. „Vertrauen hängt vielmehr von zwei Faktoren ab: Charakter und Kompetenz. Der Charakter umfasst Ihre Integrität und Ihre Motive gegenüber anderen. Die Kompetenz beinhaltet Ihre Fähigkeiten, Fertigkeiten, Ergebnisse und Erfolge.“[11] Einige Beispiele: Nehmen wir an, Sie schätzen Ihren Hausarzt, der ein sehr empathischer und medizinisch äußerst kundiger Mensch ist. Doch würden Sie sich von ihm am Herzen operieren lassen? Oder vertrauen Sie etwa dem Lageristen, der seit vielen Jahren eine treue und zuverlässige Seele ist, die Implementierung der neuen Buchhaltungssoftware an? In beiden Fällen wohl kaum, weil es diesen beiden Menschen an Kompetenz fehlt für das, was Sie wollen. Sie vertrauen solchen Menschen nur in den Bereichen, wo sie entweder kompetent sind oder es nicht auf Kompetenz ankommt. Doch wenn Ergebnisse zählen, ist Kompetenz ebenso unerlässlich wie Charakter, um Vertrauen aufbauen zu können.

Schauen wir uns also nun an, wie es sich mit den Helden von *Game of Thrones* verhält in puncto Werte & Vertrauen. Zum Einstieg haben wir versucht, uns dem Wertesystem zentraler Charaktere anzunähern: Was sind eigentlich die vier Kernwerte, die deren Denken und Handeln motivieren? Was treibt sie wirklich an, wonach richten sie sich aus? In Tabelle 1 finden Sie unsere – natürlich subjektive – Liste der Kernwerte. Die Zuordnung in den Spalten von 1 bis 4 erfolgt nach der Bedeutung, die die jeweilige Figur unserer Meinung nach dem Wert beimisst; 1 markiert dabei den wichtigsten Wert.

Tyrions Tipp

Es ist hilfreich, dass Sie das individuelle Wertesystem Ihrer Mitarbeiter, Ihres Chefs, aber auch von Kollegen und Geschäftspartnern (er-)kennen. Wenn wir aktiv zuhören, offenbaren sich Werte oft in Glaubenssätzen, also Aussagen wie „Dies ist mir wichtig“ oder „Jenes muss so sein“. Fragen Sie konkret nach, worauf die Menschen Wert legen, was ihnen wichtig ist, was sie sich wünschen und wovor sie Angst haben. So verstehen Sie besser, was Menschen motiviert.

Kernwerte zentraler Charaktere

	1	2	3	4
Ned	Pflicht	Ehre	Tapferkeit	Familie
Robert	Mut	Spaß	Ehre	Kameradschaft
Cersei	Egoismus	Vorherrschaft	Macht	Kinder
Tywin	Vorherrschaft	Macht	Pflicht	Lennister
Jaime	Cersei	Tyrion	Heldentum	Überlegenheit
Tyrion	Klugheit	Verantwortung	Neugier	Jaime
Jon	Wahrheit	Freiheit	Mitgefühl	Familie
Daenerys	Gerechtigkeit	Macht	Mut	Verantwortung
Varys	Frieden	Gerechtigkeit	Pflicht	Würde
Petyr	Macht	Egoismus	Überlegenheit	Status
Stannis	Pflicht	Macht	Status	Ehre
Davos	Gerechtigkeit	Loyalität	Mitgefühl	Lernen
Sansa	Heimat	Familie	Pflicht	Entschlossenheit
Arya	Rache	Überlegenheit	Entschlossenheit	Abenteuerlust
Jorah	Daenerys	Loyalität	Pflicht	Mut
Samwell	Wissen	Fürsorge	Mut	Loyalität
Robb	Pflicht	Liebe	Tapferkeit	Familie
Theon	Anerkennung	Familie	Erlösung	Spaß
Allisar	Pflicht	Tradition	Loyalität	Mut
Bronn	Status	Überlegenheit	Spaß	Reichtum
Ramsay	Dominanz	Macht	Status	Lust

Tabelle 1: Kernwerte zentraler Charaktere

Ned Stark

Gefangener seiner eigenen Wertvorstellungen

Eddard Stark ist ein Mann von Ehre. Er symbolisiert jene Tugenden, die gern als Ritterlichkeit verklärt werden. Als Lord von Winterfell und Wächter des Nordens ist er viel älteren Traditionen verpflichtet und hat sehr viel strengere Ehrbegriffe als die meisten Bewohner von Königsmund, angefangen bei König Robert. Neds Macht und die Lehnstreue der Häuser des Nordens beruhen auf Respekt, Vertrauen und Tradition, nicht auf Geld, militärischer Macht und höfischem Pomp. Wenn Sie einen Typus wie Ned als Chef haben, wissen Sie eigentlich immer, woran Sie sind: Da führt jemand zuverlässig, berechenbar, loyal, respektvoll, verantwortungsbewusst, engagiert, mit klarer Kante, aber auch inflexibel und Neuem gegenüber wenig aufgeschlossen.

Aufgrund seiner beinahe puritanischen Wertvorstellungen stolpert Ned unfreiwillig immer wieder in moralische Konflikte. So kehrt er mit einem Kind aus dem Krieg gegen die Targaryens zurück, gibt ihn als seinen eigenen Bastard Jon aus und verheimlicht die Identität der Mutter. Damit verletzt und kompromittiert er seine Frau Catelyn, die durch die Anwesenheit des Bastards auf Winterfell jeden Tag an Neds vermeintliche Untreue erinnert wird und Jon ihren Groll und ihre Verachtung spüren lässt. Ned nimmt diese Kollateralschäden in Kauf, fügt seiner Frau, Jon und sich selbst seelischen Schmerz zu, weil er seiner Schwester Lyanna geschworen hat, ihren Sohn, das Kind von Prinz Rhaegar Targaryen, zu beschützen. Und das ist nur möglich, wenn niemand erfährt, wer Jon wirklich ist. Vor allem sein Freund Robert nicht, der seine Verlobte Lyanna abgöttisch geliebt hat. Doch Lyanna liebte Rhaegar und ließ sich heimlich mit ihm trauen (7.07). Von seiner sterbenden Schwester, die wegen Komplikationen bei Jons Geburt verblutet, erfährt Ned die Wahrheit und verspricht ihr, für das Kind zu sorgen (6.10).

Dieser Eid bindet ihn fortan mehr als alle anderen Gelübde – und verursacht heftige moralische Verwerfungen für einen so aufrechten Mann wie Ned. Er muss Catelyn und seine ganze Familie belügen und sich selbst als Ehebrecher betrachten lassen. Er verheimlicht Jon, wer sein wahrer Vater ist, und er belügt seinen besten Freund Robert. Wer beobachtet, wie panisch der König auf die Nachricht von Daenerys

Hochzeit mit Khal Drogo reagiert und später die schwangere Targaryen töten lassen will, kann gut nachvollziehen, dass Ned ziemlich froh sein muss, Jon bei der Nachtwache in anonymer Sicherheit zu wissen.[12] Ned stellt das Versprechen gegenüber seiner Schwester über das Wohl seiner eigenen Ehe und opfert dem auch seinen moralischen Imperativ, nicht zu lügen.

Ja, der ehrenhafte Nordmann kann lügen. Und das trotz seiner beinahe dogmatischen Tugendhaftigkeit. Sein Beschützerinstinkt und die Liebe zu seinen engsten Angehörigen lassen Ned seinen starren Moralkodex brechen. Das ist auch der Grund, warum er Jaime gegenüber behauptet, er hätte den Befehl erteilt, Tyrion zu verhaften – und nicht seine Frau Catelyn (1.05). Eine glatte Lüge – mit verheerenden Folgen: Drei Männer seiner Hausgarde werden von Jaime und seinen Soldaten getötet, Ned wird schwer am rechten Bein verletzt.

Als er die Wahrheit über die inzestuöse Herkunft von Joffrey und somit auch das vermeintliche Motiv für Jon Arryns Ermordung begreift (1.06), steht er in Königsmund ziemlich allein da. Sein Leibwächter Jory Cassel wurde von Jaime Lennister getötet, am Hof kann Ned niemandem sonst wirklich vertrauen, der ihm helfen könnte, das Komplott der Lennisters aufzudecken. Als dann noch König Robert nach einem Jagdunfall im Sterben liegt (gezielt befördert vom Knappen Lancel Lennister, der auf Anweisung von Cersei den König während der Jagd ständig mit Wein abfüllt; 1.05), steckt Ned wieder einmal im moralischen Dilemma: Soll er seinem alten Freund die letzten irdischen Momente versauen, indem er ihm am Sterbebett die Wahrheit über Joffrey, Myrcella und Tommen offenbart?

Ned entscheidet sich für eine Täuschung, als er den letzten Willen des Königs aufzeichnet: Anstelle von Roberts Worten „mein Sohn Joffrey" schreibt Ned „mein rechtmäßiger Erbe". Mit diesem Trick glaubt der sonst so aufrichtige Nordmann, Prinz Joffrey seines illegitimen Thronanspruchs entheben zu können. Zugleich wird er selbst von Robert zum „Lordregenten und Beschützer des Reiches" ernannt, und zwar so lange, bis Joffrey volljährig ist. Cersei, das intrigante Biest, allerdings schert sich überhaupt nicht um den letzten Willen ihres gerade erst verstorbenen Gatten, zerreißt das Papier vor Dutzenden von Zeugen im Thronsaal und lässt Ned wegen Hochverrats einkerkern (1.07).

Doch gehen wir in der Geschichte noch eine Szene zurück. Da gerät der gute Ned in sein nächstes moralisches Dilemma. Als Roberts jüngster Bruder Renly ihm 100 Männer anbietet, um Joffrey schnell zu internieren und so Cersei zu entmachten, lehnt Ned ab. Zum einen, weil er stur an der Primogenitur, dem Prinzip des Erstgeburtsrechts, festhält und daher Renlys Anspruch verneint, weil seinem älteren Bruder Stannis die Königswürde zustehe. Zum anderen, weil Ned sich selbst in dieser Situation an seine Begriffe von Ehre klammert: „Ich will Roberts letzte Stunden nicht entehren, indem ich Blut vergieße und verängstigte Kinder aus den Betten jage." (1.07). Er ist einmal mehr ein Gefangener seiner eigenen Wertvorstellungen.

Die Dummheit des Erbarmens

Als amtierende oberste Führungskraft der Sieben Königslande verhält sich Ned in dieser Situation unfassbar naiv und weltfremd. In ihrer Analyse der Problemlösungsfähigkeiten verschiedener Charaktere bescheinigen die Psychologen William Blake Erickson und Dawn R. Weatherford Ned diesbezüglich schwache Kompetenz: „Er sieht die Verschwörungen und die Heimtücke in Königsmund nicht voraus. Er versteht einfach nicht, dass Macht in Westeros nicht auf den Prinzipien von Ehre und Respekt beruht, so wie in Winterfell.“[13] Ned unterschätzt total, wie entschlossen und rücksichtslos Cersei ihren Sohn auf den Thron hieven will – und das, obwohl sie ihm bereits frühzeitig gesagt hat, dass auch sie gefährlich sein könne (1.04). Doch Ned ignoriert auch diese Warnung, verhält sich weiterhin nordmännisch ehrenhaft und offenbart der Königin sogar, dass er um die Vaterschaften von Jaime wisse und es Robert nach dessen Rückkehr von der Jagd petzen werde. In einer ritterlichen Geste, er selbst nennt sie später im Kerker trefflich die „Dummheit des Erbarmens“ (1.08), bietet Lord Stark der Regentin an, mit ihren Kindern zu fliehen und sich so vor Roberts Zorn in Sicherheit zu bringen. Cersei, machtgeil und deutlich cleverer als Ned, erinnert ihn an den Moment, als er nach der Ermordung des irren Königs durch Jaime nur entschlossen hätte zugreifen müssen, um selbst auf dem Thron zu sitzen. Für sie ist es völlig undenkbar, dass jemand eine solche Chance nicht nutzen könne, „ein tragischer Fehler“, doch Ned ist – außer Varys und Pycelle - ausgerechnet der einzige Typ am Hof, den die Königswürde nicht interessiert: „Ich habe in meinem Leben viele Fehler gemacht, aber das war keiner davon.“ Verständnislos kontert Cersei: „Und wie es das war. Spielt man das Spiel um Throne, gewinnt man oder stirbt. Dazwischen gibt es nichts.“ (1.07).

Das ist kein Warnschuss, das ist ein Signalfeuerwerk. Deutlicher kann die Königin kaum aussprechen, dass sie bereit ist, mit vollem Einsatz zu spielen. Zugleich erinnert sie Ned, dass er mittendrin ist im tödlichen Spiel um den Thron, ob er will oder nicht. Und sie hat Recht. Ned ist zu der zentralen Figur auf dem Schachbrett der Macht geworden. Er regiert an Roberts Stelle, er trifft weitreichende Entscheidungen, er signalisiert Cersei in selten dämlicher Offenheit, dass das Schicksal der Lennisters in seinen Händen liege. Das ist eine Kampfansage, die er gar nicht hätte machen müssen. Doch Ned ist eben Ned. Ehrlich, aufrecht, korrekt, einfach zu gut. Selbst intriganten Feinden gegenüber. Mit dieser Haltung spielt er das Spiel um Throne – und kann es so nicht gewinnen. „Ned Starks Ehrgefühl [...] ist sein Verhängnis“, meint die Historikerin Carolyne Larrington.[14]

Sein starrer moralischer Kompass macht Ned blind für die Verlogenheit anderer Menschen. In dieser Hinsicht leidet er buchstäblich unter Realitätsverlust. Anders ist es nicht zu erklären, dass er ernsthaft glaubt, Cersei würde nach seiner Offenbarung kapitulieren und sein Angebot annehmen, mit ihren Kindern ins Exil zu flüchten. Und nur so ist nachvollziehbar, warum Ned ausgerechnet Petyr Baelish vertraut, als er militärische Unterstützung gegen die Lennisters braucht. In seiner verzweifelten Suche nach Verbündeten erinnert er Kleinfinger sogar an dessen Gefühle für seine Frau: „Ihr verspracht Catelyn, dass Ihr mir helfen würdet. Die Königin hat ein Dutzend Ritter und 100 bewaffnete Männer, genug, um das, was von meiner Leibgarde geblieben ist, zu überwältigen. Ich brauche die Goldröcke. Die Stadtwache ist 2.000 Mann stark und darauf vereidigt, den königlichen Thron zu wahren." (1.07). Ned setzt darauf, dass Kleinfinger die Stadtwache mit Geld auf seine Seite zieht – ein fataler Irrtum und wiederum eine taktische Führungsschwäche. Denn wie Cersei spricht auch Kleinfinger eine deutliche Warnung aus, als die beiden sich einige Wochen zuvor in den königlichen Gärten unterhalten. Ned: „Lord Baelish, vielleicht war es ein Fehler, Euch zu misstrauen." Kleinfinger: „Mir zu misstrauen war vielleicht das Klügste, was Ihr getan habt, seit Ihr von Eurem Pferd gestiegen seid." (1.04).

Und wenn es noch eines weiteren Beweises seiner Verschlagenheit bedurft hätte, so liefert Kleinfinger auch diesen im Gespräch über die Stadtwache. Baelish fordert Ned unverblümt auf, die Erbfolge durch Stannis zu verhindern und Joffrey auf den Thron zu setzen. Entsetzt fragt Ned sogar: „Habt Ihr auch nur einen Funken Ehrgefühl?" Baelish antwortet: „Ihr seid jetzt die Hand des Königs und Lordregent des Reichs. Alle Macht liegt bei Euch. Ihr müsst einfach nur entschlossen zugreifen. Schließt Frieden mit den Lennisters, befreit den Gnom, vermählt Eure Tochter mit Joffrey. Wir haben reichlich Zeit, Stannis loszuwerden, und wenn sich abzeichnet, dass Joffrey Schwierigkeiten machen könnte, wenn er den Thron besteigt, müssen wir einfach nur sein kleines Geheimnis lüften und Lord Renly an seiner Stelle einsetzen." (1.07). Deutlicher kann auch Kleinfinger nicht aussprechen, wie er wirklich tickt: opportunistisch, verschlagen, nur auf den eigenen Vorteil bedacht und äußerst machtbewusst. Und doch ignoriert Ned auch dieses verbale Alarmsignal und bittet den Meister der Münze stattdessen darum, die Stadtwache zu bestechen. Das Ergebnis hätte uns als Fernsehpublikum eigentlich nicht überraschen dürfen: „Es war ein Fehler, mir zu vertrauen", zischt Baelish Ned ins Ohr, als er ihm im Thronsaal einen Dolch an die Kehle setzt. Kleinfinger hat Ned verraten, der Kommandant der Stadtwache, Janos Slynt, ist von Cersei bestochen worden. Die Stark-Getreuen werden getötet und er selbst eingekerkert (1.07). Seine traditionellen Vorstellungen von Ehre haben ihn dahin gebracht.

Ned stellt seine Werte somit über das Wohlergehen des Reichs und sein eigenes Leben. Als Varys ihm im Kerker Begnadigung in Aussicht stellt, wenn er seinen angeblichen Verrat gestehe und das Knie vor Joffrey beuge, weist Ned das Angebot zornig von sich: „Denkt Ihr, mein Leben ist mir von solchem Wert, dass ich meine Ehre eintauschen würde gegen ein paar Jahre mehr von … wovon? […] Ich habe schon vor langer Zeit zu sterben gelernt." (1.09). Nur eins ist ihm noch wichtiger als seine Ehre: die Sicherheit seiner Familie. Das hat ihn schon veranlasst, die wahre Herkunft von Jon Schnee zu verheimlichen. Schließlich bewegt es ihn sogar, öffentlich das

Knie vor Joffrey zu beugen und seinen „Verrat" zu gestehen, weil die Königin ihm Gnade für seine Töchter zusichern ließ. Liebende Fürsorge triumphiert so über Neds Ehrlichkeit. Belohnt wird diese Entscheidung nicht. Gegen die Absprache mit seiner Mutter lässt Joffrey Ned köpfen. Aus einer moralphilosophischen Warte heraus sei Neds Entscheidung deshalb nicht falsch, argumentieren Albert J. J. Anglberger und Alexander Hieke: „Im Gegenteil, sie zeigt umso mehr, wie tugendhaft Eddard Stark ist. Er kann sich nicht einmal vorstellen, dass jemand so rücksichtslos und grausam wie Joffrey sein und ihn enthaupten lassen könne."[15]

Die eigenen Werte als Maß aller Dinge

Bei aller Sympathie, die wir ihm als Gutmensch der ersten Staffel entgegenbringen, muss das Urteil über Neds strategische Führungskompetenzen als Hand des Königs eigentlich mangelhaft ausfallen: Er agiert naiv und verantwortungslos. Naiv, weil er glaubt, dass die Konkurrenten zumindest ansatzweise nach seinen moralischen Maßstäben spielen. Verantwortungslos, weil er aus Pietät und Ehrgefühl die Lennisters nicht ausschaltet, so lange er die Chance dazu hat, und weil er in seinem realitätsfernen Starrsinn stur auf Stannis als Thronfolger beharrt. So sorgt er selbst dafür, dass der Psychopath Joffrey den Thron besteigt. Wir können Ned zwar nicht vorwerfen, dass er die Sieben Königreiche aktiv in einen Krieg zwingt. Aber durch taktisch klügeres, wenngleich moralisch fragwürdiges Handeln hätte er die Katastrophe für das Reich und seine Familie verhindern können.

Es ist die gleiche Haltung, die Ned bereits dazu veranlasst hat, Robert die Gefolgschaft zu verweigern, als der König die Ermordung der schwangeren Daenerys Targaryen befiehlt: „Ich will sie tot sehen, Mutter und Kind, beide. Und diesen Narren Viserys ebenso. Ist das deutlich genug für dich? Ich will ihren Tod." Ned hält stur dagegen: „Du wirst dich selbst für immer entehren, wenn du das tust." Erbost brüllt Robert: „Ehre? Ich habe sieben Königreiche zu regieren. Ein König, sieben Königreiche. Meinst du, Ehre hält sie auf Linie? Glaubst du, Ehre erhält den Frieden?" Ned lässt sich nicht beirren: „Der Robert, mit dem ich aufwuchs, hätte niemals vor dem Schatten eines ungeborenen Kindes gezittert. […] Ich hielt dich für einen besseren Mann." Der Autor Bruce Craven, Dozent an der Columbia Business School in New York, stellt vier signifikante Führungsfehler fest, die Ned scheitern lassen:

1) Er brüskiert seinen alten Freund öffentlich, indem er Roberts Mut im Kleinen Rat infrage stellt.
2) Er erkennt nicht, dass Varys ein wertvoller Verbündeter wäre, weil die Spinne nicht seine Wertvorstellungen zu teilen scheint.
3) Er vertraut Petyr Baelish, obwohl dieser ihn verspottet hat.
4) Er unterschätzt den Mut, die Willensstärke und die Abgefeimtheit von Cersei, weil er glaubt, sie würde mit ihren Kindern ins Exil fliehen, nachdem er ihr offenbart hat, dass er die Wahrheit über den Vater ihrer Kinder kenne.[16]

Craven kommt zu dem berechtigten Schluss: „Ned reagiert instinktiv, geleitet von seinen persönlichen Werten. Er realisiert nicht, dass seine Werte subjektiv sind. Er macht falsche Annahmen. Ned begreift eine wichtige Führungserkenntnis nicht: Derjenige, dem er unterstellt ist, ebenso wie diejenigen, mit denen er arbeiten und die er führen soll, haben andere Werte als seine eigenen – oder, wenn sie seine Werte teilen, zeigen sie das weniger offen. […] Ned hat sich als Führungskraft nicht unter Kontrolle. Er reagiert und beurteilt seine Kollegen aus der Sicht seiner eigenen Werte. Er untergräbt die potenzielle Stärke, die in seinen Werten liegt, weil er seine Werte als absolut betrachtet."[17]

Tyrions Tipp

Es ist wichtig, dass Sie auch Ihre eigenen Werte und Motivatoren kennen. Stehen Sie dazu, das macht sie authentisch! Aber machen Sie Ihre Werte nicht zum Maß aller Dinge. Das macht Sie blind für die Wirklichkeit. Vergessen Sie nie, dass andere Menschen Ihre Werte vielleicht nicht teilen. Versuchen Sie, deren Haltung zu verstehen und akzeptieren Sie andere Meinungen.

Verantwortung contra Ehre

Bei Ned erleben wir modellhaft den Konflikt zwischen Gesinnungsethik und Verantwortungsethik. Diese Unterscheidung geht auf den Soziologen Max Weber zurück: „Keine Ethik der Welt kommt um die Tatsache herum, dass die Erreichung ‚guter' Zwecke in zahlreichen Fällen daran gebunden ist, dass man sittlich bedenkliche oder mindestens gefährliche Mittel und die Möglichkeit oder auch die Wahrscheinlichkeit übler Nebenerfolge mit in den Kauf nimmt, und keine Ethik der Welt kann ergeben: wann und in welchem Umfang der ethisch gute Zweck die ethisch gefährlichen Mittel und Nebenerfolge ‚heiligt'."[18] Wer verantwortungsethisch handelt, bewertet eine Handlung nur nach ihren Folgen, ungeachtet der nötigen Mittel diese durchzusetzen. Ihn interessiert das Resultat. Wer gesinnungsethisch handelt, richtet sich bei einer Handlung nach vorgegebenen Regeln und Werten. Ihn interessiert, ob eine Tat ethisch korrekt ist.

Weber beschreibt damit ein Grunddilemma von Führung: Darf ich eine Entscheidung treffen, die für die Organisation gut ist und/oder den Schaden minimiert, wenn ich dafür etwas tun und verantworten muss, was gegen meine ethischen Prinzipien verstößt? Der alte Machiavelli hätte damit gar kein Problem; natürlich würde er pragmatisch entscheiden und moralische Skrupel ausblenden. Tywin, Cersei, Kleinfinger, Renly, Varys, sogar Tyrion würden ähnlich handeln. Sie bewerten eine

Entscheidung nur nach ihren Folgen, nach dem Ergebnis, und fragen nicht nach den moralischen Bedenken. Varys versucht, Ned den Tötungsbefehl gegen die schwangere Daenerys zu erläutern: „Es ist eine schreckliche Sache, die wir da erwägen, eine abscheuliche Sache. Doch wir, die wir uns erdreisten zu regieren, müssen manchmal für das Wohl des Reichs abscheuliche Dinge tun. Sollten die Götter Daenerys einen Sohn vergönnen, wird das Reich bluten." Großmaester Pycelle fügt hinzu: „Ich trage diesem jungen Mädchen nichts nach. Aber wie viele Unschuldige müssten sterben, falls die Dothraki einfallen? Wie viele Städte müssten brennen? Wäre es nicht klüger, gütiger sogar, dass sie jetzt gleich stirbt, damit Zehntausende leben können?" (1.05). Ned jedoch hält stur an seinen Werten fest. Der prophylaktische Mord an einem jungen Mädchen, die einen potenziellen Thronanwärter gebären könnte, kommt für ihn nicht in Frage, weil er eine solche Tat nicht mit seinen Prinzipien vereinbaren kann.

Jon Schnee

Der rechtschaffene Super-Ned

Tyrion ist aufgebracht. „Habt Ihr je in Betracht gezogen, hin und wieder mal zu lügen? Nur ein klein wenig?", fragt er Jon Schnee wütend. Dieser hat gerade die Verhandlungen mit Cersei platzen lassen. Das Ziel war eine Waffenruhe zwischen den Lennisters und der Armee von Daenerys, um die Kräfte zum Kampf gegen die Zombies aus dem Norden bündeln zu können. Cersei hielt die Berichte über die Armee des Nachtkönigs bisher für Märchen. Deshalb hatte eine von Jon angeführte Expedition extra einen Untoten gefangen genommen. Der Preis dafür war der Tod des Drachen Viserion. Nachdem Cersei und ihrer Delegation in der Drachengrube von Königsmund der Untote vorgeführt wurde, stimmt sie der Waffenruhe zu. Sie verlangt keine Garantien von Daenerys, stellt aber die Bedingung, dass Jon sich keiner Seite verpflichtet und sich in den Norden zurückzieht. „Ich weiß, Ned Starks Sohn wird sein Wort halten", sagt Cersei. „Ich bin jemand, der sein Wort hält. Ich versuche es wenigstens", entgegnet Jon. „Deshalb kann ich Euch nicht bieten, was Ihr verlangt. Ich kann nicht zwei Königinnen dienen. Und ich habe mich schon Königin Daenerys verpflichtet, aus dem Hause Targaryen." Nach dieser Aussage bricht Cersei die Verhandlung ab. Jon verteidigt sich gegen die Vorwürfe seiner Alliierten: „Ich werde doch keinen Eid leisten, den ich dann nicht halten kann. Erzählt von meinem

Vater, wenn Ihr wollt, sagt mir, diese Haltung hat ihn das Leben gekostet. Aber wenn Menschen genug falsche Versprechungen machen, verliert unser Wort seinen Wert. Dann gibt es keine Antworten mehr, nur bessere und bessere Lügen." (7.07).

Jon hat seine Lektionen von Ned Stark gelernt. „Mein Vater war der ehrenwerteste Mann, der mir je begegnet ist", sagt er zu seinem Freund Samwell Tarly (8.01). Jon hat den Wertekodex von Ned tief in sich verankert. Er entwickelt sich geradezu zum Super-Ned, ein Gutmensch mit klarem moralischen Kompass. Dass er so stark geprägt wurde, ist aus psychologischer Warte nicht selbstverständlich. Immerhin ist er als Bastard auf Winterfell aufgewachsen, und Catelyn Stark hat ihn jeden Tag spüren lassen, dass er ihr nicht willkommen war. Auch wenn die Stark-Kinder ihn als einen der ihren anerkannten und liebten, muss seine Jugend doch stets von einem Gefühl der Ausgrenzung und Einsamkeit geprägt worden sein. Jon war immer unter den Starks, aber nicht einer von ihnen – ähnlich übrigens wie Theon Graufreud. Tyrion erkennt das schnell und gibt ihm den Rat: „Ich will dir mal einen Rat geben, Bastard. Vergiss nie, was du bist, der Rest der Welt tut's auch nicht. Trage es wie eine Rüstung, dann kann man dich nie damit verletzen." (1.01). Die Psychologin Drea Letamendi meint, dass der Umstand, nicht wirklich dazuzugehören, ihn anfällig für Hinterhältigkeit und asoziales Verhalten hätte machen können. „Anstatt zu rebellieren, entwickelt Jon jedoch ein starkes Gefühl von Demut und Ehre. Er verinnerlicht die Prinzipien seines Vaters in Bezug auf die Bürgerpflicht - Status zu erlangen, indem er ein produktives, verantwortungsbewusstes und aktives Mitglied der Gesellschaft ist."[19]

Auf seiner Heldenreise ist Jon nun einer Extremsituation nach der anderen ausgesetzt: Der enttäuschende Dienst bei der Nachtwache, die Expedition jenseits der Mauer und die Gefangennahme durch die Wildlinge, der Loyalitätskonflikt wegen seiner Liebe zu Ygritte, die Allianz mit den Wildlingen, der Widerstand der Fraktion um Allisar Thorn, der Kampf gegen die Untoten, die Schlacht um Winterfell, das schwierige Verhältnis zu Daenerys. In solchen Krisenzeiten gehen wir Psychologen zufolge oft in einen vorhersehbaren Modus über. Brené Brown, Sozialpsychologin an der Universität Houston, erklärt: „Wenn wir in Angst sind, gibt es ein ziemlich vorhersehbares Muster, wie wir unsere Rüstung Stück für Stück zusammensetzen." Brown beschreibt einen Prozess von Phasen, die mit Verletzlichkeit beginnen; dann entsteht Unbehagen an dieser Verletzlichkeit, gefolgt von einer sozialen Abwehrhaltung und schließlich Rechtschaffenheit. Diese Rechtschaffenheit baue sich im Laufe der Zeit auf und werde zu unserer Rüstung.[20] Sie ist in der Tat Jons stärkste Waffe. In all seiner Verletzlichkeit erweist sich Jon als derjenige, der am meisten Vertrauen genießt, weil er unter Druck Mut, Charakter und Kompetenz vereint.

Jons Handlungsleitfaden, sein innerer Kompass, orientiert sich daran, was der Philosoph Immanuel Kant den kategorischen Imperativ genannt hat: „Handle so, dass die Maxime deines Willens jederzeit zugleich als Prinzip einer allgemeinen Gesetzgebung gelten könne."[21] Dieser Satz sei der Versuch, einen Maßstab für gerechtes Handeln zu finden, so der frühere Richter am Bundesverfassungsgericht, Winfried Hassemer.[22] Nach Kant dürfe ein Versprechen nicht in der Absicht, es zu brechen, gegeben werden, weil in dem Begriff des Versprechens bereits die Absicht, es zu halten, impliziert sei. Von daher kann Jon als rechtschaffener Super-Ned nicht lügen. Auch nicht nur ein klein wenig. Sorry, Tyrion!

Wahrheit, Freiheit, Mitgefühl, Familie

Dank seiner klaren Prinzipien widersteht Jon auch dem verlockenden Angebot von Stannis, ihn zum Lord von Winterfell zu ernennen (5.03): „Ich bin Lord Kommandant der Nachtwache. Mein Platz ist hier." Stannis versucht, Jon zu überzeugen: „Ich biete Euch die Gelegenheit, Eure Familie zu rächen, die Burg zu erobern, in der Ihr aufgewachsen seid. Den Norden zu regieren." Jon bedauert: „Ich wünschte, ich könnte an Eurer Seite kämpfen. Glaubt mir, das tue ich. Aber ich habe im Götterhain einen heiligen Eid geschworen. Ich habe mein Leben der Nachtwache geweiht." Darauf resigniert Stannis: „Ihr seid genauso starrköpfig wie Euer Vater. Und ebenso ehrenhaft." Jon stolz: „Ich kann mir kein höheres Lob vorstellen." Stannis kontert trocken: „Das war nicht als Lob gemeint. Die Ehre hat ihn das Leben gekostet."

Obwohl Jon den klaren Wertekompass seines Adoptivvaters übernommen hat, unterscheidet er sich dennoch in wesentlichen Punkten von Ned. Dessen Kernwerte sind Pflicht – Ehre – Tapferkeit – Familie. Bei Jon liegt der Fokus zumindest nach seinen Erlebnissen jenseits der Mauer viel stärker auf Wahrheit und Freiheit; dazu kommen ein ausgeprägtes Mitgefühl und seine Familie. Sicher, auch Pflichtgefühl, Ehre und Tapferkeit zeichnen Jon aus, sind für ihn jedoch nicht so zentrale Motivatoren wie für Ned. Wie wir gesehen haben, ist Lord Eddard Stark ein bornierter Sturkopf, wenn andere Menschen nicht seine Wertvorstellungen teilen. Er beharrt auf Gesetz und Traditionen. Wie Stannis richtig erkennt, kostet ihn seine starrköpfige Ehrenhaftigkeit das Leben. Ned ähnelt in dieser Hinsicht viel stärker Jeor Mormont und Allisar Thorn als Jon Schnee. Es ist sehr fraglich, ob Ned und Jeor dem Plan zugestimmt hätten, sich mit den Wildlingen zu verbünden und sie südlich der Mauer siedeln zu lassen. Zu stark sind der alte Wolf und der alte Bär in der Tradition der Nachtwache verwurzelt, die als Feind alles versteht, was nördlich der Mauer existiert. Jon dagegen erweist sich als lernfähig und flexibel: Sein Aufenthalt beim Freien Volk, die Lektionen, die er von Manke Rayder, Tormund und Ygritte bekommt, erweitern seinen Horizont. Er löst sich von festgefahrenen Denkmustern, hinterfragt Traditionen. „Jon begreift, dass die Wildlinge aufgrund ihrer historischen Isolation auf der Nordseite der Mauer anders sind. Er erkennt auch, dass das Freie Volk eine viel geringere Bedrohung ist als die Weißen Wanderer und die Anderen."[23] Seine im vorigen Kapitel beschriebene Mission, die Menschheit zu retten, umfasst eben auch die Wildlinge, weil sie ebenso Menschen sind wie die Westerosi südlich der Mauer. Tyrion ist der erste, der ihm das erklärt: „Ich glaube, der einzige Unterschied zwischen uns und den Wildlingen ist, dass beim Bau der Mauer unsere Vorfahren zufällig auf der richtigen Seite wohnten." (1.03).

Nachdem Jon die Entscheidung getroffen hat, den Wildlingen Asyl südlich der Mauer zu gewähren, spricht er mit Tormund, der beim Kampf um die Schwarze Festung gefangengenommen wurde (5.05). Dem rothaarigen Hünen erklärt er: „Seit 8.000 Jahren schwört die Nachtwache einen Eid, der Schild zu sein, der die Reiche der Menschen schützt. Und seit 8.000 Jahren erfüllen wir diesen Eid nicht. Ihr seid Teil der Reiche der Menschen, jeder von euch." Hier wird klar, dass Jon einen zutiefst humanistischen Wertekanon hat. Das weitere Gespräch ist ein eindrucksvoller Beleg des Vertrauens, das Jon als Lord Kommandant in Tormund und das Freie Volk setzt – ebenso, wie er Vertrauen von ihnen erwartet. Jon fordert: „Ich will, dass du nach Norden gehst, die Reste des Freien Volkes einsammelst, wo immer sie sind, und sie hierherführst. Ich öffne ihnen das Tor und lasse sie durch. Ich suche ihnen Land, das sie südlich der Mauer besiedeln können." Tormund ist skeptisch: „Sie beugen niemals vor dir das Knie. Genauso wenig wie ich." Jon entgegnet: „Ich verlange nicht, dass sie vor mir knien. Ich will, dass sie an meiner Seite kämpfen, wenn es so weit ist." Schließlich sieht Jon dem beinahe einen Kopf größeren Tormund in die Augen, holt einen Schlüssel aus seiner Tasche und schließt die Handeisen auf: „Dein Volk braucht einen Anführer. Und es sollte nach Süden hinter die Mauer, bevor es zu spät ist. Wir haben nicht viel Zeit, und sie haben noch weniger. Die Wanderer kommen und sie überfallen deine Leute zuerst. Ich will nicht, dass du Frieden schließt, um dich zu retten. Schließ' Frieden und rette damit dein Volk." Tormund zögert nur kurz, dann willigt er ein. Er macht zur Bedingung, dass Jon Schnee ihn begleitet: „Du bist der Lord Kommandant der Nachtwache. Sie müssen es von dir hören. Sie müssen wissen, dass die Schiffe, die sie besteigen, nicht mitten auf See abgefackelt werden. Du begleitest mich oder ich gehe nicht." Dieser Dialog macht klar, dass Vertrauen am Ende auf Gegenseitigkeit beruht, es ist ein Geben und Nehmen. Jon hat in dieser Situation die Statusmacht, und so gewährt er Tormund und dem Freien Volk einen Vertrauensvorschuss, in der Hoffnung, damit Alliierte für den Krieg gegen die Weißen Wanderer zu gewinnen. Führende haben Folgende – in diesem Moment ist Jon ein weiterer Aspekt dieser Idee glasklar: Führende brauchen Folgende. Und dafür ist es unerlässlich, Vertrauen zu geben, und zwar als Vorleistung des Führenden. Instinktiv berücksichtigt Jon dabei, was James MacGregor Burns so beschrieb: „Führung ist [...] im Gegensatz zu reiner Machtausübung untrennbar mit den Bedürfnissen und Zielen der Anhänger verbunden. Die Essenz der Führende-Folgende-Beziehung ist das Zusammenspiel von Personen mit unterschiedlichen Motivationen und Machtpotenzialen, einschließlich ihrer Fähigkeiten, beim Streben nach einem gemeinsamen oder zumindest gemeinschaftlichen Ziel."[24] Jon definiert ein gemeinsames Ziel, und zwar das Überleben der Menschen im Kampf gegen die Armee des Nachtkönig. Damit stellt er die gelebte und verkrustete Tradition der Nachtwache infrage; er bricht mit deren Werten, weil höhere humanitäre Werte seine Rettungsmission befeuern.

Die Spaltung der Nachtwache – typisch für Change-Prozesse

Jon geht sehr bewusst in den Wertekonflikt mit den Traditionalisten der Nachtwache, wie ein Gespräch mit dem weisen Maester Aemon zeigt (5.05): „Ich brauche Euren Rat. Es gibt etwas, das ich tun will, das ich tun muss. Aber es wird die Nachtwache spalten. In ihrem Kern. Die Hälfte der Männer wird mich hassen, sobald ich den Befehl gebe." Aemon entgegnet: „Die Hälfte der Männer hasst Euch jetzt schon, Lord Kommandant. Tu es!" Jon wirft ein: „Aber Ihr wisst nicht, was es ist." Darauf sagt Aemon: „Das spielt keine Rolle. Du weißt es. Du wirst wenig Freude finden als Kommandant. Aber mit etwas Glück findest du die Kraft zu tun, was getan werden muss. Töte den Jungen, Jon Schnee. Der Winter rückt immer näher. Töte den Jungen und lass' den Mann geboren werden." Aemon ermutigt Jon, eine mutige Entscheidung zu treffen, wohl wissend, dass es erheblichen Widerstand geben wird.

Wir beobachten hier einen Konflikt, vor dem auch viele Führungskräfte in der heutigen Welt stehen: Um das Überleben des Unternehmens langfristig zu sichern, müssen sie mit dem traditionellen Geschäftsmodell brechen. Oder, wie bei der Nachtwache, plötzlich mit anderen Firmen kooperieren, mit denen man sich jahrzehntelang einen harten Wettbewerb um Marktanteile geliefert hat. Eine solche radikale Veränderung erschüttert Organisationen in ihren Grundfesten. Warum ist das so? Unternehmen sind auf das Funktionieren im Alltagsgeschäft ausgerichtet. Je perfekter die Organisation ist, je geschmierter das Räderwerk der Produktion und das Zusammenspiel zwischen Abteilungen läuft, desto problematischer wird jede Ausnahme. Aus Unternehmenssicht ist das durchaus zweckmäßig und erwünscht: Auf Effizienz getrimmte Prozesse und Strukturen sind ein wichtiger Faktor für Wettbewerbsfähigkeit. Jede Veränderung, jede Innovation wird deshalb auf Tolerierbarkeit überprüft. Denn sie wird als Abweichung von der Norm wahrgenommen. „In diesem Sinne bildet ein Unternehmen oder ein System in natürlicher Weise eine Art Immunsystem, das alle nicht vorhergesehenen Situationen wie Störungen behandelt"[25], erklärt der Bestsellerautor und frühere IBM-Cheftechnologe Gunter Dueck. Und so wie das menschliche Immunsystem lebenswichtig sei, weil es Krankheitserreger abwehren könne, brauche auch ein Unternehmen ein funktionierendes Immunsystem. Widerstand gegen Veränderungen ist so gesehen wie Fieber – eine Reaktion des Systems, um Erreger abwehren zu können. Wirksame Führungskräfte handeln dann wie gute Ärzte: Sie diagnostizieren die Ursache des Fiebers und verordnen eine geeignete Therapie.

Sicher kennen Sie auch den typischen Reflex mancher Kollegen auf solche Störungen der Routine: Das ist die Aussage „Das haben wir noch nie so gemacht" (oder alternativ: „Das haben wir schon immer so gemacht") – die vermutlich sieben teuersten Worte im Geschäftsleben, denn sie dokumentieren eine Grundhaltung der Innovationsfeindlichkeit, die mit den Werten Sicherheit und Tradition überschminkt wird.

Diese Haltung ist jedoch normal, denn Veränderungen liegen uns Menschen nicht besonders. Aber warum ist das so? Warum mögen wir Veränderungen in der Regel nicht? Weil sie an unseren Gewohnheiten rütteln. Weil sie uns aus der Komfortzone holen, in der wir es uns doch so gemütlich eingerichtet haben. Da ist es wieder, das 3-Zonen-Modell, das wir im Kontext der Heldenreise beschrieben haben. Menschen halten gern am Status quo fest, sie suchen vermeintliche Sicherheit. Diese kann natürlich trügerisch sein, wie ein Beispiel aus der Luftfahrtbranche zeigt. Sie kennen vielleicht noch die Fluggesellschaft Alitalia. Diese schrieb rund 20 Jahre lang nur Verluste und stand kurz vor der Insolvenz. Die italienische Regierung und Gewerkschaften hatten daher einen moderaten Sanierungsplan ausgehandelt. Das Konzept sah acht Prozent Lohnkürzung und den Abbau von 1.700 der 12.500 Stellen vor. Aber: Diesem Konzept sollten die Mitarbeiter zustimmen. Und nun raten Sie mal, was bei dem Votum herauskam? Genau: Im April 2017 lehnten 67 Prozent der Mitarbeiter von Alitalia in einer Betriebsabstimmung den Sanierungsplan ab.[26] Damit haben sie für den Bankrott des Unternehmens und den sicheren Verlust des eigenen Arbeitsplatzes gestimmt. Und das nur, weil die Belegschaft keine radikale Veränderung, sondern lieber in ihrer Komfortzone verharren wollte. Ein solches Verhalten kommt uns vor wie Selbstmord aus Angst vor dem möglichen Tod.

Tyrions Tipp

„Das haben wir schon immer so gemacht!" Das sind wohl die teuersten sieben Worte im Geschäftsleben. Rechnen Sie mit Widerstand, wenn Sie Veränderungsprozesse in Gang setzen. Denn Veränderungen stören die Routine, sie gefährden die Komfortzone, in der es sich manche Mitarbeiter gemütlich gemacht haben. Kommunizieren Sie daher frühzeitig und immer wieder den Sinn der Maßnahmen. Denken Sie daran, dass Beteiligte unterschiedliche Geschwindigkeiten und Standpunkte haben, wenn Veränderungen geschehen.

Ähnlich ist das Verhalten der konservativen Hardliner der Nachtwache einzustufen. Der Aufruhr ist groß, als Jon seinen Plan verkündet, das Freie Volk zum Verbündeten gegen den Nachtkönig machen zu wollen (5.05): „Wir bekämpfen sie seit Tausenden von Jahren. Sie haben Dörfler abgeschlachtet, unsere Brüder abgeschlachtet", protestiert der Erste Grenzer Allisar Thorn. Selbst der schwermütige Edd, Jons treuer Kumpan, ist dagegen: „Ich würde Euch überall hin folgen. Das wisst Ihr. Aber sie haben Grenn getötet, genauso wie Pyp. Sie haben 50 unserer Brüder getötet. Das vergesse ich nie. Das verzeihe ich ihnen nie." Jon entgegnet: „Du warst bei der Faust der ersten Menschen. Wenn wir sie im Stich lassen, weißt du, was aus ihnen wird. Wir können lernen, mit den Wildlingen zu leben, oder wir zählen sie zur Armee der Toten. Was immer sie jetzt sind, sie sind besser als das." Jon Schnee bricht im Alleingang das traditionelle Wertesystem der Nachtwache auf – und verliert damit das

Vertrauen vieler seiner Männer. Es sei ein Kardinalfehler, warnt Dueck, als Innovator das Immunsystem des Unternehmens zu provozieren. „Viele Innovatoren begehen unverzeihliche Fehler, indem sie ihr Neues so konzipieren, dass es (viel zu) viele Antagonisten erzeugt."[27] Sie versäumen es zu vermitteln, dass sie sich sorgsam um Einhaltung der Regeln bemüht haben, nun aber eine Ausnahme gemacht werden muss. Genau das unterlässt Jon, und er kommuniziert seine Entscheidung auch nicht ausreichend – doch das analysieren wir später im Kapitel „Klarheit & Kommunikation".

Allisar Thorn

Ein Mann der Nachtwache

Als wir ihm erstmals in Episode 1.03 begegnen, ist Ser Allisar Thorn der Waffenmeister der Schwarzen Festung und verantwortlich für den militärischen Drill der Rekruten. Er ist ein harter Mann, ein drakonischer Schleifer, der seine Lehrlinge gern erniedrigt. Wegen seiner Herkunft tauft Allisar Jon „Lord Schnee" und versucht, ihn immer wieder zu provozieren. So nennt er Ned Stark einen Verräter, nachdem die Nachricht von dessen Verhaftung die Nachtwache erreicht hat (1.08). Für ihn ist das eine Genugtuung, weil Ned maßgeblich an Robert Baratheons Rebellion gegen den irren König Aerys Targaryen beteiligt war. Thorn, selbst Ritter aus einem Adelsgeschlecht aus den Kronlanden, kämpfte für die Targaryens, und als sie verloren, wurde er von Tywin Lennister zur Nachtwache verbannt. Das scheint ihn maßlos verbittert zu haben. So hat sein Hass auf Jons Herkunft auch persönliche Gründe. Doch sieht er Jon rasch als störendes Element, als einen Mann, der sich nicht in das starre Korsett der Bruderschaft einfügen wird, als einen Mann, der Schwächlinge wie Samwell Tarly beschützt, dessen Inkompetenz aus seiner Sicht das Leben aller Brüder gefährdet.[28]

Allisar erzählt Jon und Samwell von den Schrecken des Winters. Er selbst sei sechs Monate lang jenseits der Mauer gewesen. Um zu überleben, hätten er und seine Begleiter die Pferde essen müssen - und schließlich sogar die gestorbenen Brüder. Hasserfüllt prophezeit Allisar den beiden jungen Männern, dass die Rekruten wie die

Fliegen sterben würden, wenn der Winter käme (1.04). Trotz seiner Verbitterung zeigt sich selbst in dieser Szene die Professionalität des Waffenmeisters: Seine Mission ist es, die Rekruten so auszubilden, dass sie den Auftrag der Nachtwache auch unter den extremen Bedingungen nördlich der Mauer erfüllen können. Weichlinge kann er dabei nicht gebrauchen, weil sie in Krisensituationen die ganze Truppe gefährden könnten. Da unter den Rekruten auch etliche Kriminelle sind, erlaubt Allisar sich selbst keine Schwäche. Ähnlich wie bei Stannis ist Pflicht sein oberster Wert, gefolgt von Tradition, Loyalität und Mut. Diese Einstellung sichert ihm das Vertrauen beinahe der Hälfte der Männer, wie sich bei der Wahl zum 998. Lord Kommandanten zeigt, als er mit nur einer Stimme weniger unterliegt, weil Maester Aemon am Ende für Jon votiert (5.02).

Es sind seine vier Kernwerte, die ihn schließlich dazu veranlassen, seinen Lord Kommandanten zu töten, weil dieser sein Vertrauen und das vieler Brüder enttäuscht hat. Gegenüber den Brüdern der Nachtwache rechtfertigt Allisar den Mord an Jon Schnee: „Ihr habt recht. Wir haben Hochverrat begangen. Wir alle. Ich hatte wenig für ihn übrig. Das war kein Geheimnis. Aber ich habe niemals einen seiner Befehle missachtet. Loyalität ist das Fundament, auf dem die Nachtwache gebaut ist. Und nichts bedeutet mir so viel wie die Wache. Ich habe ihr mein Leben, wir alle haben unser Leben der Nachtwache verschrieben. Jon Schnee war dabei die Nachtwache zugrunde zu richten. Er ließ die Wildlinge durch unsere Tore, wie es kein anderer Lord Kommandant je zuvor getan hatte. Er überließ ihnen ebenjenes Land, auf dem sie raubten und vergewaltigten und mordeten. Lord Kommandant Schnee tat, was er für richtig hielt, daran habe ich keinen Zweifel. Nur was er für richtig hielt, wäre unser Ende gewesen. Er hat uns vor eine schreckliche Wahl gestellt, und wir haben sie getroffen.“ (6.01).

Traditionell bis zum Tod

In Allisars Denken und Handeln zeigt sich, wie sehr sich der Eid der Nachtwache zu einer Ideologie verhärtet hat. Verbissen hält Allisar an seinem Glauben fest, das Richtige für die Nachtwache zu tun. Er legt den Passus „Ich bin der Schild, der die Reiche der Menschen schützt“ aus dem Eid der Nachtwache in der Tradition aus, die seit Generationen überliefert ist und gelebt wird, weil seit langer Zeit niemand mehr an die Existenz der Untoten glaubt: Die Mauer schützt Westeros vor dem Freien Volk, und die personell zunehmend ausgedünnte Nachtwache bewacht die Mauer. Die Historikerin Carolyne Larrington vergleicht die Situation der Nachtwache mit den letzten römischen Garnisonen am Hadrianswall: Nach und nach gaben die Truppen die Nordgrenze des Imperiums auf, während sich sein Zentrum allmählich in Bürgerkriegen und unter der Eroberung durch fremde Heere auflöste.[29]

Jon dagegen bricht mit der Tradition, indem er den Eid wieder auf seine ursprüngliche, wortwörtliche Bedeutung zurückführt. Ein solch innovatives Denken existiert in der Vorstellungs- und Wertewelt von Allisar nicht. Er gehört zur Fraktion der

Bewahrer, zu den Führungskräften, die Veränderung blockieren mit den Worten „Das haben wir schon immer so gemacht". Er ist seinen Werten ebenso verpflichtet wie Ned Stark. In ihrem starrköpfigen Traditionalismus ähneln sich die beiden Charaktere sehr. Selbst mit dem Hals in der Schlinge bleibt Allisar seiner Überzeugung konsequent treu. „Ich hatte die Wahl, Lord Kommandant. Verrat an Euch oder Verrat an der Nachtwache. Ihr habt eine Armee von Wildlingen in unsere Lande gebracht, eine Armee von Mördern und Plünderern. Wenn ich alles wieder tun müsste, wohl wissend, wo es hinführt, bete ich, dass ich nochmal so entscheiden würde. […] Ich habe gekämpft – und verloren. Jetzt werde ich ruhen." (6.03). Diese Haltung nötigt selbst Jon Respekt ab. Dennoch vollstreckt er das Todesurteil gegen die vier Verräter Allisar Thorn, Bowen Marsh, Othell Yarwyck und Olly, seinen Knappen. In der Welt von *Game of Thrones* ist das die gerechte Strafe für gemeinschaftlich begangenen Mord. Doch auch im modernen Geschäftsleben ist Jons Maßnahme nur konsequent: „Identifizieren und eliminieren Sie Widerständler, selbst wenn ihre Leistungen zufriedenstellend sind[30]", fordert Jack Welch. Er meint natürlich, die Betroffenen zu entlassen, nicht, sie zu hängen. Welch ist knallhart: Wer den Wandel um keinen Preis akzeptieren wolle, müsse weg. Er warnt daher: „Sie tun niemandem einen Gefallen, wenn Sie verzweifelt versuchen, Widerständler einzubinden. Sie heizen unweigerlich unterschwelligen Widerstand an und untergraben die Moral der Leute, die den Wandel befürworten."[31]

Theon Graufreud

Vertrauensfrage: Zerrissen zwischen zwei Familien

Ein weiterer schillernder Charakter in Bezug auf unsere Kernlelemente Werte & Vertrauen ist Theon Graufreud. Er ist der jüngste und einzige noch lebende Sohn von Balon Graufreud, dem Lord der Eiseninseln. Nachdem sein Vater erfolglos gegen König Robert rebellierte, wurde Theon im Alter von acht Jahren als Geisel und Mündel an Eddard Stark übergeben. Trotz seines Gefangenenstatus wurde Theon im

Hause Stark gut behandelt, durfte sich auf Winterfell frei bewegen und ist einer der engsten Freunde von Neds Sohn Robb. Nachdem die Lords des Nordens die Nachricht von der Hinrichtung Ned Starks erhalten haben, ernennen sie Robb zum König des Nordens. Theon fragt Robb: „Bin ich dein Bruder, jetzt und für immer?" Robb bejaht: „Jetzt und für immer." Darauf kniet Theon vor Robb nieder und schwört ihm ewige Treue: „Mein Schwert ist dein, im Sieg wie in der Niederlage. Von heute an bis zu meinem letzten Tag." (1.10). Trotz der Warnungen seiner Mutter Catelyn, Balon Graufreud zu vertrauen, schickt Robb Theon nach Peik, um ein Bündnis mit dessen Vater zu schmieden (2.01). Doch Balon lehnt brüsk ab. Er hat andere Pläne: Da Robb mit dem kompletten Heer nach Süden gezogen ist, will er den ungeschützten Norden plündern und brandschatzen.

Jetzt steckt Theon in der moralischen Zwickmühle: Wem gehört seine Loyalität wirklich? Seiner echten Familie, die sich nicht sonderlich viel aus ihm macht? Oder den Starks, zu denen er zwar nie wirklich gehörte, aber die ihm wie eine Familie waren und denen er die Treue geschworen hat? Es ist ein doppelter Wertekonflikt, den Theon entscheiden muss. Er muss zum einen wählen zwischen zwei Familien und darüber hinaus noch zwischen den Werten, für die sie stehen, nämlich die Rechtschaffenheit der Starks und die Rücksichtslosigkeit der Graufreuds. Einen Moment lang scheint es, als ob die innere Waage Theons zugunsten der Starks ausschlägt. Er schreibt einen Brief an Robb, in dem er diesen vor Balons Plänen warnt. Doch nachdem er den Brief noch einmal durchgelesen hat, verbrennt er ihn an einer Kerze. Er entscheidet sich, ein Graufreud zu sein, und bekennt sich in einer Taufzeremonie zum Glauben an den Ertrunkenen Gott (2.03).

Nichts spiegelt die innere Zerrissenheit von Theon deutlicher, als zwei Aussagen, die er auf der Flucht aus der Folterkammer der Boltons gegenüber seinem vermeintlichen Retter Ramsay macht, als dieser ihn angeblich zum Unterschlupf seiner Schwester Asha bringt (4.03). Erst sagt er: „Mein Vater stellte mich vor die Wahl, und ich hab' mich entschieden. Ich könnte nie ein Stark sein. Ein Eisenmann – das ist das, als was ich geboren wurde." Und kurz darauf erkennt Theon reumütig, dass Ned Stark ihn wie einen Sohn behandelt hat: „Mein wahrer Vater verlor seinen Kopf in Königsmund."

Eher selten in solch dramatischer Zuspitzung, doch Loyalitätskonflikte dieser Art gibt es auch im Arbeitsleben. Stellen Sie sich vor, Sie hätten vor zehn Jahren das Unternehmen Ihres Vaters im Streit verlassen und bei einem Wettbewerber angeheuert. Mit den Kollegen verstehen Sie sich gut, mit dem Juniorchef sind Sie befreundet. Nach dem überraschenden Tod des Seniors gerät die Firma finanziell ins Wanken. Sie schlagen Ihrem Freund vor, eine Kooperation mit dem Unternehmen Ihres Vaters einzugehen und bieten sich selbst als Fürsprecher an. Doch Ihr Vater erkennt die Schwäche Ihres Arbeitgebers und will eine feindliche Übernahme durchführen. Er informiert Sie über seine Pläne und will, dass Sie aktiv mitmachen. Wie entscheiden Sie sich in dieser Situation? Welcher Wert ist Ihnen wirklich wichtig? Loyalität gegenüber der Familie? Oder gegenüber dem Freund und den Kollegen, mit denen Sie zehn Jahre lang erfolgreich zusammengearbeitet haben?

In unserer eigenen Beratungspraxis haben wir folgende Situation erlebt: Von der Geschäftsführung eines kürzlich verkauften Unternehmens in Neustadt wird ein Interimsmanager mit der Planung eines sozialverträglichen Personalabbaus beauftragt. Über einen Zeitraum von zwei bis drei Jahren sollen 25 Prozent der Stellen entfallen, um Kosten zu senken. Der externe Sanierer arbeitet vertrauensvoll mit den obersten Führungskräften in Neustadt zusammen und entwickelt ein Konzept. Doch bereits nach wenigen Wochen offenbart die neue Eigentümergesellschaft mit Sitz in Altstadt dem Interimsmanager, dass sie den Standort des übernommenen Unternehmens in Neustadt ganz schließen und die Belegschaft binnen neun Monaten komplett entlassen will. Die Führungskräfte in Neustadt aber sollen von der Maßnahme nichts erfahren. Der Interimsmanager erhält von den Eigentümern ein geheimes Mandat, einen Plan zu erarbeiten, um die Produktion auch nach Verkündung der Schließungspläne sicherzustellen. Er steckt jetzt in der Zwickmühle: Wem gehört seine Loyalität – den Führungskräften vor Ort, die ihn beauftragt hatten und mit denen er täglich gut zusammenarbeitet, oder den neuen Eigentümern? Informiert er die Kollegen in Neustadt über die Schließungspläne? Oder agiert er offiziell weiter wie

Tyrions Tipp

Wenn Sie in einen echten Loyalitätskonflikt zwischen zwei Parteien geraten, die Ihnen beide vertrauen, suchen Sie externen Rat bei Menschen mit Erfahrung in solchen Situationen. Am Ende müssen Sie selbst entscheiden, aber es hilft oft enorm, die Dinge aus einer anderen Perspektive zu sehen.

ursprünglich beauftragt, plant aber insgeheim für die neuen Eigentümer? Es gibt für solche Situationen kein Rezept, das wir Ihnen geben können. Nur den Rat: Vertrauen Sie auf Ihre innere Stimme; sie ist von Ihren Werten ein Leben lang ausgebildet worden. Wichtig ist, dass Sie mit den Konsequenzen Ihrer Entscheidung gut leben können.

Theon allerdings trifft eine folgenschwere Fehlentscheidung, die sein gesamtes Leben ruiniert. Wie sagt doch seine Schwester Asha zu ihm? „Du bist schwach und noch dazu dumm, kleiner Bruder.“ (2.08). Er zieht mit 20 Eisenmännern gen Winterfell, erobert die Festung der Starks, nimmt Bran und Rickon gefangen und enthauptet

Ser Rodrik Cassel, den Ritter, der ihn den Umgang mit dem Schwert lehrte (2.06). Nachdem Bran und Rickon fliehen konnten, präsentiert Theon nach vergeblicher Suche an ihrer Stelle zwei verbrannte Kinderleichen (2.07). Kurze Zeit später wird Winterfell von 500 Soldaten der Boltons belagert, die zu diesem Zeitpunkt noch mit Robb Stark verbündet sind. Theon weiß, dass sie gegen die Übermacht chancenlos sind. Doch mit der Schande einer Niederlage könne er nicht auf die Eiseninseln zurückkehren, erklärt er Maester Luwin, der ihm zur Flucht rät. Der weise Maester erkennt die wahre Natur des arroganten Jünglings: „Ich kenne euch nun viele Jahre, Theon Graufreud. Ihr seid nicht der Mann, der Ihr zu sein vorgebt. Noch nicht." Trotzig antwortet Theon: „Vielleicht habt Ihr Recht. Aber ich bin zu weit gegangen, um etwas anderes vorzutäuschen."

Er ist bereit, als Held zu sterben. Mit einer dramatischen Rede versucht er, seine Männer zu motivieren: „Heute sterben wir, Brüder. Wir werden sterben, blutend aus hundert Wunden, mit Pfeilen in unseren Nacken und Speeren in unseren Bäuchen. Doch unser Kriegsruf wird noch in der Ewigkeit widerhallen. Man wird noch so lange von der Schlacht um Winterfell singen, bis die Eiseninseln im Meer versunken sind. Jeder Mann, jede Frau und jedes Kind wird wissen, wer wir waren und wie lange wir durchhielten. [...] Die Krieger der Eiseninseln werden unsere Namen ausrufen, wenn sie die Küsten von Seegard und Schönburg erstürmen. Mütter werden ihre Söhne nach uns benennen. Frauen werden an uns denken, wenn ihre Liebhaber es ihnen besorgen." (2.10). Mit dieser letzten verzweifelten Anstrengung versucht Theon, sein Gesicht zu wahren, als Held zu sterben und so Erlösung zu finden. Doch nach seiner Anprache schlägt sein Erster Maat Dagmer ihn bewusstlos. Theon wird den Boltons übergeben (2.10).

Nun beginnt ein schreckliches Martyrium für Theon, denn er ist in die Hände eines sadistischen Psychopathen gefallen: Ramsay Bolton. Theon wird ans Kreuz gefesselt, brutal gefoltert und seines Penis beraubt. Er wird nicht nur körperlich, sondern auch seelisch so gebrochen, dass er seine Identität verleugnet und als „Stinker" ein willfähriges Werkzeug seines Herrn wird. Ramsay werden wir im Kapitel „Selbstführung & Kompetenz" genauer unter der Lupe nehmen.

Theon findet schrittweise Erlösung auf seiner schrecklichen Heldenreise. Zuerst hilft er Sansa, vor Ramsay aus Winterfell zu fliehen (5.10). Dann befreit er seine Schwester Asha aus der Gefangenschaft auf Eurons Schiff, während ihr Onkel sich mit Cersei vergnügt (8.01). Anschließend reist er wieder in den Norden und bittet: „Ich möchte für Winterfell kämpfen, Lady Sansa, wenn Ihr es erlaubt." Sansa umarmt ihn mit Tränen in den Augen und vergibt ihm so seine Verbrechen gegen die Starks (8.02). Bei der dritten Schlacht von Winterfell verteidigt Theon mit seinen Eisenmännern im Götterhain Bran – und wird vom Nachtkönig getötet. In einer bewegenden Abschiedsszene steckt Sansa Theons Leichnam die Brosche der Starks an – und ehrt ihn damit posthum als Mitglied der Familie. Theon hat seine Erlösung gefunden.

Jorah Mormont

Tragischer Held im emotionalen Dilemma

Das Kapitel über „Werte & Vertrauen" in *Game of Thrones* wäre unvollständig, würden wir uns nicht mit Ser Jorah Mormont befassen. Erstmals begegnen wir Jorah, dem Andalen, bei der Hochzeit von Daenerys und Khal Drogo, als er der Braut Lieder und Historien der Sieben Königslande als Geschenk übergibt (1.01). Sein heldenhafter Tod in der finalen Schlacht um Winterfell ist einer der emotionalsten Momente der Serie (8.03). Jorah kämpfte einst zusammen mit Jaime Lennister, Thoros von Myr und Jory Cassel bei der Belagerung von Peik gegen die rebellierenden Graufreuds. Für seine dortige Tapferkeit an vorderster Front wurde er von König Robert Baratheon zum Ritter geschlagen. Doch verlor er seinen Rang, nachdem er als Lord der Bäreninsel versuchte, einige Wilderer illegal als Sklaven zu verkaufen, um seine Schulden zu bezahlen. „Ich hatte kein Geld mehr und eine teure Frau", begründet Jorah seine Missetat gegenüber Daenerys (1.04). „Er hat unserem Haus Schande gemacht", erzählt sein Vater, Lord Kommandant Jeor Mormont, als er Jon Schnee das Familienschwert Langklaue übergibt (1.09). Jorah floh aus Westeros, um der Hinrichtung durch Ned Stark, dem Hüter des Nordens, zu entgehen und lebte zunächst in den Freien Städten von Essos im Exil. Seinen Lebensunterhalt verdiente der gefallene Ritter als Mietschwert, und so tritt er schließlich in den Dienst der letzten Targaryens.

Da er mit der Lebensweise der Dothraki vertraut ist und zugleich die verlorene Heimat Westeros verkörpert, wird er zum Mentor von Daenerys. Rasch erkennt er die Unfähigkeit ihres Bruders Viserys. „Euer Bruder Rhaegar war der letzte Drache. Viserys ist weniger als der Schatten einer Schlange", sagt er zu Daenerys. „Er ist dennoch der wahre König", gibt sie zu bedenken. Darauf Jorah: „Seid ehrlich. Wollt Ihr Euren Bruder auf dem Eisernen Thron sehen?" „Nein […] Mein Bruder wird nie die Sieben Königslande erobern. Selbst, wenn mein Gatte ihm eine Armee stellte, könnte er sie nicht führen. Er wird uns nie heimbringen", antwortet sie (1.04). Jorah verpflichtet sich fortan der jungen Targaryen und wird nach dem Tod von Khal Drogo ihr engster Berater. Nachdem er erlebt hat, wie Daenerys sich für die Unterdrückten einsetzt und außerdem mit drei frisch geschlüpften Drachen dem Feuer entstiegen ist, kennt seine Verehrung kaum Grenzen: „Ihr mögt es verbergen und verleugnen, aber Ihr habt ein gutes Herz. Ihr werdet nicht nur respektiert und gefürchtet, man würde Euch lieben. Jemand, der herrschen kann und herrschen sollte. Oft gehen Jahrhunderte ins Land, ohne dass solch ein Mensch auf die Welt kommt." (2.05). Seine Loyalität wird von unstillbarer Liebe befeuert. In jedem gemeinsamen Moment ist seine intensive Zuneigung zu spüren, doch wird sie von Daenerys nicht erwidert; sie betrachtet Jorah als väterlichen Freund und treuen Berater.

Diese unerfüllte Liebe macht Jorah zu „Ser Friendzone". Der Begriff „Friendzone" bezieht sich auf eine rein platonische Beziehung zwischen zwei Personen, in der sich eine Person eine romantische oder sexuelle Beziehung wünscht, die andere aber nicht. Erstere befindet sich dann in der Friendzone – so wie Jorah. Er ist schon in dieser Hinsicht ein tragischer Held. Seine erste Frau aus dem Haus Glover konnte während ihrer zehnjährigen Ehe kein Kind zur Welt bringen und starb an einer Fehlgeburt. Seine zweite Frau, Lynesse Hightower, trieb ihn mit ihren Ansprüchen in den Ruin und letztlich ins Exil. Und Daenerys, die dritte Frau, die er liebt, schätzt ihn nur als Freund, während sie mit dem jungen Daario das Bett teilt. Seiner Liebe tut dies keinen Abbruch.

Es ist nicht nur das emotionale Dilemma, das Jorah zum tragischen Helden macht, es ist auch und vor allem der Loyalitätskonflikt, in den er sich selbst hineinmanövriert. Dass er sich ursprünglich den Targaryens anschließt, ist darin begründet, dass er die beiden vermeintlich letzten Erben des einstigen Königshauses im Auftrag von Varys ausspioniert. Im Gegenzug erwartet ihn eine Begnadigung durch König Robert. Diesen Deal hat Jorah abgeschlossen, bevor er Daenerys kennen und lieben gelernt hat. Daher belügt er sie von Anfang an – und verstößt somit nicht nur erneut gegen die traditionellen Werte seines Hauses, sondern handelt zunehmend auch gegen seine eigenen Gefühle. Eine Begnadigung eröffnet ihm die Möglichkeit, in die Heimat zurückzukehren, doch der Preis ist Verrat an der Frau, die er liebt und verehrt. Hin- und hergerissen zwischen Heimweh, Pflichtbewusstsein und Liebe wagt Jorah einen Drahtseilakt, der schließlich scheitert: Er gibt Informationen an Varys weiter, der ihm schließlich die Begnadigung bestätigt. Um Wiedergutmachung bemüht, bleibt Jorah bei seiner Khaleesi und beschützt sie vor dem Weinhändler, der im Auftrag König Roberts versucht, die schwangere Frau zu vergiften (1.07).

Danach scheint der Verrat vergessen. Nur eine Andeutung von Misstrauen äußert Daenerys, nachdem ihre Drachen in Qarth gestohlen wurden: „Euch soll ich vertrauen, Ser Jorah? Nur Euch? Ich setze nicht länger auf Vertrauen. Ich will keins, und ich habe keinen Platz dafür." Es ist ein emotionaler Ausbruch, weil ihre „Kinder" entführt wurden – und doch eine Aussage, die eine Vorahnung von Jorahs Verrat einerseits und das spätere Misstrauen der Westerosi in Staffel 8 impliziert. Jorah antwortet mit einem denkwürdigen Satz: „Niemand kann auf dieser Welt ohne Hilfe überleben. Niemand. Lasst mich Euch helfen!“ (2.07). Jahre später fällt Ser Barristan ein noch von König Robert Baratheon ausgestelltes Begnadigungsschreiben in die Hände, das Jorah als Spion enttarnt. Daenerys verbannt Jorah aus Meereen: „Ihr habt Verrat begangen, von Anfang an. [...] Versucht nie wieder, mich anzurühren oder meinen Namen auszusprechen. Packt Eure Sachen und verlasst diese Stadt.“ (4.08).

Verzweifelt versucht Jorah anschließend, Daenerys‘ Vertrauen wiederzugewinnen, indem er Tyrion aus Volantis entführt (5.03) und ihr als Geschenk bringen will. Beide werden jedoch von Sklavenhändlern gefangengenommen. In einer Vorführung der Sklaven in der Arena erscheint Daenerys und lässt beide verhaften. Schließlich verbannt sie Jorah abermals, um ihr Wort als Königin zu halten (5.07). Jorah kämpft nun als Gladiator beim Turnier der Königin. Als dort die Söhne der Harpyie angreifen, hilft Jorah, Daenerys, Tyrion und Missandei zu verteidigen (5.09). Daenerys flieht auf Drogon aus der Arena und wird von Dothraki gefangengenommen. Gemeinsam mit Daario Naharis sucht Jorah nach ihr und spürt sie in Vaes Dothrak auf.

Nachdem sie mit beider Hilfe die Khals der Dothraki verbrannt hat, spricht sie mit Jorah: „Ich habe Euch verbannt, zwei Mal. Ihr kamt zurück, zwei Mal. Und Ihr habt mir das Leben gerettet. Ich kann Euch also nicht hierbehalten, und ich kann Euch auch nicht fortschicken.“ Jorah weicht zurück: „Ihr müsst mich fortschicken“, offenbart er seine fortschreitende Grauschuppenkrankheit. „Es tut mir so leid“, sagt Daenerys mit Tränen in den Augen. „Das muss es nicht. Alles, was ich je wollte, war, Euch zu dienen. Tyrion Lennister hatte Recht: Ich liebe Euch. Ich werde Euch immer lieben“, bekennt Jorah und wendet sich ab: „Lebt wohl, Khaleesi.“ In diesem Moment vergibt Daenerys ihm: „Wer hat Euch erlaubt, Euch zu entfernen, Jorah, der Andale? Eure Königin hat Euch nicht entlassen. Ihr habt Euch mir zu Treue verpflichtet. Ihr habt geschworen, meine Befehle für den Rest Eures Lebens zu befolgen. Ich befehle Euch, nach einer Heilung zu suchen, wo immer sie auf dieser Welt auch zu finden ist. Ich befehle Euch, wieder gesund zu werden und dann zu mir zurückzukehren. Wenn ich die Sieben Königslande erobere, brauche ich Euch an meiner Seite.“ (6.05)

Jetzt erfährt Jorah die erste Erlösung in der Serie. Seine geliebte Chefin hat ihm seinen Verrat verziehen und setzt auf seine unverbrüchliche Treue. Wiederum ist es tragisch, dass er in dieser Situation von einer schweren Krankheit gezeichnet ist. Doch ist es gerade diese persönliche Tragik, die Daenerys final bewegt, ihrem gefallenen Helden zu vergeben.

Der Archetyp des entehrten Helden

Im Sinne der mythologischen Archetypen, die Joseph Campbell beschrieben hat, ist Jorah der entehrte Ritter, weil er nach Erlösung strebt – ähnlich wie Lancelot in der Artus-Saga oder Ivanhoe im Roman von Walter Scott. Richard E. Preston hat das in einem Blogbeitrag auf der Webseite winteriscoming.net detailliert analysiert.[32] Harte Entscheidungen zu treffen und dafür manchmal auch einen persönlichen Preis zu zahlen, zählt zu den wesentlichen Aufgaben von Führung, wie wir im Kapitel „Verantwortung & Konsequenz“ beleuchten werden. Jorah manövriert sich durch eine Kette von Fehlentscheidungen immer tiefer in Verstrickungen, die mit dem Wertekodex der Mormonts brechen, den sein Vater Jeor verkörpert. Der alte Bär und Ned Stark sind sich in dieser Hinsicht sehr ähnlich.

Durch den Deal mit Varys will er königliche Begnadigung erlangen und so seine Ehre wiederherstellen. Doch bedeutet das nun, das Vertrauen von Daenerys auszunutzen und erneut Werte zu verraten. Jorah verpasst den Moment, Daenerys schon früh seine Spionage und Beweggründe zu beichten. Gerade in der Phase unmittelbar nach dem Tod von Khal Drogo war sie so abhängig von seiner Stärke, dass sie ihm vermutlich vergeben hätte. Doch vielleicht konnten auch Sie als Zuschauer seine lausige Entscheidungsfindung nachvollziehen. Haben wir uns nicht alle schon einmal entschieden, jemandem, den wir lieben, Informationen vorzuenthalten, damit wir Unannehmlichkeiten vermeiden, die eine Offenbarung verursachen könnte? Wir hoffen dann, dass die Wahrheit nie ans Licht kommt – und wenn das doch passiert, ist der Schaden noch viel größer, weil wir es bewusst verheimlicht haben.

Diese Fehlentscheidung und seine inneren Konflikte machen Jorah zutiefst menschlich und damit zu einer wichtigen Identifikationsfigur für uns als Publikum. Wir können leicht mit ihm mitfühlen. Das erklärt seine große Beliebtheit bei den Fans. Was Jorah nun so einzigartig macht, ist die selbstvergessene Leidenschaft, mit der er nach seiner Verbannung dafür kämpft, doch das Vertrauen von Daenerys wieder zu erlangen. Leicht hätte er sich aus dem Staub von Essos machen können und als Begnadigter in die Heimat zurückkehren. Doch wählt er nicht die einfache Lösung. Er will beweisen, dass seine Loyalität zu ihr echt war und der Deal mit Varys eine Sünde der Vergangenheit. Er will um jeden Preis zeigen, dass er ihres Vertrauens würdig ist. Und so kehrt er zwei Mal nach Meereen zurück und nach seiner wundersamen Heilung durch Sam ein drittes Mal nach Drachenstein: „Ich kehre in Euren Dienst zurück, meine Königin, wenn Ihr einwilligt.“ Daenerys lächelt ihn glücklich an: „Es wäre mir eine Ehre“, und umarmt ihn (7.05).

Was können wir für Führung daraus lernen? Einen Mitarbeiter, der Sie getäuscht, der Ihr Vertrauen gebrochen hat, sollten Sie nicht gleich ins Abseits stellen oder gar entlassen. „Ein Mann verdient eine zweite Chance, aber behalte ihn im Auge“, hat der legendäre John Wayne einmal gesagt. Darum geht es. Versuchen Sie, die Beweggründe des Mitarbeiters zu verstehen, lassen Sie ihn erzählen, wieso er falsch gehandelt hat, fragen Sie genau nach, aber verurteilen Sie ihn nicht sofort. Wir sind oft vorschnell im Urteil, ohne die Hintergründe zu kennen. In vielen Fällen ist nicht entscheidend, wie loyal jemand in der Vergangenheit war, sondern welche Perspektive die Zusammenarbeit in der Zukunft hat. Wenn Sie diese Frage positiv beantworten können, vergeben Sie dem Mitarbeiter, reden Sie nicht mehr darüber, vergessen Sie aber nicht, was passiert ist. Oftmals sind solche Kollegen dann – wie Jorah – ausgesprochen bemüht, zuverlässige Arbeit zu leisten und sich so Ihr Vertrauen zurückzuerobern.

Jorah gibt ein leuchtendes Beispiel dafür, wie sich Fehlverhalten zu unerschütterlicher Loyalität wandeln kann. Er bricht sogar eine Lanze für Tyrion, der wegen mehrerer Fehlentscheidungen bei Daenerys in Ungnade gefallen ist: „Als ich hörte, dass Ihr Tyrion zu Eurer Hand ernannt hattet, da brach es mir das Herz." Daenerys antwortet: „Als ich ihn zu meiner Hand ernannte, da wusste ich nicht, ob ich Euch je wiedersehe." Darauf gibt Jorah zu: „Es war die richtige Entscheidung." Daenerys ist überrascht: „Ich hatte nie den Eindruck, dass Ihr ihm sehr zugeneigt wärt." Der Andale gibt zu: „War ich auch nicht. Sein Mund stand zwischen Volantis und Meereen kaum still. Ich musste mich beherrschen, ihn nicht ins Meer zu werfen. Aber der Verstand hinter all diesen Worten…" Daenerys aufgebracht: „Er hat Fehler begangen, schwerwiegende Fehler." „So, wie wir alle. Doch er gibt seine zu und versucht, daraus zu lernen", gibt Jorah zu bedenken. Daenerys fasst nach: „Ihr wollt, dass ich dem Mann vergebe, der Euch um Eure Stellung gebracht hat?" Jorah entschlossen: „Das tue ich." (8.02). Die zweite Chance, die er selbst bekommen hat, räumt Jorah auch anderen ein. Zumal er anerkennt, dass Tyrion, im Gegensatz zu ihm früher, seine Fehler stets gleich zugibt.

Am Ende findet Jorahs Loyalität, ja, eigentlich der Zweck seines Daseins ihre zugleich traurige und würdige Bestimmung. Heldenhaft verteidigt er seine Khaleesi gegen die Untoten, die Winterfell überrennen – bis zum Tod in ihren Armen (8.03). Es ist der größte Vertrauensbeweis, den er geben kann. Daenerys bis zum Tod zu dienen, war sein gewolltes Schicksal. Und ähnlich wie Theon Graufreud findet Jorah, der Andale, in Winterfell seine endgültige Erlösung, indem er sich für Liebe und Pflicht opfert.

Tyrions Tipp

Wenn ein Mitarbeiter Ihr Vertrauen missbraucht hat, verurteilen Sie ihn nicht sofort. Versuchen Sie seine Beweggründe zu verstehen und prüfen Sie genau, ob die Person eine zweite Chance verdient hat. Jemandem zu vergeben, kann große Loyalität erzeugen.

Praxisfragen für Führungskräfte

Fragen, die Sie Ihren Vorgesetzten stellen sollten:

- Haben wir ein Unternehmensleitbild? Und wie wird es gelebt?
- Welche Werte leiten unser Handeln?
- Wie wollen wir miteinander umgehen? Gibt es verbindliche oder auch ungeschriebene Regeln?
- Wie schaffen wir Vertrauen bei unseren Mitarbeitern?
- Wie gehen wir mit unseren Kunden um? Gibt es verbindliche oder auch ungeschriebene Regeln?
- Wie verhalten wir uns gegenüber unseren Geschäftspartnern (Lieferanten, Dienstleistern, Beratern)?
  Gibt es verbindliche oder auch ungeschriebene Regeln?

Fragen, die Sie sich selbst stellen sollten:

- Was sind meine Werte? Woran orientiert sich mein innerer Kompass? Was ist mir wichtig? Warum ist es mir wichtig?
- Begegne ich meinen Mitmenschen mit Respekt? Woran mache ich das fest?
- Bin ich wirklich ein Vorbild für mein Umfeld, mein Team? Warum?
- Kann ich mich mit den Unternehmenswerten identifizieren?
- Lebe ich die Unternehmenswerte in alle Richtungen vor?
- Habe ich eine optimistische Grundeinstellung?
- Kann ich vertrauen oder muss ich kontrollieren?
- Stehe ich hinter meinen Mitarbeitern? Auch im Schadensfall?
- Schaffe ich für meine Mitarbeiter ein Umfeld, in dem sie gern arbeiten? Wie mache ich das?

Fragen, die Sie Ihren Mitarbeitern stellen sollten:

- Wie erleben Sie unsere Unternehmenskultur/Teamkultur?
- Wie leben wir unser Unternehmensleitbild nach innen und nach außen?
- Erleben Sie eine Wertschätzung im Unternehmen? Bekommen Sie Wertschätzung von mir?
- Haben Sie genügend Freiraum, um selbstständig arbeiten zu können?
- Wie erleben Sie die Mitarbeiterzufriedenheit im Team? Gehen wir respektvoll miteinander um?

Inhalte mit diesem Hinweis können Sie kostenlos herunterladen auf der Website der Autoren: ***www.leadership-by-got.com*** *oder scannen Sie einfach den nebenstehenden QR-Code ein.*

Teil 4 - Kapitel 3: Verantwortung & Konsequenz

„Der Mann, der ein Urteil fällt,

soll auch das Schwert führen."

Lord Eddard Stark (1.01)

Was Verantwortung & Konsequenz bedeuten

Entscheiden – die wichtigste Aufgabe von Führung

Dieses Kapitel könnte auch mit nur einem einzigen Wort überschrieben werden: Entscheiden. Denn darum geht es im Kern. Als Führungskraft müssen Sie Entscheidungen treffen, sie konsequent verfolgen und die Verantwortung dafür übernehmen. Und das nicht nur in den großen strategischen Fragen, sondern in vielen kleinen Konflikten, mit denen Sie tagein, tagaus konfrontiert sind. Verhaltensforschern zufolge treffen wir täglich rund 20.000 Entscheidungen. Drücken Sie morgens, wenn der Wecker klingelt, noch einmal auf die Snooze-Taste oder stehen Sie gleich auf?

Machen Sie noch ein paar stramme Sit-ups und Liegestützen oder gehen Sie gleich duschen? Halten Sie die zwei Minuten fürs Zähneputzen ein oder verkürzen Sie die Zeit, weil Sie es eilig haben? Beschleunigen Sie Ihr Auto noch rasch, wenn die Ampel schon Gelb leuchtet, oder halten Sie an? Nehmen Sie mittags in der Kantine noch das Dessert oder nicht? All das sind Spontanentscheidungen, die Sie in der Regel ohne großes Nachdenken aus dem Bauch heraus treffen. In Wirklichkeit ist es nicht Ihr Bauch, sondern Ihr limbisches System im Gehirn, das Entscheidungen unbewusst aufgrund Ihrer lebenslangen Erfahrungen und aktuellen Emotionen trifft. Das ist weiser, als Sie vielleicht denken, denn müssten Sie 20.000 Mal am Tag bewusst nachdenken, um zu entscheiden, würde Ihr präfrontaler Kortex kollabieren – Systemüberlastung durch Informationsüberfluss.

Viele solcher instinktiven Entscheidungen treffen Sie auch im Berufsleben. Sie sollen aber hier nicht unser Thema sein. Wir wollen den Fokus auf die bewussten Entscheidungen lenken. Tägliche Führungsarbeit ist eine nicht abreißende Kette von kleinen und größeren Konflikten, die Sie entscheiden müssen. Dafür werden Sie bezahlt: Denn Ihre Entscheidungen prägen maßgeblich die Ergebnisse. Damit wird auch deutlich, dass es mit Entscheiden allein nicht getan ist. Als Entscheider gehen Sie in die Verantwortung. Sie treffen eine Wahl zwischen zwei oder mehr Alternativen – und müssen für die Konsequenzen geradestehen. „Führung muss in die Verantwortung gehen, etwas Festgefahrenes in Bewegung bringen, die Entscheidbarkeit sichern."[1] Für Reinhard Sprenger ist die Aufgabe, im Konflikt, in dilemmatischen Situationen die Entscheidbarkeit zu sichern, die Existenzberechtigung von Führung: „Die Wahrscheinlichkeit von Konflikten macht Führung notwendig."[2] Dabei hilft es enorm, wenn Sie als Führungskraft klare Werte haben, die ein Kompass bei Ihren Entscheidungen sind. „Die schlimmste Entscheidung ist Unentschlossenheit"[3], sagte das amerikanische Universalgenie Benjamin Franklin einst. Oder, wie der Harvard-Psychologe William James notierte: „Wenn du eine Entscheidung treffen musst und du triffst sie nicht, ist das auch eine Entscheidung."[4]

Tyrions Tipp

Fehler oder Fehlentscheidungen gehören zum Entwicklungsprozess einer Führungskraft. Die Entscheidungen, die nicht richtig waren, können durchaus Geld und Zeit kosten, sind aber eher selten existenziell, können mit Erkenntnisgewinn korrigiert werden und zu besseren Entscheidungen führen. Trainieren Sie daher Ihren Entscheidungsmuskel. Nicht zu entscheiden ist keine Option.

Persönliche Verantwortung übernehmen

Doch Entscheiden allein reicht aus unserer Sicht nicht aus. „Wer die Entscheidung hat, hat auch die Verantwortung“[5] schrieb der renommierte Pädagoge Felix von Cube. Deshalb setzen wir auf zwei Kernelemente, die wirksame Führung in diesem Bereich ausmachen: Es geht darum, als Führungskraft für Entscheidungen auch die Verantwortung übernehmen, also verantwortlich zu entscheiden, und dafür zu sorgen, dass der Beschluss konsequent umgesetzt wird. Wenn die Entscheidung falsch ist, müssen Sie als Führungskraft die Konsequenzen tragen oder auch ziehen. Wenn Sie in dieser Weise persönlich die Verantwortung für Ihre Entscheidungen tragen, entscheiden Sie anders, nämlich verantwortlich. Sie können sich dann nicht wegducken hinter Ihren Vorgesetzten oder eine Entscheidung, die Sie nicht treffen mögen, in die bürokratischen Zuständigkeitsschleifen des Unternehmens delegieren.

Tyrions Tipp

Versuchen Sie nicht, Verantwortlichkeit zu delegieren, wenn etwas schiefgelaufen ist. Es ist Ihr Job als Führungskraft, die Verantwortung zu schultern, sich vor Ihr Team zu stellen, die Probleme zu beheben und durch bessere Prozesse den gleichen Fehler zu vermeiden.

Denn genau hier beginnt in vielen Organisationen das Problem. Durch ausgeklügelte Risikomanagementsysteme institutionalisieren sie eine Entscheidungshemmung. „Dahinter verbirgt sich ausgeprägtes Misstrauen. [...] Ein System soll die Entscheidung des Einzelnen ersetzen, Fehler verhindern und Risiken ausschalten“[6], beschreiben Baumanns und Schumacher diesen Irrsinn, der viele Organisationen lähmt. Weil es so treffend ist, wiederholen wir dazu einen Satz von Niels Pfläging, den wir bei der Analyse der Organisationsform der Sieben Königslande zitiert hatten: „Wer Verantwortung und Handeln in Organisationen systematisch voneinander trennt, der tilgt Entschiedenheit und Verantwortlichkeit aus der Organisation, der institutionalisiert Beliebigkeit und Verantwortungslosigkeit.“[7] Diese träge organisatorische Verfasstheit mit endlosen Rückversicherungsschleifen kann sich in Zeiten rasanten Wandels niemand mehr leisten. Denn Veränderung verlangt Verantwortung. Und die beginnt bei Ihnen. Sie können zwar die Rahmenbedingungen, unter denen Sie arbeiten, nicht (oder nur selten) verändern, aber Sie können immer entscheiden, wie Sie darauf reagieren. Sie haben eine Wahl.

Auch wenn nicht alle Parameter klar und manche Optionen unsicher sind, können Sie abwägen und entscheiden. Sie werden dabei Fehler machen – und das ist auch gut so, solange Sie Verantwortung dafür übernehmen, aus einem Fehlschlag lernen und den gleichen Fehler nicht zweimal machen.

Gerade in Phasen der Unsicherheit ist es von entscheidender Bedeutung, dass Führungskräfte die persönliche Verantwortung übernehmen. Nur so wird es gelingen, das Vertrauen der Mitarbeiter zu erhalten. Wer Veränderungsprojekte erfolgreich umsetzen will, muss sie kraftvoll und unnachgiebig vorantreiben. Das bedeutet, regelmäßig und konsequent nachzuhaken, das Einhalten von gesetzten Terminen einzufordern und die Ergebnisse zu kontrollieren. Wer sich nicht an die vereinbarten Regeln hält, muss auch für die anderen Kollegen sichtbar Konsequenzen spüren. „Zu glauben, Mitarbeiter würden Nachgiebigkeit nicht bemerken, ist eine Illusion“[8], schreibt der erfahrene Führungsexperte Michael Wefers. Nur so wird es Ihnen gelingen, die erforderliche Disziplin, Verlässlichkeit und Verbindlichkeit in Ihrem Team zu etablieren. Ein weiterer wesentlicher Aspekt erfolgreicher Umsetzung ist das Tempo, wie der Unternehmensberater Matthias Kolbusa betont: „In den meisten Umsetzungen kommt erst gegen Ende Geschwindigkeit rein, wenn der Druck zur Ergebnislieferung plötzlich hoch wird. Gute Führung sorgt hingegen dafür, dass schon von Anfang an die notwendige Geschwindigkeit vorhanden ist, dass es zwischendurch Trainings gibt und auch ausreichend Erholungszeiten vorhanden sind.“[9]

Ein weiterer, oft unterschätzter Aspekt von wirksamer Führung ist ein ausgeprägtes Durchhaltevermögen. Gerade in großen Organisationen oder bei Projekten mit vielen Beteiligten verzögern sich Prozesse häufig um Wochen und Monate. Wer von Ihnen schon einmal an der unternehmensweiten Einführung einer neuen Software beteiligt war, wird diese Bremsklötze kennen, die die ursprüngliche Meilensteinplanung oft pulverisieren. Die Projektleitung verzweifelt manchmal ob der Verzögerungen. Wir erinnern wieder an den Spruch des alten Moltke: „Kein Plan überlebt die erste Feindberührung.“ Manchmal allerdings sind es nicht nur Verzögerungen, sondern unvorhergesehene Ereignisse, etwa die Insolvenz eines zentralen Zulieferers, die plötzliche Abwerbung wichtiger Teammitglieder, neue Rechtsvorschriften oder heftige Marktturbulenzen, gefährden die Existenz eines Projekts oder gar des Unternehmens.

Wir haben im Kapitel „Vision & Ziele“ über die Endurance-Expedition von Ernest Shackleton berichtet. Bis auf eine einzige Tagesreise war die „HMS Endurance“ an den geplanten Landeplatz in der Antarktis herangekommen und driftete dann mit dem Packeis weg. Die Expedition, der ursprüngliche Plan, war gescheitert. Doch mit seiner Erfahrung und unerschütterlichem Optimismus war Shackleton war offenbar in der Lage, schnell umzuschalten. „Ein Mensch muss sich sofort ein neues Ziel setzen, wenn sich das alte als unerreichbar erweist“, lautete sein Credo. Wenn Sie die Berichte der Expeditionsmitglieder lesen, so wird deutlich, dass Shackleton

Probleme meisterte, die auch heutigen Führungskräften vertraut sind: Er musste eine heterogene Gruppe von Wissenschaftlern und Seeleuten dazu bringen, auf ein gemeinsames Ziel hinzuarbeiten, sich mit ewigen Neinsagern auseinandersetzen, die unverbesserlichen Pessimisten aufmuntern, die Unzufriedenen davon abhalten, die Atmosphäre zu vergiften, Konflikte im Team schlichten, Langeweile und Erschöpfung bekämpfen, Ordnung in einem chaotischen Umfeld schaffen und mit knappen Ressourcen auskommen.

Klingt beinahe wie Ihr täglicher Führungsjob, oder? Nur, dass Shackleton und sein Team diese Herausforderungen unter kaum zu ertragenden klimatischen Bedingungen angingen und dabei ums nackte Überleben kämpften. Als Chef hätte er das niemals schaffen können, wenn er nicht zum einen ein handverlesenes Team von Spezialisten und unterschiedlichen Persönlichkeiten angeheuert hätte, die loyal zu ihm standen und gemeinsam zum Erfolg beitrugen. Und zum anderen, wäre Shackleton selbst nicht eine so optimistische und beharrliche Persönlichkeit gewesen, für die Aufgeben keine Option war. Selbst in verzweifelten Momenten, in denen die meisten anderen Menschen längst aufgesteckt hätten, suchte und fand Shackleton einen Ausweg, der den nächsten Schritt ermöglichte. Dieser Charakterzug ist eine optimistische und kreative Beharrlichkeit, die viele berühmte Führungskräfte der Geschichte wie zum Beispiel George Washington, Mahatma Gandhi oder Nelson Mandela ausgezeichnet hat. Was Shackleton dabei antrieb, war vor allem die Verantwortung für das Leben seiner Mannschaft. Jede seiner Entscheidungen war konsequent auf dieses eine Ziel ausgerichtet: seine Crew zu retten, jeden einzelnen Mann.[10]

Tyrions Tipp

Selbst, wenn die Lage noch so verfahren scheint, geben Sie nicht auf. Fehlschläge gehören einfach dazu, auch wenn sie frustrierend sind. Denken Sie über alternative Lösungswege nach und beteiligen Sie Ihr Team daran. Kreative Beharrlichkeit ist ein echter Trumpf, wenn Sie Ziele wirklich erreichen wollen.

Ned Stark

Ein Chef, der die Verantwortung persönlich nimmt

„Der Mann, der ein Urteil fällt, soll auch das Schwert führen." Diese Aussage vermittelt den traditionellen Verhaltenskodex, dem Ned Stark als Lord von Winterfell folgt. Mit diesen Worten erklärt er Bran, warum er einen Deserteur der Nachtwache selbst enthauptet, nachdem er ihn zum Tode verurteilt hat (1.01). Als König des Nordens folgt sein ältester Sohn Robb später dieser konsequenten Linie, als er seinen Bannermann Rickard Karstark wegen des Mordes an den gefangenen Jungen Willem und Martyn Lennister zum Tode verurteilt und am nächsten Morgen köpft (3.05). Lord Karstark tötete die unschuldigen Knappen aus Rache, weil ihr Vetter Jaime Lennister bei einem Fluchtversuch seinen Sohn Torrhen Karstark getötet hatte (2.07). Es fällt Robb sichtlich schwer, das Urteil zu vollstrecken, denn nach der Hinrichtung des mächtigen Lords verliert er die Hälfte seiner Armee; viele Männer sind nun nicht mehr bereit, ihm als König des Nordens zu folgen, zumal seine Mutter Catelyn Jaime Lennister heimlich befreit hat, um ihn gegen ihre Töchter auszutauschen (2.08). Neds Kodex prägt Jahre später auch Jons Verhalten: Als Lord Kommandant der Nachtwache verurteilt er zuerst Janos Slynt wegen Befehlsverweigerung (5.03) und später die Verschwörer Allisar Thorn, Bowen Marsh, Othell Yarwyck und seinen Knappen Olly zum Tode (6.03) und vollstreckt beide Male selbst.

Ned, Robb, Jon – keiner der drei macht den Job des Henkers gern. Aber der traditionelle Kodex des Nordens hat sie geprägt, und so übernehmen sie konsequent die persönliche Verantwortung, wenn sie ein Todesurteil sprechen. Das mag auf den ersten Blick archaisch erscheinen und bricht auch mit unserem modernen Verständnis von Gewaltenteilung, doch stärkt der verantwortungsvolle Umgang mit Rechtsprechung und eigenhändiger Vollstreckung von Todesurteilen die Glaubwürdigkeit und Autorität der Lords von Winterfell.

Nun werden Sie es in Ihrem Tagesgeschäft wohl kaum mit der Vollstreckung von Todesurteilen zu tun haben, aber was Ihnen in einer Führungskarriere wahrscheinlich begegnen wird, sind Trennungsgespräche. Vielleicht haben Sie ein solches auch bereits als betroffener Mitarbeiter erlebt. Hat Ihr Chef das Gespräch mit Ihnen persönlich geführt? Das ist das Mindeste, was Sie erwarten dürfen. Nur leider haben viele Entscheider nicht den Mumm, selbst solche unangenehmen Gespräche zu führen. Der Führungsexperte Alexander Groth fordert ganz klar: „Das Gespräch führen Sie persönlich! Das sind Sie Ihrem Mitarbeiter schuldig. Geben Sie diese Aufgabe nicht an Ihren Chef oder die Personalabteilung ab. Nur Sie können dem Mitarbeiter authentisch für die geleistete Arbeit danken. Wenn Sie in der Vergangenheit die angenehmen Gespräche zur Belobigung, Gehaltserhöhung oder Beförderung geführt haben, sind auch die unangenehmen Gespräche Ihr Job. Hier erweist sich Ihr Charakter."[11] Leider sind Sie auch in der Verantwortung, solche Gespräche zu führen, wenn Sie mit der Entscheidung des Managements selbst gar nicht einverstanden sind. Das gehört zu Ihrem Job als Führungskraft und zu Ihrer Verantwortung für Ihre direkten Mitarbeiter. Auch wird von Ihnen seitens der Geschäftsleitung loyale Professionalität erwartet, wenn es darum geht, die Kündigungsgespräche durchzuführen.

Tyrions Tipp

Trennungs-, Veränderungs- und Versetzungsgespräche mit Ihren Mitarbeitern sollten Sie stets persönlich führen und keinesfalls delegieren. Bereiten Sie Ihre Botschaft gut vor, halten Sie das Gespräch kurz, seien Sie respektvoll und freundlich im Ton, aber bleiben Sie hart in der Sache. Schwierige Mitarbeitergespräche sind Chefsache!

Wenn es sich um Massenentlassungen handelt, gehört es zur Verantwortung der Geschäftsführung, den betroffenen Mitarbeitern an den Standorten die schlechte Botschaft persönlich zu überbringen – auch das ist übrigens nicht selbstverständlich. Es gibt Vorstände, die Golf spielen, während der Standortleiter oder der Personalchef die Kündigungswelle verkünden. Ned, Robb und Jon würden sich so würde- und wertlos nicht verhalten, sie handeln als Vorbilder. Ihren Gefolgsleuten wird eindrucksvoll vor Augen geführt, dass ihre Chefs persönlich die Verantwortung für ihre Entscheidungen übernehmen. Im Gegensatz dazu steht das für Herrscher übliche Verhalten zum Beispiel von Joffrey und Tywin, die zwar Recht sprechen, sich aber buchstäblich nicht selbst die Hände schmutzig machen, um Urteile zu vollstrecken, sondern diese unangenehme Aufgabe an ihre Mitarbeiter delegieren. Ned spürt das final am eigenen Leib, als er auf Befehl Joffreys von dessen Henker Ilyn Payn enthauptet wird (1.09).

Die Haltung, die die drei Nordmänner an den Tag legen, entspringt einem traditionellen Pflichtgefühl. Insbesondere Ned verkörpert den guten Lord, der verantwortungsbewusst für seine Untergebenen einsteht. So berichtet Talisa Maegyr Robb: „Die Menschen aus dem Norden sagen alle, sie hätten Euren Vater geliebt." Und er erklärt der jungen Frau, wie sein Vater sein hohes Amt verstanden hat: „Er hat mir einmal gesagt, Lord zu sein, wäre wie Vater zu sein. Nur, dass man Tausende von Kindern hat und sich um alle Sorgen macht. Die Bauern, die ihr Land bestellen, gilt es zu beschützen, die Mägde, die die Böden schrubben, gilt es zu beschützen, die Soldaten, die man in die Schlacht geführt. Er sagte, dass man morgens mit Angst aufwacht und abends mit Angst ins Bett geht. Ich hab' ihm nicht geglaubt. Ich fragte ihn: ‚Wie kann ein Mann mutig sein, wenn er Angst hat?' ‚Nur dann kann ein Mann mutig sein", hat er geantwortet.' (2.08).

In diesem Sinne verkörpert Ned Stark – übrigens ebenso wie später Jon - das Modell des „Servant Leadership", eine von Robert Greenleaf 1970 begründete Philosophie der Führung und ein etablierter Ansatz der Führungsforschung.[12] Sie beschreibt das Wirken von Führenden als Dienst am Geführten, mithin als dienendes Führen im Gegensatz zum beherrschenden Führen, wie wir es etwa bei Tywin Lennister beobachten können. Der Servant Leadership-Ansatz beinhaltet eine kompromisslose Ausrichtung der Führung auf die Interessen der Geführten: „Ein Servant Leader liebt Menschen und möchte ihnen helfen. Die Mission des Servant Leaders ist es daher, die Bedürfnisse anderer zu identifizieren und zu versuchen, diese Bedürfnisse zu befriedigen", erklärt Kent Keith, CEO des Greenleaf Center for Servant Leadership.[13] Die Idee des dienenden Führens beschrieb schon Friedrich der Große: „Der Herrscher ist der erste Diener des Staates. Er wird gut besoldet, damit er die Würde seines Standes aufrechterhalte. Man fordert aber von ihm, dass er werktätig für das Wohl des Staates arbeite und [...] die Hauptgeschäfte mit Sorgfalt leite."[14] Einen weiteren Aspekt beleuchtet der Benediktinermönch und Managementberater Anselm Grün: „Unterwürfig, zögernd, zaghaft: Der Begriff der Demut ist in der Wirtschaft verloren gegangen, weil er negativ besetzt ist. Dabei ist die Demut gerade eine der Tugenden, die Führungskräfte am meisten brauchen. Denn führen heißt: dienen".[15]

Ein Chef muss persönliche Opfer bringen

Wer wie Ned verantwortungsbewusst für andere handelt, trägt damit auch eine Last. Covey beschreibt das so: „Menschen, die nach Prinzipien handeln, sehen ihr Arbeitsleben als Berufung und nicht als verheißungsvolle Karriere. Diese Sichtweise wurde ihnen schon mit der Erziehung vermittelt. Jeden Tag wird ihnen aufs Neue bewusst, dass sie für das Wohl anderer Menschen nur sorgen können, wenn sie ihre eigenen Bedürfnisse zurückstellen."[16] Diese Bereitschaft, altruistische über egoistische Motive zu stellen, ist eine Kompetenz, die Ned und Jon auszeichnet; Robb hingegen nicht, weil er das von seiner Mutter eingefädelte Bündnis mit Haus Frey verrät, indem er aus Liebe Talisa heiratet und so sein Versprechen bricht, nach dem Krieg eine Frey-Tochter zu ehelichen (2.10). Robb ist nicht bereit, das persönliche Opfer zu bringen, das seine Verantwortung als König des Nordens erfordern würde. Rickard Karstark macht ihm genau das zum Vorwurf (3.02). Immerhin pflegt Robb eine offene Feedbackkultur mit seinen Offizieren: Teamleiter Karstark traut sich, seinen Chef wegen dessen persönlichen Verhaltens offen zu kritisieren. Im Gegensatz zu Jon, der seine erste Liebe Ygritte aus Loyalität und Pflichtbewusstsein gegenüber der Nachtwache aufgibt, strebt Robb nach seinem persönlichen Vorteil in Form emotionalen Glücks.

Maester Aemon weist Jon auf diesen Konflikt hin: „Sag mal, hast du dich jemals gefragt, warum die Männer der Nachtwache keine Frauen haben und keine Kinder zeugen dürfen?“ „Nein“, antwortet Jon. „Damit sie nicht lieben. Liebe ist der Tod der Pflicht. Sollte der Tag jemals kommen, an dem dein Hoher Vater wählen müsste zwischen Ehre auf der einen Seite und denen, die er liebt, auf der anderen, was würde er tun?“ Jon überlegt kurz: „Er würde tun, was richtig ist. Um jeden Preis.“ „Dann ist Lord Stark einer von Zehntausend. Die meisten von uns sind nicht so stark. Was ist Ehre im Vergleich zur Liebe einer Frau? Was ist die Pflicht gegen das Gefühl, einen neugeborenen Sohn in den Armen zu halten? Oder eines Bruders Lächeln? […] Wir sind alle nur Menschen. Wir tun alle unsere Pflicht, wenn es uns nichts kostet. Auch ehrenvoll handeln fällt dann leicht. Doch früher oder später kommt im Leben eines jeden Mannes der Tag, an dem nichts mehr leichtfällt. Der Tag, an dem er sich entscheiden muss.“ (1.09).

Jon entscheidet sich gegen Ygritte und für die Pflicht, Robb entscheidet sich für Talisa und gegen die Pflicht. Und Ned hat sich für die Pflicht und gegen Catelyn entschieden, indem er das Geheimnis von Jons Herkunft niemals preisgibt – aus Loyalität zu seiner Schwester und Verantwortung gegenüber deren Sohn. Catelyn wiederum entscheidet sich für die Liebe und gegen die Pflicht, als sie heimlich den gefangenen Jaime befreit und unter Obhut von Brienne von Tarth nach Königsmund schickt. Robb stürmt in ihr Zelt, nachdem er davon erfahren hat: „Sag mir, dass es nicht wahr ist! Wieso?“ Catelyn schaut ihn an: „Für die Mädchen.“ Sie hofft, Sansa und Arya gegen Jaime auszutauschen. Robb ist wütend: „Du hast unsere Stellung geschwächt, du hast Zwietracht in unser Lager gebracht. All das hast du hinter meinem Rücken gemacht.“ Der junge König stellt seine Mutter unter Bewachung und ordnet die Verfolgung von Jaime an (2.08). Im Kern handelt Catelyn ebenso verantwortungslos wie kurz darauf Robb, als er Talisa ehelicht. Die Freilassung von Jaime ist der erste Dominostein, die Hochzeit von Robb und Talisa der zweite, der fällt und so die Allianz der Nordmänner zerstört und den ge- und enttäuschten Walder Frey gemeinsam mit Roose Bolton ein Bündnis mit Tywin Lennister eingehen lässt. Dieses besiegelt die Rote Hochzeit, den heimtückischen Mord an Robb, Talisa, Catelyn und zahlreichen Stark-Soldaten (3.09).

Am Ende der Serie dreht Tyrion den Satz von Maester Aemon um, als Jon ihn im Kerker besucht: „Und manchmal ist die Pflicht der Tod der Liebe. Ihr seid der Schild, der die Reiche der Menschen schützt. Ihr habt immer versucht, das Richtige zu tun

– egal, um welchen Preis.“ (8.06). Damit appelliert er an Jons Bereitschaft, aus Verantwortung für die Menschen von Westeros das größte persönliche Opfer zu bringen: Daenerys, die Frau, die er liebt, zu töten, um weiteres Gemetzel zu verhindern.

Ein Job, der Ned überfordert

Wie sehr Verantwortung und Pflichtgefühl persönliche Opfer von Führungskräften fordern, lässt bereits an Neds Entscheidung ablesen, der Ernennung zur Hand von Robert Folge zu leisten. Möglicherweise hätte er ablehnen können, weil Robert sein bester Freund aus alten Tagen ist, aber eigentlich gehört die Offerte in die Kategorie der Angebote, die man nicht ablehnen kann. Außerdem motiviert die Nachricht, dass Jon Arryn angeblich von den Lennisters vergiftet worden sei, Ned zusätzlich – aus Loyalität gegenüber dem gestorbenen Freund und seinem Kumpel Robert. Diese Entscheidung verlangt Opfer vom Hüter des Nordens. Er muss Catelyn mit seinen Söhnen Robb, Bran und Rickon in Winterfell lassen, während Jon zur Mauer zieht. Ned fühlt sich unwohl in Königsmund. Da ist zum einen das Klima, das für einen Nordmann viel zu warm ist und ihn – im Gegensatz zu Petyr, Varys oder Cersei - sichtbar schwitzen lässt. Da ist zum anderen die brodelnde Atmosphäre einer Großstadt. Ned ist buchstäblich ein Landei, der in sehr übersichtlichen Verhältnissen mit der Familie und engsten Vertrauten auf Winterfell lebt; um seine Burg herum begegnet ihm die schroffe Stille und Schönheit der nordischen Natur, kein chaotisches Treiben wie in Königsmund. Auch sind das höfische Zeremoniell, die Ränkespiele und Festivitäten so gar nicht nach seinem Geschmack. Als Lord von Winterfell und Wächter des Nordens ist er viel älteren Traditionen verpflichtet und hat sehr viel strengere Ehrbegriffe als die Stadtbewohner, angefangen bei König Robert. Neds Macht und die Lehnstreue der Häuser des Nordens beruhen auf Respekt, Vertrauen und Tradition, nicht auf Geld, militärischer Macht und höfischem Pomp.

Übertragen wir Roberts Jobangebot für Ned doch einmal auf die moderne Wirtschaft: Im Kern ist Ned der Geschäftsführer des soliden mittelständischen Familienunternehmens Stark GmbH, das unangefochten Marktführer in der Provinz ist und mit diversen Zulieferern aus der Umgebung seit vielen Jahren vertrauensvoll zusammenarbeitet. Man trifft sich regelmäßig in den Sitzungen der regionalen Unternehmerverbände und bei gemeinsamen Festivitäten und verheiratet auch gern die Kinder untereinander. Robert, ein alter Jugendfreund von Ned, hat es inzwischen zum CEO, also zum Vorstandsvorsitzenden, des Großkonzerns Westeros AG mit Sitz in der Hauptstadt Königsmund gebracht. Da sein langjähriger Chief Operations Officer (COO) Jon Arryn, ein gemeinsamer Freund der beiden, kürzlich verstorben ist, erinnert sich Robert an die Qualitäten seines zuverlässigen alten Kumpels Ned. Dieser scheint die Idealbesetzung für die Leitung, Steuerung und Organisation der gesamten Betriebsprozesse der Westeros AG. Ned, so Roberts Kalkül, würde den Laden effizient steuern, während er selbst Jagen, Golfen und sich mit seinen Geliebten treffen kann. Robert gesteht Ned, dass er ansonsten niemandem im Konzernvorstand traue, und bittet ihn, sein COO zu werden. Instinktiv lehnt Ned das Angebot ab; er weiß, dass er sich in der urbanen Konzernwelt nicht wohlfühlen wird. Erst, als ihm später klar wird, dass Roberts berufliche Zukunft auf dem Spiel steht, siegt die Loyalität zu seinem Freund: Ned wird den Geschäftsführerposten der Stark GmbH an seinen ältesten Sohn Robb abgeben, das provinzielle Winterfell verlassen und als Roberts rechte Hand und operativer Geschäftsführer in Königsmund die Geschicke der Westeros AG lenken.

So weit, so gut. Doch nun beginnt das Elend. Ned muss sich mit Cersei, der hübschen, aber verschlagenen Ehefrau des CEO, herumplagen, die selbst kräftig mitbestimmen will. Außerdem möchte sie ihren arroganten und völlig verzogenen Sohn Joffrey auf den Chefsessel hieven; dieser hat vom Geschäft keine Ahnung, markiert aber den großen Mann. Im Vorstand sitzen außer Renly, dem jüngsten Bruder von Robert, und dem leicht senilen Forschungschef Pycelle noch zwei undurchsichtige Typen: der umtriebige Finanzchef Kleinfinger und Varys, Leiter der Kommunikationsabteilung. Deren wahre Absichten und Loyalität kann Ned nur schwer einschätzen. Und als Sicherheitschef der AG ist zudem Jaime, der arrogante Zwillingsbruder der Frau seines Chefs, tätig. Eine explosive Gemengelage, in die Ned hineingerät.

Tyrions Tipp

Vor jeglicher Weiterentwicklung eines Mitarbeiters kommt die Auswahl der richtigen Person. Vertrauen in eine Person nützt nichts, wenn sie nicht die Kompetenzen mitbringt, um ihren Job gut zu machen und wir keine Zeit für die Ausbildung haben. Umgekehrt sollte sich jeder gut überlegen, ob er einen Job annehmen will, der vielleicht eine Nummer zu groß ist oder aus anderen Gründen nicht stimmig. Geld und Status sind keine Faktoren, die uns langfristig zufrieden machen.

Wie der Lord von Winterfell in dieser Situation mit seiner sturen Wertehaltung aneckt und schließlich versagt, haben wir bereits im letzten Kapitel „Werte & Vertrauen“ beschrieben. Daher analysieren wir jetzt noch eine Szene in Episode 1.06, in der Robert sich auf der Jagd verlustiert und Ned die volle Verantwortung als amtierender Regierungschef übernimmt und konsequent Entscheidungen trifft und Recht spricht. Er sitzt auf dem Eisernen Thron und hört sich Berichte von Bewohnern der Flusslande über Plünderungen, Mord und Vergewaltigungen an. Anführer der Marodeure scheint offensichtlich Ser Gregor Clegane, ein Vasall von Tywin Lennister, zu sein. Ned überlegt nicht lange, sondern verkündet: „Ich kann euch eure

Höfe nicht zurückgeben noch eure Toten ins Leben zurückrufen. Aber vielleicht kann ich euch Gerechtigkeit zukommen lassen im Namen unseres Königs Robert." Er beauftragt Ser Beric Dondarrion mit einer Strafexpedition gegen Clegane. „Im Namen Roberts aus dem Hause Baratheon, dem ersten seines Namens, König der Andalen und der ersten Menschen, Herr der Sieben Königslande und Beschützer des Reiches, weise ich Euch an, den falschen Ritter Gregor Clegane und alle, die ihm Beihilfe leisten, dem Recht des Königs zu unterwerfen. Ich klage ihn an und enteigne ihn, ich enthebe ihn all seiner Ränge und Titel, seiner Ländereien und Besitztümer und verurteile ihn zum Tode." Der alte Pycelle stottert schockiert: „Mylord, das ist eine drastische Maßnahme. Es wäre besser, auf König Roberts Rückkehr zu warten." Doch Ned lässt sich nicht beirren: „Großmaester Pycelle, schickt einen Raben nach Casterlystein. Informiert Tywin Lennister, dass er an den Hof beordert wird, um sich für die Vergehen seiner Gefolgsleute zu verantworten. Er soll sich binnen 14 Tagen einfinden oder angeprangert werden als Feind der Krone und Verräter am Königreich." Als Ned den Thronsaal verlässt, spricht Petyr zu ihm: „Ein mutiger Zug, Mylord, und bewundernswert. Doch ist es klug, den Löwen am Schwanz zu ziehen? Tywin Lennister ist der reichste Mann in allen sieben Königslanden. Gold gewinnt Kriege, nicht Soldaten." Ned fragt ihn nur: „Warum ist dann Robert König und nicht Tywin Lennister?".
Für uns Zuschauer ist das eine emotional sehr befriedigende Szene. Wir erleben Ned hart durchgreifen gegen die bösen Lennisters und ihre Vasallen. Doch bei aller Konsequenz, handelt er wirklich verantwortungsbewusst in dieser Situation? Ned verlässt sich auf den Augenzeugenbericht eines einzelnen Betroffenen und seiner Begleiter, er sammelt weder weitere Informationen noch prüft er den Wahrheitsgehalt der Aussage. Entschlossen und spontan entscheidet er, voll im Einklang mit seinen Werten. Wie Craven betont, müsse es für Ned befriedigend sein, das zu tun, was seine Werte ihm für Krisenzeiten diktieren, doch blende er die weitreichenden Folgen seiner Entscheidungen aus. „Ned sieht seine Werte auch durch die Brille des einfachen Volkes. Er ist beseelt von dem Wunsch, der Bitte um Schutz zu entsprechen. Dies ist zwar ein edler Instinkt, lenkt ihn aber von einer klaren Analyse der vor ihm liegenden Herausforderungen ab. […] Ned betrachtet seine Entscheidungen nicht aus einer objektiven Perspektive."[17]

Ned handelt auf dem Eisernen Thron wie als Lord von Winterfell – nach geradlinigen Prinzipien und klaren Werten. Doch ist der Job als Vorstand der Westeros AG eben deutlich komplexer als seine Tätigkeit als mittelständischer Familienunternehmer in der Nordprovinz. Ned überblickt die Interessen und Verstrickungen der Beteiligten in der großen Konzernwelt nicht. Und so fällt es dem gewieften Strippenzieher Petyr Baelish leicht, ihn in dieser Szene zuerst noch anzustacheln und anschließend die provozierte Entscheidung als unklug darzustellen. Wie sagt Kleinfinger doch abschätzig: „Ah, die Starks, hitziges Gemüt, lahmer Geist."

(1.03). Genau mit dieser wertgesteuerten Impulsivität spielt er. Petyr hat den Mord an Jon Arryn geplant und benutzt Lysa Arryn, um die Tat den Lennisters in die Schuhe zu schieben und einen Konflikt mit den Starks zu provozieren. Petyr manipuliert Ned, um die Sieben Königslande in ein Chaos zu stürzen, aus dem er selbst als Krisengewinnler emporzusteigen beabsichtigt.

Ned agiert verantwortungsbewusst im vertrauten Umfeld von Winterfell mit weitgehend berechenbaren Akteuren, die ähnliche Wertvorstellungen teilen. Doch als Hand des Königs übersteigt die Verantwortung seinen wertegeleiteten Horizont. Insofern erweist sich Ned als Beleg für das bereits zitierte Peter-Prinzip: „In einer Hierarchie neigt jeder Beschäftigte dazu, bis zu seiner Stufe der Unfähigkeit aufzusteigen."[18]

Tyrions Tipp

Treffen Sie Entscheidungen aufgrund von bestätigten Fakten, analysieren Sie die Situation, verschaffen Sie sich einen klaren Überblick über die Details, beurteilen Sie die Risiken und Chancen, konsultieren Sie betroffene Personen, schlafen Sie im Zweifel eine Nacht darüber, aber treffen Sie dann bitte auch eine Entscheidung! Setzen Sie diese konsequent um und übernehmen Sie dafür die Verantwortung!

Robb Stark

Ein entschlossener und kompetenter Befehlshaber

Robb erhält die königliche Autorität, indem seine Bannermänner ihn als König ausrufen und freiwillig das Knie vor ihm beugen (1.10). Gemäß der politischen Theorie von Thomas Hobbes wird damit ein grundlegender Gesellschaftsvertrag geschlossen, der notwendig ist, um durch autoritäre Herrschaft Sicherheit zu gewährleisten.[19] Der beinahe spontane Akt der Wahl durch seine Bannermänner legitimiert Robbs Autorität als rechtmäßiger König des Nordens. Er erhält die Statusmacht durch Vertrauensmacht seiner Folgenden. Damit hat er fortan die Verantwortung für die Geschicke des Nordens.

Robb ist, wie wir im letzten Abschnitt analysiert haben, von den Wertvorstellungen seines Vaters geprägt, passt sich allerdings den situativen Erfordernissen besser an als Ned. Von all den Fürstenfiguren in *Game of Thrones* entspricht er am ehesten Machiavellis Konzept der Virtù. Virtù bezeichnet die Fähigkeit des Menschen, die Kräfte der Natur zu beherrschen und sein Schicksal selbst zu bestimmen. Robb entwickelt sich zu einem zielstrebigen und kompetenten Befehlshaber, kann die Unterstützung noch unentschlossener Häuser gewinnen, denkt über einzelne Schlachten hinaus und verfolgt einen strategischen Plan. Klug dämpft er den Jubel seiner Leute nach dem Sieg über und der Gefangennahme von Jaime Lennister: „Ein einzelner Sieg macht uns nicht zu Eroberern! Haben wir meinen Vater befreit? Haben wir meine Schwestern vor der Königin gerettet? Haben wir den Norden von jenen befreit, die uns in die Knie zwingen wollen? Dieser Krieg ist noch lange nicht gewonnen." (1.09). Robb lässt sich nicht blenden von kurzfristigen Erfolgen, sondern sieht seine Verantwortung für das große Ganze und behält die langfristigen Ziele im Blick. Allerdings macht er einen Fehler, den Machiavelli für tödlich hält: Robb verlässt sich zu sehr auf die militärische Unterstützung seiner Alliierten. Der florentinische Philosoph rät in seinem Werk „Der Fürst" dazu, sich nur auf die eigenen Soldaten zu verlassen, selbst um den Preis einer deutlich kleineren Armee.[20] Robb macht sich zu sehr abhängig von zweifelhaften Verbündeten wie den Freys, den Glauers oder den Karstarks.

Robb ist der sympathische Gegenentwurf zu Joffrey. Er ist freundlich, behandelt seine Untergebenen ebenso wie Gefangene respektvoll, zeigt das rechte Maß an Gnade wie an Entschlossenheit, trauert um die Gefallenen und ist bemüht, Unbeteiligte nicht Opfer des Krieges werden zu lassen. Selbst den Eisenmännern, die Winterfell erobert haben, sichert er freien Abzug zu, sofern diese sich ergeben; nur den Kopf des Verräters Theon will er (2.08). Eine Szene in Episode 2.06 verdeutlicht, wie Robb führt: Im Feldlager mischt er sich ohne Eskorte unter seine Männer, spricht ihnen Mut zu, macht Scherze, ist nahbar und ein König zum Anfassen. Er praktiziert die Führungsmethode des „Management by Walking Around" (MBWA). So beschrieben Tom Peters und Robert H. Waterman jr. einen Stil, bei dem der direkte persönliche Kontakt zwischen der Unternehmensführung und den Mitarbeitern über sämtliche Hierarchieebenen hinaus einen hohen Stellenwert genießt. Indem ein Manager durch sein Unternehmen geht und seine Mitarbeiter an deren Arbeitsplätzen aufsucht, wird eine effektive Kommunikation zwischen beiden Seiten ermöglicht.[21] Tom Peters berichtet, dass Howard Schultz, CEO der Kaffeehauskette Starbucks, mindestens 25 Filialen pro Woche persönlich besuchen soll. Auch Jack Welch und Herb Kelleher, legendäre CEOs von General Electric beziehungsweise Southwest Airlines, waren berühmt für ihre Gespräche mit Mitarbeitern an der Basis, ebenso wie der deutsche Verlagsgründer Axel Springer. Ein wesentlicher Effekt des MBWA ist der nachhaltige Aufbau von Vertrauen, vorausgesetzt, die Führungskraft agiert so respektvoll wie Robb. Ähnlich beobachten wir auch Renly, als er beim Gang durchs Feldlager mit seinen Männern spricht und einen Soldaten fragt: „Was macht dein Fuß?" (2.03). Bei Tywin ist eine solche Nahbarkeit unvorstellbar. Sie ist Ausdruck der Verantwortlichkeit der Führungskraft für jeden einzelnen Mitarbeiter.

Tyrions Tipp

Verlassen Sie, wann immer Sie können, Ihr Büro und sprechen Sie mit den Mitarbeitern an der Basis. Nutzen Sie die Gelegenheit zu erfahren, was die Kollegen bewegt, und fragen Sie, was ihnen helfen würde, ihre Arbeit besser zu machen. Nähe, Interesse, Ansprechbarkeit und Dialog werden von Mitarbeitern sehr geschätzt.

Die Strategie scheitert an Verantwortungslosigkeit

In Episode 3.03 sieht die Kriegssituation sieht für Robb alles andere als ermutigend aus. Er hatte seinem Onkel Edmure Tully Befehl gegeben, Gregor Clegane in einen Hinterhalt zu locken. Stattdessen hat Edmure eine strategisch bedeutungslose Mühle angegriffen, da sich der „Berg" dahinter verschanzt hatte. Er prahlt vor seinem Onkel Bryndon mit seinem Sieg: „Ich denke, König Robb versteht, dass wir den Krieg nicht gewinnen, wenn er als einziger Siege davonträgt. Es ist Ruhm genug für alle da." Robb fährt dazwischen: „Um Ruhm geht es hier nicht. Ihr hattet die Anweisung zu warten, bis er zu Euch kommt." Edmure verteidigt sich: „Ich habe die Gelegenheit ergriffen." Robb fragt: „Welchen Wert hatte die Mühle?" „Der ‚Berg' hatte sich am anderen Flussufer verschanzt." „Ist er noch dort?" „Natürlich nicht. Wir trugen den Kampf zu ihm. Er konnte sich nicht widersetzen." Robb erklärt mit eisiger Miene: „Ich hatte vor, den ‚Berg' in den Westen zu locken, auf unser Gebiet, wo wir ihn umzingelt und getötet hätten. Ich wollte, dass er uns verfolgt. Was er getan hätte, weil er ein tollwütiger Hund ist ohne einen Funken Ahnung von Strategie. Ich hätte längst seinen Kopf auf einen Spieß stecken können. Stattdessen habe ich eine Mühle." Die Tatsache, dass Edmure die zwei Jungen Willem und Martyn Lennister gefangen genommen hat, besänftigt Robb nicht. Sie sind als Geiseln ein zu bedeutungsloses Unterpfand. In diesem Gespräch gibt Robb Edmure ein vernichtendes Feedback. Durch sein unüberlegtes, verantwortungsloses Handeln hat der junge Onkel trotz klarer Anweisung Robbs Strategie zunichte gemacht.

Nachdem Robb durch die Hinrichtung von Rickard Karstark die Hälfte seiner Armee verloren hat, muss er die Allianz mit dem Haus Frey erneuern, die er durch die Heirat mit Talisa gefährdet hat. Deshalb lädt er Walder Strom und Lothar Frey nach Schnellwasser ein, um ein Bündnis für den geplanten Angriff auf Casterlystein, den Sitz der Lennisters, zu verhandeln. „Unser Vater hat uns angewiesen zu sagen, dass der Bund mit dem Norden weiterbestehen kann, wenn seine Bedingungen erfüllt werden. Lord Frey fordert eine förmliche Entschuldigung für den Bruch Eures heiligen Eides, eine seiner Töchter zu ehelichen." Robb antwortet souverän: „Natürlich, die hat er verdient. Ich war im Unrecht." „Als Wiedergutmachung für diesen Wortbruch verlangt er Harrenhal und alle dazugehörigen Ländereien." Robb, ganz staatsmännisch, stimmt auch dieser Forderung zu und überredet anschließend den widerspenstigen Edmure, der Heirat mit Walder Freys Tochter Roslin zuzustimmen, die dieser noch nie zuvor gesehen hat: „Ich habe einen Krieg zu führen. Wir können ihn nicht ohne sie gewinnen. [...] Ich habe jede Schlacht gewonnen", sagt Robb, „aber ich verliere diesen Krieg. Wenn wir das nicht tun, und zwar jetzt, sind wir verloren." Präzise analysiert Robb die strategische Lage und kommt zur richtigen Schlussfolgerung. In diesem Moment bekennt Robb, dass er selbst es an staatsmännischer Verantwortung hat fehlen lassen, als er Talisa heiratete. Und nun fordert er das gleiche persönliche Opfer, das er verweigert hat, von Edmure: „Du bezahlst für meine Sünden, Onkel. Das ist weder gerecht noch rechtens. Das vergesse ich dir nie." (3.06). Doch ist es für diesen diplomatischen Handel durch ein Heiratsbündnis bereits zu spät. Wie gesagt: Dass Robb der Liebe den Vorzug vor der Verantwortung gegeben hat, selbst also verantwortungslos gehandelt hat, besiegelt sein Schicksal. Walder Frey paktiert mit Tywin und wird die Starks meucheln.

Daenerys Targaryen

Eine Frau mit Mut zum Risiko

Ein Kapitel über Verantwortung und konsequente Entscheidungen in *Game of Thrones* wäre nicht vollständig, würden wir nicht anhand einiger Szenen untersuchen, wie sich die Drachenmutter in dieser Hinsicht als Führungskraft aufstellt. Ihre sozialrevolutionäre Vision und ihr ambitioniertes Ziel haben wir bereits detailliert beleuchtet. Nun gehen wir der Frage nach, wie sie für Entscheidungen die Verantwortung übernimmt und dafür sorgt, dass der Beschluss konsequent umgesetzt wird.

Früh muss Daenerys bitter erfahren, dass Entscheidungen, die sie trifft, ihren Preis haben. Indem sie nach dem Überfall auf ein Dorf der Lhazareen weitere Vergewaltigungen verhindert und die Menschen, darunter die Heilerin Mirri Maz Duur, unter ihren Schutz stellt (1.08), setzt sie eine Kette von folgenschweren Ereignissen in Gang: Khal Drogo wird im Zweikampf mit Mago leicht verwundet. Die Heilerin, die Daenerys entschieden hat zu retten, infiziert Drogo so schwer, dass nur ein Blutzauber ihn retten können soll. Wieder entscheidet Daenerys gegen die Tradition der Dothraki und den Rat von Jorah – und zahlt den Preis mit dem Leben ihres ungeborenen Kindes (1.09). Drogo überlebt zwar, aber nur im Wachkoma. Sie trifft die nächste schwierige Entscheidung und beendet das unwürdige Leben des Kriegers, indem sie ihn eigenhändig erstickt. Dann folgt sie ihrer Intuition und geht in Drogos brennenden Scheiterhaufen, um als Drachenmutter daraus hervorzugehen (1.10). Dieses Verhaltensmuster wiederholt sich, als Daenerys in Qarth allein ins Haus der Unsterblichen geht, dort allen Versuchungen und Illusionen widersteht und den Hexenmeister Pyat Pree bei lebendigem Leib verbrennt (2.10). Erneut versucht Jorah, sie von ihrer Entscheidung abzubringen, doch sie bleibt standhaft und setzt ihr Vorhaben persönlich um.

Wer entscheidet, geht immer auch ein Risiko ein. Das Risiko, sich falsch zu entscheiden. Denn wer entscheidet, kann auch verlieren. Wir greifen an dieser Stelle erneut auf Shackletons legendäre Endurance-Expedition zurück: Nach 497 Tagen auf Treibeis und See erreichten die 28 völlig erschöpften Männer der Expedition schließlich Elephant Island im Südatlantik und hatten erstmals wieder festen Boden unter den Füßen. Doch die nach Seevögelkot stinkende Insel war wenig einladend und lag völlig abseits der Schiffsrouten.

Also entschied Ernest Shackleton, eine Seereise über 800 Seemeilen (etwa 1500 Kilometer) im offenen Boot zu den Walfangstationen in Südgeorgien zu wagen, um Hilfe zu holen. Nach Beratungen mit seinem Stellvertreter Frank Wild wählte er das 7,50 Meter lange, zweimastige Rettungsboot „James Caird". Am Ostermontag, dem 24. April 1916, stach Shackleton mit fünf Männern und Verpflegung für maximal vier Wochen in See. In den folgenden 15 Tagen segelten sie in ihrem kleinen Boot, das ständig Gefahr lief zu kentern, ostwärts durch den aufgepeitschten Südatlantik, dem stürmischsten Gewässer der Welt mit zehn Meter hohen Wellen.

Dank der Navigationskünste von Kapitän Frank Worsley kam die Küste Südgeorgiens am 8. Mai in Sicht, doch eine Anlandung wurde durch starken Seegang zunächst verhindert. Schließlich erreichten sie die König-Haakon-Bucht auf der menschenleeren Südseite der Insel.

Nach einigen Tagen der Erholung riskierte Shackleton mit zwei Kameraden die Überquerung des vergletscherten Hochgebirges – unwegsam, hochalpin und von Fallwinden mit mehr als 100 Knoten gepeitscht. Nie zuvor hatte jemand diese Route gewagt. Nach 36 Stunden, mehr tot als lebendig, erreichten die drei Männer die Walfangstation in Stromness. Von dort aus wurde Hilfe für die zurückgebliebenen Kameraden organisiert. Alle wurden gerettet.[22]

Für Führungskräfte hält diese unglaubliche, aber wahre Geschichte eine Botschaft parat: Gehen Sie ein Risiko ein, wenn die Entscheidung, nichts zu tun, bedeutet, dass Sie Ihr Ziel nicht erreichen werden. Shackleton hatte den Mut, solche Risiken einzugehen; in anderen Situationen hat er sich auch bewusst dagegen entschieden, wenn ihm ein Risiko unverantwortlich gegenüber seiner Crew erschien. Daenerys zeigt ebenfalls diesen Mut und geht ein hohes persönliches Risiko ein. Als sie später entscheidet, die Khals im Tempel der Dosh Khaleen zu verbrennen, ist das für sie nicht mehr riskant, weil sie aus Erfahrung weiß, dass sie feuerfest ist (6.04).

Tyrions Tipp

Wägen Sie Chancen und Risiken stets gut ab, doch wenn Ihnen das Risiko gerechtfertigt erscheint, gehen Sie es ein. Auch wenn Sie scheitern können, ist es besser, eine Entscheidung zu treffen und zu handeln, als sich nur untätig seinem Schicksal zu ergeben.

Verantwortung & Konsequenz erfordern auch persönliche Opfer

Wie Sie schon bei Ned und Jon gesehen haben, erfordert Verantwortung oft auch persönliche Opfer. Daenerys zahlt mehrmals den Preis für ihre Entscheidungen. So verliert sie Drogo und ihr Baby, weil sie sich für den Schutz der lhazareenischen Frauen einsetzt und mit der Kultur der Dothraki bricht. Sie verliert das Vertrauen der Bevölkerung von Meereen, als sie den Sklaven und jetzigen Berater Mossador öffentlich exekutieren lässt, weil dieser einen Sohn der Harpyie ohne Prozess getötet hat (5.02). Sie verliert ihren Drachen Viserion, weil sie Jon und seinem Team im Kampf gegen den Nachtkönig zur Hilfe eilt (7.06). Sie verliert das Vertrauen von Tyrion und Jon und dann ihr Leben, weil sie sich entscheidet, Königsmund niederzubrennen (8.06). Es ist häufig Daenerys' Aufgabe, in dilemmatischen Situationen zu entscheiden und ein großes Risiko auch für ihr eigenes Leben einzugehen. Dabei folgt sie ihrer Vision von Gerechtigkeit, die sich zum Ende hin zu einer totalitären Utopie verdunkelt.

Eine lange Zeit zügeln ihre Berater ihren Hang zu impulsiven Aktionen. Jorah, Barristan und Tyrion können Daenerys von manch unüberlegter Handlung abhalten. Ein Beispiel dafür bietet Episode 6.09, als Meereen von den Meistern der anderen Sklavenstädte belagert und bombardiert wird. Daenerys will zur Vergeltung Yunkai und Astapor mitsamt den Bewohnern im Drachenfeuer untergehen lassen. Dann erzählt Tyrion ihr von den Plänen ihres Vaters, Königsmund in einem Inferno aus Seefeuer untergehen zu lassen. Daenerys besinnt sich ihrer Verantwortung für die Menschen, die sie einst befreit hat, und zerstört stattdessen nur einen Teil der Flotte der Meister in der Bucht von Meereen. Die Historikerin Carolyne Larrington urteilte 2016, also ohne Kenntnis der siebten und achten Staffel: „Sie hat die richtige Art Grausamkeit für eine Königin: statt Feinde wie Untertanen zuhauf abzuschlachten, wendet sie das Beinahe-Desaster der Sklavenbucht zum Erfolg"[23], indem sie den Angriff der Sklavenhändler mit ihrer feuerspeienden Luftwaffe in Rauch und Asche verwandelt.

Ähnlich verhält es sich mit der Attacke auf den Beutezug der Lennisters. Nach dem Sieg Drogons und der Dothraki werden die überlebenden Soldaten, darunter auch Lord Randyll Tarly und sein Sohn Dickon, vor Daenerys versammelt. Sie bietet ihnen an, das Knie zu beugen oder zu sterben. Die meisten Männer beugen das Knie – außer Randyll und Dickon. Tyrion rät ihr davon ab, die beiden hinrichten zu lassen, doch kann er sie diesmal nicht von ihrem Entschluss abbringen. Gegenüber Jon verteidigt sie später ihre Entscheidung: „Wie viele Männer hat Eure Armee getötet, als Ihr Winterfell erobert habt?" „Tausende", sagt Jon. „Wir versuchen beide, Menschen zu helfen. Das können wir nur von einer Position der Stärke aus. Manchmal ist Stärke grausam." Von einer verantwortungsethischen Perspektive aus handelt Daenerys in diesen beiden Situationen völlig konsequent: Sie vernichtet nur militärische Ziele, richtet keinen Schaden bei der Zivilbevölkerung an und vollstreckt zur Abschreckung zwei drastische Todesurteile. Tyrion selbst anerkennt die Wirksamkeit dieser Taktik, als er später auf Winterfell zu Sansa sagt: „Jeder gute Herrscher sollte durchaus auch etwas Angst verbreiten." (8.04).

So sehr Daenerys am Ende auch die Kontrolle über ihr Verhalten verliert, in Meereen zeigt sie sich oft als verantwortungsbewusste und konsequente Regentin. Als Jorah ihr von Aufständen in Astapor und Yunkai und der erneuten Versklavung der Befreiten berichtet, ist sie verzweifelt: „Wie soll ich sieben Königreiche regieren, wenn ich nicht einmal die Sklavenbucht in den Griff bekomme? Wieso sollte mir irgendjemand vertrauen? Wieso sollte mir irgendjemand folgen?". Jorah entgegnet: „Ihr seid eine Targaryen. Ihr seid die Mutter der Drachen." Doch Daenerys erkennt: „Ich muss mehr sein als das. Ich lasse die, die ich befreit habe, nicht wieder in Ketten zurückschlittern. Ich werde nicht nach Westeros segeln." Jorah: „Was dann?" Daenerys: „Ich werde tun, was Königinnen tun: Ich werde regieren." (4.05). In diesem Moment stellt sie ihr strategisches Ziel, die Eroberung des Eisernen Throns, zurück, um im Sinne ihrer Vision den Menschen zu helfen, denen aktuell Ungerechtigkeit widerfährt. Daenerys begreift das als ihre Verantwortung als oberste Führungskraft und entscheidet konsequent. Dafür stellt sie ihre eigenen Bedürfnisse und Ziele zurück. In dieser Situation erleben wir sie als moralisch verantwortlich handelnde Führungskraft.

Übertragen auf Ihre Arbeitswelt heißt das: Wenn einige Ihnen unterstellte Bereiche oder Mitarbeiter Unterstützung brauchen, sollten Sie als Führungskraft auch strategische Ziele zurückstellen, um kurzfristig zuerst den gemeinsamen operativen Fortschritt zu sichern. Ansonsten besteht die Gefahr, dass das Fundament, auf dem Sie Ihre Zielerreichung aufbauen, wegbröckelt. Denn Mitarbeiter, die Sie nicht als verantwortliche Führungskraft wahrnehmen, weil sie sich von Ihnen im Stich gelassen fühlen, werden Ihnen das Vertrauen entziehen und ihr Engagement verringern. Insofern ist Verantwortung immer auch ein Balanceakt zwischen unternehmerischen Zielen und individuellen Bedürfnissen. Sie müssen abwägen und entscheiden – und dafür die Verantwortung übernehmen.

Tyrions Tipp

Wenn Sie eine Entscheidung getroffen haben, planen Sie umgehend die Umsetzung mit Ihren Mitarbeitern. Definieren Sie Ziele, Strategien, Meilensteine und konkrete Maßnahmen. Stellen Sie sicher, wie Sie über den Verlauf informiert werden, nur so können Sie Parameter anpassen und für eine konsequente Umsetzung sorgen.

Praxisfragen für Führungskräfte

Fragen, die Sie sich selbst stellen sollten:

- Wie leicht fällt es mir, Entscheidungen zu treffen?
- Wenn es mir mal schwerfällt, woran liegt es?
- Bin ich bereit, Risiken einzugehen und Fehler zu machen? Gibt es dafür Beispiele?
- Wovor habe ich Angst?
- Übernehme ich für meine Entscheidungen und mein Handeln wirklich immer die Verantwortung?
- An welchen Stellen versuche ich, mich abzusichern?
- Trage ich die Konsequenzen für meine Entscheidungen, insbesondere dann, wenn es schiefläuft?
- Stelle ich mich vor meine Mitarbeiter? Auch wenn sie Fehler gemacht haben?
- Wie treffe ich meine Entscheidungen? Gibt es ein Prozedere oder Ritual?
- Wen binde ich in meine Entscheidungen ein? Warum?
- Wie stelle ich die Umsetzung von Zielen und Maßnahmen sicher, die ich entschieden habe?
- Wie konsequent bin ich dabei?
- Wie lasse ich mich über den Fortschritt der Arbeit informieren?
- Kann ich Verantwortung und damit

Entscheidungen gut und professionell delegieren?

- Treffe ich zu viele Entscheidungen selbst? Wenn ja, warum?
- Lasse ich zu, dass Mitarbeiter Entscheidungen an mich zurückdelegieren?
- Gibt es Situationen, in denen ich Entscheidungen zurückdelegiere? Warum?

Fragen, die Sie Ihren Mitarbeitern stellen sollten:

- Werden Sie von mir über Entscheidungen schnell genug und ausreichend informiert?
- Sind die Gründe für meine Entscheidungen oder die der Unternehmensleitung transparent?
- Haben Sie das Gefühl, ich entscheide zu viel selbst?
- Wie können wir unsere Entscheidungsprozesse im Team verbessern?
- Bin ich aus Ihrer Sicht ausreichend konsequent bei der Umsetzung von Entscheidungen?
- Fühlen Sie sich bei Ihren Entscheidungen sicher, dass Sie meine Rückendeckung haben?

Teil 4 - Kapitel 4: Selbstführung & Kompetenz

„Ich lerne langsam, das stimmt.

Aber ich lerne."

Lady Sansa Stark (7.07)

Was Selbstführung & Kompetenz bedeuten

Im letzten Kapitel haben Sie erfahren, dass wirksame Führungskräfte entschlossen Entscheidungen treffen, diese konsequent umsetzen und dafür die Verantwortung übernehmen. Doch davor steht noch eine andere, viel grundlegendere Entscheidung – nämlich die Antwort auf die Frage „Will ich führen?". Diese Frage ist wichtiger als eine zweite bedeutsame Frage: „Kann ich führen?". Führung ist keine Kunst, die nur wenige Genies zur Vollendung bringen können, sondern Führung ist Handwerk. Sie können jederzeit anfangen, den Gebrauch der Werkzeuge dafür zu erlernen. Dafür gibt es unzählige Seminare, Workshops, Fachbücher, die Ihnen das Führungswissen vermitteln. Noch wirksamer sind erfahrene Mentoren und Coaches, von deren Know-how sie profitieren können. Und dann braucht es Training, hartes, geduldiges Training in unterschiedlichen Situationen und mit diversen Personen, damit Sie vom Lehrling zum Gesellen und schließlich zum Meister reifen können. Es gibt Menschen, deren Talente für wirksame Führungsarbeit besser ausgeprägt sind; für uns sind das dann Kunsthandwerker - aber bestimmt keine Künstler, die von einer imaginären Führungsmuse geküsst wurden.

Der Entwicklungsprozess zu einer wirksamen Führungskraft ist niemals beendet. Sie können immer noch besser werden. Das setzt allerdings drei Dinge voraus: Willen, Arbeit und Disziplin. Das bedeutet, dass Sie den Willen haben, sich weiterzuentwickeln, dass Sie bereit sind, dafür harte Arbeit zu leisten, und dass Sie die Disziplin aufbringen, zu tun, was für Ihren Erfolg notwendig ist. Dafür müssen Sie so manches Mal Opfer bringen: sich weiterbilden, wenn Freunde und Kollegen den Feierabend genießen oder am Wochenende in der Sonne chillen, die Extrameile an Überstunden gehen, um all Ihre Aufgaben gut in den Griff zu bekommen, und trotzdem Sport treiben, um sich körperlich fit zu halten für die Herausforderungen Ihres Jobs. Der Persönlichkeitstrainer Brian Tracy stellt fest: „Herausragende Menschen haben die Fähigkeit, über ihr ganzes Leben hinweg kurzfristige Opfer zu bringen, sowohl kleine als auch große, um langfristig bessere Ergebnisse und Belohnungen sicherzustellen. Sie finden diese Opferbereitschaft bei Menschen, die viele Stunden und sogar Jahre damit verbringen, sich vorzubereiten, zu lesen und ihre Fähigkeiten auf den neuesten Stand zu bringen.“[1]

Als Motivation dafür brauchen Sie unbedingt eine Vision, etwas, für das Sie arbeiten und Opfer bringen, etwas, das Ihrem Tun einen Sinn gibt. Glauben Sie uns, wir sprechen aus Erfahrung. Ohne die Vision, im Oktober 2019 dieses Buch gedruckt in den Händen halten zu können, hätten wir bestimmt nicht mehr als acht Monate lang nach Feierabend und an Ruhetagen jede freie Stunde mit Recherche, Lektüre, wiederholter Analyse wichtiger Szenen, Schreiben und Korrigieren verbracht. Urlaube und Freizeitaktivitäten waren gestrichen, das soziale Leben auf das absolute Minimum reduziert. Tracy sagt dazu: „Es gibt eine Fähigkeit, die der Schlüssel dazu ist, sich selbst eine wunderbare Zukunft zu schaffen: die Fähigkeit, zu denken, zu planen und kurzfristig hart zu arbeiten. Es geht darum, die Disziplin aufzubringen, um das zu tun, was richtig und notwendig ist, bevor man das tut, was Vergnügen bereitet und einfach ist.“[2] Sie wissen doch: Raus aus der Komfortzone, denn darin können Sie nicht wachsen.

Kommen wir noch einmal zurück auf die beiden Eingangsfragen: „Kann ich führen?“ beantworten nach unserer Erfahrung in Führungspositionen übrigens Männer sehr viel schneller und häufiger mit „Ja“. Wenn Sie uns diese pauschale Einschätzung gestatten: Frauen sind oft zögerlicher, wenn sie gefragt werden, ob sie einen Führungsjob übernehmen wollen. Sie überdenken die Herausforderung und ihre Eignung gründlich, meist zu selbstkritisch. Auch das dürfte dazu beitragen, dass Frauen in Führungspositionen immer noch unterrepräsentiert sind. Denn viele Männer halten sich in fröhlicher Selbstüberschätzung für geborene Führungskräfte. Nur ist das Blödsinn: „Führer werden gemacht, nicht geboren", lautet die berühmte Formel von Warren Bennis.[3] Marion Knaths, als Coach auf weibliche Führungskräfte spezialisiert, führt das oft defensive Verhalten vieler Frauen vor allem auf die Erziehung zurück: „Beim Spiel mit Puppen ist alles auf Konsens, das Ausschmücken von Details und immer neu erfundene Fantasiewelten ausgerichtet, die immer wieder diskutiert werden. Dabei gibt es keinen Gewinner. Mädchen lernen vor allem, wie man fair mit anderen umgeht und Entscheidungen im Konsens erzielt [...] Beim Ballspiel gibt es im Gegensatz dazu klare Regeln, nur der Erfolg im Wettbewerb zählt, und: Es gibt einen Trainer, der sagt, wo es langgeht. Es gibt also klare Anweisungen, die im Normalfall nicht diskutiert werden."[4] Wir können in jedem Fall festhalten, dass Cersei, Brienne von Tarth und Asha Graufreud sicher nicht mit Puppen gespielt haben; Daenerys hat die entsprechenden Prägungen, wie Sie sehen werden, rasch abgelegt.

Die Frage, ob jemand führen kann, zielt zuerst auf die Methodenkompetenz ab. Tatsache ist: Es gibt sehr viele altbewährte und auch exzellente neue Werkzeuge und Techniken, um wirksamer Gespräche zu führen, Meetings zu leiten oder Konflikte zu klären. Doch leider wird solches Handwerkszeug vielen Führungskräften oft nicht vermittelt. „In der Praxis wird in einigen Unternehmen die methodische Grundausbildung sträflich vernachlässigt"[5], kritisiert der erfahrene Personalmanager Michael Wefers. An dieser Stelle können wir die Frage klären, wie wichtig eigentlich die Fachkompetenz für die Führungsaufgabe ist. Zitieren wir auch hier die treffende Einschätzung von Wefers: „Natürlich sollte eine Führungskraft Fachkompetenz mitbringen, sie benötigt eine fachliche Heimat. Aber sie muss nicht in allem Fachlichen besonders gut oder gar der oder die Beste sein. Je weiter eine Führungskraft sich in der Hierarchie eines Unternehmens entwickelt, desto wichtiger wird ihre Führungskompetenz, während die Bedeutung der Fachkompetenz mehr und mehr in den Hintergrund rückt."[6]

Es gibt aber neben der Methodenkompetenz noch einen zweiten, aus unserer Sicht sehr viel wichtigeren Aspekt, wenn Führungspositionen zu vergeben sind: die Persönlichkeit des Kandidaten. Jemand kann die Methoden perfekt beherrschen, doch wenn es an Integrität, Empathie, Optimismus, Respekt, Klarheit, Disziplin und Demut fehlt, wird wirksame Führung auf Dauer nicht gelingen, weil das Vertrauen der Folgenden schwindet. Persönlichkeitsdefizite können wir – im Gegensatz zu fachlichen und methodischen Kompetenzlücken – nicht durch intensive Lerneinheiten ausgleichen; der Prozess ist lang und mühsam, wie wir bei den Heldenreisen erfahren haben. Selbst, wenn sich die äußeren Umstände ändern, bleiben wir als Menschen meist das unveränderte Selbst zeitgehärteter Prägung. Egal, wohin Sie sich wenden, welchen neuen Job Sie auch antreten oder welchen neuen Partner Sie privat haben, es gilt die simple Wahrheit: Sie nehmen sich immer mit. Vor sich selbst können Sie nicht davonlaufen.

Damit ist auch klar: „Kann ich führen?“, ist eine Frage, die mit Fachkompetenz wenig, aber mit Methodenkompetenz und vor allem Persönlichkeit zu tun hat. Organisationen sind gut beraten, wenn sie dafür sorgen, dass ihre Führungskräfte die methodischen Werkzeuge erlernen, trainieren und beherrschen. Vor allem aber sollten sie bei der Stellenbesetzung die Persönlichkeiten der Kandidaten auf wirkliche Eignung hin analysieren. Valide psychologische Testverfahren wie das Bochumer Inventar gibt es einige[7]; die Investition lohnt sich, weil schon eine Fehlbesetzung auf der mittleren Führungsebene schnell sechsstellige Summen kostet.

Tyrions Tipp

Bevor Sie einen Job als Führungskraft annehmen, sollten Sie sich selbst ehrlich zwei Fragen beantworten: Will ich wirklich führen? Und kann ich führen? Dazu sollten Sie sich am besten mit erfahrenen Führungskräften austauschen.

Bleibt noch die zweite, wichtigere Frage zu klären: „Will ich führen?“. Studentische Teilnehmer in unserem Seminar zum Buch an der Nordakademie in Elmshorn berichteten, dass viele Dozenten diese Frage gar nicht stellten; vielmehr würden sie a priori voraussetzen, dass die Nachwuchsakademiker selbstverständlich Führungsjobs anstreben. Das ist vielleicht ein Reflex, der daraus resultiert, dass in den allermeisten Organisationen die Leiter für Fachkarrieren meistens recht kurz ist, für Führungskarrieren aber lang. Vor allem ist der Aufstieg in der Führungshierarchie mit mehr Einkommen verbunden. Mehr Geld, mehr Status – das sind zwei Faktoren, die offenbar bei vielen Menschen das Nachdenken darüber, was sie wirklich wollen, ausbremst. Sie gehen sozusagen in Führung, ohne selbstkritisch zu hinterfragen, ob dieser Job zu ihrer Persönlichkeit und zu ihren Zielen passt. Weil man das eben so macht. Und weil man so ein Angebot ja auch nicht ausschlagen kann. Doch wenn sie die neue Position dann angetreten haben, realisieren viele Führungskräfte, dass der Alltag anders, komplexer und vielleicht auch schwieriger ist, als sie sich das vorgestellt haben. Vor allem zählt man als Führungskraft plötzlich zur dunklen Seite der Macht: Wer disziplinarisch und fachlich verantwortlich ist, gehört nicht mehr zum Team, sondern zu „denen da oben“; die frühere Unbefangenheit unter Kollegen ist damit oft verloren, es entsteht eine spürbare Distanz. Jetzt gilt es für den neuen Chef, Konflikte zu lösen, unangenehme Entscheidungen zu treffen und unpopuläre

Maßnahmen der Geschäftsleitung zu vertreten. Für diejenigen, die ihre erste Führungsposition antreten, kommt hinzu, dass die fachliche Arbeit, mit der sie sich für die Beförderung empfohlen haben, nun zurücktritt vor der Führungsarbeit – und damit auf Dauer oft die ursprüngliche Arbeitsfreude gedämpft wird.

Bitte verstehen Sie uns nicht falsch: Wir wollen hier keineswegs die Tätigkeit des Führens mies machen. Wir möchten Ihnen nur bewusst machen, dass es eine oft unterschätzte und nie endende Aufgabe ist, eine wirksame Führungskraft zu werden. Wie sagt doch Warren Bennis? „Im Endeffekt ist führen lernen nichts anderes als eine Form der Selbstfindung.“[8] Sie gehen damit auf Ihre eigene Führungsheldenreise. Dieser Job erfordert, dass Sie sich ganz bewusst dafür entscheiden – mit allen Konsequenzen. Dafür sollten Sie vorweg drei Fragen beantworten, die die Führungskräftetrainerin Jacqueline Groher so formuliert hat: „Wer bin ich? Wofür brenne ich? Wohin will ich?“[9] Groher erklärt, dass Führungsarbeit zuerst der Selbstführung bedarf und diese mit Selbsterkenntnis, Leidenschaft und einem klaren Ziel beginnt. Wenn es Ihnen gelingt, klare Antworten auf diese drei Fragen mit der nötigen Fach- und Methodenkompetenz, mit Lernbereitschaft sowie Integrität, Empathie, Optimismus, Respekt, Klarheit, Disziplin und Demut zu koppeln, sind gute Voraussetzungen gegeben, damit Sie voller Überzeugung sagen können: „Ich will führen. Und ich kann führen.“

Jon Schnee

„Du weißt gar nichts, Jon Schnee!“

In der zweiten Staffel der Serie reitet Jon als persönlicher Kämmerer von Lord Kommandant Jeor Mormont in das Land jenseits der Mauer. Mormont führt den sogenannten Großen Ausmarsch an. Die Expedition besteht aus 300 Brüdern der Nachtwache und ist eine Reaktion auf Berichte, wonach das Freie Volk seine Dörfer verlassen und sich unter dem Banner von Manke Rayder vereinigt hat; außerdem beunruhigt die Entdeckung von Wiedergängern im Verfluchten Wald und das Verschwinden des Ersten Grenzers Benjen Stark und anderer Kameraden den Lord Kommandanten. Jon schließt sich einem kleinen Stoßtrupp unter Leitung des legendären Grenzers Qhorin Halbhand an, um das Lager von Manke Rayder auszuspähen. Als sie einen Außenposten der Wildlinge überwältigen, bringt es Jon nicht übers Herz, seinen Gegner zu töten. Denn es ist eine junge Frau, Ygritte. Nachdem sie vergeblich verhört wurde, will Qhorin ihr als letzte Gnade einen schnellen Tod gewähren, was Jon für sich beansprucht. Doch als er sie hinrichten will, zögert Jon, kann sich erneut nicht überwinden und schlägt mit Langklaue daneben. Also zieht er nun mit seiner Gefangenen durchs verschneite Land und wird – wie Qhorin – selbst von Wildlingen gefangen genommen.

Ygritte macht sich über die Unwissenheit des jungen Mannes lustig. „Du weißt gar nichts, Jon Schnee!", ist einer der bekanntesten Sätze der Serie, den sie als seine Gefangene erstmals ausspricht (2.07). Sie ist amüsiert, dass Jon offenbar noch nie Sex mit einer Frau hatte und es ihm peinlich ist, darüber zu sprechen. Weitere 18 Mal hören wir fortan diese Aussage, schließlich als letzte Worte, die Ygritte in Jons Armen sterbend dahinhaucht, als sie beim Sturm auf die Schwarze Festung von einem Pfeil ins Herz getroffen wird (4.09). Abgesehen davon, dass der Satz ein amüsanter und am Ende tragischer Running Gag ist, steckt in ihm doch viel Wahrheit. Denn mit seiner naiven Rechtschaffenheit ist Jon Schnee auch ein unschuldiger Charakter, dem es anfangs an Lebenserfahrung außerhalb der behüteten Welt von Winterfell mangelt. Das eint ihn übrigens mit der jungen Daenerys, die ähnlich unwissend in die raue Kultur der Dothraki verkauft wird und sich dem neuen Leben anpasst, so wie Jon schnell seine romantischen Vorstellungen von der Nachtwache ad acta legen muss.

„Du weißt gar nichts, Jon Schnee!", ist ein bemerkenswerter Ausspruch, der ironisch mehrere seiner Persönlichkeitsmerkmale widerspiegelt. Da ist erstens seine Introvertiertheit, die ihn jederzeit davon abhält mit seinen Kompetenzen und seinem Wissen zu prahlen. Er beobachtet stattdessen, stellt Fragen, versucht, andere Standpunkte zu verstehen, sich in andere Menschen hineinzuversetzen, um zu lernen. Dieses Verhalten charakterisiert zweitens die Offenheit, Neugier und Toleranz hinter Jons introvertiertem Auftreten. Wirksame Führung braucht eine solche Grundhaltung, die auf die ständige Erweiterung des eigenen Horizonts und auf Diversität des Wissens ausgerichtet ist. Es geht um die dem griechischen Philosophen Sokrates zugeschriebene Einstellung „Ich weiß, dass ich nichts weiß." Jon protestiert nicht gegen Ygrittes Feststellung, sondern akzeptiert sie als zutreffende Beschreibung seiner Unerfahrenheit. Das dritte Merkmal, das sich in Ygrittes Ausspruch manifestiert, ist Jons unbedingtes Streben nach Wahrheit, einer seiner unverrückbaren Kernwerte, wie Sie im Kapitel „Werte & Vertrauen" nachvollziehen konnten.

Jon folgt stets der Maxime, die Wahrheit zu sagen, oder er sagt nichts. Selbst in der prekären Situation, als Manke Rayder von ihm wissen will, warum er desertiert ist und sich dem Freien Volk anschließen will, lügt er nicht, sondern berichtet, dass er gesehen hat, wie Craster seine neugeborenen Söhne den Weißen Wanderern opfert und Lord Kommandant Mormont davon wusste. „Ich möchte auf der Seite stehen, die für die Lebenden kämpft", sagt Jon, und wird von Manke akzeptiert (3.01). Wie wir bereits gesehen haben, sind Jon die Wahrheit und damit auch das Vermächtnis von Ned Stark so wichtig, dass er sogar bereit ist, dafür die Waffenstillstandsverhandlungen zwischen Daenerys und Cersei platzen zu lassen (7.07). Jon ist in seiner Rechtschaffenheit so geradlinig, dass sein Verhalten natürlich und spontan ist.

Ganz anders hingegen erleben wir Jaime Lennister, dessen Nordpol Cersei ist. Und selbst wenn einige Magnetfelder wie der Tod der gemeinsamen Kinder, Cerseis Hass gegenüber Tyrion, ihre Arroganz und zeitweilige Gefühlskälte ihm selbst gegenüber, ihre Ignoranz gegenüber der Bedrohung durch den Nachtkönig und seine Gefühle für Brienne von Tarth zwischenzeitlich die Ausrichtung seiner inneren Kompassnadel stören, so kehrt er doch am Ende zu seiner geliebten Zwillingsschwester zurück, um mit ihr gemeinsam zu sterben (8.06). Jaime, der so gern ein strahlender Held wäre, dessen Glanz jedoch stets gebrochen wird von seinem Image als Königsmörder, tut sich schwer mit Loyalität: „So viele Eide. Andauernd schwört man etwas. Verteidige den König. Gehorche dem König. Gehorche deinem Vater. Beschütze die Unschuldigen. Verteidige die Schwachen. Und wenn dein Vater nun mal den König verachtet? Wenn der König die Unschuldigen abschlachtet? Es ist zu viel. Egal, was du tust, du brichst irgendwann einen deiner Eide." (2.07). In Ermangelung eines sicheren Gespürs für Verantwortung und Pflicht, orientiert sich Jaime nur an seiner Liebe zu Cersei. Was ihm fehlt, sind Werte, an denen er sein Handeln verlässlich ausrichten kann.

Die Werte eines Menschen sind der Kompass, der ihn bei seiner persönlichen Entwicklung leitet, und damit das zentrale Moment von Selbstführung. Als erste Eigenschaft wirksamer Führungspersönlichkeiten macht Stephen R. Covey aus: „Sie hören nie auf zu lernen. Prinzipienorientierte Menschen lernen aus ihren Erfahrungen. Sie lesen, bemühen sich um ihre Weiterbildung, besuchen Kurse, hören anderen zu und nutzen jede Gelegenheit, Unbekanntem auf den Grund zu gehen. Sie sind neugierig und stellen Fragen. Sie stellen fest: Je mehr sie wissen, desto bewusster wird ihnen, dass sie nichts wissen. Die Energie für einen solchen permanenten Lernprozess gewinnen sie aus sich selbst."[10] Diese Fähigkeit erkennen wir bei Tyrion und bei Sam, die viel Wissen aus Büchern ziehen. Jon hingegen sehen wir nicht bei der Lektüre eines Buchs; er sammelt seine Erkenntnisse vor allem aus dem Zuhören, Beobachten und eigenen Erfahrungen.

Ein Klima der Wahrheit kultivieren

Der Begriff der Wahrheit, zentral für Jon, hat nicht nur eine normative Dimension, sondern im Arbeitsalltag auch eine ganz praktische. Zum einen kann eine Organisation auf Dauer nicht erfolgreich sein, wenn sie die Wahrheit ignoriert. Denken Sie nur einmal an die letzten Jahre der DDR, als die politische Führung der SED sich selbst und dem Volk vorgaukelte, das sozialistische System in Ostdeutschland sei wirtschaftlich erfolgreich. Die Wahrheit wurde so lange ausgeblendet, bis der Staat buchstäblich in sich zusammenfiel. Ähnliche Verhaltensweisen können wir auch in manchen Unternehmen beobachten, die zu lange an alten Geschäftsmodellen festhalten, weil das Top-Management die radikalen Umbrüche im Markt nicht wahrhaben will. Nehmen wir beispielsweise den Fall Kodak. Das US-Unternehmen war jahrzehntelang unangefochten Weltmarktführer in der Produktion von Rollfilmen und beim Fotodruck. Doch wurde es ab den 1990er-Jahren überrollt von der Digitalfotografie und musste 2012 Konkurs anmelden. Das Paradoxe ist: Ein Kodak-Mitarbeiter, der Ingenieur Steve Sasson, hatte 1975 bereits den ersten Prototypen einer Digitalkamera gebaut. Das Gerät war so groß wie ein Toaster, und es dauerte 20 Sekunden, um ein Bild mit mieser Auflösung aufzunehmen, das man nur mit Hilfe komplizierter Verbindungen auf einem Fernseher sehen konnte. Doch immerhin: Kodak war technisch ganz vorn, investierte viele Millionen Dollar in die Weiterentwicklung und startete mit „Ofoto" sogar ein Online-Programm, um Fotos hochzuladen und zu teilen.

Und dennoch ging das Unternehmen Pleite. Warum? „Woran sie scheiterten, war die fehlende Einsicht, dass Online-Foto-Sharing das neue Geschäftsmodell war – und nicht nur eine Möglichkeit, das Druckgeschäft auszubauen"[11], erläutert der Strategieberater Scott D. Anthony. Die Kodak-Geschäftsführung begriff nicht, dass ein neuer Markt im Entstehen war, der den alten Unternehmenszweck obsolet machte. Mit anderen Worten: Die Unternehmensleitung erkannte oder, noch schlimmer, akzeptierte die ökonomische Wahrheit nicht – mit verheerenden Folgen. Online-Dienste wie Picasa, Facebook und Instagram waren die Armee des Nachtkönigs für Kodak; es wäre sinnvoll gewesen, strategische Allianzen mit digitalen Plattformen und sogar Wettbewerbern einzugehen, um weiterhin im Markt zu überleben – so, wie Jon ein Bündnis mit den Wildlingen geschlossen hat.

Tom Morris, Professor für Philosophie an der University of Notre Dame, fordert daher: „Wir müssen versuchen, ein Klima zu kultivieren, in dem die Menschen keine Angst haben, die Wahrheit auszusprechen. Wir sind auf wahre Informationen angewiesen, um die Untiefen auf dem Weg in die Zukunft sicher umschiffen zu können. Doch damit wir die Wahrheit von anderen erfahren, müssen sie bereit sein, ihr Wissen mit uns zu teilen. Zu viele Mitarbeiter, vom Verkauf über die Fertigung bin hin zum Management, scheuen davor zurück, ihrem Vorgesetzten die nackte Wahrheit ins Gesicht zu sagen. Warum? Weil sie innerhalb einer Unternehmenskultur arbeiten, in der der wirkliche Wert der Wahrheit nicht erkannt wird!"[12]

Jon ist jemand, der ein Klima der Wahrheit kultiviert. Die Wahrheit auszusprechen, kann sehr unbequem sein. Jon erlebt es, als er sich weigert, auch Cersei einen Eid zu schwören, nachdem er sein Knie bereits vor Daenerys gebeugt hat. Doch zu lügen, auch nur ein klein wenig, wie Tyrion es vorschlägt, kommt für Jon nicht in Frage. Er hält die Wahrheit über seine Herkunft auch vor Sansa und Arya nicht geheim, obwohl Daenerys genau das von ihm fordert – und löst damit eine schwere Vertrauenskrise aus. Opportunistisches Taktieren, um ein politisches Ziel zu erreichen, lehnt Jon ab. Er ruht nach seinen beiden Nahtoderfahrungen völlig in sich und hat eine starke Selbstführungskraft entwickelt, die in den Prinzipien Wahrheit und Freiheit und in der Loyalität zu seiner Familie Stark gründet. Jon versteht intuitiv, was Morris so beschreibt: „Eine Unternehmenskultur, in der die Wahrheit nicht respektiert wird, ist eine Unternehmenskultur, in der das Individuum nicht respektiert wird.“[13]

Tyrions Tipp

Für den Erfolg Ihres Teams ist es entscheidend, dass Sie ein Klima kultivieren, in dem die Menschen keine Angst haben, die Wahrheit zu sagen. Selbst, wenn es für Sie selbst einmal unbequem werden kann, so brauchen Sie ungefilterte Informationen, wenn etwas nicht funktioniert.

Schwachpunkte der Selbstführung bei Jon

Bei aller Wertschätzung für Jons Wahrheitsliebe und Lernbereitschaft gibt es in seiner Selbstführung jedoch auch einige kritische Punkte, die wir nicht ausblenden wollen. So mangelt es ihm an kommunikativen Basiskompetenzen: Insbesondere bei seiner strategischen Maßnahme, die Wildlinge zu Verbündeten gegen den Nachtkönig zu machen, scheitert er geradezu selbstmörderisch daran, dass er seine Mitarbeiter, die Brüder der Nachtwache, nicht ausreichend über den Sinn und Zweck der Aktion informiert. Dieses Kompetenzdefizit werden wir im Kapitel „Klarheit & Kommunikation“ ausführlicher untersuchen.

Der zweite Punkt betrifft die beiden Frauen in seinem Leben: Ygritte und Daenerys. Es wäre vollkommen lebensfremd, würden wir amouröse Beziehungen am Arbeitsplatz kategorisch ablehnen. Dazu sind wir Menschen zu sehr emotional gesteuert, um ausschließen zu können, dass zwei Kollegen sich verlieben. Außerdem sind Organisationen nun einmal Orte sozialer Begegnung und somit ein hervorragender Partnermarkt, gerade weil die alltägliche Zusammenarbeit bessere Möglichkeiten bietet, einen Menschen kennenzulernen als irgendwelche Online-Singlebörsen oder Partys. Schwierig wird es nur dann, wenn von vornherein klar ist, dass eine solche Beziehung nur scheitern kann. Jon ist klar, dass sein Liebesverhältnis mit Ygritte keine Zukunft hat, weil er plant, zur Nachtwache zurückzukehren. „Die Pflicht ist der Tod der Liebe.“ Tyrions Umkehrung der weisen Worte von Maester Aemon passt nicht nur zum Ende von Daenerys, sondern beschreibt auch den Tod von Ygritte. Jon entsagt der Liebe zur Wildlingskriegerin und folgt seiner Pflicht als Bruder der

Nachtwache, so dass beide auf feindlichen Seiten kämpfen. Für uns bleibt zumindest fragwürdig, ob Jon mit disziplinierterer Selbstführung das tragische Gefühlschaos hätte vermeiden können, in das er Ygritte und sich gestürzt hat.

Eindeutiger erscheint uns das Liebesverhältnis mit Daenerys. Da Jon das Knie vor ihr bereits gebeugt hat, als er in ihre Kabine kommt und die beiden Sex haben, geht er bewusst eine Beziehung mit seiner Chefin ein (8.01). In diesem Moment ahnt er zwar nicht, dass sie seine Tante ist, aber das ist nicht der zentrale Punkt: Jon vermischt willentlich Geschäft (in seinem Fall: Politik) und Liebesleben. Das verändert nicht nur die Statik der Beziehung der beiden, sondern hat auch Folgen für beider Unternehmen. Jon ist befangen in seiner Wahrnehmung ihrer Handlungen, sein Urteil ist getrübt und liebestrunken subjektiv. Somit ignoriert er die Warnungen vor Daenerys' Machtgier und lehnt kategorisch Varys' Versuch ab, ihn selbst als den rechtmäßigen Thronerben zum Herrscher von Westeros zu machen. Selbst das Misstrauen von Sansa und Arya gegenüber Daenerys nimmt Jon nicht ernst. Liebe macht eben blind. Sogar Jon für die Wahrheit, die doch sein oberster Wert ist. Die Romantik zwischen beiden endet jedoch recht schnell, als Jon die Wahrheit über seine Herkunft erfährt. Die Folgen sind dramatisch – und Jon hat in keiner Weise vorher berücksichtigt, was ein Scheitern der Beziehung für die Organisation bedeuten kann. Insofern ist Tyrions skeptischer Blick, als Jon an die Kabinentür der Drachenkönigin klopft, völlig berechtigt.

Tyrions Tipp

Wenn Sie ein Liebesverhältnis mit einem Vorgesetzten, Kollegen, oder Mitarbeiter eingehen, einigen Sie sich von vornherein auf gemeinsame Regeln, wie Sie Berufliches und Privates trennen wollen. Und auch wenn es nicht sonderlich romantisch klingt, sollten Sie sich frühzeitig klar machen, welche Folgen ein Liebesaus für Sie haben könnte.

Als Kommandeur eine Niete

Ein dritter Schwachpunkt von Jons Selbstführung wird offenbar in der Schlacht der Bastarde (6.09). Der Kampf gegen Ramsay Bolton soll nur eine Etappe sein bei seiner Mission „Nachtkönig". Doch mit dem Bewusstsein, dass Ramsay Rickon gefangen hält, wird die Rettung der Menschheit sehr persönlich. Zwar wirkt Jon beim Treffen am Vortag der Schlacht sehr kontrolliert; er fordert Ramsay zum Zweikampf auf, um den Krieg auf alte Weise und ohne weitere Opfer zu beenden. Doch lässt sich Ramsay nicht darauf ein. Geschickt provoziert er Jon und erkennt schnell, wie er ihn manipulieren kann: mit der Familie. Wie bereits in der Heldenreise beschrieben, spielt Ramsay am Tag der Schlacht ein perfides Spiel mit Jon. Die Armeen stehen sich gegenüber, Ramsay lässt Rickon frei und auf Jon zulaufen, beginnt dann aber, mit Pfeilen auf den Jungen zu schießen. Jon verliert die Nerven, wirft alle sorgsam abgestimmten Schlachtpläne über den Haufen und galoppiert auf Rickon zu, der trotzdem von einem Pfeil getötet wird. Nun steht Jon allein in der Mitte des Schlachtfelds, während die Bolton-Soldaten ihn angreifen. Um ihren Kommandeur zu retten, stürmt auch Jons zahlenmäßig weit unterlegene Armee los. Ramsay hat sein Ziel erreicht, seine Armee kesselt die Truppen der Starks schnell ein und tötet Mann um Mann. Zwar rettet Sansa die Schlacht mit den Rittern des Grünen Tals, doch darf das nicht über Jons katastrophalen Führungsfehler hinwegtäuschen: Als Kommandeur lässt er im entscheidenden Moment jegliche Selbstdisziplin vermissen und versucht, das eine Leben seines kleinen Ziehbruders Rickon zu retten – und tötet damit viele seiner Soldaten. In dieser Situation fehlt es ihm an Verantwortungsbewusstsein. Ramsay hat ihn clever vorgeführt, indem er Jons Kernwert „Familie" in Gefahr bringt und somit Jons Selbstbeherrschung aushebelt. Tyrion spielt in der finalen Folge auf der gleichen Klaviatur mit Jon, nur, dass dieser dann nicht mehr impulsiv, sondern völlig bewusst und kontrolliert tut, was seine Familie rettet.

Bleiben wir abschließend bei Jons Kompetenzen als militärische Führungskraft. Er versage nicht nur in der Schlacht der Bastarde, sondern auch in der Schlacht um Winterfell, behauptet der Militäranalyst Franz-Stefan Gady. Es sei völlig unklar, wer das Oberkommando habe. Jon und Daenerys sind „in Schlachten immer irgendwo unterwegs und adaptieren die Pläne nie". Der Experte bemängelt außerdem die Aufstellung und den Schlachtplan der Armee der Lebenden. Die Frontalattacke der Dothraki sei Dummheit gewesen. „Ungepanzerte Kavallerie wird grundsätzlich nur an den Flanken eingesetzt, nie im Zentrum. Und man reitet keine Kavallerieattacke ohne Unterstützung der Infanterie. […] Das Schlimmste ist aber die mangelnde Aufklärung. Die leichte Kavallerie müsste 20 Kilometer vor der eigentlichen Armee positioniert sein, das sind ihre Augen und Ohren. In *Game of Thrones* sind immer alle überrascht, wenn plötzlich tausende Gegner auftauchen. […] die Verteidiger […] stehen viel zu tief gestaffelt, direkt vor den Mauern, und sind auf beiden Flanken verwundbar. […] Die Armee muss nicht frontal, sondern links oder rechts der Burg platziert werden, damit der Gegner eine seiner Flanken exponieren muss. Ich hätte leichte Elemente, also Bogenschützen und Ballisten, auf den Anhöhen platziert und überhaupt mehr mit Feuer und Distanzwaffen gearbeitet." Fazit: Jon ist zwar ein brillanter Schwertkämpfer, doch „ein schrecklicher Kommandant", wie Gady ihm bescheinigt.[14]

Ramsay Bolton

Die Dunkle Triade der Macht

Möglicherweise sind Sie ein wenig irritiert, wenn wir diese Figur im Zusammenhang mit Selbstführung untersuchen. Ramsay Bolton ist natürlich das krasse Gegenteil von vorbildlicher Führung. Doch gerade deshalb erscheint es uns lohnenswert, ihn nicht einfach zu verdammen und zu ignorieren, sondern seine Charakterzüge genauer unter die Lupe zu nehmen. Denn stärker als beim beinahe comicartig überzeichneten Psychopathen Joffrey lassen sich beim Bolton-Bastard Persönlichkeitsmerkmale herausarbeiten, die wir auch bei modernen Führungskräften wiederfinden können.

Ramsay, unehelicher Sohn von Lord Roose Bolton, ist nach Aussage des forensischen Psychologen Colt J. Blunt das beste Beispiel für einen Serienkiller, der Menschen aus purem Vergnügen tötet und die Menschenjagd gelegentlich als Sport betreibt.[15] Trotz seiner manchmal hedonistisch unbedachten Aktionen handelt er oft zweckmäßig und planvoll, etwa wenn er seinen Vater und anschließend dessen Frau Walda und seinen neugeborenen Halbbruder ermordet, um sein Erbe final abzusichern (6.02). Ramsay erfüllt alle Merkmale der sogenannten Dunklen Triade, jener Persönlichkeitseigenschaften, die in starker Ausprägung Machtmissbrauch begünstigen. Das von den kanadischen Psychologen Delroy L. Paulhus und Kevin M. Williams im Jahre 2002 geprägte Konzept der Dunklen Triade bezeichnet die Persönlichkeitsmerkmale Narzissmus, Machiavellismus und (subklinische) Psychopathie und ihre Zusammenhänge.[16] Das Institut für Psychologie der Universität Graz schreibt dazu: „Narzissmus beschreibt ein grandios-positives Selbstwertgefühl, Eitelkeit und Arroganz. Psychopathie umfasst emotionale Kälte sowie impulsives und antisoziales Verhalten. Machiavellismus beschreibt interpersonell manipulatives, instrumentelles und ausbeuterisches Verhalten."[17]

All diese Ausprägungen sind bei Ramsay zu beobachten. Er ist sehr intelligent und manipuliert gern die Emotionen von anderen, wie etwa Theon oder auch Jon Schnee vor der Schlacht der Bastarde. Dabei inszeniert und genießt er die Leiden seiner Opfer, was außer Theon auch Sansa erdulden muss. Auch sein tödliches Spiel mit Rickon Stark, den er unter seinem Pfeilbeschuss zu Jon fliehen lässt, gehört in diese

Schublade (6.09). Bereits die traditionelle Hinrichtungsart der Boltons, ihre Feinde bei lebendigem Leib zu häuten, ist krankhaft sadistisch. Doch Ramsay findet zudem noch größere Befriedigung darin, nicht nur körperliche Gewalt auszuüben, sondern andere Menschen psychisch zu dominieren. Dominanz ist sein zentraler Verhaltensmotivator.

Obwohl jedes dieser Persönlichkeitsmerkmale in unterschiedlichem Ausmaß sozial unerwünscht ist, sind Personen, die hohe Ausprägungen der Dunklen Triade aufweisen, oft sehr erfolgreich – gerade in kompetitiven Umfeldern. Solche Umfelder lassen sich zum Beispiel in der Arbeitswelt finden, aber auch in der Partnerwerbung scheinen narzisstische Personen zumindest kurzfristige Vorteile zu genießen. Wie die Organisationspsychologen Lothar Bildat und Carolin Martin in einer Untersuchung belegen konnten, korreliert Narzissmus positiv mit Machiavellismus und selbst eingeschätzter Führungskompetenz, allerdings nicht mit Intelligenz.[18] Das bedeutet: Jemand, der von der eigenen Überlegenheit so überzeugt ist wie Ramsay, neigt auch zu mikropolitischen Manipulationen, Zynismus, Kaltherzigkeit, Aggression, zur Instrumentalisierung anderer Personen und hat einen Hang zu illegalen Methoden. Er muss allerdings nicht schlau sein, wie das Beispiel von Jaime Lennister wunderbar zeigt. Bei ihm ist zwar deutlich mehr positiv ausgeprägte Empathie vorhanden als bei Ramsay, doch auch er ist von seiner überlegenen Einzigartigkeit berauscht – zumindest, bis er seine Schwerthand verliert. Hochmütig verkündet er sogar als Gefangener gegenüber Catelyn Stark: „Es gibt keine Männer wie mich. Nur mich." (1.10).

Psychopathen auf dem Chefsessel?

Ausgeprägtes Selbstbewusstsein ist grundsätzlich eine gute Eigenschaft, über die Führungskräfte verfügen sollten, wenn sie wirksam sein wollen. Denn es bedeutet ja im Kern, sich seiner Selbst bewusst zu sein, die eigenen Stärken und Schwächen, Werte und Motivatoren zu kennen. Doch in seiner negativen Ausprägung führt übersteigertes Selbstbewusstsein eben oft zu Narzissmus, wie wir es ja auch bei Daenerys erleben können. Wie formuliert doch Jack Welch unnachahmlich trocken: „Es gibt nun mal Blödmänner auf der Welt, und einige von ihnen werden Vorgesetzte."[19] Halten Sie doch einmal einen Moment mit der Lektüre inne und lassen Sie vor Ihrem inneren Auge einmal die Chefs Revue passieren, mit denen Sie es in Ihrem Arbeitsleben bislang zu tun hatten. Wir sind sicher, darunter dürfte sich so manche Person finden, der Sie Arroganz, Überheblichkeit und Empathiemangel attestieren. Und gleichwohl werden viele dieser Chefs an Ergebnissen gemessen durchaus erfolgreich sein.

Hartnäckig hält sich die Einschätzung, dass manche der Top-Manager Psychopathen im Chefsessel seien. Mit diesem Etikett versehen wurden beispielsweise Jeffrey Skilling, einstiger CEO des bankrotten Energiekonzerns Enron, Richard Fuld, der die

Bank Lehman Brothers in die Pleite steuerte, und Thomas Middelhoff, Ex-Chef des Karstadt-Mutterkonzerns Arcandor. Middelhoff war 2014 wegen Untreue zulasten von Arcandor zu drei Jahren Haft verurteilt worden. „Viele Beobachter erklären den tiefen Fall des einstigen Top-Managers auch mit seiner Persönlichkeit. Hybris und Narzissmus hätten zu seinem Absturz und der Insolvenz des Konzerns beigetragen."[20]

Management-Professor Günter Stahl von der Wirtschaftsuniversität Wien untersuchte daher mit Hilfe einer wissenschaftlich anerkannten Checkliste für die Bestimmung von Psychopathie den Werdegang von sechs Top-Managern, die gern als Wahnsinnige auf dem Bürothron gebrandmarkt wurden. Stahl und sein Team kamen zu einem eindeutigen Ergebnis: Kein einziger der untersuchten Manager sei im klinischen Sinn ein Psychopath. „Die Theorie vom Psychopathen in der Vorstandsetage, der sein Unternehmen in den Ruin treibt, ist damit widerlegt", erklärte Stahl in der „Wirtschaftswoche". Allenfalls dem Ex-Chef von Lehman Brothers, Richard Fuld, könnten „milde Züge der Psychopathie" bescheinigt werden. Alle anderen seien zwar hochgradig narzisstisch, aber keinesfalls Psychopathen.

Sind Narzissten im Chefsessel also prinzipiell eine Gefahr für Unternehmen? Soweit würde Professor Stahl nicht gehen. Denn sie haben auch eine Reihe nützlicher Eigenschaften, wie das Beispiel des Apple-Gründers Steve Jobs zeigt. „Sein Selbstbewusstsein hat ihm geholfen, Mitarbeiter und Kunden in seinen Bann zu ziehen", sagt Stahl. „Er war ein Charismatiker und Apples Erfolg stark mit ihm verknüpft." Allerdings sei dies eher die Ausnahme. „Normalerweise geht es mit einem Narzissten an der Spitze nicht auf Dauer gut. Ihnen geht es irgendwann mehr um das eigene Ego als um den Erfolg des Unternehmens. Das führt zu zunehmendem Realitätsverlust und Fehlentscheidungen." Wenn dann noch die falsche Unternehmenskultur, ein schwacher Aufsichtsrat und an kurzfristigen Zielen ausgerichtete Bonussysteme hinzukämen, führe dies schnell zu Korruption, Skandalen und Pleiten – wie die von Professor Stahl untersuchten Fälle zeigen.[21] Auf solchem organisatorischen Humus wuchert dann das im Kapitel „Vision & Ziele" beschriebene Macht-Paradox von Dacher Keltner. So gelagert war beispielsweise auch der Diesel-Skandal bei VW.

Umsetzungsorientiert und trotzdem sozial

Es ist ein schmaler Grat zwischen Selbstbewusstsein und Narzissmus, zwischen Durchsetzungsstärke und Rücksichtslosigkeit. Schlechte Führungskräfte gibt es eben in allen Schattierungen. Jack Welch fasst seine jahrzehntelangen Erfahrungen mit Chefs so zusammen: „Manche beanspruchen die Leistungen anderer für sich, andere sind inkompetent, manche buckeln nach oben und treten nach unten, wiederum andere schikanieren und drangsalieren ihre Mitarbeiter, sind launisch, geizen mit Lob ebenso wie mit finanzieller Anerkennung, halten ihre Versprechen nicht oder haben Lieblinge unter den Kollegen."[22] Im Fokus der Kritik an der Eignung von

Führungskräften sind dabei insbesondere Branchen, in denen Chefs der Genie-Nimbus angehängt wird, etwa in Medizin und Forschung, in den Medien und in der Kultur. Hier kommt oft wieder der fatale Automatismus der Beförderung der besten Fachleute auf eine Führungsposition zum Tragen, den wir im Teil 3 des Buches analysiert haben. Fachkompetenz allein qualifiziert eben noch nicht zur Führungskraft.

In Verruf geraten sind beispielsweise herrische Filmregisseure wie John Huston oder Dieter Wedel oder tyrannische Pultstars wie Arturo Toscanini und Herbert von Karajan. Von Sergiu Celibidache, selbst von Orchestermusikern gefürchtet, ist der Satz überliefert: „Jeder Dirigent ist ein verkappter Diktator, der sich glücklicherweise mit der Musik begnügt." Er lässt erahnen, wie sich manche Vertreter der Zunft zumindest zeitweise selbst gesehen haben, nämlich als höhere Wesen im Dienst der Musen. Schon immer gab es eher dienende Führungskräfte mit dem Taktstock wie Leonard Bernstein, Herbert Blomstedt oder Simon Rattle. Gerald Mertens, Geschäftsführer der Deutschen Orchestervereinigung (DOV) verweist darauf, dass die Pultstars nicht nur sauber dirigieren, sondern auch führen müssen: „Da gibt es viele Konfliktfelder. Wenn der Dirigent etwas gegen die Mehrheit eines Orchesters durchsetzen will, ist das ein handfester Konflikt. Künstlerisch muss er kompromisslos sein, menschlich aber kompromissbereit."[23]

Die Zahl der Pult-Diktatoren schrumpft, ähnlich wie tyrannische Führungskräfte in der Wirtschaft immer seltener anzutreffen sind. Und dennoch gibt es sie noch, wie die Vorwürfe gegen den Klassik-Star Daniel Barenboim zeigen: Die Musiker anerkennen unisono sein musikalisches Genie, manche werfen ihm aber cholerisches Verhalten und Launenhaftigkeit vor. Ehemalige Musiker der Staatskapelle Berlin berichten, sie hätten Angst gehabt vor Demütigungen in den Proben; von Depressionen und Bluthochdruck ist die Rede. Die Kritik an seinem Führungsstil geht an Barenboim nicht spurlos vorüber. In einem Interview mit Maria Ossowski vom Radiosender NDR Kultur offenbart er Lernbereitschaft: „Wenn das Orchester oder Sie mich zu dem Punkt bringen, dass ich meine Eigenschaften, meinen Charakter verbessern kann, bin ich nur dankbar."[24]

Wenn das stimmt, ist das genau der richtige Ansatz, um das eigene Verhalten selbstkritisch zu hinterfragen und sich selbst weiterzuentwickeln. Bei den wirksamen Führungskräften in *Game of Thrones*, aber auch bei Ihnen im Unternehmen können Sie das beobachten. Dienende Chefs wie Jon, Tyrion, Robb, Davos und lange Zeit auch Daenerys reflektieren ihr Handeln und korrigieren bei Bedarf ihren Kurs. Das tun auch intelligente Narzissten wie Ramsay und Kleinfinger, allerdings steht bei ihnen ausschließlich der eigene Vorteil im Vordergrund. Keinerlei Selbstentwicklung hingegen sehen wir bei Starrköpfen wie Ned, Tywin, Stannis und Allisar Thorn. Kein Wunder also, dass sie scheitern.

Tyrions Tipp

Wenn Sie einen Narzissten als Chef haben, kritisieren Sie ihn nie öffentlich. Denn selbst auf konstruktive Kritik reagieren Narzissten meist allergisch. Aber wehren Sie sich, wenn Ihr Chef respektlos mit Ihnen umgeht oder allein Ihnen Mehrarbeit aufhalsen will. Mit klarer Haltung und sachlichen Argumenten zeigen Sie ihm, dass Sie kein Opfer sind.

Die Kunst ist letztlich, Umsetzungsstärke und Führungshärte zu zeigen, gleichzeitig aber ein guter Mensch zu bleiben. Denn mit sozialverträglicher Höflichkeit allein erreiche man sein Ziel in einem Verdrängungswettbewerb nicht, erklärt Jens Weidner, Erziehungswissenschaftler und Kriminologe an der Hochschule für Angewandte Wissenschaften in Hamburg: „Wer Biss hat, Nein sagen kann und nicht, wie im Helfersyndrom, ständig Unterstützung signalisiert, der schützt sich davor, ein Opfer der Übervorteilung und Ausbeutung zu werden. Der erlangt außerdem viel mehr Respekt."[25] Weidner rät daher zum unverkrampften, aber bewusst-konstruktiven Umgang mit den eigenen Aggressionen: „Ziel der positiv Aggressiven ist der wirtschaftliche, wissenschaftliche, kulturelle oder soziale Erfolg. [...] Das egoistische ‚The winner gets it all' ist nicht das entscheidende Leitmotiv, denn die positive Durchsetzungsform kämpft immer für etwas, aber selten gegen etwas. Sie behält das Gemeinwohl im Auge. Ihr Ziel ist eine win-win-Situation."[26]

Im Gegensatz dazu lassen sich Ramsay und Cersei als Vertreter der explizit destruktiven Aggression einstufen: Wenn sie sich durchsetzen wollen, nehmen sie die physische Verletzung oder Vernichtung des Gegenspielers in Kauf. Auch Joffrey zählt zu dieser Spezies; bei ihm ist allerdings die Aggression meist spontan, unkontrollierbar und cholerisch, nicht geplant und strategisch.

Sansa Stark

Vom naiven Mädchen zur mutigen Frau

Ramsay haben wir gerade als Psychopathen analysiert, der es genießt, andere Menschen zu manipulieren und leiden zu sehen. Das wichtigste Opfer des Bolton-Bastards ist – außer Theon – Sansa Stark. Sie ist die älteste Tochter von Lord Eddard Stark und seiner Frau Catelyn. Zu Beginn der Serie erleben wir sie als naive 13-Jährige, die gut nähen und sticken kann, sich für Musik und Poesie interessiert und romantische Vorstellungen von Liebe und ritterlichen Tugenden hegt. Sie ist – im Gegensatz zu ihrer Schwester Arya - die gute Tochter, die der traditionellen Geschlechterrolle folgt, von hübschen Kleidern und Zitronenkuchen träumt und sich stets angemessen zu benehmen weiß.

Während Arya ihren Schattenwolfwelpen nach der Kriegerin Nymeria benennt, tauft Sansa ihr Tier Lady. Laut Valerie E. Frankel drücke diese Namensgebung trefflich aus, welche Ziele die Mädchen verfolgten.[27] Sansas Träume scheinen in Erfüllung zu gehen, als sie mit Prinz Joffrey verlobt wird, um das Bündnis zwischen den Häusern Stark und Baratheon zu festigen. Nun darf sie ihren Vater nach Königsmund begleiten, um bald als Prinzessin bei Hofe zu leben. Einen Prinzen zu heiraten sei das Einzige, was sie sie sich je gewünscht habe, offenbart sie ihrer Mutter (1.01).

Sansa befindet sich auf einer rosaroten Wolke und vergöttert ihren Prinzen Joffrey. Selbst, als dieser Aryas Freund, den Metzgersohn Mycah, grundlos demütigt und Arya ihn daraufhin angreift und ihre Wölfin Nymeria Joffrey in die Hand beißt, bleibt Sansa dem Prinzen treu – und zahlt dafür einen hohen Preis. Denn weil sie Joffrey nicht der Lüge bezichtigt, als König Robert die Wolfsattacke aufzuklären versucht, opfert sie unfreiwillig ihre Schattenwölfin auf dem Altar ihrer Illusionen. Die von Cersei geforderte Tötung von Lady anstelle der von Arya rechtzeitig verscheuchten Nymeria und die widerwillige Vollstreckung durch Ned (1.02) haben einen mehrfach symbolischen Charakter: Erstens verliert Sansa in diesem Moment ihre naive Unschuld und zweitens wird, zumindest für lange Zeit, mit Ladys Tod ihr Geist gebrochen, ein bitterer Vorgeschmack auf die seelischen und körperlichen Schmerzen, die ihr noch von Joffrey und später Ramsay zugefügt werden.[28] Drittens wird Ned Stark in dieser Szene erstmals von Cersei dominiert und muss etwas gegen seine eigene Überzeugung tun, weil er den Konflikt nicht eskalieren und so Robert nicht weiter in die Bredouille bringen will.

Sansas Traum vom schönen Leben am Königshof wird rasch von der brutalen Realität zerschmettert. Nach Roberts tödlichem Jagdunfall wird ihr Vater auf Anweisung von Cersei als Verräter eingekerkert und sämtliche Stark-Getreuen getötet (1.07). Obwohl Joffrey ihr Gnade für ihren Vater zusichert, lässt er Ned vor ihren Augen enthaupten (1.09). Fortan muss sie die öffentlichen Demütigungen durch ihren Verlobten und neuen König ertragen und den Anordnungen von Cersei gehorchen. Nach und nach werden ihre devoten Treueschwüre zu ihrer „einzig wahren Liebe" Joffrey zu einer Maske des Selbstschutzes. Sansa verleugnet ihre wahren Gefühle so perfekt, dass Tyrion bewundernd feststellt: „Lady Stark, Ihr werdet uns alle überleben." (2.04). Sansa lernt, in einer Welt ohne wahre Freunde zu überleben. Darin sei sie Tyrion ähnlich, kommentiert Frankel.[29]

Allerdings ist Tyrion bereits in der ersten Staffel ein kluger Mann mit viel Erfahrung, der die Dinge selbst gut regeln kann. Sansa hingegen ist ein junges Mädchen, das Führung sucht und braucht. Craven stellt fest: „Sansa will folgen. Sie wird die Dinge gut machen, wenn sie dafür (mit Anerkennung und Zuneigung) belohnt wird. Doch diese Strategie funktioniert nicht. Sansa wird erkennen, dass alles von ihrer Lernfähigkeit und ihrem Mut zum Handeln abhängt, um letztlich ihre Freiheit zu sichern. Ihr Mut zum Handeln hängt von ihrer Widerstandsfähigkeit ab."[30]

Resilienz als Schlüsselkompetenz wirksamer Selbstführung

Sansa muss eine enorm starke Resilienz entwickeln, um die Herausforderungen zu meistern, die sich ihr stellen. Der Begriff Resilienz bezeichnet in der Psychologie die Fähigkeit, Krisen zu bewältigen und selbst aus Rückschlägen noch Stärke zu ziehen. Resiliente Menschen verfügen über ein besonders hohes Maß an Belastbarkeit und innerer Widerstandsfähigkeit. Sie sind – kurz gesagt – innerlich stark, gefestigt und lassen sich von nichts so leicht unterkriegen. Wenn wir Sansas Entwicklung bis zur finalen Krönung zur Königin des Nordens betrachten, so aufersteht sie wie ein Phönix aus der Asche. Das hat sie mit Daenerys gemein, die buchstäblich dem Feuer entsteigt, während Sansa eher der verstörenden Dunkelheit traumatischer Erlebnisse entkommt.

Denn sie befindet sich vom Zeitpunkt der Verhaftung ihres Vaters (1.07) bis zum Wiedersehen mit Jon in der Schwarzen Festung (6.04) fast durchgängig in der Panikzone. Sie muss hilflos die Hinrichtung von Ned ansehen (1.09), sich öffentlich für den Verrat ihres Vaters und ihres Bruders verantworten, wird von Joffrey und seinem Leibwächter Meryn Trant misshandelt (1.10 & 2.04), entgeht nur dank Sandor Clegane einer mehrfachen Vergewaltigung (2.06), wird mit Tyrion zwangsverheiratet (3.08), erfährt vom Tod ihrer Mutter und ihres Bruders bei der Roten Hochzeit

(3.10), gerät nach Joffreys Tod unter Mordverdacht und kann mit Kleinfingers Hilfe fliehen (4.03), wird von der eifersüchtigen Lysa Arryn auf Hohenehr bedroht und erlebt deren Ermordung durch Kleinfinger (4.07), der sie als Braut an die Boltons verkauft (5.03). In Winterfell, ihrem Zuhause, beginnt dann ihr schlimmstes Martyrium, die Ehe mit Ramsay, der sie fortwährend vergewaltigt (5.06). Nachdem ein erster Fluchtversuch gescheitert ist (5.07), entkommt sie ihrem Peiniger gemeinsam mit Theon durch einen mutigen Sprung über die Burgmauer (5.10) und wird schließlich von Brienne von Tarth gerettet (6.01) und zur Mauer begleitet (6.04).

Diese schrecklichen Erlebnisse würden die meisten Menschen mental zerbrechen lassen. Doch in Westeros gibt es keine Psychologen, die Sansa helfen könnten, damit umzugehen. Stattdessen ist sie auf die brachiale Weisheit von Sandor Clegane angewiesen, der ihr die Realität nach der Schlacht am Schwarzwasser so erklärt: „Sieh mich an. Stannis ist ein Mörder. Die Lennisters sind Mörder. Dein Vater war ein Mörder. Dein Bruder ist einer. Deine Söhne werden mal Mörder sein. Die Welt wird von Mördern beherrscht. Also gewöhn dich daran, sie anzusehen." (2.09). Immerhin ist der Bluthund jemand, der sie beschützt – beinahe zärtlich nennt er sie „kleiner Vogel". Doch nach seiner Flucht aus Königsmund ist sie wieder auf sich allein gestellt, bis sich Margaery und Olenna Tyrell ihrer annehmen (3.02), bevor sie selbst aus der Stadt fliehen muss.

Im Kern ist Sansa auf sich allein angewiesen – und beweist dabei die wohl am stärksten ausgeprägte Selbstführungskraft aller Charaktere in der Serie. Die Psychologin Drea Letamendi attestiert ihr: „Sansa Stark ist ein stiller Sturm. Sie hat einige der dunkelsten Traumata erlitten, ist aber zu einer starken und mental belastbaren Frau geworden. Es ist, als hätte sie einen Weg gefunden, alle Höllen, die sie durchgemacht hat, zu überwinden, als ob ihre Dämonen ruhig an einem sicheren Ort in ihr ruhen würden."[31] Wenn insbesondere Menschen als resilient bezeichnet werden, die nach einem Trauma, wie etwa Vergewaltigung, dem plötzlichen Verlust nahestehender Angehöriger oder Kriegserlebnissen nicht aufgeben, sondern die Fähigkeit entwickeln, weiterzumachen, so trifft dies in besonderer Weise auf Sansa zu.

Wie Letamendi erklärt, seien Sansas Traumata fast alle zwischenmenschlich, „und diese Unterscheidung ist wichtig. Zwischenmenschliche Traumata umfassen emotionalen, physischen und sexuellen Missbrauch - diese Art von Verletzungen werden von Gehirn und Körper auf ganz andere Weise interpretiert als beispielsweise eine Naturkatastrophe. Sie wurde nicht zufällig verletzt; jemand wollte, dass sie leidet. Zwischenmenschliche Traumata werden als invasiv, absichtlich und ausbeuterisch erlebt. [...] Oftmals verinnerlicht ein Überlebender eines sexuellen Übergriffs die Botschaften der Viktimisierung und wendet die Schuld und Scham nach innen. ‚Schlechte Dinge passieren nur mit schlechten Menschen; ich muss schlecht sein; deshalb muss ich es verdient haben, vergewaltigt zu werden.' In einem überzeugenden, wenn nicht sogar herzzerreißenden Kommentar hilft uns Sansa, den Verfall ihrer Persönlichkeit und den Verlust der Güte in sich selbst zu verstehen: ‚Wenn ich sterben werde, lass es geschehen, solange noch etwas von mir übrig ist.' Der Moment, in dem Theon und Sansa von der Mauer Winterfells springen, markiert einen Wendepunkt für Sansa, als ob sie beschlossen hätte, das Eigentum an ihrem Körper zurückzuerobern. Egal, was beim Sprung passiert, zumindest ihr Tod wäre ihre Entscheidung."[32]

So schafft Sansa es offensichtlich, ungeachtet der Traumata ein starkes Selbstbewusstsein zu entwickeln. Sie vermag vergangenes Leiden in ihre Psyche zu integrieren, indem sie das Erlebte nicht verdrängt, sondern daraus ihre Lehren gezogen hat. Um das an dieser Stelle klar zu sagen: Es sind nicht die Demütigungen und Vergewaltigungen, die Sansa am Ende stärker gemacht haben, sondern es ist ihre eigene Persönlichkeit, aus der sie Kraft schöpft, die Extremsituationen zu überwinden. Was sie dabei auszeichnet, ist neben starker Resilienz ihre Fähigkeit, auch von schlechten Vorbildern zu lernen und dies in positives Handeln umzusetzen. So jedenfalls deuten wir ihre Aussage „Ohne Kleinfinger, Ramsay und den Rest wäre ich mein Leben lang ein kleiner Vogel geblieben", die sie im Gespräch mit Sandor Clegane nach der Schlacht von Winterfell trifft (8.04).

Dieser Rest, das sind vor allem Cersei und Joffrey, die ihr wichtige Lektionen aufgezwungen und somit letztlich ihre Persönlichkeit gestählt haben. Sansa wandelt dieses Paket von schrecklichen Erfahrungen so erfolgreich um, dass sie als selbstbewusste Lady von Winterfell Daenerys Paroli bietet, ihre Familie schützt, entschlossen regiert und schließlich den Norden als autonomes Königreich unter ihrer Regentschaft etablieren kann. So tritt sie würdig das Erbe ihres Vaters an.

Der wichtigste Mentor auf ihrer Heldenreise ist dabei Petyr Baelish. Sie wird eine so gute Schülerin seiner manipulativen Taktiken, dass sie ihn – gemeinsam mit Bran und Arya – durchschaut und überraschend des Hochverrats und Mordes anklagt. „Ich lerne langsam, das stimmt. Aber ich lerne", gibt sie im Prozess zu. Vor allem die letzte Lektion, die er ihr vermittelt hat, beherzigt sie: „Manchmal, wenn ich versuche, die Beweggründe der Menschen zu verstehen, spiele ich ein kleines Spiel und gehe vom Schlimmsten aus: Was wäre der denkbar schlimmstmögliche Grund für das, was sie sagen, und das, was sie tun? Und dann frage ich mich: Inwieweit rechtfertigt dieses Motiv ihre Worte und ihr Verhalten?" Sansa kehrt seine eigenen Worte nun gegen ihren Lehrmeister und legt seine Verbrechen gegen ihre Familie offen. „Als Ihr mich nach Winterfell zurückbrachtet, sagtet Ihr, es gäbe keine Gerechtigkeit auf der Welt, außer, wir schaffen sie uns selbst. Danke für Eure vielen Lektionen, Lord Baelish. Ich werde sie nie vergessen", sagt Sansa, bevor Arya das Todesurteil vollstreckt – mit eben jener Klinge, mit der einst Bran ermordet werden sollte (7.07).

Natürlich sind Sansas Erlebnisse besonders schrecklich und nicht mit dem beruflichen Alltag zu vergleichen. Doch dessen ungeachtet beweist uns die älteste Stark-Tochter eindrucksvoll, dass Resilienz eine Schlüsselkompetenz wirksamer (Selbst-)Führung ist. Sie haben in den letzten Kapiteln bereits über Ernest Shackleton gelesen. Ohne mentale und körperliche Widerstandsfähigkeit hätten er und seine Crew die unglaublichen Strapazen von 21 Monaten im Südpolarmeer nicht überstehen können. Ein solcher Prozess disziplinierter Selbstführung erfordert die Überwindung von inneren und äußeren Widerständen, wie zum Beispiel Unlustgefühlen oder Ablenkungen, durch Willenskraft. Im Leistungssport spricht man von mentaler Stärke, die wie ein Muskel trainiert werden kann.

Wie wertvoll resiliente Mitarbeiter sind, haben auch die Unternehmen längst erkannt – das zeigt eine aktuelle Studie der Personalberatung Robert Half.[33] Demnach glauben 33 Prozent der mehr als 700 befragten Personalverantwortlichen, dass diese Fähigkeit in den kommenden drei Jahren sehr viel stärker gefragt sein werde – an Position 3 knapp hinter strategischem Denken (40%) und Kommunikationsfähigkeit (35%). Gleichzeitig seien sich die Personalmanager bewusst, dass der „Mitarbeiter aus Stahl", den nichts umhauen könne, eher eine Wunschvorstellung als die Realität sei: Auf die Frage, welche soziale Fähigkeit in den kommenden Jahren schwieriger zu finden sein werde als heute, war „Resilienz" mit 32 Prozent die häufigste Antwort.

Bei Sansa erfolgt die Stärkung der Resilienz unfreiwillig durch immer wieder neues Leiden, das sie nur durch puren Überlebenswillen übersteht. Sie können Ihre Widerstandskraft selbstbestimmt entwickeln, indem Sie gezielt Ihre Komfortzonen verlassen und sich neuen Herausforderungen stellen. Wenn Sie einmal ins kalte Wasser springen, wird es Sie beim nächsten Mal weniger schrecken und irgendwann werden Sie die Erfrischung nicht mehr missen mögen. Wir sind sicher, dass auch in Ihnen die Sehnsucht schlummert, etwas Neues zu wagen, neue Horizonte zu entdecken. Wie Bennis schreibt, zeichnen sich erfolgreiche Führungspersönlichkeiten dadurch aus, dass sie „nie stehengeblieben sind und sich allzeit weiterentwickelt haben"[34]. Jacqueline Groher bemerkt, es gehe darum, „aus dem Stand-by-Modus auszusteigen und wieder Herzblut zu investieren, Totstellreflex und Vermeidungsverhalten hinter uns zu lassen und aktiv einzugreifen. Halten Sie Ihren Fokus so im Hier und Jetzt, wie Sie das wollen. So erleben Sie aktives Handeln! Sie bestimmen, auf was Sie sich einlassen – und wie weit."[35]

Natürlich sollte diese systematische Weiterentwicklung nicht dauerhaft in der Panikzone enden. Wenn Sie sich selbst oder Ihre Mitarbeiter jedoch punktuell und gezielt überfordern, kann das die Resilienz stärken, weil es eine Vorbereitung auf die wirkliche Panikzone ist. Das ist nicht nur eine Frage des Trainings, sondern der grundsätzlichen Haltung: Akzeptieren Sie Veränderungen – sie gehören zum Arbeitsleben dazu. Früher war eben nicht alles besser! Versuchen Sie, auch schwierige Situationen optimistisch zu betrachten: Krisen sind nicht unüberwindbar. Begeben Sie sich nicht in die Opferrolle. Denn es gibt immer noch einen anderen Schritt.

Tyrions Tipp

Für den Erfolg Ihres Unternehmens sind Mitarbeiter, die nicht gleich bei der ersten Krise aus der Spur geraten, enorm wichtig. Fragen Sie daher schon bei der Einstellung ab, was die größten beruflichen Krisen des Kandidaten waren und wie er sie gemeistert hat. Das gibt Ihnen vielleicht Aufschluss über die Resilienz eines Kandidaten in schwierigen Situationen.

Praxisfragen für Führungskräfte

Fragen, die Sie sich selbst stellen sollten:

- Will ich wirklich führen?
- Kann ich führen?
- Welche Führungskompetenzen müsste ich noch lernen?
- Bei welchen Kernelementen der Führung habe ich Defizite?
- Welche Prinzipien leiten mein Handeln?
- Welche Vorbilder habe ich für mein Handeln? Warum?
- Wer kann mich unterstützen, besser zu werden?
- Welche Lernziele setze ich mir?
- Was sind meine aktuellen Rollen und Aufgaben?
- Welche dieser Aufgaben mache ich gern? Welche nicht?
- Gibt es noch weitere Aufgabenfelder, die ich gern machen würde?
- Für welche Aufgaben habe ich zu wenig Zeit? Warum?
- Wie wichtig sind meine Aufgaben, wenn ich sie auf einer Skala von 1-10 bewerten muss?
- Muss ich diese Aufgaben wirklich alle selbst machen?
- Kann ich Aufgaben oder Teile davon delegieren?
- Wer kann mich im Team unterstützen?
- Welche Strukturen und Prozesse muss ich verändern? Welche kann ich nicht verändern? Warum nicht?
- Wie gut ist mein Selbst- und Zeitmanagement? Wo sehe ich Defizite?

- Kenne ich meine Zeitdiebe, und wie sehen meine Gegenmaßnahmen aus?
- Habe ich ausreichend Zeit für meine Führungsaufgaben? Wenn nein, warum?
- Wie achtsam bin ich im Umgang mit mir selbst? Wie stärke ich meine Gesundheit? Wie sorge ich für ein erfülltes Privatleben? Was gibt mir Kraft für meinen Job?
- Wie verschaffe ich mir Freiräume für Veränderungen?
- Wie sehen mögliche Maßnahmen für eine Weiterbildung aus?

Fragen, die Sie Ihren Mitarbeitern stellen sollten:

- Wie erleben und beurteilen Sie mich als Führungskraft?
- Was sind aus Ihrer Sicht meine Stärken als Führungskraft?
- Was würden Sie anders machen? Warum?
- Was sollte ich unbedingt verändern? Wo kann ich besser werden?

*Inhalte mit diesem Hinweis können Sie kostenlos herunterladen auf der Website der Autoren: **www.leadership-by-got.com** oder scannen Sie einfach den nebenstehenden QR-Code ein.*

Teil 4 - Kapitel 5: Entwicklung & Zusammenarbeit

„Syrio sagt, jede Wunde ist eine Lektion,
und jede Lektion macht dich besser."
Arya Stark (1.04)

Was Entwicklung & Zusammenarbeit bedeuten

Unternehmen sind Orte der Zusammenarbeit

Im Kapitel „Verantwortung & Konsequenz" haben wir Entscheiden als wichtigste Aufgabe von Führung definiert. Was aber folgt dann als Kernaufgabe von Führungskräften. Gewinne erwirtschaften? Das greift zu kurz, wenn Sie etwa an Behörden, öffentliche Schulen und Universitäten, die Feuerwehr oder die Bundeswehr denken. Erfolgreich zu sein? Das wird, je nach Kontext, völlig unterschiedlich beurteilt. Wer ist erfolgreicher? Der Hirnchirurg, der mit kunstvollen Operationen Hunderte von

Menschenleben rettet? Die Oberschwester, die Betroffenen auf der Kinderkrebsstation viel Mut macht? Oder der Manager, der mit harten Sparmaßnahmen die Klinik vor der Insolvenz rettet? Natürlich wird von Ihnen als Führungskraft Erfolg erwartet, aber wenn Sie nicht gerade ein Eremit sind, brauchen Sie die Mitwirkung anderer Menschen. Jorah Mormont bringt es gegenüber Daenerys auf den Punkt: „Niemand kann auf dieser Welt ohne Hilfe überleben. Niemand." (2.05). Eine zentrale Aufgabe von Führung ist es deshalb, Zusammenarbeit zu organisieren. Reinhard Sprenger führt als Beleg dafür evolutionsbiologische Gründe an: „Es ist weder unsere Sprache noch unsere Denkfähigkeit, die uns entwicklungsgeschichtlich einzigartig macht, sondern unsere Fähigkeit zur Kooperation: geteilte Absicht, abgestimmte Handlungen, gemeinsame Zukunft."[1] Von diesem Gedanken leitet Sprenger den Zweck von Organisationen ab: „Unternehmen sind um die Idee der Zusammenarbeit herum gebaut, sie sind auf Zusammenarbeit angelegt. Unternehmen sind Kooperations-Arenen."[2]

Erfolgreiche Teams sind wie Orchester

Dieser Gedanke führt uns in eine auf den ersten Blick völlig andere Sphäre, nämlich die Welt der Orchestermusik. Denn unserer Überzeugung nach sind Sie als Führungskraft ein Kooperationsdirigent. Wenn Sie Ihren Job gut machen, wirklich gut, mit erstklassigen Mitarbeitern, Know-how, Disziplin und Leidenschaft, dann klingt das Ergebnis Ihrer Arbeit wie eine Symphonie von Beethoven, gespielt von den Berliner Philharmonikern unter Kirill Petrenko. Gut, das mag jetzt ein mächtig hoher Anspruch sein, doch es geht um die Idee: Sie führen eine Gruppe exzellenter Experten. Jeder von ihnen ist in seinem Fachgebiet versierter als Sie, jeder kennt seine Noten, weiß, wann er was zu tun hat und sogar, wann die anderen tätig werden. „Ein funktionierender Orchesterapparat stellt ein Paradebeispiel für ein kreatives, offenes und damit reaktionsfähiges Unternehmen dar. So ein Topensemble [...] muss ein lebendiger Organismus mit effizienten Führungs- und Konfliktlösungsstrategien sein, um Erfolg haben zu können"[3], erläutert der Dirigent Christian Gansch.

Dabei gibt es drei Prinzipien, nach denen sich alle Musiker richten müssen, wie der holländische Teambuilding-Experte Richard de Hoop in seinem Buch „Macht Musik" erklärt: „Sie müssen erstens einander zuhören. Nur wer weiß, wie die Instrumente der anderen klingen, kann mit ihnen gemeinsam musizieren. Zweitens müssen sich Musiker miteinander abstimmen. Auch im Jazz, wo Stücke improvisiert werden, sprechen sich die Musiker vorher ab. Sonst funktioniert es nicht. Drittens müssen bei der Aufführung alle im Takt bleiben und zusammenspielen. Diese Prinzipien sind auch eine schöne Metapher für das, worauf es im Team ankommt."[4] Zumal es auch im Orchester wie im Unternehmen unterschiedliche Gruppen von Spezialisten gibt: Streicher, Holzbläser, Blechbläser und Schlagwerker. Würde sich nun jede dieser Instrumentengruppen oder „gar jede einzelne

Stimme eines Ensembles gleichberechtigt selbstverwirklichen, so würde dies nur Verwirrung stiften, da sich keine Struktur mehr mitteilen kann, welche eine übergeordnete Vision erst erfassbar und erlebbar macht."[5]

Deshalb sind im Orchester wie im Unternehmen Kooperationsdirigenten erforderlich. „Eine Führungskraft hat die Aufgabe, das komplexe Wechselspiel aller Kräfte und Interessen auf ein Ziel auszurichten. Die Mitarbeiter müssen sich bewusst sein, dass es vor allem auch ihrem individuellen Erfolg dient, wenn sie sich in den Dienst einer übergeordneten Sache stellen"[6], meint Gansch. Als Dirigent und Führungskraft ist es nun Ihre Aufgabe, das Zusammenwirken der einzelnen Mitwirkenden so zu organisieren, dass sie gemeinsam das bestmögliche Ergebnis erzielen. Dafür brauchen Sie eine klare Zielvorstellung, in diesem Fall ein Klangbild, wie Sie die Musik hören wollen. In intensiver Probenarbeit arbeiten Sie gemeinsam mit den Orchestermitgliedern an dieser Interpretation und sorgen dafür, dass einzelne Musiker oder Instrumententeams noch besser auf das angestrebte Ergebnis hin trainieren, und zwar durch individuelles Üben und fein abgestimmte Zusammenarbeit. Wenn Ihnen das gelingt, funktioniert das Orchester im Konzert eigentlich fast von allein; Sie geben nur noch die Einsätze, weisen auf besondere Herausforderungen hin und korrigieren Nuancen. Erfolgreiche Dirigenten machen so den hörbaren Unterschied aus zwischen solider Leistung und exzellenter Performance.

Das Beispiel Jürgen Klopp: Zusammenarbeit mit Leidenschaft

Nun gibt es im Unternehmensalltag nur wenige Teams, die sich mit Spitzenorchestern aus Wien, Berlin, London, Boston und New York vergleichen können. Das sind wirkliche Hochleistungsteams, in denen jeder Musiker eine exzellente Fachkraft ist. Ähnlich ist es im Profifußball. Stellen Sie sich vor, wir würden Ihre Kollegen mit den Kadern von Liverpool, Barcelona oder Bayern München vergleichen. Das wäre vermutlich ziemlich unfair. Dennoch ist die Analogie mit Top-Orchestern oder den besten Fußballclubs für die Analyse von Führungsarbeit hilfreich, weil sich dort unter extremem Druck und im Brennglas der Öffentlichkeit zeigt, wie wirksame Zusammenarbeit und Entwicklung funktionieren.

Das derzeit beste Beispiel für eine wirksame Führungskraft im Profisport ist Jürgen Klopp, der deutsche Teammanager des FC Liverpool. Innerhalb von vier Jahren hat er eine Mannschaft mit großer Tradition, aber zuletzt mittelmäßigen Ergebnissen zu einem Spitzenteam geformt, das 2019 die UEFA Champions League gewonnen hat. Das ist natürlich auch schon anderen Trainern mit anderen Clubs gelungen. Das Besondere ist aber der Geist, den Klopp als Führungskraft auf die Mannschaft und auf den ganzen Verein und seine Fans ausstrahlt. Wie schon in seiner Zeit bei Borussia Dortmund zeigt Klopp während eines Spiels ungebremstes Engagement. Es ist, als würde er neben den Spielern in seiner Coachingzone mitspielen. Wenn Liverpool ein Tor schießt, ballt der Trainer die Fäuste, springt in die Luft und jubelt den Fans zu. Wenn ein Spiel endet, läuft er aufs Spielfeld und umarmt seine Spieler. Der Mann brennt für seine Aufgabe, seine Spieler und seinen Verein, und deshalb schenken ihm Spieler, Clubeigentümer und -anhänger ihre Loyalität und ihr Vertrauen. Klopp hat nicht nur Folgende, er hat Fans, die ihn verehren. Nicht wegen des Champions-League-Titels, sondern weil er einen einzigartigen Teamgeist inspiriert hat. „Er ist ein hervorragender Motivator, der ein Umfeld des Vertrauens schafft. Er verbindet sich emotional mit seinen Spielern und vermittelt ihnen ein intensives Gefühl von Sicherheit und Zugehörigkeit“[7], analysiert Performance-Coach Clodagh Hughes. Wie Sie im Kapitel „Werte & Vertrauen“ erfahren haben, wirkt Vertrauen unmittelbar und nachhaltig, es macht Organisationen schneller und profitabler und Menschen erfolgreicher. Die Schaffung einer Arbeitsatmosphäre, in der die Teammitglieder authentisch sie selbst sein können, setzt enorme Energie frei. Vertrauen ist deshalb auch der Kern einer hohen Teamleistung.

Klopp konzentriert sich als Trainer deshalb sogar mehr auf das, was außerhalb des Feldes passiert, als auf das, was bei den Spielen passiert. „Jürgen gründet eine Familie. Wir sagen immer 30 Prozent Taktik, 70 Prozent Teambuilding“, sagt Liverpools Co-Trainer Pepijn Lijnders. Trotzdem gibt der deutsche Trainer seinen Spielern eine klare taktische Linie vor und fordert lautstark und gestenreich deren Umsetzung. Jeder Spieler weiß, was von ihm in welcher Situation erwartet wird. Es funktioniert: So sieht man beispielsweise bei den meisten anderen Fußballmannschaften selten, dass Stürmer so konsequent mit nach hinten arbeiten. 100 Prozent Haltung sei die entscheidende Regel in Liverpool, erklärt Lijnders. Das sei bereits bei der Auswahl neuer Spieler wichtig: „Es beginnt damit, dass die Jungs diese Leidenschaft haben, immer besser werden zu wollen, nicht nur einzeln, sondern auch als Team. Das treibt unsere Entwicklung voran [...] Was wir zuerst kennenlernen wollen, ist der Charakter. Wie leidenschaftlich wollen die Spieler sich noch verbessern? [...] Wie viel Ehrgeiz haben sie, um auf unsere Weise zu spielen?“[8]

Die richtigen Mitarbeiter auswählen

Erfolgreiche Zusammenarbeit beginnt damit, die richtigen Teammitglieder zu rekrutieren. „Für den Erfolg eines Unternehmens ist [...] nichts wichtiger, als die richtige Mannschaft aufs Feld zu bekommen. Keine Strategie und keine Technologie der Welt kann das ersetzen. Nur mit Topleuten läuft der Laden“[9], schreibt Management-Urgestein Jack Welch. Oft ist die Zusammensetzung falsch, weil Führungskräfte dazu neigen, Menschen wie sich selbst zu wählen. Damit fehlt es an unterschiedlichen, aber komplementären Eigenschaften im Team, was für den Erfolg ein wichtiger Faktor wäre. Doch es mangelt nicht nur an Diversität der Persönlichkeitstypen, sondern oft auch noch an Qualität. Reinhard Sprenger fragt erfahrene Führungskräfte deshalb zurecht: „Wie viele Menschen haben Sie in den letzten Jahren eingestellt, die eine steilere Karriere gemacht haben als Sie?“.[10] Hier gelte die alte Regel: „Erstklassige Leute ziehen erstklassige Leute; zweitklassige Leute ziehen drittklassige Leute. Das Schmidt-sucht-Schmidtchen-Syndrom. Wenn Sie nur Bewerber einstellen, die kleiner sind als Sie, erschaffen Sie eine Organisation von Zwergen."[11]

Bei *Game of Thrones* läuft die Rekrutierung meist auf der Basis von militärischem Gehorsam, Lehnstreue und Verwandschaft. Im Fall von Tywin Lennister zeigt sich das Schmidt-sucht-Schmidtchen-Syndrom sehr deutlich in seinen Kriegsräten: Im Feldlager beendet er die aufgeregte Diskussion seiner Generale über die richtige Strategie nach der Hinrichtung von Ned Stark und der Gefangennahme von Jaime, indem er alle bis auf Tyrion brüsk aus dem Kommandozelt entlässt (1.10). Auf Harrenhal feuert Tywin seinen unfähigen Vetter Reginald (2.05). Außer seinem Sohn Tyrion und seinem Bruder Kevan scheint der Lennister-Patriarch keinen wirklich kompetenten Mitarbeiter zu haben. Anders sieht die Personalentwicklung bei Arya aus: Jaqen H'ghar, der Gesichtslose Mann, wählt sie gezielt für die härteste Ausbildung in der Serie aus, nachdem er sie kennengelernt hat und beobachten konnte. Sie erfahren in diesem Kapitel mehr darüber.

Wenn Sie als Führungskraft neue Mitarbeiter einstellen können, konzentrieren Sie sich auf die Haltung des Kandidaten. Lebensläufe und Zeugnisse bieten nur Hinweise auf eine fachliche Eignung. Entscheidend ist, ob die Person die richtige innere Bereitschaft hat, um sich erstens mit den Zielen Ihres Unternehmens und Ihres Bereichs wirklich zu identifizieren, um zweitens ihre Arbeitskraft voll in den Dienst Ihres Unternehmens zu stellen, um sich drittens selbst weiter zu entwickeln. Prüfen Sie, ob der Kandidat fachlich und menschlich in Ihr Team passt und es durch seine Persönlichkeit sinnvoll ergänzen und neue Impulse geben kann. Dafür sollten Sie sich gründlich vorbereiten und ausreichend Zeit für die Bewerbungsgespräche nehmen. „Lassen Sie das Organisationshandbuch weiter im verschlossenen Schrank verstauben und reden Sie stattdessen über die ungeschriebenen Regeln und informellen Gesetze, denn darauf kommt es an. Sie charakterisieren am besten die DNA der Organisation", schreiben Baumanns und Schumacher. Sie empfehlen sogar „Kennenlerntage", an denen sich Kandidaten frei im Unternehmen bewegen und jedem Mitarbeiter Fragen stellen können. Anschließend besprechen Sie mit den Kandidaten deren Eindrücke anhand der drei Fragen: „Was habe ich wahrgenommen? Was

Tyrions Tipp

Lebensläufe sind besonders interessant, wenn Sie Brüche aufweisen. Diese haben oft etwas mit Veränderung und daraus resultierender persönlicher Entwicklung zu tun. Versuchen Sie die Haltung, die Einstellung und die Motivatoren des Kandidaten zu hinterfragen. Das gibt Ihnen am meisten Aufschluss darüber, ob jemand in Ihr Team passt.

finde ich gut? Was finde ich nicht gut?" Trotz des akuten Fachkräftemangels sollte es in der Personalauswahl keine Kompromisse geben. Die Grundregel lautet: „Im Zweifel gegen den Kandidaten." [12]

Personalentwicklung ist Aufgabe der Führungskraft

Haben Sie die passenden Leute im Team, dann gehört es zu Ihren vorrangigen Aufgaben, sie zu entwickeln. Dabei ist es mit einem Jahresgespräch und davon abgeleiteten sporadischen Weiterbildungsmaßnahmen nicht getan. Wir haben in der Praxis oft erlebt, dass der Effekt solcher Seminare verpufft, weil nicht systematisch nachgearbeitet wird, wie das Erlernte in das Alltagsgeschäft eingebracht und umgesetzt werden kann. Häufig bleibt dieser wichtige Prozess bereits stecken bei der oberflächlichen Beantwortung der Frage „Wie war Dein Seminar?". Wirksame Entwicklung beginnt bereits mit der vorab geklärten Frage, welchen Nutzen Mitarbeiter und Organisation von einer vereinbarten Maßnahme haben. Nach der Weiterbildung sollte gemeinsam besprochen werden, wie die Lernergebnisse konkret in die tägliche Arbeit eingebracht werden, und zwar mit einem terminierten Maßnahmenplan, dessen Umsetzung gemeinsam kontrolliert wird. Für uns ist das der Königsweg, um Personalentwicklungsmaßnahmen wirklich nachhaltig zu gestalten – ein zweifellos aufwändiger, aber lohnender Ansatz, der die Lernerfolge von Weiterbildungen für alle Beteiligten maximiert und nutzbar macht. So vermeiden Sie auch Chichi-Seminare, die Geld und Arbeitszeit kosten, ohne sich positiv auf die Zusammenarbeit auszuwirken. Die wirklich Lernende Organisation, eine allzu oft theoretisch aufgeblasene Worthülle, beginnt unserer Überzeugung nach mit dieser ganz basalen Arbeit und klaren Vereinbarungen zwischen Führungskraft und Mitarbeiter.

Letztlich halten wir fest: Unternehmen sind um die Idee von Zusammenarbeit herum aufgebaut sind, und nur effiziente Zusammenarbeit sichert den Erfolg des Unternehmens. Und wer arbeitet zusammen? Menschen. Daher muss auch der Mensch mit all seinen Potenzialen im Mittelpunkt von Führung stehen. Alles, was mit der Entwicklung dieser Potenziale zu tun, kann nur individuell geschehen. Das hat Folgen für manchmal pompös angekündigte Personalentwicklungsprogramme, insbesondere in großen Unternehmen, wie Malik anmerkt: „Diese Programme sind, weil sie groß sind, zwangsläufig in erheblichem Umfang standardisiert. Es muss ja in diesem Kontext vieles für viele gleich angelegt sein. Damit bewegt man sich aber deutlich von der Individualisierung weg."[13] Unserer Meinung nach kann Personalentwicklung nicht von einer HR-Stabsabteilung geleistet werden; sie kann höchstens mit einem Programm sinnvoller Weiterbildungsseminare sowie einem sorgsam ausgewählten Portfolio von Trainern und Coaches unterstützend tätig werden. Der wirkliche Personalentwickler sollte immer die direkte Führungskraft sein. Einen in dieser Hinsicht ganz entscheidenden Aspekt wirksamer Führungsarbeit haben Sie bereits im dritten Teil des Buchs kennengelernt, als wir dargelegt haben, wie wichtig es für den Menschen ist, in seiner Arbeit einen Sinn zu finden. Gute Führungskräfte helfen anderen dabei, ihr Potenzial zu entwickeln – und so einen Beitrag zu leisten. Führungskräfte sind, denken Sie an die Heldenreise, kundige Reiseleiter und Entwicklungshelfer ihrer Mitarbeiter. Der Fokus muss dabei immer darauf liegen, die Stärken zu stärken. Warum? „Erfolgreich – gleichgültig in welchem Sinne – wird jemand niemals dort sein, wo er seine Schwächen hat, und in der Regel auch nicht dort, wo er seine Schwächen beseitigt hat. Das bringt ihn ja meistens erst [...] auf das Niveau der Mittelmäßigkeit. Erfolgreich wird jemand nur dort sein können, wo er etwas kann, er also seine Stärken hat. Der Erfolg wird dort viel schneller und leichter eintreten und deutlich sichtbar sein – und das ist ja eben Wirksamkeit“[14], lautet die einleuchtende Erklärung von Malik.

Klare Regeln der Zusammenarbeit festlegen

Die tägliche Zusammenarbeit besteht aus vielfältigen Prozessen. Es geht um Zuständigkeiten und Verantwortung. Erinnern Sie sich noch an den „Goldenen Kreis“ von Simon Sinek? Jetzt geht es um das WIE, also um den mittleren Bereich. Wer macht wann was in welcher Art und Weise? Und welche Verantwortlichkeit liegt bei den Mitarbeitern, welche bei der Führungskraft? Für den Erfolg eines Teams ist es wesentlich, dass der Zweck der Zusammenarbeit allen Beteiligten bewusst ist, dass kritische Erfolgsfaktoren definiert sind, dass es gemeinsam vereinbarte Regeln zum Teamverhalten gibt, dass die Verantwortlichkeiten aller Beteiligten geklärt sind, dass klar ist, wie Entscheidungen getroffen werden und wie das Team kommuniziert. Dabei sind Führungskräfte gut beraten, nicht nur gute und vertrauensvolle Beziehungen zu den einzelnen Mitarbeitern herzustellen, sondern auch das Team als Ganzes anzusprechen, um eine bessere Basis für die Zusammenarbeit zu bilden. Sprenger merkt dazu an: „Zusammenarbeit muss also zwischen den Mitarbeitern ‚sichtbar‘ sein. Damit wird klar, dass Organisationen umso besser zusammenarbeiten, je mehr in ihrem Inneren Zusammenarbeit *beobachtet* werden kann.“[15] Aus diesem Grund ist der Trend zu Heimarbeitsplätzen und virtuellen Teams problematisch – bei aller Wertschätzung flexibler Arbeitsformen. Denn Zusammenarbeit ist so kaum noch persönlich erlebbar. Gerade wenn der hierarchiereduzierte Netzwerkgedanke von Teamarbeit befördert werden soll, sollte jeder leicht mit jedem reden können. Die häufige Abwesenheit mancher oder gar vieler Kollegen setzt großes Vertrauen untereinander voraus. In der Praxis beobachten wir häufig, dass mangels sozialer Kontrolle und vertrauensbildender Alltagsgespräche das Pendel in Richtung Misstrauen ausschlägt. Selbst durch tägliche Videokonferenzen und Kollaborationssoftware wie Trello, Asana, Confluence oder Wrike können die Vorzüge der persönlichen Begegnung nur begrenzt simuliert werden.

Verantwortung bewusst delegieren

Ein wichtiger Aspekt der Zusammenarbeit ist das Thema Verantwortung. Wer als Führungskraft nicht final doch sämtliche Abstimmungs- und Entscheidungsarbeit selbst erledigen und sich damit unweigerlich ins Hamsterrad begeben möchte, muss lernen, Verantwortung abzugeben und an seine Mitarbeiter zu delegieren. Denn schließlich wollen Sie ja auch, dass der Laden läuft, wenn Sie mal länger nicht da sind. „Damit das funktioniert, müssen die Mitarbeiter in der Lage sein, ihre eigenen Entscheidungen zu treffen. Sie denken selbstständig und wechseln, wenn nötig den Kurs. Wenn's mal brenzlig wird, drücken sie nicht gleich den Alarmknopf und holen den Chef zur Hilfe, sondern greifen selbst zum Feuerlöscher“[16], erklärt der Führungskräfte-Trainer Markus Jotzo. Doch, Vorsicht! Das funktioniert nicht von einem Tag auf den anderen. Für Sie und Ihre Mitarbeiter ist die Delegation von Verantwortung ein aktiver und manchmal langwieriger Lernprozess. Jotzo vergleicht es mit Vogelkindern, die Schritt für Schritt das Fliegen lernen und dabei immer geschickter, selbstständiger und ausdauernder werden. „Bei den meisten Vogelarten begleiten die Eltern ihre Jungen in dieser Lernphase. Sie fliegen nebenher, ermutigen die Jungen, zeigen, dass und wie es geht. So lange, bis der Nachwuchs völlig selbstständig ist und seine eigenen Wege fliegt.“[17] Für die Teamentwicklung ist es hilfreich, wenn die Kollegen dabei auch eine Kultur entwickeln, sich untereinander zu beraten. Das schraubt die gemeinsame Lernkurve nach oben und sorgt für mehr Selbstständigkeit.

Tyrions Tipp

Wenn Sie Verantwortung wirksam delegieren wollen, müssen Sie zuerst Quantität und Qualität der gewünschten Ergebnisse genau definieren und besprechen. Die Methoden zur Umsetzung sind dann Sache Ihres Mitarbeiters. Sie geben nur Richtlinien vor, benennen Ressourcen, stimmen den Zeitplan ab und legen fest, wann und wie Berichte zu erstellen und zu besprechen sind.

Souverän mit Fehlern umgehen

Ein weiterer wichtiger Punkt ist die Fehlerkultur, die Sie pflegen. „Wer aufhört, Fehler zu machen, lernt nichts mehr dazu“, sagte Theodor Fontane einst. Natürlich können Fehler ärgerlich und manchmal auch kostspielig sein. Aber wo Menschen arbeiten, passieren nun einmal Fehler. Sie sind ein wichtiger Baustein der Entwicklung. Wie Sie mit eigenen Fehlern und denen Ihrer Mitarbeiter umgehen, hat enormen Einfluss auf das Teamklima. Geben Sie es im Teamkreis offen zu, dass Sie einen Fehler gemacht haben? Übernehmen Sie die Verantwortung dafür? Und welche Schlüsse ziehen Sie daraus? Ihre Reaktion auf eigene Fehler wird sehr genau beobachtet und ist ein Indikator für Ihre eigene Integrität.

Und wie reagieren Sie, wenn ein Mitarbeiter einen Karren in den Dreck fährt? Natürlich ärgern Sie sich oder sind enttäuscht und sollten Ihre Emotion auch keinesfalls verbergen. Wichtig ist unserer Überzeugung nach nur, dass Ihr Ärger sich auf die vermurkste Sache bezieht – und nicht persönlich gegen den Mitarbeiter gerichtet ist. Brandmarken und bestrafen Sie keinen Schuldigen, der nicht vorsätzlich gehandelt hat. Ihre Reaktion sollte immer von Respekt geleitet sein. Cholerische Ausfälle, womöglich noch mit persönlichen Kränkungen, zerstören das Vertrauen Ihrer Mitarbeiter und beschädigen nachhaltig die Zusammenarbeit.

Für uns ist für Krisensituationen eine Weisheit des Psychiaters Viktor Frankl zum Mantra geworden: „Zwischen Reiz und Reaktion liegt ein Raum. In diesem Raum liegt unsere Macht zur Wahl unserer Reaktion. In unserer Reaktion liegen unsere Entwicklung und unsere Freiheit.“[18] Sie können das, was passiert ist, eh nicht mehr ändern. Das Einzige, was Sie beeinflussen können, ist Ihre Reaktion darauf. Und die sollte, insbesondere als Führungskraft, souverän sein. Sie müssen deshalb kein Zen-Mönch sein. Natürlich dürfen Sie, wenn es ein folgenschwerer Fehler ist, ein wenig Dampf ablassen, gern auch einmal kräftig fluchen oder kurz einmal an die frische Luft gehen – das ist nur menschlich und macht Sie auch nahbar. Nur agieren Sie stets respektvoll und entschuldigen Sie sich gegebenenfalls für Ihren Ausfall. Entwickeln Sie am besten Ihre eigene Routine für solche Stressmomente.

Wenn sich die Gemüter beruhigt haben, analysieren Sie den Fehler gemeinsam mit dem oder den betroffenen Kollegen, um aus dieser Erfahrung die richtigen Schlüsse zu ziehen. Auf keinen Fall sollten Sie Fehler ignorieren und einfach zur Tagesordnung übergehen, sondern eine wirksame Fehlerkultur setzt voraus, dass Fehler anerkannt und besprochen werden, um aus ihnen zu lernen.

Ein letzter Punkt: Die Fehler Ihrer Mitarbeiter sind immer auch Ihre Fehler. Wenn also Fehler Ihres Teams passieren, stehen Sie dann dafür gegenüber Kollegen aus anderen Abteilungen oder Ihren eigenen Vorgesetzten gerade? Übernehmen Sie die Verantwortung für den Fehler? Oder stellen Sie Mitglieder Ihres Teams an den Pranger? Ihr Verhalten ist ein höchst sensibler Gradmesser für das Vertrauensverhältnis zwischen Ihnen als Führungskraft und Ihren Mitarbeitern.

Wenn Sie also Verantwortung delegieren, begleiten Sie Ihre Mitarbeiter. Beobachten Sie die Arbeit. Sprechen Sie regelmäßig über die erzielten Fortschritte. Lassen Sie Fehler zu und besprechen Sie diese, damit Ihr Mitarbeiter daraus lernt und sie nicht wiederholt. Übernehmen Sie die Verantwortung nach außen und stellen Sie sich vor Ihr Team – hier gilt die alte Formel „Einer für alle, alle für einen“ aus dem Roman „Die drei Musketiere“ von Alexandre Dumas.[19] „Es tut Ihren Leuten gut, wenn Sie wissen: Im Zweifelsfall sind Sie da. […] Die Mitarbeiter segeln allein – doch Sie sind der Leuchtturm, an dem sie sich orientieren, wenn Sturm aufkommt. Im Notfall geben Sie Orientierung.“[20]

Tyrions Tipp

Agieren Sie als Chef wie ein Coach und fragen Sie, wie der Mitarbeiter eine Aufgabe lösen will, ohne selbst eine Lösung vorzugeben. Ermutigen Sie, lassen Sie Fehler zu, beobachten und besprechen Sie die Lernfortschritte und geben Sie den Mitarbeitern die Sicherheit, dass Sie im Notfall da sind.

Arya Stark

Alles für einen Zweck: den Nachtkönig zu töten

Am Ende der Serie steht Arya Stark lächelnd auf ihrem Schiff und segelt gen Westen, um zu entdecken, was sich hinter dem Horizont befindet: „Da hören alle Karten auf. Dahin werde ich gehen", erklärt sie Jon zum Abschied (8.06). Aus dem kleinen Mädchen, das ein Junge sein wollte und zur Assassinin wurde, wird nun eine Entdeckerin, die auf eine neue Heldenreise mit unbekanntem Ausgang geht. Hinter ihr liegt eine jahrelange Odyssee mit nur einer Bestimmung: den Nachtkönig zu töten. Bei keiner anderen Figur außer Daenerys ist die Heldenreise so offensichtlich und auch als geographische Tour angelegt wie bei Ned Starks jüngster Tochter. Blicken wir einmal kurz zurück auf ihre Reise.

Sie verlässt gemeinsam mit ihrem Vater und Schwester Sansa ihre Heimat Winterfell, um bei Hofe in Königsmund zu leben. Doch verweigert sie sich konsequent den Rollenerwartungen, die an sie als adliges Mädchen gestellt werden. Arya trägt lieber Jungenklamotten statt Kleider und möchte Kämpfen lernen. Ihr Vater akzeptiert ihren Willen. Als er bei ihr „Nadel" entdeckt, das Schwert, das Jon ihr zum Abschied geschenkt hat, heuert er einen Trainer an: Syrio Forel unterrichtet Arya im Schwertkampf (1.03). Er wird nach ihrem Vater und Jon der wichtigste Mentor für Arya, immer wieder zitiert sie während ihrer anschließenden Reise seine Worte und trainiert seine Lektionen. Nach Neds Verhaftung taucht Arya unter. Yoren, ein Freund ihres Onkels Benjen und Anwerber der Nachtwache, verhilft ihr zur Flucht und nimmt sie als ein weiterer Mentor unter seine Fittiche, nachdem Ned öffentlich enthauptet wurde (1.09). Getarnt als Junge im Treck mit Yorens Rekruten betritt sie eine neue Welt. Etliche Bewährungsproben folgen: die Gefangennahme durch die Lennister-Soldaten (2.03), der Dienst als Mundschenk bei Tywin (ab 2.04), die Flucht aus Harrenhal (2.08), die erneute Gefangennahme durch die Bruderschaft ohne Banner (3.02), die lange Reise mit Sandor Clegane, der für sie auch ein Mentor wird (ab 3.07). Sie erlebt das Gemetzel an ihrer Familie und den Stark-Getreuen bei der Roten Hochzeit (3.09) und lässt den Bluthund nach seinem Kampf mit Brienne vermeintlich sterbend zurück (4.10).

Schließlich nimmt sie ein Schiff nach Braavos, wo sie von Jaqen H'ghar zur Assassinin, zur Profikillerin, ausgebildet wird – er ist Mentor Nummer sechs (ab 5.01). Dieses Trainingsprogramm, ein gnadenloser Drill, markiert auf Aryas Heldenreise die tiefste Höhle. Ihre entscheidende Prüfung erlebt sie, als sie nach ihrer Rache an Meryn Trant, dem mutmaßlichem Mörder Syrio Forels, von Jaqen mit Blindheit gestraft wird (5.10). Arya übersteht auch diese Tortur, erhält ihr Augenlicht wieder (6.03) und tötet schließlich ihre Widersacherin, die Heimatlose. Sie ist nun ein „Niemand", eine gesichtslose Killerin, geworden, die sie aber gar nicht sein will, und Jaqen erlaubt ihr, als Arya Stark wieder nach Hause zurückzukehren – das ist ihre Belohnung (6.08). Auf dem Rückweg tötet sie Walder Frey und seine Sippe (7.01). Schließlich erreicht sie Winterfell, trifft Sansa und Bran wieder (7.04), und vollstreckt Sansas Todesurteil gegen Petyr Baelish (7.07). Ihr Elixier für die Heimat ist ihre Kompetenz im Töten: Ihr gelingt es, dem Nachtkönig im Zweikampf mit einer überraschenden Blitzreaktion einen Dolch aus valyrischem Stahl ins Herz zu stoßen und damit ihn und seine ganze Armee zu zerstören (8.03).

Syrio Forel oder: Die Kunst des Wassertanzes

Für diesen einen Moment hat sie in jahrelangem Training ihre Kompetenzen ausgebildet. Dafür brauchte sie besondere Coaches, die sie forderten und förderten, um ihre Weiterentwicklung voranzutreiben. Das ist auch der zentrale Unterschied zur Entwicklung ihrer Schwester Sansa: Diese muss sich immer wieder den Herausforderungen und Schrecken des Lebens anpassen und lernt durch die schlechten Vorbilder Cersei, Petyr und Ramsay vor allem Vermeidungs-, Manipulations- und Überlebensstrategien. Arya hingegen wird gezielt ausgebildet. Syrio Forel ist ihr erster Coach. Er war neun Jahre lang der Erste Krieger von Braavos, bevor er als Schwertlehrer nach Königsmund kam. Hier engagiert ihn Ned offiziell als Aryas Tanzlehrer. Syrio ist ein Meister des Wassertanzes, des einhändigen Schwertkampfstils der Braavosi. Er vermittelt seiner Schülerin nicht nur die Kampfkunst, sondern auch die damit verbundene Philosophie (1.03). Sie soll das Schwert als Teil ihres Arms betrachten. Syrio lässt sie immer wieder angreifen, ins Leere laufen, auflaufen - und deutet Niederlage und Tod auf viele Arten an, lobt Arya aber auch. Von uns Autoren hat Manfred Klapproth mit dieser Art des Trainings eigene Erfahrungen: „In meiner ersten Stunde Iaido (die Kunst des Schwertziehens) habe ich sehr viel erfahren und wenig getan. Was dann aber bei mir ebenso wie bei Arya folgte, waren 90 Prozent Training durch ständige Wiederholung, die ja bekanntlich die Mutter der Fertigkeit ist, und zu zehn Prozent entweder Varianten oder neue Techniken. So gelingt es, die Bewegungen zu perfektionieren, ohne bewusst darüber nachzudenken. Die geistige und mentale Ausbildung steht bei dieser Kampfkunst im Vordergrund."

Als Arya wegen der Verletzung ihres Vaters und des Todes von Jory Cassel abgelenkt ist, versucht Syrio, ihr beizubringen, während des Kampfes ihre Probleme zu ignorieren. „Du bist nicht hier. Du bist bei deinem Kummer. Wenn du bei deinem Kummer bist, wenn Kampf gefordert wird, bereitet dir das noch mehr Kummer. Wie sollst du denn schnell sein wie eine Schlange oder leise wie ein Schatten, wenn du ganz woanders bist." (1.06). Es ist eine Lektion, sich stets voll auf eine Aufgabe zu fokussieren, um diese erfolgreich bewältigen zu können. Auch solle sie nicht auf seine Worte hören, die Lügen sein können, sondern seine Augen beobachten. Zum Training gehören bei Arya auch verschiedene Sonderaufgaben, um sich zu verbessern. So übt sie, stundenlang nur auf einem Zeh zu stehen, um damit ihren Gleichgewichtssinn zu verbessern. Ein anderes Mal muss sie Katzen jagen, da diese lautlos, schnell und geschmeidig sind und sie eben diese Fähigkeiten erlernen soll (1.04). Syrios Lektionen sind die perfekte Balance aus mentalem und körperlichem Training. Er lehrt die kleine Stark, hochkonzentriert in sich zu ruhen, um im entscheidenden Moment handeln zu können. Außerdem vermittelt er ihr, niemals aufzugeben. Seine oft zitierte Weisheit lautet: „Es gibt nur einen Gott und sein Name ist Tod. Und es gibt nur eines, was wir dem Tod sagen: Nicht heute." (1.06).

Damit hat Arya eine solide Grundausbildung für ihre weitere Entwicklung erhalten. Ihre und Syrios Wege trennen sich, als Lennister-Schergen unter der Führung von Ser Meryn Trant Arya nach der Verhaftung von Ned Stark abholen wollen. Syrio streckt mit seinen hölzernen Übungsschwert sieben Gardisten kunstvoll nieder, bevor Meryn sein Holzschwert zerbricht. Arya bittet ihn, mit ihr zu fliehen, doch Syrio entgegnet stolz: „Der Erste Krieger von Braavos läuft nicht davon." Sein Schicksal bleibt ungewiss (1.08).

Tyrions Tipp

Sorgen Sie für eine enge Begleitung bei der Einarbeitung von neuen Mitarbeitern oder wenn Kollegen etwas Neues lernen. Erklären Sie die Details der Aufgabe, machen Sie es vor, zeigen sie Beispiele oder Muster, lassen Sie es den Mitarbeiter nachmachen, lassen Sie ihn Fehler machen und korrigieren. Kontrollieren Sie das Ergebnis, hinterfragen Sie den Weg, stehen Sie für Fragen zu Verfügung. Bestehen Sie dabei auf Disziplin und Beharrlichkeit, denn Wiederholung ist der Schlüssel zur Perfektion.

Sandor Clegane oder: Die Kunst des Überlebens

Arya entwickelt in der Folge einen kämpferischen Willen, ihre Rache zu realisieren, aber auch zu überleben und ihre Fähigkeiten und ihr Wissen weiter auszubauen. Ihre Entwicklung ist dadurch gekennzeichnet, dass sie immer stärker lernt, sich auf das wirklich Wesentliche zu fokussieren. Auch kann sie mit negativen Emotionen sowie mit Angst und Kritik konstruktiv umgehen. Ein prägender Begleiter auf ihrem Weg ist Sandor Clegane, der Bluthund, ehemaliger Leibwächter von Joffrey Baratheon, der in der Schlacht am Schwarzwasser desertierte (2.09). Sandor Clegane ist ein erfahrener Krieger, aber kein Ritter, da er das angeblich so tugendhafte Rittertum für verlogen hält und deshalb den heiligen Schwur verweigert. Seine rechte Gesichtshälfte wurde von brennenden Kohlen entstellt, in die ihn sein Bruder Gregor als Kind drückte. Er ist ein schweigsamer und zynischer Mann, der kaum Wert auf ritterliche Tugenden legt, aber dennoch Mitgefühl empfindet. Dies zeigt sich insbesondere in seinem Umgang mit den Stark-Schwestern. So rettet er Sansa in Königsmund vor der Vergewaltigung durch einen Mob und nennt sie fortan beinahe zärtlich „kleiner Vogel“ (2.06).

Ab der dritten Staffel wird er zum Reisebegleiter von Arya; sein Plan ist, das Mädchen gegen ein Lösegeld an Catelyn Stark auszuliefern. Doch als sie bei den Zwillingen, der Festung von Walder Frey, ankommen, ist die Rote Hochzeit bereits in Gange. Sandor schlägt sich durch das Gemetzel an den Starks und bringt Arya in Sicherheit (3.09). Kurz danach rettet er sie erneut, als Arya hasserfüllt einen Lennister-Soldaten tötet, der damit prahlt, den abgetrennten Kopf des Schattenwolfs Grauwind auf Robbs Leiche genäht zu haben; Sandor erledigt seine beiden Begleiter (3.10). Arya revanchiert sich beim nächsten Kampf gegen Lennister-Getreue, unterstützt Sandor und tötet zwei Soldaten, darunter Polliver, der seit ihrer Gefangenschaft in Harrenhal ihr Schwert „Nadel“ bei sich führte (4.03).

Eines Abends hört Sandor, wie Arya vor dem Einschlafen eine Liste von Namen aufsagt: Menschen, die ihr und ihrer Familie Böses angetan haben und die sie töten will. Sie beendet die Liste mit „Der Bluthund", was ihn sichtlich überrascht. Mit ihrer Todesliste schafft Arya persönliche Ziele, die ihre Entscheidungen zentrieren und ihr hasserfüllten, aber zweckgebundenen Lebensmut geben. Dies sei nach Ansicht von Drea Letamendi exemplarisch für das Selbstbestimmungskonzept in der Psychologie, „nämlich den Glauben, dass der eigene Seinszustand eine Folge des eigenen Handelns ist. Tatsächlich ist es die wahrgenommene Kontrolle über ihre Zukunft, die es Arya im Wesentlichen ermöglicht, voranzukommen und Rückschläge zu überwinden."[21]

Am nächsten Morgen findet Sandor sie beim Training mit „Nadel" vor: Arya praktiziert wieder den Wassertanz. Sie erzählt Sandor von ihrem Lehrer, Syrio Forel, den sie für den größten Schwertkämpfer aller Zeiten hält. Sandor spottet, dieses Rumgehüpfe nütze nichts, im Kampf würde nur eine Rüstung einen vor dem Tod bewahren (4.05). Auf der Weiterreise werden sie von zwei ehemaligen Mitgefangenen von Jaqen H'ghar überfallen. Nachdem Sandor den Beißer überwältigt hat, tötet Arya mit einem blitzschnellen Stich in Herz Rorge, der ihr mit Vergewaltigung gedroht hat. „Du lernst schnell", kommentiert Sandor trocken (4.07). Dann erreichen sie Hohenehr, nur um zu erfahren, dass Aryas Tante Lysa Arryn drei Tage zuvor gestorben sei – wieder kann Sandor kein Lösegeld für Arya kassieren (4.08).

Schließlich begegnen sie Brienne von Tarth und Podrick Payn. Brienne erkennt sie als Arya Stark und will sie beschützen, so wie sie es ihrer Mutter versprochen hat. Weder Sandor noch Arya wollen das. Es kommt zum Kampf zwischen Sandor und Brienne, den sie knapp für sich entscheiden kann. Sandor liegt schwer verwundet am Fuße eines Berghangs und bittet Arya, einen Teil ihrer Liste zu vollenden und ihn zu töten. Doch Arya tut es nicht, sondern nimmt sein Gold und überlässt ihn seinem Schicksal. Arya erkennt, dass sie sich nicht auf andere verlassen kann; sie muss aus ihren Kräften schöpfen, um die wirklichen Bedrohungen des Lebens zu überwinden, so brutal und gefährlich sie auch sein mögen. Also reist sie mit dem Schiff nach Braavos, um sich dort ausbilden zu lassen (4.10).

Sandor ist ein schwieriger Mentor für Arya, ihr Verhältnis ist dadurch belastet, dass der grimmige Krieger Leibwächter von Joffrey war, den Arya für den Tod ihres Vaters und ihre eigene Flucht verantwortlich macht. Im Gegensatz zu Syrio ist Sandor kein sympathischer und vertrauenserweckender Coach, der seinen Schützling durch systematisches Training weiterentwickeln will. Als Typ wirkt Sandor wie ein ungehobelter Kotzbrocken, was durch sein von Brandnarben entstelltes Gesicht natürlich verstärkt wird. Und doch spielt er für Aryas Entwicklung eine wichtige Rolle. Nach den Finessen und mentalen Übungen, die Syrio ihr im geschützten Rahmen von Königsmund vermittelt hat, erfährt sie durch Sandor nun, wie sie in der rauen Wirklichkeit besser überleben kann. Die gnadenlose Effizienz seines Kampfstils, sein brutaler Pragmatismus und sein zynisches Misstrauen gegenüber anderen Menschen sind weitere Lektionen, die Arya erhält. Sandor ist kein Coach, den sie sich auserwählt hat – und dennoch lernen beide von- und miteinander. Dadurch, dass er Arya beschützt, rettet auch Sandor Clegane am Ende der Serie die Welt. Vor der Schlacht von Winterfell begegnen sich die beiden Krieger wieder und versöhnen sich (8.02). Gemeinsam dringen sie während der Schlacht von Königsmund in den Roten Bergfried ein. Sandor will endlich seine Rache vollziehen und Gregor, seinen zum Frankenstein-Monster mutierten Bruder, umbringen. Arya will unbedingt Cersei töten, doch Sandor hält sie zurück: „Sieh mich an! Willst du etwa so werden wie ich?“ Er schaut ihr beinahe zärtlich in die Augen: „Wenn du mir jetzt weiter folgst, dann stirbst du hier.“ Als er fortgeht, sagt sie nur tief bewegt: „Sandor, ich danke dir.“ Es ist ein letztes Geschenk seiner Verbundenheit, dass er Arya wegschickt, bevor er selbst Erlösung findet und mit Gregor in das flammende Inferno stürzt (8.05).

Tyrions Tipp

Nicht jeder Mentor, der Ihre Entwicklung fördert, muss jemand sein, den Sie gewählt haben. Wenn Sie genau hinschauen und nachfragen, können Sie viel von erfahrenen Kollegen lernen. Und manchmal auch von schlechten Vorbildern, deren Fehler Sie vermeiden sollten.

Jaqen H'ghar oder: Die Kunst der Personalentwicklung

Der letzte Mentor ihrer Entwicklung zur perfekt ausgebildeten Fachkraft ist Jaqen H'ghar. Sie lernt ihn als Kriminellen kennen, der im Gefängniswagen zur Nachtwache transportiert wird (2.02). Kurz darauf ermöglicht sie ihm und zwei Mitgefangenen die Flucht aus dem brennenden Wagen (2.03). In Harrenhal begegnet Arya, inzwischen Mundschenk von Tywin Lennister, Jaqen wieder. Er teilt ihr mit, dass sie den Roten Gott um drei Tode gebracht hätte, als sie ihn, Rorge und Beißer aus dem Käfig befreit hat. Er erklärt, dass die geretteten Leben zurückgezahlt werden müssen und dass Arya ihm drei Namen nennen soll, die er dann auf geheimnisvolle Weise tötet (2.05).

Bei Jaqen H'ghar handelt es sich eigentlich um ein Pseudonym, das zwei der Gesichtlosen Männer von Braavos angenommen haben, denn sie tragen eigentlich keine eigenen Namen. Doch wollen wir ihn als ihren Ausbilder in Braavos begreifen, der von sich in der unbestimmten dritten Person als „ein Mann“ spricht und Arya als „ein Mädchen“ bezeichnet. Arya überrascht den seltsamen Mann, als sie als dritten Namen „Jaquen H'ghar“ ausspricht, den er töten soll. „Damit macht man keine Scherze, die Götter verspottet man nicht“, sagt er und fordert sie auf, seinen Namen zurückzunehmen. Sie macht es, doch dafür muss er sie, Gendry und Heiße Pastete aus Harrenhal befreien (2.08). Es ist ihre Cleverness und Hartnäckigkeit, die er spätestens in diesem Moment erkennt. Und so lädt er sie nach der gelungenen Flucht ein, ihm nach Braavos zu folgen, um dort zur gesichtslosen Assassinin ausgebildet zu werden. „Mein Tanzlehrer kam aus Braavos", sagt Arya. „Tanzlehrer zu sein ist etwas Besonderes, aber ein Mann ohne Gesicht zu sein, ist etwas völlig Anderes", antwortet Jaqen. Doch Arya lehnt noch ab, weil sie ihre Familie finden will. Also verabschiedet sich Jaqen und reicht ihr eine Münze: „Wenn der Tag kommt, an dem du mich wieder brauchst, gib diese Münze irgendeinem Mann aus Braavos und spricht folgende Worte: Valar morghulis." (2.10). Das ist der Beginn einer außergewöhnlichen und für Arya extrem harten Mentoren-Beziehung.

Sie nimmt das Angebot allerdings erst nach ihrer unfreiwilligen Reise mit Sandor an. Dieser Roadtrip mit all seinen schrecklichen Erlebnissen hat sie schnell reifen lassen. Wie die Psychologin Letamendi diagnostiziert: „Aryas jugendliche Impulsivität und Lebhaftigkeit weichen einer Eigenschaft, die als psychologische Resilienz bekannt ist. Resilienz bezieht sich auf die Fähigkeit, sich von Widrigkeiten und traumatischen Erfahrungen zu erholen. Es ist eine Selbstschutzfunktion. Arya beweist nicht nur Ausdauer, um Härten zu überwinden - sie lernt tatsächlich aus schmerzhaften Erfahrungen, um stärker zu werden. Sie nutzt ihren Schmerz - ihre Trauer, Wut, Hilflosigkeit -, um sich zu verwandeln und zu stärken. Transformation und intrapersonelle Anpassung sind für die Resilienz unerlässlich. Arya treibt dies auf die Spitze, wenn sie damit experimentiert, ein Niemand zu werden."[22]

Sie trifft eine sehr bewusste Entscheidung für eine Spezialausbildung. Das Haus von Schwarz und Weiß ist sozusagen eine Eliteuniversität oder ein Special-Forces-Trainingscamp. Nach all der Zeit ist damit auch klar, dass sie diese Ausbildung zur Fachkraft auch wirklich will. Jaqen prüft trotzdem die Ernsthaftigkeit ihrer Bewerbung und nimmt sie erst dann als Schülerin an. Der Gesichtslose Mann hält sich an das sinnvolle Prinzip der Personalauswahl: im Zweifel gegen den Kandidaten. Arya muss nun lernen, wie er ein Niemand zu werden und dafür ihr Ego loslassen (5.02). Für ihre Ausbildung gibt es somit eine klare Ziel- und Erwartungsdefinition: Was willst du wirklich werden? Und was musst du dafür tun? Es sind Grundregeln professioneller Personalauswahl und -entwicklung, die in diesem Assessment deutlich werden. Und trotz ihrer bereits beachtlichen Fähigkeiten mit „Nadel" beginnt sie ihre Ausbildung als Putzfrau (5.03), bevor sie der Heimatlosen, ihrer missgünstigen Ausbilderin, helfen darf, Leichen zu säubern. Es sind die Grundlagen des Geschäfts, die Arya von der Pike auf lernen muss – ein bewährtes Ausbildungskonzept, um ein Unternehmen umfassend zu verstehen.

Tyrions Tipp

Zu einer guten Ausbildung gehören auch ganz basale und banale Tätigkeiten. Nur, wenn Sie selbst bereit sind, auch einfache Aufgaben zu erledigen, können Sie wertschätzen, was die Mitarbeiter an der Basis Ihrer Organisation leisten.

Später vermittelt Jaqen ihr den wahren Sinn, weshalb sie die frischen Leichen säubern muss, und zeigt ihr die Halle der Gesichter unterhalb des Hauses. So schafft Jaqen erste Erfolgserlebnisse und lässt Arya stärker an den Prozessen teilhaben. Dann folgt die erste Bewährungsprobe: Sie erhält den Auftrag, einen Hafenmeister zu vergiften (5.08). Arya jedoch tötet statt des Hafenmeisters aus Rache den in Braavos weilenden Ser Meryn Trant, weshalb Jaqen sie bestraft und ihr das Augenlicht nimmt (5.10). Arya verstößt gegen die vereinbarten Regeln und Ziele; sie stellt ihr Ego über den Ausbildungszweck. Jaqen spricht diese Fehlleistung klar an und zeigt ihr das richtige Verhalten auf. Seine Strafe ist allerdings drakonisch, doch dient sie der weiteren Verbesserung von Aryas Kompetenzen.

Als blinde Bettlerin muss Arya fortan in den Straßen von Braavos leben und sich täglich im Zweikampf mit der Heimatlosen messen. Jaqen testet sie und fragt sie, wer sie sei, worauf sie stets „Niemand" antwortet, obwohl er ihr ein festes Dach über dem Kopf, Essen und ihr Augenlicht verspricht. Sie widersteht standhaft der Versuchung, ihr Martyrium zu beenden. Jaqen ist zufrieden und nimmt sie wieder im Haus von Schwarz und Weiß auf (6.02). Er hat es mit enormem Druck geschafft, Aryas Ehrgeiz so zu stimulieren, dass Aufgeben keine Option für sie ist. Ihre bereits angesprochene Resilienz ist stark entwickelt. Fortan lernt sie, die Schläge der Heimatlosen blind zu parieren und zurückzuschlagen – und baut so Geschicklichkeit und Kampfkraft auf.

„Die Tests des Gesichtslosen Mannes zeigen jedoch, dass ihre schwierigste Aufgabe psychologisch ist: Arya muss sich völlig von ihrer Identität distanzieren, um als würdige Kämpferin angesehen zu werden. Die Leugnung ihrer Vergangenheit, ihrer Familie und der Erfahrungen, die sie gemacht hat, wird sie letztendlich in einen kalten, mechanischen Killer verwandeln. ‚Ein Mädchen hat keinen Namen', spricht sie automatisch",[23] analysiert Letamendi. Arya verweigert sich Jaqens sämtlichen Angeboten auszusteigen – und wird belohnt, indem sie ihr Augenlicht zurückerhält (6.03). Sie hat diese Reifeprüfung bestanden, und es scheint, als ob sie damit nicht nur physisch ihre Augen wieder öffnet. So verweigert sie sich einem Mordauftrag aus persönlichen Gründen und wird daraufhin von der Heimatlosen durch die Stadt gehetzt. Sie besiegt Jaquens Top-Killerin in einem dunklen Raum - dank ihrer Erfahrungen mit der Blindheit.

Arya hat damit bewiesen, dass sie ihre fachliche Ausbildung erfolgreich absolviert hat. Doch spürt sie, dass sie ihr Selbstbewusstsein in der gesichtslosen Beliebigkeit ihrer neuen Existenz zu verlieren droht. So, als ob sie nun die Bedeutung erkennt, sich wieder mit ihrem wahren Ich zu verbinden, um die Rache für ihre Familie zu vollenden, fordert sie ihre Identität zurück, als Jaquen zufrieden den erfolgreichen Abschluss ihrer Ausbildung verkündet: „Ein Mädchen ist endlich Niemand." Sie entgegnet: „Ein Mädchen ist Arya Stark von Winterfell, und ich gehe jetzt nach Hause." Mit einem wissenden Kopfnicken akzeptiert Jaquen, dass Arya nun ihrer wahren Bestimmung folgen wird (6.08).

Samwell „Sam" Tarly

Der Kristallisationspunkt eines neuen Teams

Samwell Tarly, genannt Sam, ist - wie Jorah Mormont oder Davos Seewert - einer der Charaktere in der zweiten Reihe, aber für die Handlung ungeheuer wichtig. Er überzeugt Jon davon, dass die Ernennung zum persönlichen Kämmerer von Jeor Mormont eine Beförderung und keine Demütigung sei (1.07). Er findet während der Nachtwachen-Expedition in den Norden vergrabenes Drachenglas (2.08), mit dem er später als erster Mensch einen Weißen Wanderer tötet (3.08). Sam sorgt mit seinem Vorschlag überhaupt erst dafür, dass Jon zum 998. Lord Kommandanten der Nachtwache gewählt wird (5.02) und somit die Möglichkeit bekommt, mit dem Freien Volk ein historisches Bündnis zu schmieden (5.08). Sam verlässt die Nachtwache, um an der Zitadelle in Altsass zu studieren (5.10). Zugleich lehrt er Goldy, die er mit ihrem Sohn vor ihrem Vater Craster und dem Weißen Wanderer gerettet hat, das Lesen. Er verschafft sich heimlich Bücher aus dem eingeschränkten Bereich der Zitadelle. So stößt er auf die Information, dass sich unter der Festung Drachenstein ein großes Drachenglas-Vorkommen befindet und informiert Jon darüber (7.01). Dieses Wissen und die damit gewonnenen Waffen tragen entscheidend zur späteren Verteidigung von Winterfell bei. Sam heilt trotz eines Verbots der Maester Jorah Mormonts Grauschuppenkrankheit (7.02). Damit hat Jon einen wichtigen Partner mehr bei seiner Mission, einen Wiedergänger zu fangen – und Daenerys den Leibwächter, der ihr in der Schlacht um Winterfell das Leben rettet (8.03). Schließlich liest Goldy zufällig, dass die Ehe von Rhaegar Targaryen und Elia Martell rechtskräftig annulliert worden sei und der Prinz in Dorne erneut geheiratet habe (7.05). Gemeinsam mit Bran findet Sam daraufhin heraus, dass Rhaegar und Lyanna Stark getraut wurden und einen gemeinsamen Sohn haben - Aegon Targaryen – und dass Jon Schnee dieser Thronerbe ist (7.07). Sam ist derjenige, der Jon diese Botschaft in der Krypta von Winterfell überbringt (8.01) und damit letztlich das Liebesverhältnis von Daenerys und Jon beendet. Bei der Wahl des neuen Königs in der Drachengrube schlägt Sam eine echte Demokratie vor (8.06). Noch verlachen ihn zwar alle, aber sein radikaler Gedanke weist visionär in die Zukunft.

Tyrions Tipp

Bei Kandidaten, die auf den ersten Blick nicht in Ihr Team passen, sollten Sie deren Kompetenzen genau unter die Lupe nehmen und prüfen, ob sie einen wertvollen Beitrag leisten können, um das Kerngeschäft zu unterstützen. Diversität ist ein wichtiges Element erfolgreicher Zusammenarbeit und Teamentwicklung.

Als Sam erstmals in der Serie erscheint, ist er alles andere als ein Krieger (1.04); alle vorigen Versuche seines Vaters Randyll, ihn zu einem Soldaten zu machen, sind kläglich gescheitert. Der engstirnige Lord verachtet seinen ältesten Sohn, weil dieser Bücher und Essen liebt, aber nicht jagen und kämpfen kann, und zwingt ihn mit einer unverhohlenen Morddrohung, sein Erbe aufzugeben und der Nachtwache beizutreten. Der übergewichtige Sam wird dort schnell das Opfer brutaler Schikanen des Ausbilders Allisar Thorn, der kampfunfähige Rekruten nicht leiden kann. Als Jon dem dicken Neuankömmling beisteht, freunden die beiden sich an. Es ist nicht nur eine Freundschaft, sondern ein Moment beginnender Zusammenarbeit, die beider Entwicklung entscheidend prägen wird. Zugleich wird Sam der Kristallisationspunkt eines sich formenden Teams, dessen Gründungszweck der gemeinsame Schutz von Sam ist. Zu dieser Gruppe zählen außer Jon und Sam auch Grenn und Pyp, später stößt noch Eddison Tollett dazu.

Sam bringt überlebenswichtige Kompetenzen zur Nachtwache

Jon erkennt, dass Sam nie ein Kämpfer sein wird, aber über besondere, bei der Nachtwache rare Kompetenzen verfügt, die er nutzbringend einbringen kann. Deshalb sorgt er dafür, dass sein Freund dem greisen Maester Aemon helfen darf, die Raben zu füttern und die Bibliothek zu leiten. So bekommt die geeignete Person passende Aufgaben zugeteilt. Hier findet eine um- und weitsichtige Personalauswahl statt. Auch der Lord Kommandant Jeor Mormont anerkennt grummelnd: „Du magst ein Feigling sein, Tarly, aber dumm bist du nicht." (1.08). Jon selbst ist hingegen von seinem neuen Job als persönlicher Kämmerer von Jeor nicht angetan. Er ist überzeugt, dass die Aufgaben in keiner Weise seinen Kompetenzen als gut ausgebildeter Kämpfer entsprechen. Doch jetzt zahlt Sam ihm seinen Beistand zurück, indem er Jon aufklärt, dass der neue Job vermutlich bedeutet, dass Jeor ihn zu seinem Nachfolger aufbauen will. Sam hat die strategische Einsicht in den Zweck der Personalauswahl des Lord Kommandanten. In dieser Situation wird er zum weitsichtigen Mentor seines Beschützers (1.07). Ebenso versucht er erfolgreich, Jon vom Desertieren abzuhalten, als dieser aufbrechen will, um seinen Bruder Robb im Rachefeldzug gegen die Lennisters zu unterstützen (1.10). Hier wird erneut das ganze Team aktiv, um einen der ihren zu schützen – einer für alle, alle für einen.

Beim Rückzug der Überlebenden von der Faust der ersten Menschen bringt Lord Kommandant Mormont eine verschärfte Variante von gegenseitiger Verantwortung ein. Als Sam entkräftet aufgeben will, sagt der alte Bär: „Tarly, ich verbiete dir zu sterben." Als Rast, einer der Nachtwachenbrüder, zu protestieren beginnt, dass sie Rücksicht auf den übergewichtigen Sam nehmen sollen, fällt Jeor ihm barsch ins Wort: „Rast, du bist für ihn verantwortlich. [...] Sorg' dafür, dass er heil zurückkommt. Schafft er es nicht, schaffst du es auch nicht." (3.02) Der Lord Kommandant fordert so gegenseitige Unterstützung und zwingt seine Männer zur Zusammenarbeit und zur Rücksicht auf die Schwachen – ein starkes Moment von verantwortlicher Zusammenarbeit und Teamführung..

Nachdem Jon den Lord Kommandanten vor dem Angriff eines Wiedergängers gerettet hat, verbrennen sie die Leichen. „Sie wurden von Weißen Wanderern berührt, deswegen kamen sie zurück. Deswegen wurden ihre Augen blau. Nur das Feuer kann sie aufhalten", sagt Sam plötzlich. „Woher weißt du das?", fragt Jon ihn. „Ich hab' in einem Buch davon gelesen, ein sehr altes Buch aus Maester Aemons Bibliothek." „Was stand in dem Buch noch?", will Jon wissen. „Die Weißen Wanderer schlafen für Tausende von Jahren unter dem Eis, und wenn sie aufwachen..." Sam stockt, und Pyp hakt nach: „Und wenn sie aufwachen, was dann?" Sam schaut nach oben: „Dann ist die Mauer hoffentlich hoch genug." (1.08).

Stets sucht Sam nach neuen Erkenntnissen aus Büchern, und weiß sie nutzbringend in der Praxis einzusetzen. Ähnlich wie Tyrion schärft er seinen Verstand durch Lektüre. Er liest Bücher und weiß Dinge. Jon, selbst einer der wenigen Brüder der Nachtwache, die des Lesens und Schreibens kundig sind, versteht Sams Wissensdurst und fördert ihn: Als er selbst Lord Kommandant ist und Sam ihn bittet, sich in Altsass zum Maester ausbilden lassen zu dürfen, will er ihn zwar zuerst nicht gehen lassen, weil er ihm als Freund und Ratgeber zu wichtig ist, doch willigt er schließlich ein (5.10). Jon erkennt die Bedeutung von Wissen für die Zukunft seiner Organisation und ist bereit, dafür zu investieren und sogar ein persönliches Opfer zu bringen.

Samwell Tarly entwickelt sich im Laufe der Serie quasi zum Leiter der Abteilung Forschung & Entwicklung. Durch Lesen und eigene Erfahrung, sozusagen Feldexperimente, erkennt er die wahre Bedrohung für die Menschheit. So verstärkt er die

Erkenntnisse, die Jon gewinnt, und hat eine entscheidende Rolle bei dessen Mission, die Menschheit zu retten. Sam ist der Wissenschaftler, der seinem Freund Jon und den anderen Kriegern an der Front wichtige Informationen über den Feind und mögliche Abwehrmöglichkeiten liefert. Somit ist er ein unverzichtbarer Bestandteil eines Erfolgsteams. Die Unterstützung durch seine neuen Freunde und seine Erfolgserlebnisse verändern zugleich seine innere Einstellung. Wie Craven treffend beschreibt, entwickelt er sich von einem pessimistischen Realisten zu einem engagierten Optimisten: „Sam hat den Mut zur kritischen Selbsteinschätzung; er ist ehrlich, scharfsinnig, verfügt über intellektuelle Neugierde und ist fasziniert von der Geschichte. Da die Geschichte mit der Wiederkehr der Weißen Wanderer in großem Stil nach Westeros zurückkommt, wäre der Verlust von Sam der Verlust einer bedeutenden Ressource, um dieser Bedrohung zu begegnen."[24]

Entscheidend für Sams Entwicklung sind zwei Dinge: Erstens verliebt er sich in Crasters Tochter Goldy und fühlt sich für sie und ihr Kind verantwortlich – trotz seines Eides, keine Frau zu lieben. Deshalb tritt er, der sich selbst als Feigling bezeichnet, einem Weißen Wanderer entgegen, der das Kind fordert, und tötet ihn mit Drachenglas (3.08). Diese Erlebnisse und die neue familiäre Verantwortung lassen ihn reifen und mutig weitere Regeln brechen: Er entwendet das Familienschwert seines Vaters (6.03) und einen Schlüssel, um in der Zitadelle an eingeschlossene Bücher zu kommen (7.02), und er operiert Jorah (7.03). Als die Maester der Zitadelle den Hilferuf aus dem Norden nicht ernst nehmen, verharrt Sam nicht passiv in Altsass, sondern entschließt sich, seine Ausbildung abzubrechen und in den Norden zu gehen, um seinem Freund Jon persönlich zu helfen (7.05). Wir beobachten bei Samwell Tarly eine äußerst positive Persönlichkeitsentwicklung, die in der Zusammenarbeit mit Jon und seinen Freunden gründet, zu dieser aber auch stark beiträgt. Auch Sam findet am Ende der Serie seine Bestimmung und wird als Großmaester eine dienende Führungskraft in einem neuen Team mit Menschen, die ihn wertschätzen.

Manke Rayder

Die wirksamste Führungskraft von allen

Die großartigste Führungsleistung in *Game of Thrones* vollbringt Manke Rayder, der König-jenseits-der-Mauer. Er selbst erklärt es Jon so: „Weißt Du, was es erfordert, 90 Stämme zu einen, von denen die eine Hälfte die andere wegen irgendwelchen Kränkungen ausrotten will? Die sprechen sieben verschiedene Sprachen in meiner Armee. Die Thenns hassen die Hornfüße, die Hornfüße hassen die Eisflussstämme, und alle hassen sie die Höhlenbewohner. Also: Weißt Du, wie ich Mondanbeter, Kannibalen und Riesen dazu gebracht habe, in einer Reihe zu marschieren? [...] Ich habe Ihnen gesagt, dass wir alle draufgehen, wenn wir nicht nach Süden gelangen, weil es die Wahrheit ist." (3.02).

Manke ist ein in sich ruhender, ehrlicher und entschlossener Mann mit ausgeprägtem Charisma und natürlichen Führungsqualitäten. Er wurde als Wildling geboren, aber von der Nachtwache gefangen und aufgezogen. Dort erwarb er sich großen Respekt als Grenzer, desertierte aber, um zum Freien Volk zurückzukehren. Mit seinen außergewöhnlichen sozialen und kommunikativen Fähigkeiten kann er die 90 völlig unterschiedlichen Stämme einen. Selbst die kannibalistischen Thenns und die letzten Riesen vertrauen ihm. Manke kennt die Bedrohung, die von den Weißen Wanderern für die ganze Welt ausgeht und nutzt dieses Wissen, das zersplitterte Freie Volk zu einer großen Einheit zusammenzuführen. Manke liebt die Freiheit und die ungebundene Lebensweise des Freien Volkes und tut alles, um diese Kultur zu retten. Aus Respekt geben ihm die Wildlinge, die niemals das Knie vor einem Herrscher beugen, den Ehrentitel „König-jenseits-der-Mauer". Manke beweist damit eindrucksvoll das Prinzip „Führende haben Folgende".

Manke wird für Jon ein weiterer wichtiger Mentor, durch den er versteht und lernt, andere Perspektiven, Standpunkte und Interpretationen anzuerkennen. Der Anführer des Freien Volkes verdeutlich ihm, dass die Mauer ursprünglich nicht zum Schutz vor den Wildlingen, sondern zum Schutz der Menschheit gebaut wurde – und dass die Wildlinge ebenso Menschen sind wie die Westerosi südlich der Mauer. Somit erkennt Jon erstmals, dass die Bevölkerung im Süden das Freie Volk als Verbündeten braucht, um die tödliche Bedrohung durch die Weißen Wanderer gemeinsam zu bekämpfen. Es sind die Lektionen von Manke, die in Jon die Entscheidung reifen lassen, eine Allianz mit den Wildlingen einzugehen und damit mit der Tradition der Nachtwache zu brechen. Jon stirbt unter den Dolchhieben der Verräter auch für Mankes Vision des Überlebens. In Manke personifiziert sich für Jon der ungebrochene Wille zur Freiheit, ein Wert, der für ihn zukünftig immer wichtiger wird.

Manke vereint alle unsere 14 Kernelemente wirksamer Führung positiv in seiner Person:

- Er hat eine klare **Vision** der tödlichen Bedrohung für das Freie Volk durch die Weißen Wanderer und den endlosen Winter und entwickelt deshalb seine Mission, das Freie Volk nach Süden hinter die Mauer zu führen.
- Um das zu erreichen, verfolgt er das **Ziel**, die zerstrittenen 90 Stämme jenseits der Mauer zu vereinen, mit aller **Konsequenz** und **Flexibilität**.
- Er übernimmt diese schwierige Aufgabe aus **Verantwortung** für sein Volk.
- Er folgt klaren **Werten**, würde niemals das Knie vor jemand anderem beugen, ist rechtschaffen und aufrichtig – deshalb bekommt er seine Macht durch das **Vertrauen** der Wildlinge.
- Er organisiert die **Zusammenarbeit** der diversen Stämme und sorgt für eine zuvor nicht vorhandene **Entwicklung** in dieser tribalen Organisation.
- Er ist ein Vorbild an **Selbstführung** und verfügt über anerkannte **Kompetenz**.
- Seine **Kommunikation** und sein Handeln sind stets von völliger **Klarheit** geprägt.
- Seine **Konfliktfähigkeit** wird durch den Angriff auf die Mauer deutlich.

Jon wird der Erbe von Mankes Vermächtnis

Jon begegnet Manke erstmals als Gefangener der Wildlinge. Im Zelt des Anführers glaubt er irrtümlich, in Tormund Riesentod den König-jenseits-der-Mauer vor sich zu haben und kniet vor ihm nieder. Alle lachen laut, und der wirkliche Manke kommt aus einer dunklen Ecke: „Steh auf, Junge! Wir jenseits der Mauer knien vor niemandem", erklärt er. Manke fragt, warum Jon desertiert sei und sich dem Freien Volk anschließen wolle. Jons Antwort „Ich will frei sein" glaubt Manke ihm nicht. Erst als der junge Mann seine Erlebnisse bei Craster beichtet und dass der Lord Kommandant wusste, dass der alte Siedler seine neugeborenen Jungen den Weißen Wanderern opfert, heißt der König-jenseits-der-Mauer ihn willkommen (3.01).

Dieses vorschnelle Vertrauen könnte man durchaus als Schwäche von Manke deuten, immerhin hintergeht Jon ihn und sogar Ygritte, als er zur Nachtwache zurückkehrt. Doch ist Vertrauen, wie wir im zweiten Kapitel gesehen haben, eine notwendige Voraussetzung für wirksame Führung. „Je geringer das Vertrauen entwickelt ist, umso mehr Zeit braucht man für alles, umso teurer wird es und umso weniger loyal verhalten sich die Beteiligten untereinander"[25], schreibt Horsager. Manke geht bewusst das Risiko ein, Jon zu vertrauen, weil seine Führungskultur auf dem Grundpfeiler des Vertrauens ruht. Anders könnte er seine diverse Organisation nicht zusammenhalten. Dass Jon letztlich doch loyal zu seinem Eid steht, ist für Manke ein akzeptabler Kollateralschaden. Ihr Verhältnis ist von gegenseitigem Respekt geprägt.

Das wird deutlich, als Stannis die Armee der Wildlinge überrennt. Manke weigert sich, das Knie vor dem König zu beugen. Nachdem Jon bekannt hat, dass er Ned Starks Sohn sei, fragt Stannis ihn, was wohl sein Vater mit Manke gemacht hätte. „Ich war einmal sein Gefangener. Er hätte mich foltern können, er hätte mich umbringen können, aber er hat mich verschont. Ich glaube, mein Vater hätte ihn gefangengenommen und sich angehört, was er sagt", erklärt Jon. Ser Davos nimmt Manke daraufhin in Gewahrsam (4.10).

Anschließend versucht Jon, den eingekerkerten Manke davon zu überzeugen, das Knie vor Stannis zu beugen: „Dein Leben lang hast Du versucht, 90 Stämme davon zu überzeugen, sich zusammenzuschließen. Thenns und Hornfüße, die Eisflussclans, sogar die Riesen. Dein Lebenswerk, ihre Einigung. Das hast du nicht der Macht wegen oder des Ruhms wegen getan. Sondern, weil du sie retten wolltest, weil keiner von ihnen den Winter überstehen wird, nicht, wenn sie nördlich der Mauer sind. Ist dir ihr Überleben nicht wichtiger als dein Stolz?" Manke antwortet: „Stolz? Scheiß auf meinen Stolz. Darum geht es hier nicht." „Dann beuge das Knie. Und rette dein Volk", fordert Jon ihn auf, doch Manke bleibt sich treu: „Sie sind mir gefolgt, weil sie mich respektiert haben, weil sie an mich geglaubt haben. Das ist vorbei, wenn ich vor einem südlichen König knie." Jon eröffnet ihm, dass Stannis ihn lebendig verbrennen will, was Manke mit Entsetzen zur Kenntnis nimmt: „Ich will ehrlich mit dir sein. Ich will nicht sterben und verbrannt werden. Ich möchte niemandem so in Erinnerung bleiben, schreiend in den Flammen. Aber es ist besser, als alles zu verraten, woran ich glaube." Jon resigniert und geht: „Ich glaube, du machst einen furchtbaren Fehler." Manke antwortet mit dem denkwürdigen Satz: „Die Freiheit, meine eigenen Fehler zu machen, ist alles, was ich je wollte." Den letzten Respekt erweist Jon dem König-jenseits-der-Mauer schließlich, als er sein Leiden auf dem Scheiterhaufen mit einem Pfeil durchs Herz beendet (5.01).

Stannis ist darüber nicht sonderlich amüsiert: „Ich befahl, Manke Rayder verbrennen zu lassen. Den Vollzug dieses Befehls habt Ihr verhindert. Ihr habt an Manke Rayder Barmherzigkeit geübt. Des Königs Wort ist Gesetz. Vielleicht fragt Ihr mal Ser Davos, wie barmherzig ich Gesetzesbrechern gegenüber bin. Zeigt zu viel Güte, und das Volk fürchtet Euch nicht. Wer Euch nicht fürchtet, folgt Euch nicht." Jon antwortet: „Bei allem Respekt, Euer Gnaden, das Freie Volk wird Euch nie folgen, egal, was Ihr tut." (5.02). Er hat Mankes Haltung verstanden und übernommen. Ihm und Tormund folgen schließlich viele der Wildlinge. Als sich in der Schlussszene der Serie das Tor hinter Jon und den Wildlingen schließt und sie in das freie Land nördlich der Mauer ziehen, hat er das Erbe von Manke Rayder angetreten (8.06).

Praxisfragen für Führungskräfte

Fragen, die Sie Ihren Vorgesetzten stellen sollten

- Gibt es ein Organigramm? Wie sind wir aufgestellt?
- Gibt es klare Aufgaben-, Rollen- und Schnittstellenbeschreibungen?
- Sind die Zuständigkeiten allen Mitarbeitern und Kollegen bekannt?

Fragen, die Sie sich selbst stellen sollten:

- Höre ich meinen Mitarbeitern wirklich zu? Frage ich bewusst nach, ohne aufdringlich zu werden?
- Was weiß ich wirklich über meine Mitarbeiter, meine Kollegen und meinen Chef? Was machen sie privat? Wie ist ihre familiäre Situation? Was weiß ich über ihre beruflichen und persönlichen Ziele? Was treibt sie an? Welche Hobbys und Leidenschaften haben sie?
- Kenne ich die Stärken und Schwächen meiner Mitarbeiter?
- Kenne ich den Ausbildungsstand in Bezug auf konkrete Aufgaben meiner Mitarbeiter?
- Behandle ich alle Mitarbeiter gleich und mit Respekt?
- Was tue ich, damit meine Mitarbeiter besser werden können?
- Wen kann ich wie mit neuen Aufgaben und mehr Verantwortung weiterentwickeln?

Fragen, die Sie Ihren Mitarbeitern stellen sollten:

- Was macht Ihnen am meisten Freude im Job?
- Was sind Ihre Stärken, wo sehen Sie Ihre Schwächen?
- Welches Hobby, welche Tätigkeit außerhalb des Jobs schenkt Ihnen Freude und gibt Ihnen Kraft?
- Was sind Ihre Ziele?
- Welchen Job möchten Sie in fünf Jahren machen?
- Wenn Sie an Ihre letzte Aufgabe bzw. Ihr letztes Projekt denken: Was würden Sie heute anders machen? Warum?
- Was spornt Sie richtig an? Und was demotiviert Sie?
- Gibt es Sorgen Ihrerseits, Bedenken oder gar Ärger, von denen ich wissen sollte?
- Sind Ihnen meine Erwartungen wirklich klar?
- Was erwarten Sie von mir als Führungskraft?
- Was brauchen Sie von mir, damit Sie Ihren Job besser machen können?
- Was kann ich im Tagesgeschäft tun, um Sie voranzubringen?
- Welche Weiterbildungsmaßnahmen wären Ihnen wichtig? Wie kann ich Sie dabei unterstüzen? Was können Sie selbst tun?
- Was kann ich aus Ihrer Sicht besser machen?
- Wodurch behindere ich (oder behindert unser Führungsteam oder andere) Ihre Arbeit? Was bremst Sie aus?
- Was wünschen Sie sich von Ihren Kollegen?
- Wie erleben Sie unsere Zusammenarbeit und Kommunikation im Team? Was können wir gemeinsam verbessern? Haben Sie Vorschläge, wie?

*Inhalte mit diesem Hinweis können Sie kostenlos herunterladen auf der Website der Autoren: **www.leadership-by-got.com** oder scannen Sie einfach den nebenstehenden QR-Code ein.*

Teil 4 - Kapitel 6: Klarheit & Kommunikation

„Ich bin kein Gelehrter, aber die beste Art seinen Mitmenschen zu helfen, ist vielleicht nicht, in einer gefrorenen Festung am Rand der Welt zu hocken. Es könnte auch bedeuten, in den Dreck hinaus zu waten, in schmutzigen Stiefeln, und zu tun, was getan werden muss."

Ser Davos Seewert (6.03)

Was Klarheit & Kommunikation bedeuten

Gefangen in der Informationsflut

Den meiste Zeit ihres Tageswerks verbringen Führungskräfte mit Kommunikation, dem mündlichen oder schriftlichen Austausch von Informationen. Können Sie für sich beziffern, wie viel Zeit Sie dafür benötigen? Wir schätzen den Anteil auf rund 80 Prozent der Arbeitszeit. Und seien wir ehrlich, ein großer Anteil davon ist ineffizient, unnötig, redundant und schlicht überflüssig. Es werden so viele E-Mails und

Papiere produziert, Meetings abgehalten und Gespräche geführt, dass uns der Kopf schwirrt. Hinzu kommen weitere Nachrichten, die uns permanent über Computer, Mobiltelefon oder Radio und manchmal auch Fernsehen erreichen, wenn wir den Empfang nicht abschalten. Im Dauerfeuer von Informationshäppchen, Telefonaten, digitaler Post und endlosen Meetings verlernen wir, uns auf das wirklich Wesentliche zu fokussieren. Wir sind nur immer sehr beschäftigt. Wir überfrachten unsere Tage derart mit teils leeren Informationen, dass die Geschäftigkeit selbst zur eigentlichen Beschäftigung wird.

Wir hatten im ersten Teil des Buches im Zusammenhang mit der Komplexität von *Game of Thrones* über die begrenzte Kapazität der menschlichen Großhirnrinde berichtet. Ist das noch in Ihrem Gedächtnis? Zur Erinnerung: Wir können nur eine begrenzte Menge an Informationen im Kopf behalten und gleichzeitig verarbeiten. Wer mehr als eine Sache gleichzeitig tut, muss damit rechnen, dass er Dinge übersieht, vergisst und Fehler macht. Unser präfrontaler Kortex arbeitet seriell. Er erledigt eins nach dem anderen. Wer bei seiner Arbeit Wert auf Genauigkeit legt, sollte seine Aufmerksamkeit daher nicht teilen. Sie kennen dieses Phänomen vielleicht vom Autofahren: Wenn Sie eine Ihnen bekannte Strecke mit dem Auto fahren, können Sie sich locker mit dem Beifahrer unterhalten. Wenn Sie aber auf einer unbekannten Straße fahren und ein neues Ziel finden müssen, gerät die Unterhaltung rasch ins Stocken, weil Sie sich konzentrieren müssen.

Viele Berufstätige haben ständig Ablenkungen bei der Arbeit. Der Kollegin, die ihren Kopf zur Tür hereinsteckt und von ihrem Urlaub berichten möchte, der ungeplante Anruf eines Kollegen, der nur mal kurz Ihren Rat braucht, die Erinnerung auf dem Bildschirm, dass Sie in 30 Minuten ein Meeting haben, der Kunde, der unbedingt mit Ihnen sprechen will. Unsere Produktivität wird dadurch, dass wir stets und überall online und erreichbar sind, noch weiter minimiert. In einer aktuellen Umfrage gaben elf Prozent der Beschäftigten an, häufig abgelenkt zu sein, weitere 40 Prozent manchmal. Nur zwölf Prozent gaben an, nie von der eigentlichen Arbeit abgelenkt zu sein. Ganz oben auf der Liste der Störfaktoren stehen Privatgespräche mit Kollegen, gefolgt von Ablenkungen durch die kollegiale Geräuschkulisse und das Smartphone. [1]

Auch durch die zunehmende Komplexität und Vielfalt unserer Aufgaben sind wir oft gezwungen, unsere Aufmerksamkeit ständig auf mehrere Themen gleichzeitig zu richten. Das fühlt sich an wie die nicht enden wollende Armee von Untoten, die über die Mauern von Winterfell strömt: Sie wissen gar nicht, an welcher Stelle Sie zuerst eingreifen sollen. Linda Stone, ehemaliges Vorstandsmitglied bei Microsoft, prägte dafür 1998 den Begriff „continuous partial attention" (auf Deutsch: ständig geteilte Aufmerksamkeit).[2] Die Folge: Menschen sind sehr schnell und intensiv geistig erschöpft. Kennen Sie diesen Zustand, den der Publizist William Powers in seinem tiefsinnigen Ratgeber „Einfach abschalten" beschreibt? „Wir sind zu so etwas wie

Kugeln in einem Flipper geworden: Wir titschen in einer Welt aus blinkenden Lichtern, Rattern und Klingeln herum. Diese Welt besteht aus einer Menge Bewegung und Lärm, führt aber zu nicht viel."[3] Gegen Feierabend fühlen Sie sich ausgelaugt und fragen sich dann, was Sie an diesem Tag eigentlich geschafft haben – und sind ziemlich frustriert. Wer dann auch noch nach Feierabend, an Wochenenden und im Urlaub permanent erreichbar ist oder ständig Meldungen auf dem Smartphone checkt, dem fehlen die Regenerationsphasen, um leistungsfähig zu bleiben.

Ein weiteres Problem ist: Sie müssen sich nach einer Ablenkung wieder auf Ihre ursprüngliche Aufgabe fokussieren, was viel Energie kostet. Und Sie kommen so zu selten in einen Workflow, der Ihnen die Arbeit leicht von der Hand gehen lässt. Der Informatiker Cal Newport, der die Deep-Work-Methode für konzentriertes Arbeiten entwickelt hat, stellt daher fest: „Wenn Sie genügend Zeit mit fieberhafter Oberflächlichkeit verbringen, verringern Sie *dauerhaft* Ihre Fähigkeit, konzentriert zu arbeiten."[4] Ein Teil des Problems ist Ihr Geist selbst. Er scheint zu wandern wie ein Welpe, der hier und dort herumschnüffelt. Das ist völlig normal. Denn Ihr Gehirn muss ständig und in jedem Augenblick Billionen von neuronalen Verbindungen verarbeiten, neu konfigurieren und verdrahten. Im Fachjargon heißt das neuronale Hintergrundaktivität.

Ein zweiter Teil des Problems ist evolutionär bedingt: Wenn Sie durch neue Informationen in Ihrer Umgebung abgelenkt werden, reagieren Sie reflexartig. Das Gehirn hat über Millionen von Jahren gelernt, seine Aufmerksamkeit auf alles Ungewöhnliche zu richten. Wir alle sind die Nachkommen von Menschen, die äußerst aufmerksam waren, wenn es im Busch raschelte. Dort konnten sich ein Säbelzahntiger oder Angehörige eines feindlichen Clans heranschleichen. Alles Neue, das Ping einer eingehenden Nachricht oder die Kollegin, die zur Tür hereinschaut, fesselt daher automatisch unsere Aufmerksamkeit.

Wer permanent online ist, wer eine Flut von E-Mails lesen und beantworten muss, wer häufiger vom Terminkalender erinnert wird, wer parallel noch bei Facebook oftmals belanglose Einträge liest, wer im Internet von Informationen zugeschüttet wird, wer dann womöglich auch noch im Großraumbüro arbeitet und von Kollegen abgelenkt wird, kann sich nicht mehr auf das Wesentliche konzentrieren. Wer morgens mit der Lektüre von E-Mails seinen Arbeitstag beginnt, verbrät buchstäblich wichtige Stoffwechselenergie, die eigentlich vom präfrontalen Kortex benötigt wird, um Prioritäten zu setzen. In dem Maß, in dem die Zahl der Menschen steigt, mit denen wir digital vernetzt sind, nehmen auch die Häufigkeit und das Tempo unserer Kommunikation zu.

Wenn es uns nicht gelingt, Räume zum Abschalten und für ungestörtes Arbeiten zu schaffen, zwingen wir unser Gehirn ständig zum Bereitschaftsdienst und erhöhen damit seinen Stresspegel. Gerade das Ständig-und-überall-Online-sein beschert uns ein künstliches Gefühl dauerhafter Krise. Denn Säugetiere in einem ständigen Krisenzustand reagieren nun einmal mit der adrenalingesteuerten Kampf-oder-Flucht-Reaktion. Das ist natürlich hilfreich, wenn Sie von einem Säbelzahntiger gejagt werden. Doch wie viele von den Hunderten von Mails und Messenger-Nachrichten, die wir tagtäglich bekommen, sind tatsächlich ein Säbelzahntiger?

Tyrions Tipp

Kommunikation ist enorm wichtig. Aber manchmal brauchen Sie Ruhe, um fokussiert zu arbeiten. Schaffen Sie sich diese Freiräume, indem Sie feste Ruhearbeitszeiten im Kalender eintragen. Dann gilt: Telefon und Mailprogramm ausschalten und den Kollegen signalisieren, dass Sie ungestört arbeiten möchten.

Klare und eindeutige Anweisungen geben

Nachdem wir im ersten Schritt in diesem Kapitel den Fokus auf unsere Gewohnheiten gelegt und dargelegt haben, wie zu viel oberflächliche Kommunikation uns ablenkt und uns damit vor allem der Klarheit des fokussierten Arbeitens beraubt, wollen wir nun den Blick auf die Klarheit der Kommunikation an sich richten. „Die meisten Unklarheiten resultieren aus Mängeln in unserer Kommunikation“[5], stellt der renommierte Kommunikationstrainer René Borbonus in seinem Buch „Klarheit“ fest. Um Ihnen das an einem einprägsamen Beispiel deutlich zu machen, greifen wir tief in die historische Kiste und berichten, wie eine einzige unklare Botschaft eines Chefs an seinen Mitarbeiter vermutlich den Lauf der Weltgeschichte verändert hat.

Pennsylvania, USA, 1. Juli 1863. Das Land befindet sich seit mehr als zwei Jahren in einem blutigen Bürgerkrieg zwischen der von Abraham Lincoln geführten Union und der abtrünnigen Konföderation der Südstaaten. Auf Dauer, das ist General Robert E. Lee, dem Befehlshaber der konföderierten Armee, klar, wird der Süden den überlegenen Ressourcen der Nordstaaten an Soldaten, Industrie und Nachschub nicht standhalten können. Doch gibt es in Washington mächtige Stimmen, die Präsident Lincoln drängen, einen Waffenstillstand mit den Rebellen zu schließen, um den Krieg zu beenden. Denn trotz der deutlichen numerischen Überlegenheit des Nordens haben die konföderierten Truppen gerade in den Monaten zuvor entscheidende Schlachten gewonnen. Das ist vor allem der größeren Kampfmoral der Soldaten aus dem Süden und den kompetenteren Offizieren in entscheidenden Positionen zu verdanken. Deshalb hat sich Lee entschlossen, den Krieg ins Territorium der Nordstaaten zu verlagern und ist in Pennsylvania einmarschiert. Nach einem entscheidenden Schlag gegen die Unionsarmee, so sein strategisches Kalkül, könnte er direkt gegen die nur schwach verteidigte Hauptstadt Washington ziehen und seine geschockten Gegner so vermutlich zu Waffenstillstandsverhandlungen veranlassen.

Bei Gettysburg sind die ersten Kolonnen der beiden Armeen am 30. Juni 1863 aufeinandergetroffen. Nach hitzigen Gefechten hat die konföderierte Armee im Laufe des 1. Juli die kleine Stadt erobert und zwei Korps der Unionstruppen in die Flucht geschlagen. Südlich von Gettysburg befindet sich eine Kette von Hügeln. Dorthin flüchten die US-Soldaten, ihrer Verstärkung entgegen, die aus dem Südosten anrückt. Lee, ein kriegserfahrener Ingenieur und brillanter Stratege, erkennt durch seinen Feldstecher rasch den topografischen Vorteil, den diese Hügel als Verteidigungsposition bieten. Deshalb schickt er seinem ranghöchsten Offizier vor Ort, Generalleutnant Richard S. Ewell, per Boten eine Botschaft, in der er den Korpskommandeur anweist, die beiden nächsten Hügel, erst den bewaldeten Culp's Hill und dann Cemetery Hill, einzunehmen. „Der Feind zieht sich über diese Hügel zurück.... in großer Verwirrung. Sie müssen nur diese Leute unter Druck setzen, um den Besitz der Höhen zu sichern...... Tun Sie dies, wenn möglich."[6]

Ewell jedoch, obwohl von mehreren seiner Offiziere bedrängt, endlich anzugreifen, weigert sich, mit seinen Truppen die beiden kaum verteidigten Hügel zu erobern. Seine Truppen seien von den Gefechten der letzten Stunden erschöpft, ihr Tageswerk getan. In der Nacht auf den 2. Juli besetzen weitere Unionstruppen die beiden Anhöhen und verschanzen sich dort so gut, dass spätere Attacken der Südstaatler zurückgeschlagen werden können. Mit den beiden Hügeln und den südlich anschließenden Höhenzügen verfügt die US-Armee über eine erhöhte Position in Form eines nach Norden ausgerichteten Angelhakens, die es ihr ermöglicht, auch dank der kurzen logistischen Wege, Lees Angriffe am 2. und 3. Juli erfolgreich abzuwehren. Wie der Historiker Douglas Southall Freeman erklärt, kostete das Versäumnis, Culp's Hill zu erobern, „die Konföderierten Cemetery Hill, und Cemetery Hill kostete sie Cemetery Ridge, und Cemetery Ridge kostete sie Gettysburg. Was Gettysburg sie kostete, wissen Sie."[7] Nach der Niederlage bei Gettysburg war der Bürgerkrieg für die Südstaaten verloren, auch wenn das Gemetzel noch fast zwei Jahre andauern sollte.

Wir können also festhalten: Die USA würde es in der heutigen Form vermutlich nicht geben, und die gesamte Weltgeschichte des späten 19. und 20. Jahrhunderts wäre dramatisch anders verlaufen, hätte General Robert E. Lee am Nachmittag des 1. Juli 1863 an einen seiner leitenden Mitarbeiter eine klare Anweisung gegeben. Doch mit dem Zusatz „wenn möglich" eröffnete Lee der zuständigen Führungskraft vor Ort einen Interpretationsspielraum, den Ewell als Entschuldigung nutzte, um nicht zu handeln und so die wahrscheinlich entscheidende Chance vergab, die Schlacht zu gewinnen und einen Waffenstillstand zu erzwingen.

Klare Kommunikation ist also von enormer Bedeutung, nicht nur unter extremem Druck wie auf dem Schlachtfeld oder in Kriseneinsätzen. Und sie ist, wie das Beispiel Gettysburg zeigt, eben auch immer abhängig vom Empfänger. Das nicht erkannt zu haben, war Lees Versäumnis. Er hatte es mit einem leitenden Angestellten zu tun, der seinen Job als Kommandeur des 1. Korps erst wenige Wochen zuvor angetreten hatte. Ewells Vorgänger war der legendäre Thomas „Stonewall“ Jackson, der im Moment seines größten Triumphes in der Schlacht von Chancellorsville im Dunkeln irrtümlich von eigenen Soldaten beschossen wurde und an den Folgen der Verwundung am 10. Mai 1863 starb.

Jackson wusste stets instinktiv, was Lee plante und von ihm erwartete – und er setzte die Strategie seines Befehlshabers rigoros und eigenverantwortlich um. Er hatte ein Gespür für die in der jeweiligen Situation erforderlichen und durchführbaren Entscheidungen. Um erfolgreich handeln zu können, bedurfte er der Führung am langen Zügel, um die notwendigen operativen Maßnahmen selbst bestimmen zu können. Das entsprach der Art, wie General Lee am liebsten führte. „In der amerikanischen Geschichte gibt es kein anderes Duo von Generalen, die eine so empathische Beziehung, ein so erhabenes Vertrauen zueinander hatten“[8], urteilt der Historiker Ernest B. Furguson. Lee und Jackson sind das Paradebeispiel für eine Führungskraft mit einer klaren Vision und einem Mitarbeiter, der die Missionsziele eigenverantwortlich umsetzt. Die Taktik, die Meilensteine bei der Umsetzung, überließ Lee Jackson, weil er stets zuverlässig Ergebnisse lieferte. Kommunikation aller operativen Details war in diesem Zusammenspiel nicht erforderlich.

Es gibt für diese Art von Vertrauen und vorausschauender Umsetzung übrigens ein sehr schönes Beispiel in *Game of Thrones*. In Episode 4.05 trifft Daenerys ihren Beraterstab mit Jorah Mormont, Barristan Selmy, Daario Naharis, Grauer Wurm und Missandei. Die Drachenkönigin erfährt von Jorah, dass Joffrey auf seiner eigenen Hochzeit vergiftet wurde, dann berichtet Barristan, dass die meereenische Flotte erfolgreich gekapert wurde. Daario ist verantwortlich für den Coup. Daenerys fragt ihn: „Wer hat Euch befohlen, ihre Flotte anzugreifen?“ Daario: „Niemand.“ Daenerys fragt weiter: „Wieso habt Ihr es denn getan?“ Daario entgegnet: „Hab‘ gehört, Ihr mögt Schiffe.“ Schmunzelnd lässt sie Daario gewähren. Er hat Daenerys‘ strategisches Ziel verstanden, mit ihrer Armee Westeros zu erobern. Dafür braucht die Königin eine Invasionsflotte. Eigenverantwortlich, ohne Befehl, ergreift Daario die Initiative und nutzt die Chance, die meereenische Flotte zu übernehmen. Daario verhält sich in dieser Situation wie Stonewall Jackson. Dass Daenerys nach seiner Motivation fragt, aber nicht, wer ihm den Angriff erlaubt habe, zeigt, dass sie seine Eigeninitiative gutheißt und sich zwischen beiden ein ausgeprägtes Vertrauen entwickelt hat. Dies gipfelt darin, dass er zum Statthalter von Meereen ernannt wird, als Daenerys mit ihrer Armee gen Westeros segelt (6.09).

Zwischen Robert E. Lee und Richard Ewell bestand dieses eingespielte Vertrauensverhältnis nicht; auch Lees zweiter Korpskommandeur, General James Longstreet, war aufgrund seiner eher defensiven Grundhaltung mit dem risikobereiten Lee nicht so kompatibel wie der strategisch und taktisch stets aggressive Jackson. „Anstatt seinen Korpskommandeuren zu erlauben, die operative Führung auf dem Feld zu übernehmen, war Lee gezwungen worden, die Führung über sie zu übernehmen und sie richtig in Bewegung zu setzen, und das war nicht sein bevorzugter Modus operandi“[9], erklärt der Historiker Allen C. Guelzo in seinem Bestseller „Gettysburg. The Last Invasion“ General Lees fatale kommunikative Unklarheit gegenüber Ewell. Lee tat das, was sein gewohnter Führungsstil war: Er äußerte einen höflichen Vorschlag, den er unbedingt umgesetzt sehen wollte. Ewell aber begriff die Botschaft Lees eben auch als Vorschlag, den er ablehnen konnte, nicht als Befehl. Der konföderierte Befehlshaber hätte ihm eine eindeutige, nicht interpretierbare Anweisung erteilen müssen, etwa „Stürmen und sichern Sie die beiden Hügel südlich von Ihnen bis zum Einbruch der Dunkelheit“.

Tyrions Tipp

Geben Sie im Zweifel immer eindeutige Anweisungen, die jeder befolgen kann. Gestatten Sie allerdings Mitarbeitern, die eigenverantwortlich handeln, den erforderlichen Freiraum, die Ziele auf ihre Art zu erreichen, so lange sie Ergebnisse in Ihrem Sinn liefern. Solche Mitarbeiter werden Ihnen Ihr Vertrauen mit Loyalität und Engagement danken.

Verständlichkeit ist das oberste Gebot

Klarheit in der Kommunikation erfordert, nicht nur eindeutig zu sein, sondern dass Sie Ihre Botschaften auch einfach und verständlich senden müssen. Insbesondere für schriftliche Informationen bedeutet das, die Grundregeln des Hamburger Verständlichkeitskonzepts zu beherzigen. Diese populäre, wenn auch nicht unumstrittene Theorie wurde Anfang der 1970er-Jahre an der Universität Hamburg von den Psychologen Reinhard Tausch, Inghard Langer und Friedemann Schulz von Thun entwickelt.[10] Das Konzept basiert auf folgender Annahme: Wenn Leser einen Text nicht verstehen, liegt es weniger daran, dass die beschriebenen Sachverhalte zu kompliziert sind. Schuld ist vielmehr die Art der Formulierung. Hätte der Autor anders, also verständlicher geschrieben, hätte der Leser ihn besser verstanden. Mit anderen Worten: Der Schreiber muss sich plagen, nicht der Leser! Leicht verständliche Texte zeichnen sich dadurch aus, dass sie geläufige und konkrete Wörter in einfachen, oftmals kurzen Sätzen verwenden. Die Gedanken des Textes sind inhaltlich und typografisch sinnvoll gegliedert. Durch anregende Zusätze wie rhetorische Fragen oder lebensnahe Beispiele wird die Lust am Lesen gefördert.

Die Welt von *Game of Thrones* hat die Erfindung des Buchdrucks noch nicht erlebt. Es gibt wie im europäischen Hochmittelalter nur Handschriften, meist von Maestern gefertigt. Informationen werden erzählt oder von Barden gesungen, Wissen wird fast ausschließlich persönlich vermittelt. Es gibt keine Massenmedien. Und wer wissensdurstig ist wie Samwell Tarly, kann weder Google oder Wikipedia noch einen Buchladen bemühen, sondern muss sich nach Altsass, in die älteste Stadt der Sieben Königslande, begeben, um dort in der Zitadelle die alten Manuskripte zu studieren und von den Maestern zu lernen. Und wie werden eilige Nachrichten transportiert? Nun, das Westeros-WhatsApp sind Briefraben, die kleine beschriebene Pergamentrollen von Ort zu Ort transportieren. Schon diese Art des Mediums bedingt, dass die Botschaft knapp und klar sein muss und somit meist unmissverständlich ist.

Wir erleben das bei vielen Charakteren auch in der mündlichen Kommunikation. Tywin, Cersei, Stannis, Jeor und Allisar machen klare Ansagen. Jon redet – wie sein Übervater Ned - selten, aber wie Sie in diesem Kapitel sehen werden, sind seine Botschaften von bestechender Einfachheit und Klarheit. Ganz anders hingegen Petyr Baelish und Lord Varys, deren Begegnungen verbale Florettgefechte voll geschliffener Rhetorik sind. Sie können gleichermaßen Absichten verschleiern und falsche Spuren legen wie auch eindeutige Botschaften senden. Tyrion hingegen ist meist drastischer und oft sarkastischer in seiner Wortwahl, doch brilliert er mit situativ angepasster Rhetorik: Er kann sich schnell dem Idiolekt von Gesprächspartnern angleichen, begibt sich auf deren sprachliches Niveau und berücksichtigt Ausdrucksweise und Wortschatz der anderen sowie den Zweck der Botschaft und die Situation. Zwei Beispiele dafür: In seiner luftigen Kerkerzelle auf Hohenehr kann Tyrion den tumben Wärter Mord mit sehr einfachen Worten und der Aussicht auf Gold überzeugen, an Lysa Arryn die Botschaft zu überbringen, dass er gestehen wolle (1.06). Und als er nach seiner Freilassung mit dem Söldner Bronn im Grünen Tal rastet, werden sie von Angehörigen der Bergvölker eingekreist, die sie töten wollen. Tyrion gelingt es durch rhetorisches Geschick, Shagga und seine Leute zu Verbündeten zu machen (1.08). Da der Zwerg dabei nicht nur als großer Kommunikator glänzt, sondern sich auch als enorm anpassungsfähig in unterschiedlichsten Situationen zeigt, werden wir Tyrions Kompetenzen im nächsten Kapitel „Flexibilität & Konfliktfähigkeit“ würdigen.

Jede Botschaft hat vier Seiten

Nicht nur, aber insbesondere für Führungs- und Zusammenarbeit kommt es darauf an, dass Botschaften vom Empfänger richtig verstanden werden. Verständlichkeit der Botschaft ist dabei enorm wichtig, aber nur ein Aspekt. Sie ermöglicht es lediglich, die Sachbotschaft einer Nachricht zu verstehen. Nehmen wir für *Game of Thrones* nur einmal die einfache und verständliche Aussage: „Da vorn ist eine Krähe.“ Gemeint sein kann wortwörtlich, dass jemand einen gefiederten Vertreter aus der Familie der Rabenvögel sieht. Es könnte im übertragenen Sinn aber auch bedeuten, dass jemand einen Bruder der Nachtwache erblickt hat. Jetzt kommt es darauf an, wer da spricht: Ist es ein Siedler aus der Schenkung südlich der Mauer, so erwartet dieser vielleicht einen Trupp der Kämmerer, die Vorräte für die Nachtwache einkaufen wollen. Ist es dagegen ein Thenn, so entdeckt dieser gerade einen Feind, den er gern töten und zum

Abendessen verspeisen möchte. Das bedeutet, jede Aussage kann, je nach Kontext und beteiligten Personen, divers interpretiert werden. Schulz von Thun, einer der drei Kommunikationspsychologen, die das Hamburger Verständlichkeitskonzept entwickelt haben, hat diese Bedeutungsvielfalt von Botschaften in seinem bekannten „Vier-Seiten-Modell" virtuos erklärt. Demzufolge enthält jede Äußerung vier Botschaften oder kann auf vier verschiedenen Wegen verstanden werden. Dabei ist es vollkommen unerheblich, ob diese Ebenen vom Sender gewollt sind oder nicht, denn sie sind ein Bestandteil jeder Nachricht. Die vier Botschaften sind:

1) Sachebene: Worüber ich dich informiere.
2) Selbstoffenbarung: Was ich von mir offenbare.
3) Beziehung: Wie ich zu dir stehe, was ich von dir halte.
4) Appell: Was ich von dir will.

Diese vier Ebenen stellte Schulz von Thun erstmals 1981 in seinem Fachbuch-Klassiker „Miteinander reden"[11] als ein Quadrat dar, dessen einzelne Seiten eine der vier Ebenen der Nachricht darstellen. Weil der Sender sich auf diesen vier Ebenen äußert (er spricht mit vier Schnäbeln) und der Empfänger die Äußerung auf vier verschiedene Arten hören kann (er hört mit vier Ohren), ist es klar, dass Kommunikation mit Missverständnissen einhergeht, weil Botschaften unterschiedlich gemeint und interpretiert werden. Ein alltägliches Beispiel dafür sind Messenger-Nachrichten auf dem Smartphone, die lustig gemeint sind, vom Empfänger aber ernst genommen werden. Das hat schon so manchen Beziehungsstress verursacht, wie Sie vielleicht selbst schon leidvoll erfahren haben; da helfen meist auch keine Emoticons.

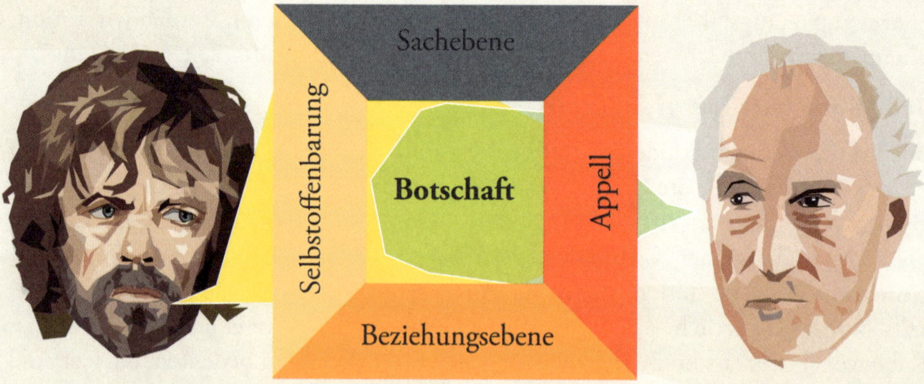

Modell der Vier Seiten einer Botschaft nach Friedemann Schulz von Thun

Doch nehmen wir noch ein analoges Beispiel aus der Serie, um das Modell zu illustrieren. Was besagt Tyrions Aussage „Der Wein ist alle"? Die Sachbotschaft ist: Das Weinglas ist leer. Als Selbstoffenbarung gibt Tyrion kund, dass er durstig ist und mehr Wein möchte. Der Appell lautet: „Schenkt mir Wein ein." Und die Beziehungsbotschaft könnte sein: „Mein Knappe Podrick, du bist nicht aufmerksam und hättest schon längst nachfüllen können."

Podrick wird die Botschaft in dieser Situation vor allem auf seinem Appell-Ohr empfangen und vermutlich rasch nachschenken. Die gleiche Aussage von Tyrion würde sein Vater Tywin anders interpretieren, auf die Selbstkundgabe achten und vermutlich kontern: „Du trinkst eh zu viel." Und auch bei Bronn würde der Appell wohl nicht fruchten; er würde nüchtern die Sachbotschaft hören und antworten: „Dann lasst neuen Wein bringen."

Es wird deutlich, wie groß der Interpretationsspielraum eines an sich simplen Satzes ist. Uns muss bewusst sein, dass der Empfänger entscheidet, auf welchem Ohr er hört. „Leider trifft er diese Entscheidung meist unbewusst. Wir blenden drei von vier Botschaften aus."[12] Wie der Kommunikationsexperte Peter Brandl in seinem Buch „Crash-Kommunikation" anhand von Flugzeugunglücken aufzeigt, kann das im beruflichen Alltag fatale Folgen haben.

Respekt hängt von gelungener Kommunikation ab

Als Führungskraft sind Sie gut beraten, wenn Sie sich der vier Seiten einer Botschaft und ihrer unterschiedlichen Wahrnehmungen bewusst sind. Zwischenmenschliche Kommunikation ist eben nicht eindeutig. Schon von daher sollten Sie wichtige Botschaften an Ihre Mitarbeiter sorgsam, verständlich und eindeutig formulieren, um den Interpretationskorridor einzuengen. Ferner sollten Ihre Botschaften ebenso wie Ihr Ton von Respekt gegenüber den Mitmenschen geprägt sein – und damit meinen wir nicht nur Ihre direkten Gesprächspartner, sondern auch diejenigen, über die Sie reden. Denn wenn Sie über abwesende Personen lästern, muss Ihr Gegenüber nicht viel Fantasie haben, um sich auszumalen, dass sie oder er beim nächsten Mal das Opfer Ihrer Verbalattacke sein könnte.

Damit sind wir wieder beim Thema Vertrauen & Werte. „Faire Kommunikation ist wie eine Einzahlung auf ein Vertrauenskonto, von dem man in schwierigen Zeiten abheben kann, zum Beispiel bei Veränderungsprozessen und Auseinandersetzungen"[13], meint Peter Brandl. Ihre Art zu kommunizieren, ist entscheidend für den Respekt, den Sie von anderen bekommen. Dafür müssen Sie zuerst anderen Respekt entgegenbringen. „Nur wer investiert, wird wachsen. Respekt und Erfolg haben deshalb sehr viel miteinander zu tun. Ein respektvolles Miteinander im Geschäftsleben wird Ihren Alltag nicht nur entspannter und konfliktärmer machen – es wird Ihnen auch messbare Erfolge bescheren"[14], erklärt René Borbonus. Eine Chefin wie Cersei wird von ihren Mitarbeitern und Untergebenen nicht respektiert, sondern nur gefürchtet. Allenfalls Qiburn und der Berg Gregor Clegane respektieren sie, weil sie wegen ihrer fachlichen Kompetenzen auch von Cersei respektvoll behandelt werden. Anders verhält es sich mit Daenerys: Egal, ob Sklaven oder adlige Berater, sie behandelt alle Menschen respektvoll – und erfährt im Gegenzug Respekt, Zuneigung und Vertrauen. Borbonus bringt es trefflich auf den Punkt: „Respekt ist das Schmiermittel der Gesellschaft. Er definiert unsere Beziehungen und unser gesamtes Sozialverhalten wie kein anderer Faktor menschlichen Miteinanders."[15]

Eine echte Feedbackkultur im Team etablieren

Ein wichtiges Mittel respektvoller Kommunikation ist Feedback. Zu diesem Thema gibt es eine Fülle detaillierter Ratgeber mit vielen Praxisbeispielen.[16] Wir wollen an dieser Stelle nur die wichtigsten Aspekte für Ihren Führungsalltag anleuchten. Nimmt man den Engagement-Index von Gallup, so weisen 2018 lediglich 15 Prozent der Berufstätigen in Deutschland eine hohe emotionale Bindung an ihren Arbeitgeber auf. Fast drei Viertel (71 Prozent) und damit der Großteil fühlen sich nur gering ans Unternehmen gebunden. 14 Prozent der Arbeitnehmer besitzen gar keine emotionale Bindung zum Unternehmen. Wesentlichen Anteil an dieser schlechten Stimmungslage haben die unmittelbaren Chefs. „Führungskräfte müssen sich bewusst sein, dass sie diejenigen sind, die durch ihr Verhalten einen erheblichen Einfluss auf die Unternehmenskultur haben. Denn emotionale Bindung wird im unmittelbaren Arbeitsumfeld erzeugt", sagt der Meinungsforscher Marco Nink von Gallup.[17] Aus einer älteren, aber sehr glaubhaften Studie mit 37.000 Interviewten, die 2008 im Auftrag des Bundesministeriums für Arbeit und Soziales erstellt wurde, geht hervor, dass nur 36 Prozent der Arbeitnehmer in Deutschland den Eindruck haben, ausreichend Anerkennung zu bekommen.[18] Nun bedeutet Anerkennung nach unserer Überzeugung nicht, dass Sie plötzlich anfangen, Ihre Leute mit Lob zu überhäufen, wenn Sie dies bisher nicht gemacht haben. Mal abgesehen davon, dass dies in etwa so glaubwürdig wäre, wie ein Allisar Thorn, der seine Nachtwachenbrüder für gute Arbeit loben würde, ist es auch gar nicht sinnvoll. Sie sollten loben, aber sehr bewusst und durchaus sparsam, damit sich Ihre ausgesprochene Wertschätzung nicht selbst entwertet. Fredmund Malik bemerkt dazu: „Es wird aber leider oft übersehen, dass Lob nicht an sich wirkt, sondern nur unter bestimmten Umständen, nämlich dann, wenn es nicht abgenutzt ist und nur, wenn es von den richtigen Personen kommt und für die richtigen Leistungen. […] Sparsam mit Lob heißt – sparsam mit Lob, nämlich dann loben, wenn die Person es wirklich verdient hat, für etwas Außergewöhnliches, und das ist meistens selten."[19]

Das richtige Mittel Ihrer Wahl ist deshalb regelmäßiges Feedback. Das kann auch ein Lob enthalten, aber eben auch respektvoll und konstruktiv kritisch sein. So gibt Varys Tyrion ein recht allgemeines Feedback nach ihrer gemeinsamen Flucht nach Pentos: „Ihr habt viele bemerkenswerte Qualitäten. […] Jeder Narr mit etwas Glück kann in eine Machtstellung hineingeboren werden. Aber sie sich selbst zu verdienen, das erfordert Eifer. […] Von Eurem Vater habt Ihr ein Gespür für Politik. Und Ihr seid mitfühlend.“ (5.01).

Feedback bedeutet: Sie teilen anderen mit, wie Sie bestimmte Leistungen, Prozesse und Verhaltensweisen sehen. Damit signalisieren Sie Ihrem Gegenüber: Ich nehme dich wahr, ich registriere, was und wie du es tust, und mache mir Gedanken darüber. Das allein ist ein Moment der Anerkennung, die von Mitarbeitern oft schmerzlich vermisst wird. Das funktioniert natürlich nicht, wenn Sie wie Tywin Ihre Mitarbeiter nur verbal abwatschen, also ausschließlich negatives Feedback geben. Wie Jochen Mai, Chefredakteur des Online-Portals Karrierebibel, schreibt: „Kaum etwas

Tyrions Tipp

Es wird häufig kritisiert, dass zu wenig gelobt wird. Anerkennung ist wichtig, aber gehen Sie sparsam mit Lob um. Wer zu oft lobt, auch für Dinge, die selbstverständlich sein sollten und einfach zum Job gehören, entwertet Wertschätzung. Loben Sie nur dann, wenn ein Mitarbeiter wirklich Hervorragendes geleistet hat.

ist schlimmer, als unerbetener Rat. Sicher, der andere meint es vielleicht nur gut, will helfen. Aber falsch formuliert und zum falschen Zeitpunkt gegeben, wirkt Feedback schnell als Bevormundung, Angriff oder Demütigung. Von der Rückmeldung bleibt kaum mehr hängen als Kritik, Genörgel und Verurteilung. Nicht zuletzt steckt hinter manchem Feedback auch nur Scheinheiligkeit oder gar eine veritable Profilneurose: Solche Ratgeber wollen sich durch die Rückmeldung nur selbst erhöhen, indem sie anderen die Gunst des eigenen Wissensvorsprungs zukommen lassen.“ [20]

Richtig eingesetzt jedoch, hilft Feedback dabei, den blinden Fleck in unserer Selbsteinschätzung sichtbar zu machen, weil wir einen Blick von außen auf unser Verhalten bekommen. Dabei gilt es, ein paar klare Regeln zu beachten. So sollten Sie Feedback zwar möglichst spontan geben, wenn Ihnen etwas an der Vorgehensweise von Mitarbeitern besonders positiv oder negativ auffällt. Denn Feedback ist am wirksamsten, je kürzer die Zeitspanne ist zwischen dem betreffenden Verhalten und Ihrer Rückmeldung über die Wirkung des Verhaltens. Bleiben Sie dabei aber sachlich und fair, mit emotionaler Distanz zum Geschehen. Insbesondere, wenn Sie sich ärgern, sollten Sie den Raum zwischen Reiz und Reaktion vergrößern, um nicht unüberlegt zu reagieren.

Ein exzellentes Beispiel für direktes Feedback und klare Kommunikation liefert Daenerys in Episode 3.03. Bei ihrem Treffen mit dem Sklavenhändler Kraznys mo Nakloz in Astapor verkündet Daenerys, dass sie alle 8.000 Unbefleckten kaufen möchte, und auch diejenigen, die sich noch in der Ausbildung befinden. Als Bezahlung bietet sie einen ihrer Drachen an. Kraznys geht verzückt auf den Deal ein, während Jorah und Barristan sie davon abbringen wollen. Sie bleibt standhaft, und als der Kauf abgeschlossen ist, fordert und bekommt sie noch die Sklavin Missandei als Geschenk. Unmittelbar nach der Verhandlung sagt Daenerys zu den verdutzten Jorah und Barristan: „Ihr seid beide hier, um mich zu beraten. Ich schätze Euren Rat. Aber solltet Ihr mich je wieder vor Fremden in Frage stellen, beratet Ihr jemand anderen. Haben wir uns verstanden?" Das ist eine Situation, die Sie im Geschäftsleben häufiger erleben können. In einem Meeting mit Kunden oder anderen Abteilungen kritisiert ein Mitarbeiter seinen Chef und schwächt somit nicht nur dessen Ansehen, sondern manchmal auch die Verhandlungsposition des eigenen Bereichs. Daenerys gibt unmittelbares Feedback, sachlich und respektvoll im Ton, aber unnachgiebig in der Sache. Sie macht unmissverständlich klar, dass sie den Rat und auch eine andere Meinung von Jorah und Barristan schätzt, dies aber niemals außerhalb der Teambesprechungen hören möchte. In der Folge äußern beide keine Bedenken mehr in der Öffentlichkeit, aber weiterhin im persönlichen Gespräch mit Daenerys oder in Ratssitzungen.

Die Drachenmutter beherzigt in diesem Moment auch die Regel, nur das Verhalten oder die Leistung einer Person zu kritisieren, nicht aber die Person selbst. Sie beginnt Ihr Feedback mit einer persönlichen Wertschätzung, nicht mit einem Vorwurf. Falls Sie sich also selbst dabei ertappen, eine kritische Aussage mit Worten zu beginnen wie „Du bist immer..." oder „Nie machst du...", dann sollte bei Ihnen selbst die Alarmglocke klingeln, weil Sie gerade einen persönlichen Angriff starten. Ihr Gesprächspartner wird emotional sofort in einen Abwehrmodus gehen, die Sachebene ist damit verloren. Bessere Varianten sind Satzanfänge wie „Ich beobachte häufiger, dass..." oder „Ich habe den Eindruck, dass...", weil Sie sich damit auf das Verhalten und dessen Ergebnisse konzentrieren. Es gilt die Regel: Beschreiben Sie nur sachlich und möglichst konkret, was Sie - auch für andere nachvollziehbar – beobachten und was Sie erwarten - und liefern Sie keine moralische Beurteilung ab.

Wenn es Ihnen gelingt, in dieser Weise regelmäßig, fair und motivierend Feedback zu geben, haben Sie die erste Stufe einer professionellen Feedbackkultur erreicht. Allerdings ist diese Art der klaren Kommunikation noch eine hierarchische Einbahnstraße von Ihnen als Chef zu Ihren Mitarbeitern. Deshalb ist die zweite Stufe einer glaubhaften Feedbackkultur, dass Sie von Ihren Mitarbeitern und auch gleichrangigen Kollegen, mit denen Sie viel zusammenarbeiten, selbst regelmäßige und offene Rückmeldungen einfordern.

Allerdings werden selbst diese Dialoge nicht ausreichen, um exzellente Leistungen im gesamten Team zu stimulieren. Markus Jotzo weist auf die Scheuklappen hin: „Als Chef können Sie unmöglich alles sehen. Sie erleben Ihre Mitarbeiter nur wenige Stunden pro Woche. [...] Wenn es hochkommt, bekommen Sie etwa 10 Prozent der Arbeitszeit jedes Mitarbeiters bewusst mit. Und diese 10 Prozent sind nicht unbedingt repräsentativ."[21] Die dritte Stufe einer wirksamen Feedbackkultur zünden Sie dann, wenn Sie auch dafür sorgen, dass Ihre Mitarbeiter einander regelmäßig, ehrlich und wertschätzend Feedback geben. Es gibt wohl kaum eine Maßnahme, die eine bessere Zusammenarbeit befördert als diese Art, sich im Team sowohl negative als auch positive Rückmeldungen zu geben. Das ist alles andere als selbstverständlich und für manche Mitarbeiter eine echte Herausforderung, die Regeln zu akzeptieren und danach zu handeln. Umso wichtiger ist es aus unserer Sicht, dass Sie als Führungskraft den Impuls geben und in einem professionell begleiteten Workshop mit Ihrem Team die Regeln und die Umsetzung von Feedback gemeinsam festlegen.

Tyrions Tipp

Der Schlüssel für eine erfolgreiche Kommunikation im Team ist eine tagtäglich gelebte Feedbackkultur nach festen Regeln. Das bedeutet: Erstens geben Sie den Mitarbeitern Rückmeldung, wie Sie deren Verhaltensweisen und Leistungen sehen. Zweitens fordern Sie offenes Feedback selbstverständlich auch von den Mitarbeitern ein. Und drittens geben sich die Mitarbeiter untereinander ebenso selbstverständlich Feedback. Eine solche Kultur bekommen Sie nicht geschenkt, diese müssen Sie gemeinsam konsequent entwickeln und langfristig begleiten.

Daenerys Targaryen

Effiziente Meetings mit der Drachenmutter

Soeben haben wir Daenerys' Klarheit in der Kommunikation am Beispiel des direkten Feedbacks gegenüber Jorah und Barristan gewürdigt. Die Drachenmutter offenbart im Verlauf der Serie noch weitere kommunikative Kompetenzen, die entscheidend dafür sind, dass sie ihre Mission beinahe erfolgreich erfüllt - bis zum bitteren Ende. Hervorzuheben sind ihre ausgesprochen moderne Meeting-Kultur sowie ihre Fähigkeit, Botschaften sowohl nonverbal als auch als großen PR-Event zu inszenieren. Im Kapitel „Entwicklung & Zusammenarbeit" haben wir dargelegt, wie Daenerys sich nach und nach ein Kabinett professioneller Ratgeber aufbaut. Sie nutzt die Meetings mit ihnen, um gegenseitig Informationen über aktuelle Entwicklungen und Arbeitsfortschritte auszutauschen, Meinungen zu sammeln, die Anliegen ihrer Mitarbeiter zu hören und um Entscheidungen zu treffen.

Ein Beispiel dafür ist außer dem bereits angesprochenen Meeting in Episode 4.05, als sie von der durch Daario gekaperten Flotte erfährt, eine Ratssitzung in Episode 5.02: Daenerys muss sich in Meereen immer noch mit dem Schattenkrieg gegen die Söhne der Harpyie mühen. Es ist gelungen, ein Mitglied dieser Widerstandsbewegung zu enttarnen und festzunehmen. Die meisten Ratsmitglieder empfehlen, den Gefangenen zu töten - als unmissverständliche Botschaft an die Söhne der Harpyie. Nur der alte Barristan pocht auf Rechtsstaatlichkeit: „Wir wissen nicht, was er getan und was er nicht getan hat. Gewährt ihm wenigstens ein Verfahren, einen fairen Prozess. Zeigt allen Bürgern von Meereen, dass Ihr besser seid als die, die Euch absetzen wollen." Daenerys bedankt sich bei allen für ihren Rat und entscheidet nach einem Zwiegespräch mit Barristan: „Ich lasse den Sohn der Harpyie nicht ohne fairen Prozess hinrichten." Dazu kommt es jedoch nicht, weil der Gefangene vom ehemaligen Sklaven und jetzigen Ratsmitglied Mossador getötet wird. Konsequent lässt Daenerys deshalb Mossador wegen Selbstjustiz öffentlich hinrichten, was gewaltsame Proteste auslöst.

Sehenswert sind auch die Meetings auf Drachenstein in Staffel 7. Im Kartenraum hält Daenerys in Episode 7.02 Kriegsrat mit ihren Verbündeten, ihrer Hand Tyrion und den Beratern Varys, Grauer Wurm und Missandei. Es herrscht Uneinigkeit über die beste Strategie. Asha Graufreud und Ellaria Sand wollen Königsmund sofort angreifen und erobern, doch Tausende Unschuldiger würden dabei umkommen. Daenerys folgt Tyrions Rat, Westeros nicht mit einem Feuersturm zu erobern, sondern Königsmund zunächst zu belagern. „Ich bin nicht hier, um Königin der Asche zu sein", erklärt sie. Deshalb soll die Flotte der Graufreuds nach Sonnspeer segeln, um dort die Armee der Dornischen aufzunehmen und anschließend Kurs auf Königsmund zu nehmen. Gleichzeitig sollen die Unbefleckten nach Casterlystein aufbrechen, um den Sitz des Hauses Lennister zu erobern. Nach kurzer Diskussion fragt sie ihre Alliierten: „Habe ich Eure Unterstützung?" – und sie wird ihr gewährt.

Sogar das erste Treffen mit Jon und Davos zeugt von Daenerys Bereitschaft, andere Meinungen anzuhören und die Dinge zu verstehen. Trotz ihres sichtbaren Unmuts, dass Jon das Knie nicht vor ihr beugen will, erfolgt das Gespräch schließlich auf Augenhöhe, was auch dadurch deutlich wird, dass Daenerys nach einigen Minuten von ihrem Thron herabsteigt und sich auf Jons Ebene begibt (7.03). Obwohl sie irritiert ist von Jons Auftreten, sucht sie offensichtlich das Gespräch mit einem möglichen neuen Kooperationspartner. Im weiteren Verlauf beginnt die Königin, Jons Haltung und Beweggründe immer besser zu verstehen, weil sie bei Tyrion und Jon selbst nachfragt. Ihre offensichtlich wachsende Sympathie für den jungen Nordmann hilft dabei natürlich auch.

Blenden wir einmal in unsere eigene Wirklichkeit. Nach einer Analyse des Marktforschungsinstituts Harris verlieren Beschäftigte weltweit im Schnitt 4,5 Stunden pro Woche durch Meetings, Konferenzen und Besprechungen, denen sie zwar aus Präsenzgründen beiwohnen müssen, die aber so gut wie keine Relevanz für ihre eigene Arbeit haben. Bei Führungskräften sieht die Bilanz der Studie zufolge noch unproduktiver aus: Demnach sind sie mit zusätzlichen 4,6 Stunden Vor- und Nachbereitung für ineffiziente Arbeitstreffen beschäftigt. Das bedeutet: Teamleiter verschwenden im Schnitt 9,1 Stunden pro Woche – also mehr als einen Arbeitstag - für Meetings, die wenig produktiv sind.[22] Nicht ohne Grund heißt eine bekannte Management-Fabel von Patrick M. Lencioni „Tod durch Meeting".[23] Die meisten dieser Arbeitssitzungen leiden an vier wiederkehrenden Hauptproblemen, wie Martin J. Eppler und Sebastian Kernbach, Kommunikationsforscher der Universität St. Gallen, herausgefunden haben:

1. Fehlender Fokus
2. Konfusion über die aktuelle Diskussion und ihren Verlauf
3. Fehlende oder unproduktive Beteiligung
4. Keine klaren Verantwortlichkeiten

Denken Sie einmal an Ihre eigenen Meetings: Kommen Ihnen diese Probleme bekannt vor? Vor allem der Mangel an Fokus und Konsequenz macht viele Teilnehmer in solchen Runden zu Meistern der Inkompetenzkompensationskompetenz: Geschickt verbergen sie, dass sie sich nicht vorbereitet haben. Das hat ja auch selten Folgen! Und so verzögern sich manche Ergebnisse im Team um Wochen und Monate. Nicht zuletzt daher gilt das Wort Team auch als Abkürzung für: Toll, ein anderer macht's!

Nun gibt es zahlreiche Ratgeberbücher und Webseiten, die Ihnen kluge Tipps für effizientere Meetings anbieten. Wir möchten das an dieser Stelle nicht vertiefen, sondern verweisen kurz auf jenes Konzept, das uns am meisten überzeugt hat: „Meet up!"[24] von besagten Wissenschaftlern Eppler und Kernbach. „Meet-ups" bezeichnen im amerikanischen Englisch (freiwillige) fokussierte, relativ informelle Treffen, die stark vom Engagement der Teilnehmer leben, welche zügig ihre gemeinsamen Ziele erreichen wollen. Deshalb sollten Sie gerade als Führungskraft Ihre wichtige Arbeitszeit in Besprechungen produktiv und positiv gestalten: „Visualisieren Sie, orientieren Sie, involvieren Sie, fordern Sie ein und dokumentieren Sie kompakt." In ihrem Meet-up-Manifest für das 21. Jahrhundert fordern die beiden Autoren unter anderem: „Keine Alibisitzungen mehr: Es nimmt nur teil, wer einen Beitrag leisten kann oder direkt betroffen ist. [...] keine Sitzung, wenn sich seit der letzten nichts verändert hat. Keine Besprechung ohne Ziele und permanent sichtbare Agenda und Zeitangabe. Keine Besprechung ohne Feedbackmöglichkeit. [...] Keine Sitzung ohne Kurzprotokoll (behandelte Punkte & wer macht was bis wann)."[25]

Nicht en detail gemäß diesem Konzept, aber ungemein fokussiert, orientierend, involvierend und verantwortungsvoll erleben wir in Episode 7.05 den Höhepunkt der Meeting-Kultur von Daenerys. Beteiligt sind außer ihr Jon, Tyrion, Davos, Varys und Jorah. Besprochen wird, wie man der akuten Bedrohung durch die Armee des Nachtkönigs begegnen soll. Für Daenerys ist es ausgeschlossen, in den Norden zu marschieren, da dies bedeuten würde, Cersei das Feld zu überlassen. Tyrion schmiedet daher den Plan, einen Untoten zu Cersei zu bringen, um ihr den Ernst der Lage klarzumachen. Dazu benötigt er aber Jaimes Unterstützung, da Cersei vermutlich nur auf diesen hören würde. Jorah und Jon beabsichtigen, mit den Wildlingen hinter die Mauer zu gehen und einen Wiedergänger zu fangen. Davos soll unterdessen Tyrion unerkannt nach Königsmund schmuggeln, damit dieser mit Jaime sprechen kann. Als Königin ist Daenerys in dieser Runde zwar formal die Chefin, aber hier wird deutlich, dass ihr die anderen fachlich überlegen sind. Sie hört daher ihren Experten genau zu, fragt kritisch nach, lässt sich überzeugen und willigt schließlich ein. Es gibt einen klaren Problemlösungsfokus, aktive Beteiligung und freiwillige Übernahme von Verantwortung. So geht Meeting.

Kleider als Markenkommunikation

Blicken wir nun auf Daenerys' hervorragende Fähigkeit, Botschaften sowohl nonverbal als auch als großen PR-Event zu inszenieren. Das beginnt bereits mit ihrer Garderobe. Geschickt passt sie sich bei der Auswahl ihrer Kleidung der jeweiligen Kultur an. So trägt sie als Khaleesi die luftige, lederne Reitkleidung der Dothraki. In Astapor, Yunkai und Meereen legt sie bei offiziellen Anlässen die Tokar an, ein lockeres Gewand, das dort nur die Wohlhabenden tragen. Als sie in Staffel 7 nach Westeros zurückkehrt, trägt sie hochgeschlossene Kleider und Umhänge in Schwarz, Grau und Rot, den Farben der Targaryens. Und für den kalten Norden kleidet sie sich zudem in einen weißen Pelz, der allerdings zwischen den dunklen Gewandfarben der Einheimischen so hervorsticht, dass er die kühle Distanz der Nordleute eher verstärkt (8.01). Abgesehen davon zeigt Daenerys interkulturelle Kompetenz und erweist den ortsansässigen Menschen auch in der bewussten Wahl der Kleidung ihren Respekt. Indem sie sich äußerlich kulturell adaptiert, verbessert sie zumindest in der Sklavenbucht als fremdländische Eroberin die Akzeptanz durch die Einheimischen. Völlig anders sehen wir dagegen Ellaria Sand, die ihren Geliebten, Prinz Oberyn von Dorne, zur Hochzeitsfeier von Joffrey und Margaery nach Königsmund begleitet und dort mit ihrer recht offenherzigen dornischen Kleidung das Missfallen bei Hofe erregt (4.01). Diese Respektlosigkeit gegenüber den Lennisters ist allerdings bewusst kalkuliert.

Im Geschäftsleben ist der korrekte Dresscode eigentlich selbstverständlich. So achten Sie vor einem Bewerbungsgespräch sicherlich genau darauf, welche Kleidung angemessen ist; gleiches gilt, wenn sie zu offiziellen Veranstaltungen eingeladen sind. Auch bei Kundenbesuchen sind Sie meist gut beraten, wenn Sie von

Ihren Gesprächspartnern nicht gleich als bunter Paradiesvogel oder vollkommen overdressed wahrgenommen werden. Unaufdringlich moderne Souveränität ist angesagt. Im Business haben sich in den letzten Jahren die Kleidervorschriften ziemlich gelockert. So ist seit 2014 der Krawattenzwang im Deutschen Bundestag abgeschafft worden; und auch Vorstände von Konzernen wie Daimler oder Axel Springer sieht man oft ohne Krawatte und sogar in Jeans bei Geschäftsterminen. Dennoch erzielt das äußere Erscheinungsbild immer eine Wirkung. Hier gilt die alte Regel „Kleider machen Leute". Das gilt insbesondere, wenn Sie es mit externen Geschäftspartnern zu tun haben. Alles, was Sie an Kleidung und Accessoires tragen, wird bewusst oder unbewusst wahrgenommen und vermittelt eine Aussage über Sie. Deshalb ist die Wahl Ihrer Kleidung ein so wichtiger Aspekt.

Tyrions Tipp

Ihre Meetings werden kürzer und konzentrierter, wenn Sie im Stehen tagen, nur betroffene Kollegen einladen, eine ständig sichtbare Agenda mit Zeitangabe haben, Nebenthemen vermeiden und den Punkt „Sonstiges" streichen, deutlich sichtbar eine Uhr im Raum platzieren und im Kurzprotokoll, das allen spätestens nach zwei Werktagen zur Verfügung gestellt wird, klar vereinbaren, wer was bis wann zu erledigen hat.

Eine Meisterin perfekt inszenierter PR-Auftritte

Daenerys, die wir anfangs als naives Mädchen kennenlernen, entwickelt sich im Verlauf der Serie zur Meisterin perfekt inszenierter PR-Auftritte mit hoher emotionaler Wirkung. So brennt sich das Wunder der Drachengeburt unauslöschlich in die Erinnerung von Jorah Mormont und ihres Khalasars ein (1.10). Als Khal Drogo zur Feuerbestattung aufgebahrt ist und Jorah die Hexe Mirri Maz Duur an den Scheiterhaufen fesselt, spricht Daenerys zu der kleinen Schar Dothraki: „Ihr werdet mein Khalasar sein. Ich sehe die Gesichter von Sklaven. Ich schenke euch die Freiheit. Nehmt eure Fesseln ab, geht ruhig, keiner wird euch aufhalten. Doch wenn ihr es wollt, dann bleibt hier als Brüder und Schwestern, als Ehemänner und Ehefrauen. [...] Ich bin Daenerys Sturmtochter aus dem Hause Targaryen, vom Blute des alten Valyria. Ich bin die Tochter des Drachen, und ich schwöre euch, dass solche, die euch Leid antun, schreiend sterben werden." Das Grundmuster dieser Ansprache wiederholt Daenerys später gegenüber den Sklaven von Astapor, Yunkai und Meereen: Sie gewährt allen, die gehen wollen, die Freiheit, doch wer bleiben möchte, darf auf ein gerechtes Leben in Freiheit hoffen – unter ihrer Regentschaft. Daenerys bietet einen Deal mit einem noch ungedeckten Scheck an, weil sie als Führende Folgende

Tyrions Tipp

Wenn Sie als Führungskraft wirksam sein wollen, sollten Sie nicht Ihre Individualität, sondern Ihre Professionalität sichtbar nach außen tragen. Das ist ein wesentlicher Teil Ihrer ganz persönlichen Markenkommunikation.

braucht: Sie bittet um die Vertrauensmacht der Dothraki als Investition freiwilliger Gefolgschaft, um mit deren Hilfe Statusmacht zu erlangen.

Jorah will Daenerys vom Gang ins Feuer abhalten, weil er überzeugt ist, dass sie den Freitod für sich wählt. Sie lässt sich nicht allerdings nicht beirren, folgt ihrer Intuition und schreitet in das Feuer. Am nächsten Morgen kauert Daenerys unverletzt zwischen den Resten des Scheiterhaufens und mit ihr drei frisch geschlüpfte Drachen, ausgebrütet vom Feuer und bezahlt mit Drogos und Mirris Leben, gemäß der Lektion der Hexe, nur mit dem Tod könne man das für Leben bezahlen. Jorah und die verbliebenen Dothraki fallen vor Daenerys auf die Knie und akzeptieren sie als neue Führerin. Übertragen heißt das: Mit einer drastischen Kommunikationsmaßnahme und hohem persönlichem Risiko gewinnt sie auf einen Schlag enorme Vertrauensmacht. Mit diesem Paukenschlag endet die erste Staffel, und Daenerys legt so eher intuitiv das Fundament der Marke „Mutter der Drachen" – der erste Geniestreich ihrer PR-Inszenierungen.

Ähnlich, nur in weitaus größerem Maßstab, macht sie es in Staffel 6 nach ihrer Gefangennahme durch die Dothraki. Als sich die Khals mit ihren Blutreitern zum Khalar Vezhven, zur Großen Versammlung aller Khalasare, zusammenfinden, um über das Schicksal von Daenerys zu entscheiden, wird sie ihnen im Tempel der Dosh Khaleen vorgeführt. Kurzerhand steckt sie den Tempel in Brand und tötet alle Anwesenden damit. Angesichts des Feuers eilen die Dothraki aus der umliegenden Stadt herbei und werden Zeuge, wie Daenerys unverletzt aus den meterhohen Flammen tritt. Daraufhin verneigen sich die fassungslosen Menschen, darunter auch die zur Rettung herbeigeeilten Jorah und Daario, vor ihr und erkennen sie damit als ihre Herrscherin an. Daenerys hat mit dieser Inszenierung das ganze Volk der Dothraki hinter sich gebracht (6.04).

Doch zurück an den Anfang ihres Aufstiegs: Als sie und ihr versprengter Haufen nach der Odyssee durch die Rote Wüste vor den Toren der Stadt Qarth vom Rat der Dreizehn zunächst abgewiesen werden, tobt sie und droht mit Vergeltung: „Dreizehn! Wenn meine Drachen ausgewachsen sind, holen wir uns zurück, was mir gestohlen wurde und zerstören die, die mir Unrecht getan haben. Wir werden Armeen niedermetzeln und Feuer auf Städte regnen lassen. Schickt uns fort, und Ihr brennt als erste." (2.04). Als sie kurz danach in Qarth den Gewürzkönig vergeblich um Schiffe bittet, um nach Westeros segeln zu können, wiederholt sie ihre apokalyptische Drohung: „Ich bin Daenerys Sturmtochter vom Blut des alten Valyria, und ich nehme mir, was mein ist! Mit Feuer und mit Blut werde ich es mir holen!" (2.06). Mit Blick auf die finale Staffel wirken diese zornigen Worte wie eine Prophezeiung des Feuersturms, den Daenerys in Königsmund entfacht – ein weiteres Indiz dafür, dass ihre Wandlung zur Massenmörderin nicht so überraschend kommt, wie viele Fans dies kritisiert haben.

Zwar wirken ihre ersten Versuche in Qarth, außenpolitisch als Anführerin akzeptiert zu werden, noch unbeholfen, doch lernt Daenerys enorm schnell. Nachdem sie in Astapor mit einer List die Armee der Unbefleckten übernommen und die Sklaven der Stadt befreit hat, setzt sie sich wieder publikumswirksam in Szene: Auf einem Schimmel reitet sie zwischen den Regimentern ihrer 8.000 Soldaten und hält eine Ansprache: „Unbefleckte! Ein Leben lang wart ihr Sklaven. Heute seid ihr frei. Jeder, der gehen möchte, möge gehen, und es wird ihm nichts geschehen. Darauf gebe ich euch mein Wort. Wollt ihr für mich kämpfen? Als freie Männer?" Nach kurzem Zögern signalisieren die Eunuchen mit dem Klopfen ihrer Speere Zustimmung. In der nächsten Einstellung reitet Daenerys an der Spitze ihrer neuen Armee und wirft symbolstark die Peitsche weg, die ihr Kraznys als neuer Eigentümerin der Unbefleckten überlassen hat (3.04). Als Jorah, Daario und Grauer Wurm und seine Soldaten danach die nächste Stadt Yunkai infiltriert und erobert haben, strömen die Sklaven aus dem Tor. Missandei stellt die Drachenmutter vor und erklärt den Menschen, dass sie ihr ihre Freiheit verdanken würden. Doch Daenerys verneint und spricht zu den ehemaligen Sklaven: „Ihr vedankt mir eure Freiheit nicht. Ich kann sie euch nicht schenken. Eure Freiheit gehört mir nicht. Sie gehört euch ganz allein. Wenn ihr sie zurück wollt, müsst ihr sie euch nehmen. Jeder einzelne von euch." Daraufhin rufen die befreiten Sklaven ihr ehrfürchtig „Mhysa" zu, was in der Sprache der Ghiscari „Mutter" bedeutet. Daenerys geht in die Menge und wird von ihr wortwörtlich auf Händen getragen. Es ist wieder einer dieser Gänsehautmomente von Daenerys, die sich ins Gedächtnis einbrennen. Was sie in dieser Situation auszeichnet, ist ihre Intuition und ihr Vertrauen, mit dem sie die Herzen der Menschen gewinnt (3.10).

Einen weiteren Meilenstein kommunikativer Symbolik setzt die Drachenmutter dann bei der Eroberung von Meereen, der letzten Station ihre Befreiungstournee in der Sklavenbucht von Essos. Nachdem Daario den Champion von Meereen lässig im Zweikampf getötet hat, tritt Daenerys vor und spricht zu den Sklaven, die sich neben ihren Herren auf der Stadtmauer versammelt haben: „Eure Meister haben euch vielleicht Lügen über mich erzählt. Oder sie haben euch gar nichts von mir erzählt. Es ist nicht von Belang. Ich habe ihnen nichts zu sagen. Ich spreche nur zu euch. Zuerst ging ich nach Astapor. Die Sklaven von Astapor stehen jetzt hinter mir - und sind frei. Als nächsten ging ich nach Yunkai. Die Sklaven von Yunkai stehen jetzt hinter mir – und sind frei. Jetzt stehe ich vor Meereen. Ich bin nicht euer Feind. Euer Feind steht neben euch. Euer Feind stiehlt und ermordet eure Kinder. Euer Feind bietet euch nichts als Ketten und Leid und Befehle. Ich bringe euch keine Befehle. Ich bringe euch eine Wahl. Und ich bringe euren Feinden, was sie verdienen. Vorwärts!" Mit diesem Wort erteilt die Drachenmutter den Befehl, mit Katapulten Fässer auf die Stadt abzufeuern. Diese zerbersten an den Häusern und Mauern von Meereen und offenbaren ihr Inneres: die aufgetrennten Halsbänder der Sklaven von Astapor und Yunkai (4.03). Diesmal hat Daenerys eine clevere Corporate-Branding-Aktion detailliert geplant. Sie inszeniert ihre Mission als Freiheitsbewegung und sich selbst als Sprengerin der Ketten – symbolstark und mit einer Rede, die kurz, klar und verständlich die Regeln des Hamburger Verständlichkeitskonzepts beherzigt. Im Ergebnis erheben sich die Sklaven von Meereen erfolgreich gegen die Meister, nachdem sie von den Unbefleckten heimlich bewaffnet wurden.

Anschließend übt Daenerys gnadenlos Vergeltung, indem sie 163 Meister von Meereen kreuzigen lässt – genauso viele, wie Kinder von den Meistern auf der Straße nach Meereen an Kreuze genagelt wurden. Der weise Barristan rät ihr davon ab: „Manchmal ist es besser, Ungerechtigkeit mit Gnade zu begegnen." Daenerys entgegnet kühl: „Ich begegne Ungerechtigkeit mit Gerechtigkeit." (4.04). Auch diese Aktion können wir unter Kommunikationsaspekten betrachten: Schließlich handelt Daenerys keineswegs impulsiv, sondern überlegt. Mit der Vergeltungsmaßnahme setzt sie ein wirkungsstarkes Signal für die Kernzielgruppe ihrer Vision, die Sklaven. Die Botschaft lautet, wie sie es in Qarth bereits angekündigt hat: Ich handle und zerstöre konsequent diejenigen, die Unrecht tun. Gekoppelt mit ihrem erfolgreichen Befreiungsfeldzug gewinnt sie so die Herzen ihrer Gefolgschaft. Die Massenkreuzigung ist für alle sichtbar und somit auch ein kommunikatives Ventil, das unkontrollierte Rachegelüste der befreiten Sklaven im Keim erstickt.

Tyrions Tipp

Wenn Sie erfolgreich einen Veränderungsprozess durchführen wollen, sollten Sie den Sinn und die Ziele der Maßnahmen den Beteiligten gegenüber ständig wiederholen – wie ein Mantra. Nur so können Sie sicher sein, dass die Botschaft auch wirklich verstanden und umgesetzt wird.

Radikaler Wandel scheitert an der Kultur

Bruce Craven, der sein Buch „Win or Die" Anfang April 2019 publiziert hat und deshalb die finale Staffel nicht mehr berücksichtigen konnte, schreibt: „Dany hat die Fähigkeit, ihre Kommunikationsfähigkeiten mit ihren Werten in Einklang zu bringen und so das volle Engagement einer vielfältigen Anhängerschar zu gewinnen, aber sie kann deren Gefolgschaft nicht als selbstverständlich betrachten."[26] Das zeigt sich dann später im Regierungsgeschäft in Meereen, als arbeitslose ehemalige Sklaven der Königin ihr Leid klagen, weil sie ihren Lebensunterhalt nicht verdienen können.

Auch erweist sich eine andere symbolstarke PR-Aktion als Bumerang: Daenerys lässt in Episode 5.01 die Statue der Harpyie, die über der Großen Pyramide thront, abreißen und weitere Bildnisse der Harpyie zerstören. Die Harpyie ist ein Symbol aus dem alten Reich der Ghiscari, eine Kreatur mit dem Gesicht und dem Torso einer Frau und mit Vogelschwingen anstelle von Armen. Allgegenwärtig in den großen Städten der Sklavenbucht ist die Harpyie auch ein Symbol der traditionellen Sklavenkultur, mit der Daenerys nun radikal bricht. Als Widerstandsbewegung gegen diesen sozialen und kulturellen Wandel schließen sich im Untergrund die Söhne der Harpyie zusammen. Sie werden von den ehemaligen Meistern und aktuellen Sklavenhändlern unterstützt. Nach der Zerstörung der Harpyie-Statuen beginnt ein Guerilla-Krieg gegen Daenerys Regime, und zwar mit dem Mord an einem Unbefleckten namens Weiße Ratte. Dieser führte das Kommando beim Abriss der Großen Harpyie. Die Söhne der Harpyie locken Zweitgeborene und Unbefleckte in enge Gassen, um sie dort in Überzahl zu überwältigen. Bei einem solcher Hinterhalte wird Barristan von den Söhnen der Harpyie getötet, als er den schwer verwundeten Grauer Wurm rettet. Bei der Eröffnung der Großen Arena von Daznak schließlich greifen die Meuchelmörder in Massen an und versuchen, Daenerys und ihre Vertrauten zu töten. Drogon rettet die Lage und fliegt von Speeren verwundet mit ihr davon (5.10).

Diese fatale Eskalation der politischen Lage in Meereen verdeutlicht, dass Daenerys die Auswirkungen ihres reformatorischen Bildersturms falsch einschätzt. Sie setzt auf starke Symbolik, um den sozialrevolutionären Wandel zu verdeutlichen, unterschätzt aber das Beharrungsvermögen der traditionellen Sklavenhalterkultur. Ähnlich wie die Hardliner der Nachtwache um Allisar Thorn auf überkommene Regeln pochen und Jon Schnees Allianz mit dem Freien Volk für einen Fehler halten, glaubt auch die Widerstandsbewegung in Meereen, dass ihre alte Kultur die richtige und Daenerys' radikaler Gesellschaftswandel nur eine vorübergehende Erscheinung sei. Während Jon, wie wir noch genauer analysieren werden, es allerdings versäumt, seine Pläne überhaupt ausreichend zu kommunizieren und zu erklären, setzt Daenerys auf symbolstarke Maßnahmen, um ihre Entscheidungen zu verdeutlichen. Beide scheitern letztlich am bestehenden Immunsystem ihrer Organisation. Im Kapitel „Werte & Vertrauen" hatten wir das am Beispiel Jon bereits erläutert. So bewahrheitet sich die Peter Drucker zugeschriebene Management-Weisheit „Die Kultur verspeist die Strategie zum Frühstück".[27] Eine von der Führung minutiös geplante Strategie scheitert in der Umsetzung kläglich, weil schlichtweg vergessen wird, über die Konsequenzen für alle betroffenen Gruppen innerhalb und außerhalb der Organisation zu reflektieren, eventuellen Widerstand zu antizipieren und diesen durch umfassende, systematische und andauernde Kommunikationsmaßnahmen aufzulösen oder zumindest abzumildern.

Die Kunst der Massenpropaganda

Führen heißt, die Energien der Mitarbeiter zu mobilisieren und auf einen gemeinsamen Zweck auszurichten. Daenerys gelingt das auf eindrucksvolle Weise, indem sie für ihre Ansprachen genau die auf ihre Zielgruppe austarierten Worte wählt, in klaren, einfachen und verständlichen Sätzen spricht und ihre Auftritte dramaturgisch gut inszeniert. So findet sie einen Weg zu den Herzen ihrer Mitarbeiter, beantwortet deren Sinnfrage und ermöglicht und fordert die aktive Teilhabe an ihrer Mission. Ein eindrucksvolles Beispiel dafür erleben wir in Episode 6.06., als sie die Dothraki, die sie nach dem Feuertod aller Khals im Tempel der Dosh Khaleen allesamt in treue Gefolgsleute verwandelt hat, mit einer mitreißenden Rede motiviert. Für die richtige dramatische Wirkung fliegt sie auf Drogon ein und landet direkt vor den Reitern ihres gewaltigen Khalasars. Wieder bricht sie mit der Tradition und ernennt nicht nur drei Blutreiter, sondern macht gleich ihre gesamte Kavallerie dazu: „Jeder Khal, der je gelebt hat, erwählte drei Blutreiter, die an seiner Seite kämpften und nie von seiner Seite wichen. Aber ich bin kein Khal. Ich werde nicht drei Blutreiter erwählen. Ich erwähle euch alle! Ich werde euch mehr abverlangen, als jeder Khal seinem Khalasar je abverlangt hat. Werdet ihr auf hölzernen Pferden über das schwarze Salzmeer reiten? Werdet Ihr meine Feinde in ihren eisernen Kleidern töten und ihre steinernen Häuser einreißen? Werdet ihr mir die Sieben Königslande schenken, die Khal Drogo mir einst versprochen hat vor der Mutter der Berge? Werdet ihr mir folgen? Jetzt und für immer?“ Begeistert jubelt ihr die vielköpfige Reiterschar zu. Nach dem Feuerzauber in Vaes Dothrak greift Daenerys erneut ins Repertoire massenwirksamer PR-Auftritte, um die Dothraki auf ihre militärischen Expansionspläne einzuschwören.

Wie ist es Ihnen ergangen? Haben Sie diese Rede wie die meisten Zuschauer mit einem positiven Gefühl wahrgenommen? Ja, es war eindrucksvoll und motivierend. Völlig anders sieht es mit Daenerys‘ Auftritt in der allerletzten Episode aus, als sie von der großen Treppe des zerstörten Roten Bergfrieds zu ihren Soldaten spricht. Das sind ihre Worte: „Blut von meinem Blut! Ihr habt all eure Versprechen gehalten. Ihr habt meine Feinde in ihren eisernen Anzügen getötet. Ihr habt ihre steinernen Häuser eingerissen. Ihr habt mir die Sieben Königslande geschenkt.“ Dann befördert sie Grauer Wurm als Dank für seine treuen Dienste zum königlichen Meister des Krieges und fährt fort: „Unbefleckte! Ihr wurdet den Armen eurer Mütter entrissen und zu Sklaven erzogen. Jetzt seid ihr die Befreier! Ihr habt die Menschen von Königsmund aus dem Griff einer Tyrannin befreit. Aber der Krieg ist noch nicht vorbei. Wir werden unsere Speere erst niederlegen, wenn alle Menschen auf der Welt befreit sind. Von Winterfell bis Dorne, von Lennishort bis Qarth, von den Sommerinseln bis zum Jademeer! Frauen, Männer und Kinder haben zu lange unter dem Rad gelitten. Wollt ihr mit mir dieses Rad zerschmettern?“. Und wieder jubeln die Massen ihr zu.

Die Worte sind ganz ähnlich wie zuvor, die Frau, die spricht, ist immer noch Daenerys – und doch nehmen wir diese Ansprache jetzt als totalitäre Kriegspropaganda wahr. Denn nach der Apokalypse, die sie über Königsmund gebracht hat, akzeptieren wir Daenerys nicht mehr als Befreierin. Ihre Handlungen kollidieren plötzlich mit unserem Wertesystem. Ihre sozialrevolutionäre Vision entpuppt sich als Targaryen-Faschismus. Dabei hat sie ihr Handeln bereits Jahre zuvor in Qarth klar angekündigt, wie wir dargelegt haben. In ihren beiden Ansprachen zitiert Daenerys übrigens die Wutrede Khal Drogos, als dieser nach dem vereitelten Giftanschlag des Weinhändlers schwört, für sie den „Eisenstuhl" zu erobern (1.07).

Wie wir hier feststellen können, folgen die Handlungen der Drachenkönigin also konsequent einer inneren Logik. Es ist nicht Daenerys' Wandlung, die so viele Fans entsetzt hat, sondern es letztlich die Doppelmoral der eigenen Wertehaltung. Denn ihre kaltblütigen Entscheidungen, die Meister zu kreuzigen, die Khals zu verbrennen oder den Beutezug von Jaime Lennister zu grillen, wurde noch gutgeheißen oder zumindest billigend in Kauf genommen. Daenerys war da noch eine Heldin, eine positive Identifikationsfigur. Obwohl sie in Königsmund nicht anders handelt, sondern nur wahrmacht, was sie immer angekündigt hat, wird sie zur Unperson – aber eben nur in unserer Bewertung.

Unterstützt wird dieser Perspektivwechsel durch die besondere Inszenierung der letzten beiden Episoden, wie der YouTuber Marco Risch alias Nerdkultur in einer Videoanalyse überzeugend dargestellt hat.[28] So erlebt der Zuschauer den Feuersturm in Königsmund aus der Perspektive der Opfer, darunter Arya, was ein inszenatorischer Bruch mit der gesamten vorigen Serie ist. In ähnlichem Stil geht es in der letzten Episode weiter: „Das ansonsten trotz des Winters in warmen Bildern gehaltene King's Landing wird in entsättigte, apokalyptische Aufnahmen getaucht, in einen Winter aus Asche. Das Grauen wird unter einer Schicht verbrannter Überreste begraben und wirkt in der Unschärfe der Kamera so surreal wie der Akt der Zerstörung selbst."[29]

In dieser sinistren Szenerie erscheint Daenerys erstmals seit den Glockenschlägen wieder: In einer genialen Einstellung geht sie vor Drogon, der die Flügel anhebt, und wirkt wie eins mit ihm. Sie ist in diesem Moment der Drache selbst, als der sie sich selbst immer beschrieben hat. Nun folgt ihre Rede vor den geordneten Regimentern der Unbefleckten und der wilden Reiterhorde der Dothraki. Diese Einstellung erinnert nicht zufällig an Parteitage der Nationalsozialisten. Die Bildsprache orientiert sich an Leni Riefenstahls Nazi-Propagandafilm „Triumph des Willens" über den Reichsparteitag von 1934. In dessen Anfangssequenz fliegt Adolf Hitler unter dem Jubel der Massen in einem Flugzeug ein - so wie Daenerys auf Drogon. Darstellerin Emilia Clarke hat für diese Szene unter anderem Reden von Hitler studiert.[30] Es ist die Kunst der massenmobilisierenden Propaganda, die Daenerys inzwischen zur Perfektion gebracht hat.

Davos Seewert

Ein unerschütterlicher Optimist

Der Zwiebelritter Ser Davos Seewert ist ein einfacher Mann. Sein Vater war ein Krabbenfischer, und er ist in Flohloch, dem Armenviertel von Königsmund, aufgewachsen. Mangels formaler Bildung kann er nicht lesen, wie er Sharin Baratheon, der Tochter von Stannis, gesteht, als sie ihm ein Buch über Aegon den Eroberer schenkt (3.05). Sie wird seine Lehrerin und bringt ihm das Lesen bei. Davos ist trotz seines fortgeschrittenen Alters ein fleißiger Schüler und entwickelt eine solche Sprachsicherheit, dass er in der finalen Sitzung des Kleinen Rates ein Wort von Bronn korrigiert und dieser ihn indigniert fragt: „Seid Ihr jetzt auch Meister der Grammatik?" (8.06). Doch trotz seines Analphabetentums hat Davos im Laufe der Zeit bewundernswerte kommunikative Kompetenzen entwickelt, was vermutlich auch auf die Erfahrungen gründet, die er während seiner Jahre als Schmuggler gemacht hat, der Waren zwischen den freien Städten von Essos und den Königreichen von Westeros verbrachte.

Davos ist ein aufrechter, grundsolider, bescheidener und sympathischer Typ, dem man spontan Vertrauen entgegenbringt. Jemand, mit dem man gern ein Glas Bier oder Wein trinken würde. Er kann zuhören, sich ein lebenserfahrenes Urteil bilden und dann weisen Rat geben, ohne sich aufzudrängen. Er hat die Fähigkeit, gute Geschichten zu erzählen, eine besondere und wichtige Kompetenz wirksamer Führungskräfte. Im ersten Teil des Buches haben wir auf die Macht des Storytellings verwiesen. „Geschichten gut erzählen zu können, trägt […] dazu bei, auf Dauer Macht zu erhalten: Es verstärkt das Interesse der anderen und verringert den Stress, den das Leben in einer Gruppe mit sich bringt"[31], zitierten wir den Psychologen Dacher Keltner. Davos ist jemand, der durch seine pure Anwesenheit den Stress mindert. Er ist der Weichspüler an der Seite des kantigen und humorbefreiten Stannis und hat somit eine wichtige Funktion als Bindeglied zwischen dem gefühlskalten Chef und seinen Männern.

Obwohl er Stannis' neue Religion und vor allem deren Priesterin Melisandre überhaupt nicht mag, ist er bedingungslos loyal zu seinem König. Während Roberts

Rebellion wurde Stannis in der Burg Sturmkap belagert. Davos schmuggelte für die verhungernden Truppen Zwiebeln durch die feindlichen Linien. Nach dem Krieg belohnte Stannis ihn mit dem Ritterschlag und Ländereien. Seine Heldentat brachte ihm den Titel als Zwiebelritter ein, den er stolz akzeptiert und sogar die Zwiebel auf sein Wappen übernommen hat – auch ein Zeichen für gesunden Humor. Stannis jedoch bestrafte seinen Retter zugleich für dessen Vergehen als Schmuggler und ließ ihm die vier Fingerkuppen der rechten Hand abschlagen. Davos sieht die Strafe als gerechtfertigt an, da sich seine Lebenslage gleichzeitig verbessert hat. Seither trägt er seine Fingerknochen in einem Beutel um den Hals, weil er glaubt, dass sie ihm Glück bringen.

Diese Haltung kennzeichnet Davos als Optimisten. Was das bedeutet, hat der berühmte Psychologe Daniel Goleman so beschrieben: „Optimismus bedeutet, dass man die feste Erwartung hat, dass sich letztlich alles zum Besten wenden wird. Aus der Sicht der emotionalen Intelligenz ist Optimismus eine Haltung, die die Menschen davor bewahrt, angesichts großer Schwierigkeiten in Apathie, Hoffnungslosigkeit oder Depression zu verfallen. Und Optimismus zahlt sich im Leben aus."[32] An Davos können Sie genau das nachvollziehen: Er wird für eine Heldentat bestraft mit dem Verlust seiner Fingerspitzen, aber gleichzeitig zum Ritter geschlagen. Er verliert in der Schlacht am Schwarzwasser seinen Sohn Matthos (2.09), überlebt als Schiffbrüchiger auf einer Felseninsel und wird gerettet. Er versucht, Melisandre zu töten, um ihren fatalen Einfluss auf Stannis zu stoppen, wird eingekerkert (3.01) – und wird in der Zelle von Sharin im Lesen unterrichtet (3.05). Dann ernennt Stannis ihn zu seiner Hand, Davos verhilft Roberts Bastard Gendry zur Flucht und rettet ihn so vor dem Opfertod, wird dafür von Stannis selbst zum Tode verurteilt – und gleich darauf wegen einer Nachricht von Maester Aemon über die Gefahr durch die Weißen Wanderer begnadigt, weil er für den Aufbau einer neuen Armee und Flotte für den Krieg im Norden unentbehrlich ist (3.10). Trotz seiner Loyalität zu Stannis folgt Davos seinem inneren Kompass. „Optimisten wissen, dass sie es nicht allen recht machen können. Sie sind daher auch nicht von Kritik enttäuscht. Sie werden ihr allerdings auch nicht folgen, wenn sie von der Richtigkeit ihres Handelns überzeugt sind"[33], schreibt der Hamburger Erziehungswissenschaftler Jens Weidner.

In Episode 5.10 erfährt Davos vom mutmaßlichen Tod von Stannis und seiner geliebten Sharin. Dann entdeckt er Jons Leichnam im Hof der Schwarzen Festung. Während Eddison Tollett und einige andere, Jon treu ergebene Brüder fest entschlossen sind, ihren Lord Kommandanten zu rächen und dabei zu sterben, denkt Davos über Verbündete nach, um aus der bedrohlichen Lage lebend herauszukommen. Obwohl er keine formale Befehlsgewalt hat, wird er von den Brüdern kraft seiner Erfahrung und kommunikativen Souveränität als Anführer anerkannt; er schickt Edd zu den Wildlingen, die zur Hilfe eilen (6.01). Sein überlegtes Handeln ist typisch für Menschen mit Zuversicht. Wie Weidner ausführt, neigen Optimisten nicht dazu, in Aktionismus zu verfallen; „sie delegieren, wenn möglich, um sich zu entlasten."[34]

Auch in der nächsten Situation zeigt sich des Zwiebelritters optimistische Grundhaltung: Alle haben sich mit Jons Tod abgefunden, nur nicht Davos. Dafür spricht er sogar mit der verhassten Melisandre: „Kennt Ihr womöglich einen Zauber, der ihm helfen könnte, ihn zurückbringt? [...] Ich bitte nicht den Herrn des Lichts um Hilfe. Ich bitte die Frau, die mir gezeigt hat, dass Wunder möglich sind." Melisandre zweifelt: „Ich hatte nie diese Gabe". Doch Davos bleibt beharrlich: „Habt Ihr es je versucht?" Schließlich haucht Melisandre Jon mit ihren Zauberkünsten wieder Leben ein (6.02). Davos' unerschütterlicher Optimismus zahlt sich aus. Statt in resignierter Hilflosigkeit zu verharren, sucht er nach Möglichkeiten und Chancen, eine aussichtslose Situation positiv zu verändern. Weidner schreibt dazu: „Optimismus macht Sie zufrieden, weil er Ihnen hilft, das Leben positiv zu sehen, selbst wenn gerade einmal nicht alles optimal verläuft, denn Optimisten verschwenden kaum Gedanken an Realitäten, die sich derzeit nicht verändern lassen. Sie konzentrieren sich auf das, was machbar ist und Erfolg verspricht, auch wenn das viele kleine Schritte bedeutet."[35]

Erklärbär, Verhandler und Diplomat

In den meisten seiner Szenen erleben wir Davos an der Seite mächtiger Chefs. Zuerst ist es Stannis; nach dessen Tod wird der Zwiebelritter die Hand von Jon Schnee als König des Nordens. Offiziell ernannt wird Davos dazu nicht, es sind sein sympathisches Charisma, sein kommunikatives Geschick und seine Erfahrung, die ihn zur selbstverständlichen Wahl als Chefberater machen. Niemand stellt ihn in Frage. Außer seinem Optimismus verfügt Davos über zwei weitere Gaben, die exzellente Führungskräfte auszeichnet: Er kann erstens geduldig zuhören, gezielt nachfragen und sich in die Sichtweise anderer Menschen hineinversetzen. Und er kann zweitens Botschaften rhetorisch geschickt und sehr verständlich kommunizieren. Davos ist der Erklärbär. Vier Szenen machen seine Kompetenzen deutlich.

In Episode 4.06 besuchen König Stannis und Davos die Bank von Braavos, um einen Kredit zur Finanzierung des Krieges gegen die Lennisters aufzunehmen. Die drei Bankiers erweisen Stannis keinen Respekt und lassen ihn stundenlang warten, ohne sich dafür zu entschuldigen. Sie selbst nehmen dann auf thronartigen Stühlen Platz, während die Gäste auf einfachen und niedrigeren Bänken sitzen müssen. Chefbankier Tycho Nestoris bezweifelt den Thronanspruch von Stannis: „Ihr meint, Euer Blut gäbe Euch Anrecht auf unser Gold? Jenseits der Meerenge sind Eure Bücher voll von Wörtern wie Usurpator und irrer König und Blutrecht. Hier sind unsere Bücher voll von Zahlen. Wir bevorzugen deren Geschichten. Sie sind einfacher, bieten weniger Spielraum für Interpretationen." Tycho fragt nach der Zahl der Soldaten. Stannis antwortet „4.000". Davos räumt ein, dass die Flotte nur noch aus 32 Schiffen bestünde. Lebensmittel, gibt Stannis zu, hätte man auf Drachenstein gar keine. Darauf Tycho: „Euch ist klar, wie unwahrscheinlich es ist, dass solche Zahlen aus unserer Sicht zu einem erfreulichen Ergebnis führen. Ich fürchte, wie müssen Euer Ersuchen respektvoll ablehnen."

Tyrions Tipp

Die Welt ist voll von Nörglern, Skeptikern und Bedenkenträgern. Gehen Sie als Führungskraft mit einer unerschütterlich optimistischen Haltung voran, dass sich letztlich alles zum Guten wenden wird. Nur so wird es Ihnen gelingen, die Energie Ihres Teams auf kreative Lösungswege zu kalibrieren. Sie sind das Vorbild, an Ihnen orientiert man sich. Wenn Sie nicht an den Erfolg glauben, wird niemand Ihnen folgen.

Als die Audienz eigentlich schon gescheitert scheint, ergreift Davos das Wort. Er zeigt den Bankiers seine verstümmelte rechte Hand: „Dies war der Preis, den mich König Stannis für meine Vergehen zahlen ließ. Ich betrachte das als aufrichtige Bilanz. Er ist ein aufrichtiger Mann und Eure einzige Hoffnung zurückzubekommen, was Ihr in Westeros versenkt habt. Viel Geld, wie ich vermute. Kriege haben ihren Preis." Tycho meint: „Der Krieg ist zu Ende." Doch Davos lässt sich nicht beirren: „So lange Stannis lebt, wird der Krieg nie zu Ende sein. Wer hat die wahre Macht in Königsmund?" „Tywin Lennister", antwortet Tycho, und Davos hakt nach: „Und wie alt ist Tywin Lennister?" Tycho: „67." „67", bestätigt Davos, „Und wer hat das Sagen, wenn er mal stirbt? Ein halbwüchsiges Kind, dem Inzest entsprungen. Cersei Lennister? Eine Königin, deren Volk sie verachtet. Jaime Lennister? Bekannt dafür, dass er den König ermordet hat, den er zu beschützen geschworen hatte. Wenn Tywin weg ist, hinter wen stellt Ihr Euch dann?" Tycho lächelt: „Diesem Problem stellen wir uns dann." Davos bleibt stur: „Diesem Problem solltet Ihr Euch besser gleich stellen. Es gibt nur noch einen verlässlichen Anführer in Westeros: Stannis. Er ist der rechtmäßige Thronfolger, er ist in den besten Jahren, er ist ein erfahrener und bewährter Truppenkommandeur. Und er redet nicht nur darüber, seine Schulden zu begleichen, er tut es."

Davos erweist sich in diesem Gespräch als geschickter Verhandler. Rasch begreift er die Denkweise der Bankiers und spricht sie gezielt auf dieser Ebene an: Wie bekommen sie ihre Investitionen in Westeros zurück und wer verspricht perspektivisch den größten Gewinn für die Eiserne Bank? Die Szene ist ein Musterbeispiel für Verhandlungskompetenz. Sie zeigt, wie es gelingen kann, ein beinahe schon gescheitertes Gespräch wiederzubeleben. „In der Wurzel der meisten Kommunikationsprobleme liegen eigentlich Wahrnehmungs- und Glaubwürdigkeitsprobleme"[36], stellt Covey fest. Davos arbeitet deshalb an einer anderen Wahrnehmung der Lage und der Glaubwürdigkeit seines Königs. Er macht den Bankiers die Vorzüge eines Deals mit dem tatkräftigen Stannis sehr plastisch deutlich und ihnen dann die Fragilität ihrer Geschäftsbeziehung mit Tywin Lennister klar. Er spricht ihre Sprache, indem er über „Bilanz", „Geld" und „Schulden" redet und eröffnet ihnen die Aussicht auf einen besseren Deal. Währenddessen steht der ohnehin wortkarge Stannis passiv daneben und demonstriert seine kommunikative Unfähigkeit. Er hätte die Eiserne Bank verärgert ohne Kredit verlassen. Stannis fehlt die Kompetenz, andere Menschen für sich einzunehmen und zu überzeugen. Dafür braucht er Botschafter wie Melisandre oder eben Davos, die für ihn sprechen.

Das wird auch deutlich, nachdem Jon als frisch gewählter Lord Kommandant Stannis' Angebot ablehnt, ihn zum Lord von Winterfell zu ernennen. Nachdem der König den Raum verlassen hat, erklärt der treue Davos dessen Verhalten: „Er sieht etwas in Euch. Das mag an seinem Tonfall nicht erkennbar sein, aber er glaubt an Euch. [...] Der König ist ein komplizierter Mensch. Aber er will das Richtige tun für die Sieben Königslande. [...] Er ist der einzig wahre König. Er hat das Blutrecht auf diesen Thron." Jon betont, dass er geschworen habe, sich aus der Politik herauszuhalten. Daraufhin bittet Davos Olly, den Eid der Nachtwache aufzusagen und unterbricht ihn dann: „Der Schild, der die Reiche der Menschen schützt. Der habt Ihr geschworen zu sein. Ich bin kein Gelehrter, aber die beste Art seinen Mitmenschen zu helfen, ist vielleicht nicht, in einer gefrorenen Festung am Rand der Welt zu hocken. Es könnte auch bedeuten, in den Dreck hinaus zu waten, in schmutzigen Stiefeln, und zu tun, was getan werden muss." (6.03). Wieder versetzt Davos sich in die Lage seines Gesprächspartners und versucht, ihn in dessen Wertewelt abzuholen, indem er den Eid der Nachtwache benutzt, um Jon eine Option zu eröffnen, seine Aufgaben weiter zu fassen. Er formuliert es als persönliche Meinung, drängt sich nicht besserwisserisch auf, sondern gibt einen Impuls, über den Jon nachdenken kann.

Später, als Jon und Sansa versuchen, bei den Häusern des Nordens Soldaten für den Kampf gegen die Boltons zu rekrutieren, agiert Davos erneut als kommunikationsstarker Außenminister. Die zehnjährige Lyanna Mormont, Herrin der Bäreninsel, bleibt unbeeindruckt, als Sansa und Jon sie mit lobenden Worten über ihre Familie für sich gewinnen wollen. Sie weist erst Jon Schnees Bitte ab, da er kein Stark sei und dann Sansa, da diese bereits zweimal verheiratet sei, obwohl Sansa beteuert, zu ihrer Herkunft zu stehen. Lyanna will das Leben ihrer Männer nicht für einen weiteren Krieg eines anderen Hauses opfern. Davos beobachtet sehr genau, wie die kleine Mormont argumentiert, dann schreitet er schließlich ein, als Jon und Sansa bereits resignieren: „Wenn Ihr gestattet, Mylady, ich verstehe, wie es Euch ergeht. [...] Ihr habt nie erwartet, Euch in dieser Situation zu befinden: In Eurem Alter schon für so viele Leben verantwortlich zu sein. Ich hätte nie erwartet, mich in meiner Situation zu befinden. Ich war der Sohn eines Krabbenfischers, dann war ich ein Schmuggler, und plötzlich richte ich zu Kriegszeiten das Wort an die Herrin eines großen Hauses. Aber ich bin hier, weil das nicht eines Anderen Krieg ist, sondern unser Krieg." Geschickt äußert Davos Verständnis für Lyanna und betont die Gemeinsamkeit der beiden in der schwierigen Lage. Lyanna nickt und fordert ihn auf, weiter zu sprechen. „Euer Onkel, Lord Kommandant Mormont, machte diesen Mann zu seinem Kämmerer. Er wählte Jon zu seinem Nachfolger, weil er wusste, er würde den Mut haben, das Richtige zu tun, selbst wenn er dafür sein Leben lassen müsste. Denn Jeor Mormont und Jon Schnee haben beide verstanden, dass der eigentliche Krieg nicht zwischen ein paar verfeindeten Häusern stattfindet, sondern zwischen den Lebenden und den Toten. Und macht Euch darauf gefasst, Mylady, die Toten kommen." Indem er die Verbindung von Jon zu Ihrem Onkel hervorhebt, schafft Davos schlagartig mehr Vertrauen. Lyanna fragt Jon: „Ist das wahr?" Jon nickt: „Euer Onkel kämpfte an der Faust der ersten Menschen gegen sie. Ich habe in Hartheim gegen sie gekämpft. Wir haben beide verloren." Davos setzt jetzt clever das letzte Argument: „So lange die Boltons Winterfell halten, bleibt der Norden geteilt. Und ein geteilter Norden hat nicht die geringste Chance gegen den Nachtkönig. Ihr wollt Eure Untertanen beschützen, Mylady, das verstehe ich. Aber davor gibt es kein Entrinnen. Wir müssen kämpfen, und wir müssen es vereint tun." Das überzeugt die junge Lady. Sie bekräftigt die Lehnstreue zu den Starks und stellt 62 Männer zur Verfügung, wenig zwar, aber „jeder Mann von der Bäreninsel kämpft mit der Kraft von zehn Männern vom Festland", wie Lyanna betont. Davos kommentiert amüsiert: „Wenn sie nur halb so kampflustig sind wie ihre Lady, sind die Boltons dem Tod geweiht." (6.07).

Schließlich begleitet Davos Jon Schnee auf seiner Mission zu Daenerys. Die Drachenmutter will die Lehnstreue des Nordens sichern, Jon braucht sie als Verbündete gegen den Nachtkönig. Im Thronsaal von Drachenstein stellt Missandei Daenerys vor und zählt all ihre Titel auf. Danach schauen alle gespannt auf Davos, da sie nun eine ähnlich wortreiche Vorstellung Jons durch ihn erwarten. Verdutzt meint er nur: „Das ist Jon Schnee… er ist König des Nordens." Anschließend beginnt eine lange Diskussion, in deren Verlauf Daenerys immer ärgerlicher wird, weil Jon vor ihr nicht das Knie beugen will und sie die Geschichten über die Armee der Untoten nicht glauben mag. Da schaltet sich Davos ein: „Ihr glaubt ihm nicht. Das kann ich verstehen. Das klingt wie Unfug. Aber wie das Schicksal Daenerys Targaryen an unsere Küsten zurückgeführt hat, so hat es auch Jon Schnee zum König des Nordens gemacht. Ihr brachtet als erste Dothraki nach Westeros, er machte als erster Verbündete aus Wildlingen und Nordmännern. Er wurde zum Lord Kommandanten der Nachtwache ernannt und zum König des Nordens. Nicht wegen seines Geburtsrechts, er hat kein Geburtsrecht, er ist ein verdammter Bastard. All diese abgebrühten Hundesöhne wählten ihn zu ihrem Anführer, weil sie fest an ihn glauben. Diese Dinge, an die Ihr nicht glaubt, er hat sich ihnen gestellt. Er hat sie bekämpft, zum Wohl seines Volkes, er hat sein Leben für sein Volk riskiert, er wurde ins Herz gestochen für sein Volk, er gab sein eigenes Le…" Hier unterbricht Jon ihn mit einem Blick. Davos spricht weiter: „Wenn wir unsere Feindschaft nicht beiseitelegen und uns verbünden, werden wir sterben. Und es ist vollkommen egal, wessen Skelett dann auf dem Eisernen Thron sitzt." (7.03). Erneut versucht Davos, ein verfahrenes

Gespräch zu retten, indem er mit seinen ersten Worten Verständnis für die Sichtweise von Daenerys äußert. Dann betont er im zweiten Schritt die Gemeinsamkeiten der beiden, untermauert dann mit einfachen Worten die Glaubwürdigkeit von Jon und verweist dann auf das gemeinsame Interesse.

Kein Zweifel, Davos ist in Verhandlungen der überzeugendste Diplomat der Serie. Er beobachtet genau, hört interessiert zu und betrachtet die Dinge aus der Warte des Gesprächspartners. Seine Ansprache und sein Tonfall sind stets respektvoll, seine Worte und Beispiele klar und verständlich, seine Argumentationskette zwingend. Er hat die Fähigkeit, Menschen kommunikativ zu überzeugen und so für die Sache zu gewinnen, der er sich verschrieben hat.

Tyrions Tipp

Versuchen Sie, die Dinge aus der Perspektive Ihres Gesprächspartners zu verstehen. Welche Interessen verfolgt er, was treibt ihn an, was will er erreichen und was nutzt ihm? Betonen Sie zuerst Ihr Verständnis für seine Situation und versuchen Sie dann, Gemeinsamkeiten zu betonen und, wenn möglich, ein gemeinsames Interesse hervorzuheben.

Jon Schnee

Klare Strategie, schwache Kommunikation

Jon hat zwar eine klare Strategie, was er tun muss, um gegen die Armee des Nachtkönigs überhaupt eine Chance zu haben. Doch es reicht eben nicht aus, als Führungskraft eine Strategie und einen Plan zu haben, wenn die Mitarbeiter davon nicht überzeugt sind oder zuwenig Informationen haben, um die Entscheidung des Chefs nachzuvollziehen. Jon versagt dabei, seine Belegschaft mitzunehmen, ihnen seine Beweggründe ausführlich zu erklären und ihnen auch Zeit zu geben, sich mit dieser Strategie gedanklich zu beschäftigen. Bruce Craven beschreibt die Anforderung an Führungskräfte so: „Viele unserer Kommunikationsherausforderungen sind vom Urteil des Zuhörers abhängig. Es gibt keine objektive Antwort. Dies sind keine Situationen, in denen die Wahrheit gewinnt. Dies sind Situationen, in denen die Beurteilung entscheidet. Hier ist Überzeugungsarbeit gefragt.“[37]

Dies ist ganz typische Falle, in die viele Führungskräfte tappen. Auch uns Autoren ist das schon passiert: Wochenlang beschäftigt man sich mit ein paar Ideen, entwickelt eine Strategie und ist selbst voll im Thema. Doch die Mitarbeiter erleben diesen Prozess ja nicht aktiv mit. Sie werden dann mit dem Ergebnis konfrontiert, das für die Führungskraft zwingend logisch ist. Gerade, wenn das Alltagsgeschäft hektisch ist oder die Strategie noch mit einer höheren Hierarchieebene abgestimmt werden soll, fehlt es oft an der Zeit, die Kollegen ausreichend zu informieren, ihnen den Raum zu geben, die Strategie kognitiv und emotional zu begreifen. Ihnen wird sozusagen ein fertiges Menü serviert; sie möchten aber gern wissen, wie es zubereitet wurde und warum man sich für welche Zutaten entschieden hat.

„Führungskräfte warten oft zu lange, bevor sie eine Nachricht an die Mitarbeiter weitergeben", stellt der Change-Experte Alexander Groth fest: „Die Gründe dafür sind nachvollziehbar. Manchmal wollen sie ihre Mitarbeiter nicht unnötig (falls der Wandel doch nicht stattfindet) oder früher als nötig beunruhigen. Selbst wenn der Wandel zu einer unumstößlichen Tatsache geworden ist, wollen sie nicht kommunizieren, ohne alle Informationen gesammelt zu haben, und wenn sie dann alle Informationen haben, möchten sie diese erst noch strukturiert und verständlich aufbereiten. Man will ja nicht mit einem halb fertigen Konzept vor die Mitarbeiter treten."[38] Doch diese Haltung erweist sich in den meisten Fällen als falsch, weil die Mitarbeiter auch vertrauliche Informationen meist früher erfahren, als Führungskräfte glauben. Und sobald Sie Informationen unter dem Siegel der Verschwiegenheit erzählen, mit dem Betriebsrat besprechen oder Unterlagen kopieren lassen, sickert irgendwo etwas durch – und die Gerüchteküche arbeitet.

Das beste Beispiel dafür können Sie in der achten Staffel sehen, als Jon Sansa und Arya seine wahre Herkunft offenbart. Obwohl sie geschworen hatte, es nicht zu verraten, erzählt Sansa dann Tyrion von Jons Abstammung und seinem Anspruch auf den Eisernen Thron. Auf der Rückreise nach Drachenstein unterhalten sich Tyrion und Varys an Bord darüber: „Wie viele wissen es noch?", fragt Varys. „Uns eingeschlossen? Acht", antwortet Tyrion. „Dann ist es längst kein Geheimnis mehr, sondern Gemeinwissen. Wenn eine Handvoll Leute schon Bescheid wissen, wissen es bald Hunderte", meint der Meister der Flüsterer (8.04). Das bedeutet für Führungskräfte, die Mitarbeiter über Wandelvorhaben so früh wie möglich zu informieren, selbst wenn die Details noch nicht ausgearbeitet sind. „Der Schaden, der entsteht, wenn Sie zu lange warten, ist größer, als wenn Sie eine nicht perfekte Botschaft kommunizieren."[39]

Mangel an kommunikativen Basiskompetenzen

Jon ist, ähnlich wie Ned und Stannis, als Führungskraft kein guter Kommunikator. Zwar kann er gut zuhören, Leute beobachten und sich deren Sichtweise zu eigen machen, so wie wir es bei Davos beobachten können. Das ist ein Ergebnis seiner Sozialisation, wie wir im zweiten Kapitel „Werte & Vertrauen" dargelegt haben: Er wurde als Bastard aufgezogen, immer ein Außenseiter in der Stark-Familie, so wie Tyrion bei den Lennisters das ungeliebte Kind war. Jon hat früh gelernt, wie ein empfindlicher Seismograph kleine Erschütterungen in seiner sozialen Umwelt zu registrieren. Wir sehen das Familienleben nicht genug, doch intuitiv dürfte Jon den Konflikten mit Catelyn ausgewichen sein, wo immer es möglich war. Und vermutlich war auf Winterfell niemand zugegen, mit dem er über diese schwierige Situation mit seiner Ziehmutter sprechen konnte, Maester Luwin vielleicht ausgenommen. Wir erleben Jon als introvertierte und grüblerische Persönlichkeit, die Entscheidungen mit sich allein ausmacht. Es fällt ihm schwer, die Gefühle anderer in seine Kommunikation einzubeziehen und sie bewusst zu beeinflussen. Damit fehlen ihm kommunikative Basiskompetenzen, nämlich aktives Beziehungs- und Konfliktmanagement. Er steht nicht gern im Mittelpunkt und schwingt Reden oder erzählt Geschichten, wie etwa Tormund Riesentod. Auch Humor, oft ein wichtiges Element der Beziehungspflege, ist Jons Sache nicht; nur selten sehen wir ihn überhaupt einmal lächeln. Ohne dieses kommunikative Geschick fällt es Jon ausgesprochen schwer, andere Menschen überzeugen und für eine Sache begeistern zu können. Zudem ist er wie Ned dermaßen grundanständig und wertefixiert, dass es ihm an rhetorischer Flexibilität fehlt, die Wahrheit bei Bedarf ein wenig zu dehnen – Sie erinnern sich an die Verhandlung mit Cersei in der Drachengrube (7.07).

In einigen Situationen hat er keine Wahl, als selbst auf der Bühne zu stehen und zu sprechen, so wie in Hartheim, als er versucht, die Wildlinge mit einer denkwürdigen Ansprache von der Notwendigkeit einer Allianz gegen den Nachtkönig zu überzeugen (5.08, siehe Kapitel Vision & Ziele). Doch ebenso wie beim Besuch bei Lyanna Mormont (6.07) und später auf Drachenstein in der Audienz bei Daenerys (7.03) braucht Jon Schnee einen „Übersetzer", einen Diplomaten, der seine manchmal direkten und schroffen Worte für sein Publikum verständlich macht. Die Rolle übernehmen Tormund und Davos, zwei rhetorisch brillante Verkäufer. Und als er Daenerys die Höhle voller Drachenglas zeigt, bedient er sich eines anderen, nonverbalen Hilfsmittels, um die Königin von der Notwendigkeit des Kampfes gegen den Nachtkönig zu überzeugen. In der Höhle befinden sich uralte Höhlenmalereien, die zeigen, dass die Kinder des Waldes und die Menschen einst zusammen gegen die Weißen Wanderer gekämpft haben und dass sie es genauso machen müssen. Mit diesem Höhlen-PowerPoint schafft er bei Daenerys mehr Verständnis als mit all seinen Worten zuvor (7.04).

Tywin Lennister

Bewusstes Schweigen als Mittel der Kommunikation

Es steht völlig außer Zweifel, wer der eigentliche Regent von Westeros ist, als Tywin sein Amt als Hand des Königs antritt. Als er nach der Schwarzwasser-Schlacht den Dank von König Joffrey und die Ernennung zur Hand entgegen nimmt, ist sein Auftritt eine einzige Demonstration der Macht: Er reitet auf einem Schimmel in den Thronsaal, steigt nicht ab, um vor dem König demütig das Knie zu beugen, sondern lässt sich die Brosche der Hand aufs Pferd reichen. Dieser Vorgang ist anmaßend und erinnert an Triumphzüge römischer Caesaren (2.10). Doch Tywin belässt es nicht bei symbolischen Akten. Als Hand macht er in jeder Szene mit König Joffrey klar, wer eigentlich das Sagen hat. So beklagt sich Joffrey bei seinem Großvater, dass er nicht zu den Ratssitzungen eingeladen wurde und diese neuerdings im Turm der Hand und nicht im Kleinen Ratssaal stattfinden würden. Tywin kontert, dass er selbst so Zeit für die Regierungsgeschäfte sparen könne und es dem König jederzeit freistehe, den Sitzungen beizuwohnen. Als Joffrey mault, dass er dann ja die Treppe im Turm der Hand steigen müsse, antwortet Tywin: „Wir können Euch tragen lassen." Joffrey fragt nach Daenerys, doch Tywin winkt ab, da das Targaryen-Mädchen am Ende der Welt für keine Bedrohung hält. Der junge König ist wütend über die Antwort seines Großvaters und verlangt wegen der Bedrohung durch das ständig beraten zu werden. Darauf versetzt Tywin trocken: „Ich werde Euch konsultieren, wann immer es nötig ist" (3.07).

Als die Nachricht von der Roten Hochzeit in Königsmund eintrifft, frohlockt Joffrey im Kleinen Rat (3.10). Er will den Kopf von Robb Stark dessen Schwester Sansa während seiner Hochzeitsfeier servieren. Tyrion widerspricht und warnt seinen Neffen davor, Sansa noch länger zu quälen. In Rage beharrt Joffrey darauf, dass er jeden quälen dürfe, wenn es ihm gefalle – er sei schließlich König. Da mischt sich Tywin in den eskalierenden Disput zwischen seinem Sohn und seinem Neffen ein: „Ein Mann, der sagen muss, ‚Ich bin der König', ist kein richtiger König." Wenige Worte, gelassen ausgesprochen, doch treffen sie Joffrey wie ein Peitschenhieb. Als der König aufbraust und seinen Großvater der Feigheit während Roberts Rebellion bezichtigt, misst dieser ihn endlos scheinende Sekunden mit stählernem Blick und stellt dann lapidar fest: „Der König ist müde. Geleitet ihn zu seinen Gemächern." Cersei bringt ihren protestierenden Sohn weg. Anschließend kommentiert Tyrion sarkastisch: „Du hast gerade den mächtigsten Mann von Westeros ohne Abendessen ins Bett geschickt." Darauf sein Vater: „Du bist ein Narr, wenn Du ihn für den mächtigsten Mann in Westeros hältst." Tyrions ironische Replik: „Ein hochverräterischer Ausspruch. Joffrey ist der König." Tywins fragt rhetorisch: „Meinst Du wirklich, eine Krone gibt Dir Macht?", und macht dann deutlich, wie er mit mächtigen Armeen, cleveren Intrigen und gekauften Loyalitäten das Machtspiel dominiert. Machiavelli pur.

In seiner souveränen Reaktion auf Joffreys verbale Attacke nutzt Tywin ein bewährtes Mittel, um in Konfliktgesprächen überlegen zu sein. Er kontert die emotionalen Ausbrüche seines Gegenübers mit Schweigen. Er blickt ihm nur lange fest und eisig in die Augen. Damit erzeugt er bewusst eine für den anderen meist peinliche Stille, in der sich der Gesprächspartner seiner unangemessenen Worte bewusst wird. An Joffrey können Sie diesen Effekt in besagter Szene gut beobachten. Tywin setzt gern Stille als kommunikatives Werkzeug ein: Als er den Kleinen Rat erstmals einberuft, schaut er Petyr Baelish, Lord Varys und Pycelle nur an, verliert kein Wort des Grußes, sondern beobachtet, wie die drei und anschließend Cersei und Tyrion sich am Ratstisch platzieren (3.03).

Andere Meinungen und Widerspruch zählen nicht

Überhaupt sind ist die Gesprächstechniken von Tywin lehrreich für dominantes Kommunikationsverhalten. Nachdem er die Nachrichten von der Gefangennahme Jaimes und der Hinrichtung Ned Starks erhalten hat, spricht der Lennister-Senior mit Tyrion. Und in diesem Dialog können Sie erkennen, wie Tywin Gespräche führt. Tyrion stellt fest: „Ich weiß wenig von Strategie, aber falls wir uns nicht von drei Armeen umzingeln lassen wollen, dürfen wir hier nicht bleiben." Tywin antwortet: „Niemand wird hierbleiben. Ser Gregor wird vorausgeschickt mit 500 Reitern und die Flusslande in Brand setzen vom Götterauge bis zum Roten Arm. Wir übrigen formieren uns auf Harrenhal neu. Und du wirst nach Königsmund gehen." Tyrion fragt unsicher: „Und was tun?" Tywin schaut ihn an und sagt, als sei es selbstverständlich: „Regieren. Du wirst an meiner Statt als Hand des Königs dienen. Du bringst diesen jungen König zur Räson, und seine Mutter auch, wenn es sein muss. Und sollte Dir auch nur eine Brise von Verrat entgegenwehen von diesen anderen – Baelish, Varys, Pycelle..." „Köpfe, Spieße, Mauern", fällt Tyrion ihm ins Wort. Tywin nickt. Er fragt Tyrion nicht, er bittet nicht, er stellt einfach fest. „Du wirst", ist seine konsequente und klare Ansage, was er vom Gesprächspartner erwartet. Diskussion oder gar Widerspruch kommen für Tywin nicht in Frage. Er weiß, was er will, er hat entschieden, und er verkündet jetzt nur, was wer wie umzusetzen hat. In ähnlich herrischer Weise spricht er auch mit Jaime und Cersei.

Zu Tywins autoritärer Art passt auch seine Art zu verhandeln. Als er versucht, Olenna von einer Heirat zwischen Cersei und Loras Tyrell zu überzeugen, winkt die alte

Dame ab. Hintergründig spricht er Loras hinlänglich bekannte Homosexualität an. Olenna lässt sich nicht beeindrucken und führt Cerseis inzestuöses Verhältnis in Feld. Schlussendlich droht Tywin unverhohlen, um sein Ziel zu erreichen: „Wenn Ihr Euch weigert, Loras mit Cersei zu vermählen, berufe ich ihn in die Königsgarde. Ihr seid sicher vertraut mit dem Gelöbnis der Königsgarde. Er wird niemals heiraten, er wird niemals Kinder haben, der Name Tyrell wird verblassen. Und Rosengarten wird an die Kinder von Joffrey und Margaery gehen [...] Soll ich seine Berufung aufsetzen oder willigt Ihr in diese Vermählung ein?" Olenna gibt sich geschlagen. „Das ist ein seltener Anblick: ein Mann, der seinem Ruf gerecht wird." (3.06). Tywin zeigt sich hier als effizienter Verhandler, der auch vor Erpressung nicht zurückschreckt. Dabei sind seine Worte keine leere Drohung, sondern eine klare Ansage, was er tun wird, wenn sich Olenna seinem Willen nicht beugen sollte.

Varys berichtet in einer Ratssitzung, dass Barristan jetzt Berater von Daenerys sei. Tywin kommentiert das trocken: „Ihn zu entlassen, war so verletzend wie es dämlich war." (4.06). Da die anwesende Cersei es war, die Barristan gefeuert hat, richtet sich diese brachiale Kritik gegen sie. Tywin schont auch seine eigene Familie nicht, wenn er deren Verhalten nicht billigt. Als Cersei ihren Vater vor dem wachsenden Einfluss der Tyrells warnt, weist dieser auf deren Verdienste im Kampf gegen Stannis hin. Cersei sagt: „Margaery steckt ihre Klauen in Joffrey. Sie weiß ihn zu manipulieren." Tywin darauf: „Gut so. Ich wünschte, du wüsstest ihn zu manipulieren. Ich misstraue dir nicht, weil du eine Frau bist. Ich misstraue dir, weil du nicht so schlau bist, wie du es zu sein denkst. Du erlaubst diesem Jungen, dich und alle anderen in der Stadt mit Füßen zu treten." Sarkastisch entgegnet Cersei ihrem Vater: „Womöglich solltest du ihm mal beibringen, dass er nicht immer tun kann, was er will." Tywin schaut sie an und sagt: „Das werde ich." (3.04). Anschließend demonstriert er, wie oben beschrieben, seine Macht und lässt den jungen Psychopathen spüren, dass er, Tywin, das Sagen hat.

Cersei hat auch in dieser Situation eine schmerzhafte Lektion erhalten, wie ihre Miene verrät. Tywin macht ihr unmissverständlich klar, dass sie als Mutter versagt und der Familie somit Schande bereitet hat. Es ist eine verbale Ohrfeige, die der Vater hier seiner Tochter gibt. Übertragen ins Arbeitsleben deuten wir das so:

Tyrions Tipp

Machen Sie es in Gesprächen wie mein Vater: Wenn sich jemand Ihnen gegenüber respektlos verhält und im Ton vergreift, kontern Sie mit eisigem Schweigen. Blicken Sie Ihrem Gegenüber nur kühl in die Augen, halten Sie die Stille aus. Für die meisten Menschen ist das unangenehm und macht ihnen bewusst, was sie gerade falsch gemacht haben.

Eine Führungskraft bekommt einen renitenten Mitarbeiter nicht in den Griff, der ständig Probleme im Betrieb verursacht. Deshalb übernimmt der Vorgesetzte der Führungskraft nun selbst deren eigentliche Aufgabe, den Mitarbeiter zu maßregeln. Selbst bei unerfahrenen Führungskräften dürfte das nicht geschehen, da so immer deren Autorität beschädigt wird. In einem solchen Fall wäre es sinnvoll, wenn der Vorgesetzte seiner Führungskraft den Rücken stärkt durch begleitendes Coaching, um eine adäquate Lösung für die Konfliktsituation zu finden, die die Führungskraft selbst umsetzt.

Prototyp der befehlenden Führung

Doch Tywin ist kein Typ für emotional resonante Führung. Betrachtet man seine Art, mit Menschen umzugehen, so ist der Patriarch der Lennisters der Prototyp des befehlenden oder autoritären Führungsstils, wie ihn der Psychologe Daniel Goleman beschrieben hat: „Unter dem Motto ‚Tun Sie es, weil ich es sage' erwarten solche Führungskräfte, dass man ihre Anweisungen sofort befolgt, ohne sich die Mühe zu machen, die Gründe zu erklären. Wenn Mitarbeiter Befehle nicht auf der Stelle ausführen, greifen diese Führungskräfte zu Drohungen. Und statt Autorität zu delegieren, wollen sie jede Situation fest im Griff haben und kontrollieren jedes Detail."[40] In seinen Ratssitzungen fragt Tywin zwar seine Stabsmitarbeiter, aber nur nach Ergebnissen und Fakten, nicht nach Meinungen. Die interessieren ihn nicht. Für ihn sind die Ratsmitglieder nur austauschbare Informationslieferanten und Befehlsempfänger.

In Organisationen hat der befehlende Führungsstil verheerende Auswirkungen, wie die Studien von Goleman und anderen Wissenschaftlern belegen. „Da der befehlende Vorgesetzte kaum Lob, aber viel Kritik austeilt, untergräbt er nicht nur die Stimmung seiner Mitarbeiter, sondern auch den Stolz und die Zufriedenheit, die sie aus ihrer Arbeit schöpfen – und damit ihre Motivation. Solchen Führungskräften fehlt eine wichtige Fähigkeit: den Leuten das Gefühl zu geben, dass ihre Arbeit zu einer gemeinsamen Mission beiträgt. Stattdessen schwindet ihr Engagement und sie fragen sich, welchen Sinn ihre Arbeit überhaupt macht."[41]

Hier liegen übrigens zwei entscheidende Unterschiede zwischen Daenerys und Tywin. Beide handeln autoritär, erwarten Gefolgschaft, wenn sie einen Befehl geben. Doch erstens ist bei Daenerys die Gefolgschaft an sich eine freiwillige Entscheidung. Tywin dagegen würde diese Frage überhaupt nicht in den Sinn kommen. Seine Autorität leitet sich nicht von der Bereitschaft von Menschen ab, ihm zu folgen, sondern es ist für ihn ein Naturgesetz, dass ihm als Oberhaupt der Lennisters gefolgt und sein Machtanspruch als Führungskraft nicht in Frage gestellt wird. Er gründet seinen Herrschaftsanspruch ausschließlich auf Statusmacht, auf das Geblütsrecht, ähnlich wie im Frühmittelalter die merowingischen Könige des Frankenreichs (bis 751 n. Chr.). Der zweite Unterschied zwischen Drachenmutter und Löwenvater betrifft die Vision: Daenerys will ursprünglich die Tyrannei beenden und den Menschen mehr Freiheit und Sicherheit geben. Tywin dagegen träumt vom 1.000-jährigen Reich der Lennisters. Doch was haben die Menschen davon, die nicht zur Familie gehören? Rein gar nichts. Und sie sind Tywin auch vollkommen egal. Seine Devise lautet: „Ein Löwe schert sich doch nicht um die Meinung seiner Schafe". Diese Aussage ist das Konzentrat von Tywins menschenverachtender Haltung. Er setzt auf Herrschaft durch Angst, wie er deutlich macht, als er mit Jaime darüber spricht, wie sie Tyrion befreien können: „Wenn ein anderes Haus einen der unseren ergreift und ihn ungestraft gefangen halten kann, sind wir kein Haus mehr, das es zu fürchten gilt." (1.07). Deshalb ist das Satz „Ein Lennister begleicht stets seine Schuld" eine markenprägende kommunikative Botschaft, eine Aufforderung, sich besser auf deren Seite zu stellen.

Wer autoritär und zudem noch ohne motivierende Vision führt, wird langfristig kaum freiwillige Gefolgsleute haben. Eine solche Herrschaft beruht auf Furcht bei vielen und Belohnung für wenige, die dann die untergeordneten Hierarchieebenen bilden und die Befehle des Führers vollstrecken. Trotz dieser Erkenntnisse gibt es in modernen Organisationen immer noch erstaunlich viele befehlende Führungskräfte. Goleman betrachtet sie als „ein Relikt der streng hierarchischen Unternehmensstruktur, die typisch für das 20. Jahrhundert war. Diese Organisationen übernahmen ein militärisches Führungsmodell, das auf Kommando und Kontrolle beruhte und sich tatsächlich am besten für den Kampf eignete. Doch heute wird selbst in militärischen Organisationen der befehlende Stil mit anderen Stilen kombiniert, um das Engagement, den Korpsgeist und die Teamarbeit zu fördern."[42] Dennoch kann der befehlende Führungsstil eine sinnvolle Methode sein, und das nicht nur bei Kriseneinsätzen des Militärs, der Polizei oder von Rettungsdiensten, bei denen es auf klare und schnelle Kommunikation ankommt. Wenn im Unternehmen schnelle Entscheidungen gefordert sind, bei einer drastischen Umstrukturierung oder um rasch neue Prozesse zu etablieren, kann es hilfreich sein, wenn eine Führungskraft auch autoritär agieren kann. Auch als letztes Mittel im Umgang mit schwierigen Mitarbeitern kann eine autoritäre Taktik dienen. Doch darf der Vorschlagshammer eben nur ein Werkzeug aus dem Repertoire der Führungsstile sein – und nicht das einzige. Dabei ist die wohl „wichtigste Voraussetzung für den effektiven Einsatz dieses Stils [...] emotionale Selbstkontrolle. Sie erlaubt einer Führungskraft, Ärger und Ungeduld zu unterdrücken – oder ihren Ärger bewusst in einen Ausbruch zu kanalisieren, der sofortige Aufmerksamkeit garantiert und die Mitarbeiter veranlasst, sich zu verändern oder Ergebnisse zu erreichen".[43]

Bei Tywin Lennister wird diese Methode in jener Szene in Episode 1.10 besonders schön deutlich, als er die Nachricht erhalten hat, dass Robb Stark Jaime gefangen genommen hat. Als seine Generäle aufgeregt durcheinander diskutieren, was gegen Robb zu unternehmen sei, peitscht plötzlich Tywins Stimme in die Runde: „Sie haben meinen Sohn." Bei ihm, der sonst immer sehr besonnen und eher leise spricht, ist das ein kleiner emotionaler Vulkanausbruch, der die Anwesenden sofort eingeschüchtert verstummen lässt und Tywin alle Aufmerksamkeit sichert. So wirksam also Techniken der befehlenden Führung in Krisensituationen sein mögen, deuten die meisten empirischen Befunde von Organisationspsychologen darauf hin, dass der autoritäre Stil als hauptsächliche oder gar einzige Führungsmethodik in modernen Organisationen nicht lange wirksam ist und verheerende emotionale Wirkung auf die Mitarbeiter haben kann.

Praxisfragen für Führungskräfte

Fragen, die Sie sich selbst stellen sollten:

- Wie effizient ist meine alltägliche E-Mail-Kommunikation? Kann ich eine bessere Routine einführen?
- Mit welchen Maßnahmen kann ich mir Freiräume für ungestörtes Arbeiten schaffen und Ablenkungen reduzieren?
- In welcher Form und wie regelmäßig informiere ich meine Mitarbeiter über den Projektstand oder aktuelle Entwicklungen im Unternehmen?
- Wie effizient sind unsere Meeting-Routinen im Betrieb? Halten wir ur an die vereinbarten Zeiten? Sind nur die betroffenen Kollegen beteiligt Gibt es immer eine verbindliche und sichtbare Agenda und anschließend ein Protokoll mit klaren Aufgaben und Zuständigkeiten?
- Welche Möglichkeiten des informellen Austausches können wir sinnvoll etablieren?
- Haben wir ein System für die Führungsregelkommunikation: Beurteilung, Zielvereinbarung und Bewertung, Weiterentwicklungsmaßnahmen und daraus gegebenenfalls abgeleitet Coaching und Beratung?
  Folge ich dieser Systematik angemessen konsequent?
- Lobe ich Mitarbeiter bewusst für hervorragende Arbeit?
  Gibt es zu selten Anerkennung von mir?
  Oder lobe ich zu oft auch für selbstverständliche Leistungen?
- Kommuniziere ich klar und verständlich? Sind meine Anweisungen eindeutig und für alle Beteiligten nachvollziehbar?
- Bin ich in der Lage, mich in Gesprächen auf verschiedene Persönlichkeiten und Meinungen einzustellen?

- Wie sieht die Feedback-Kultur in meinem Team aus? Gebe ich klares Feedback, fordere ich es selbst ein und haben die Kollegen gelernt, sich untereinander Feedback zu geben?
- Bin ich grundsätzlich optimistisch und motivierend?
- Bin ich in der Lage, meine Stimmung aktiv zu managen?
- In welchen Bereichen der Kommunikation sollte ich unbedingt dazulernen? Welche Weiterbildung ist für mich sinnvoll: Kommunikationsmodelle, Rhetorik, Präsentation, Verhandlungstechniken, Konfliktgespräche?

Fragen, die Sie Ihren Mitarbeitern stellen sollten:

- Welche Entscheidung der Unternehmensleitung war Ihnen unverständlich? Was kann ich tun, um Sie besser zu informieren?
- Welche meiner Entscheidungen war Ihnen unverständlich? Woran hat es gelegen?
- Werden Ihnen Entscheidungen, die für Ihre Arbeit wichtig sind, schnell und eindeutig genug mitgeteilt?
- Wie empfinden Sie die Kommunikation im Team? Was schlagen Sie vor, um diese zu verbessern?
- Haben wir zu viele und zu lange Meetings? Oder zu wenig? Wie würden Sie das ändern?
- Fühlen Sie sich für Ihre Leistungen ausreichend wertgeschätzt? Woran fehlt es Ihnen?
- Was können wir aus Ihrer Sicht in Bezug auf alle Aspekte der Kommunikation verbessern?
- Wie können Sie Ihre kommunikativen Kompetenzen verbessern? Welche Weiterbildung ist für Sie sinnvoll?

Inhalte mit diesem Hinweis können Sie kostenlos herunterladen auf der Website der Autoren: ***www.leadership-by-got.com*** *oder scannen Sie einfach den nebenstehenden QR-Code ein.*

Teil 4 - Kapitel 7: Flexibilität & Konfliktfähigkeit

„Chaos ist kein Abgrund. Chaos ist eine Leiter."

Lord Petyr Baelish (3.06)

Was Flexibilität & Konfliktfähigkeit bedeuten

Führungsarbeit ist das Entscheiden permanenter Konflikte

Zwölf Kernelemente von wirksamer Führung haben wir in den bisherigen sechs Kapiteln dieses Teils analysiert – angefangen von der Vision, die Ihrem Tun einen Sinn gibt, bis hin zur Kommunikation zwischen Ihnen und Ihren Mitarbeitern, Kollegen und Vorgesetzten. Damit sind wir nun am Ende der Kaskade unserer Kernelemente angelangt. Selbst, wenn Sie all die bisherigen Elemente mitbringen und entwickeln, braucht es im Führungsalltag zwei ganz basale Kompetenzen, ohne die Sie nicht bestehen werden: Flexibilität und Konfliktfähigkeit. Flexibilität bedeutet nichts anderes als Anpassungsfähigkeit an wechselnde Umstände – und wie Sie aus dem VUCA-Modell der Einleitung wissen, ist dies eine Eigenschaft, die zunehmend an Bedeutung gewinnt, weil sich die Umstände immer schneller ändern.

Konfliktfähigkeit dockt unmittelbar an das Kapitel „Verantwortung & Konsequenz" an. Dort haben wir Entscheiden als die wichtigste Aufgabe von Führung definiert. Die meisten Ihrer täglichen Entscheidungen treffen Sie in einem Konflikt: Sie müssen sich für eine und gegen eine andere Sache entscheiden. Reinhard Sprenger erklärt sogar: „Führung hat ihren Aufgabenbereich ‚jenseits' der Routine, nämlich im Konflikt, in dilemmatischen Situationen. Ein Unternehmen braucht keine Führung, wenn das Unternehmen in ruhigen Gewässern segelt."[1] Insofern ist unser Credo: Wirksame Führung ist das effektive Entscheiden einer ständigen Abfolge mehr oder weniger großer Konflikte.

Ihre tägliche Herausforderung besteht darin, dass Sie entscheiden müssen, ohne alle Informationen und Konsequenzen zu kennen. Zitieren wir noch einmal Sprenger: „Entscheidungszwang ist also die Existenzvoraussetzung für Führung. Und die Notwendigkeit der Entscheidung überschreitet immer die Möglichkeit der Erkenntnis – wie wir von Immanuel Kant gelernt haben. Wir entscheiden immer in Situationen unvollständiger Informationen. Abermals: Sonst wäre es keine Entscheidung. Sonst könnte man auch einen Computer zum CEO machen."[2]

Führungskraft zu werden (und zu sein) ist also eine Entscheidung für eine dilemmatische Existenzform. Machen Sie sich das bitte einmal richtig bewusst: Führungskraft zu sein, bedeutet immer, in inneren und äußeren Konflikten zu handeln. Mag sein, dass es einmal ruhigere Tage gibt, aber grundsätzlich sind Sie immer gefordert, Entscheidungen zu treffen. Sie können sich in diesem Job nicht entspannt zurücklehnen und das Ruder anderen überlassen – dann sind Sie fehl am Platz. Denn Sie haben sich entschieden, Verantwortung zu übernehmen. Und Verantwortung bedeutet: Entscheiden und für die Konsequenzen geradestehen. Führungsarbeit erinnert an manchen Tagen an den Mythos von Sysyphos, jenes antiken Königs von Korinth, der versucht, die Götter zu überlisten und von diesen bestraft wird, indem er einen Felsblock auf ewig einen Berg hinaufwälzen muss, der, fast am Gipfel, jedes Mal wieder ins Tal rollt.

Tyrions Tipp

Machen Sie sich bewusst: Führungskraft zu sein bedeutet, ständig kleine und große Konflikte zu lösen. Sie müssen dabei immer wieder mehrdeutige und manchmal sogar widersprüchliche Situationen aushalten, in Dilemmata entscheiden und trotzdem noch ein optimistisches Vorbild für Ihre Leute sein.

Angesichts unvollständiger und unsicherer Informationen, überbordender Bürokratie und sich rasant verändernder Prozesse sind Sie als Führungskraft oft in einer Zwickmühle. Das erfahren Sie insbesondere im mittleren Management, jener berüchtigten Sandwich-Position, in der Sie Druck von oben und unten (plus von den Kunden) bekommen. Sie sollen oftmals Vorgaben von oben umsetzen, ohne davon überzeugt zu sein oder ausreichend Ressourcen dafür zu haben. Sie spüren massiven Widerstand Ihrer Crew, dürfen aber zum einen nicht alle Informationen offenbaren und sind zum anderen nicht ausreichend geschult, mit den emotionalen Auswirkungen von Veränderungsprozessen umzugehen.

All das verursacht Konflikte, die Sie aushalten müssen. Das erfordert von Ihnen eine Kompetenz, in der sich Flexibilität und Konfliktfähigkeit bündeln und die von Psychologen Ambiguitätstoleranz genannt wird. Dieser komplexe Begriff ist zusammengesetzt aus den lateinischen Wörtern „ambiguitas" („Mehrdeutigkeit", „Doppelsinn") und „tolerare" („erdulden", „ertragen") und bezeichnet die Fähigkeit, mehrdeutige Situationen und widersprüchliche Handlungsweisen zu ertragen. Ambiguitätstolerante Personen sind in der Lage, Widersprüchlichkeiten, kulturell bedingte Unterschiede oder mehrdeutige Informationen, die schwer verständlich oder sogar inakzeptabel erscheinen, wahrzunehmen, ohne darauf aggressiv zu reagieren oder diese einseitig negativ oder positiv zu bewerten. Als Führungskraft müssen Sie immer wieder solche mehrdeutigen, unsicheren und manchmal widersprüchlichen Situationen ertragen und in Dilemmata entscheiden. Das mag Ihnen manchmal wie ein Abgrund erscheinen, aber besser ist es natürlich, Sie halten es mit Petyr Baelish und betrachten ein solches Chaos als Leiter.

Stufe für Stufe zu erklimmen, also aus solchen Situationen zu lernen und daran zu wachsen, funktioniert unserer Überzeugung nach dauerhaft nur, wenn Sie bei Ihren Entscheidungen einer klaren Vision und einem wertgeprägten inneren Kompass folgen. Das hilft Ihnen dabei, auch chaotische Situationen von einer Metaebene aus gelassen zu analysieren und zu fragen: Welches Ziel ist in dieser Situation wirklich wichtig? Was muss ich tun, damit wir dieses Ziel erreichen? Wie dient dieses Ziel unserer Mission? Mit einer solchen Haltung können Sie kurzfristig flexibel reagieren, ohne die langfristige Vision aus dem Auge zu verlieren. Ebenso können Sie besser entscheiden, in welcher Weise Sie in einen Konflikt gehen, weil Sie Ihr Verhalten am Beitrag für die Mission und die davon abgeleiteten Ziele ausrichten.

In *Game of Thrones* beobachten wir diese Haltung beispielsweise, als Jon Schnee von den Wildlingen gefangengenommen wird. Innerlich zerrissen von seiner Liebe zu Ygritte sowie zur Wahrheit einerseits und seiner Loyalität zur Nachtwache andererseits, richtet er seinen inneren Kompass klar am Eid der Nachtwache aus, ist aber flexibel genug, mit den Wildlingen zu paktieren, also das zu tun, was ihn wieder zurück zur Schwarzen Festung bringt. Auch Daenerys rückt kurzzeitig von Ihrer Mission der Throneroberung ab, als die Sklavenhalter wieder die Macht in Astapor und Yunkai an sich gerissen haben; sie entscheidet sich wegen der aktuellen Ereignisse, die geplante Invasion von Westeros zu verschieben, gibt sie aber nicht auf (4.07). Ein sinnvoller Schritt, nicht nur aus Verantwortung den befreiten Sklaven gegenüber, sondern auch aus strategischer Sicht. Denn ihre gesamte Mission würde in Gefahr geraten, wenn sie das akute Problem vor Ort nicht löst und somit ihre unternehmerische Basis gefährdet.

Ohnehin ist Daenerys während der ersten sieben Staffeln ein leuchtendes Beispiel für Flexibilität und Konfliktbereitschaft. Sie wird zwar in die Ehe mit Khal Drogo gezwungen, passt sich aber so erfolgreich der Kultur der Dothraki an, dass sie als Khaleesi akzeptiert wird. Ein besonderer Moment ist dabei das Ritual, bei dem sie ein rohes Hengstherz verspeist. Drogo, sichtlich stolz auf seine Gattin, trägt sie anschließend auf Händen (1.06). Schon zuvor hat Daenerys so viel Selbstbewusstsein entwickelt, dass sie sich erstmals gegen ihren Bruder Viserys wehrt, als dieser sie wieder einmal schlägt (1.05). Trotz ihrer Trauer und Verzweiflung reagiert Daenerys nach Drogos Tod flexibel und scharrt ihr verbliebenes Khalasar erfolgreich um sich (1.10). Sie scheut keine verbale Auseinandersetzung in Qarth (2.05 & 2.06) und geht mutig in den Konflikt mit dem Hexenmeister Pyat Pree und Xaro Xhoan Daxos (2.10). Ihre Meisterprüfung im machiavellistischen Konfliktmanagement legt sie in Astapor ab, als sie dem skrupellosen Sklavenhändler Kraznys mo Nakloz ihren größten Drachen für die Armee der Unbefleckten anbietet – und ihn nach der Übergabe von Drogon lebendig grillen und anschließend sämtliche Sklaventreiber töten lässt. In Qarth und Astapor agiert Daenerys gnadenlos, um einen Konflikt in ihrem Sinne final zu lösen. Sie hält sich dabei strikt an Machiavelli, der schreibt, ein erfolgreicher Fürst „sollte alle Gewalttaten, die er zwangsläufig begehen muss, genau überlegen und mit einem Schlag durchführen, damit er nicht jeden Tag von neuem damit anfangen muss".[3] Eine wohl austarierte Balance von Flexibilität und Konfliktbereitschaft, Verantwortungsbewusstsein und Konsequenz, Gnadenlosigkeit und Barmherzigkeit markiert ihre weitere Karriere, bevor das Macht-Paradox ein Übergewicht erhält und Daenerys' dunkle Seite obsiegt.

Apollo 13 – flexibles Krisenmanagement in Perfektion

Wie wir dargelegt haben, ist das Entscheiden von Konfliktsituationen ein Wesensmerkmal von Führung. Solche Konflikte können im Arbeitsalltag rasch zu veritablen Krisen eskalieren. Das können Sie nicht vermeiden, das kann niemand vermeiden. Jack Welch spricht aus Erfahrung: „Krisen entstehen nun mal. Solange Menschen in Unternehmen arbeiten, wird es Fehler, Kontroversen und Kräche geben, und ebenso auch Unfälle, Diebstahl und Betrug. Man muss sich darüber im Klaren sein, dass ein gewisses Maß an unerwünschtem und untragbarem Verhalten nicht zu vermeiden ist."[4] Schon diesseits von kriminellem Fehlverhalten, das wir an dieser Stelle nicht vertiefen wollen, kann es durch menschliches und technisches Versagen zu einer Krise kommen, die viel Flexibilität, Konfliktfähigkeit, Kommunikationskompetenz und

Entscheidungsstärke verlangt – mit einem Wort ist Krisenmanagement gefragt. Für solche Sitiationen rät Welch wenig optimistisch: „Gehen Sie grundsätzlich davon aus, dass es schlimmer ist, als es zunächst wirkt."[5] Das entspricht jener Lektion, die Kleinfinger Sansa gelehrt hat, nämlich beim Hinterfragen von Motiven anderer Personen das Schlimmste anzunehmen. Bei Planungen und Prognosen in Unternehmen wird das häufig als Worst-Case-Szenario bezeichnet. Der theoretisch schlimmste Fall dient dazu, auch auf die denkbar ungünstigste Entwicklung bei der Verwirklichung eines Plans vorbereitet zu sein. Eine populäre Vermutung zur Eintrittswahrscheinlichkeit eines Worst Case ist Murphys Gesetz: „Alles was schiefgehen kann, wird auch schiefgehen."[6]

Ein berühmtes Beispiel für erfolgreiches Krisenmanagement ist die Rettungsaktion für die Crew der NASA-Weltraummission Apollo 13. Deren Flugkommandant Jim Lovell hat diese Geschichte gemeinsam mit dem Autoren Jeffrey Kluger aufgeschrieben[7], und der Regisseur Ron Howard hat sie 1995 mit Tom Hanks und Ed Harris in den Hauptrollen kongenial verfilmt. Die Apollo-13-Mission war eigentlich in Kombination mit einer Präzisionslandung im Fra Mauro-Hochland des Mondes geplant. Das Hauptziel war die Erforschung des Erdtrabanten. Die drei Astronauten – James „Jim" Lovell, John Swigert und Fred Haise - starteten mit einer Saturn-V-Trägerrakete vom Kennedy Space Center in Florida. Trotz einiger kleiner Fehler in den Triebwerken der zweiten Stufe meldete die Crew nach mehr als 46 Stunden Flugzeit, dass alles bestens verlaufe. Doch neun Stunden nach dieser Statusmeldung geschah etwas, was die komplette Mission und das Leben der Astronauten gefährden sollte: Wegen eines Kurzschlusses in der Verkabelung der Ventilatorenmotoren explodierte ein Sauerstofftank des Servicemoduls und ließ die Elektrizitäts-, Licht- und Wasserversorgung des Kommandomoduls kollabieren. Zu dem Zeitpunkt war das Raumschiff bereits 321.869 Kilometer von der Erde entfernt. Erst Swigert, dann Lovell funkten den legendären Spruch zum Kontrollzentrum auf der Erde: „Houston, wir haben ein Problem."

Was nun geschah, ist flexibles Krisenmanagement in Perfektion. Hauptakteure waren der Astronaut Jim Lovell, der seinen Traum von der Mondlandung rasch ad acta legte und seine Crew konsequent und optimistisch darauf einstimmte, alles zu tun, was fürs Überleben notwendig sein würde, und vor allem Flugdirektor Gene Kranz. Er symbolisiert den Unterschied zwischen Führung und Management. Nachdem er den Schaden evaluiert hatte, gab er sofort ein neues Ziel der Mission aus: die Rettung der drei Astronauten. Es war ein beinahe hoffnungsloses Unternehmen, das Kranz gemeinsam mit den NASA-Wissenschaftlern und der Crew im Weltall umsetzen wollte. Es gab dafür kein Prozedere, keine Simulation und keinen Plan B. Kranz musste improvisieren. Die Überlebenschancen von Lovell, Swigert und Haise gingen gegen Null. Doch Kranz weigerte sich zu glauben, dass die Astronauten es nicht zurückschaffen würden. Als Präsident

Nixon einen Abgesandten ins Kontrollzentrum schickte, um die Überlebenschancen der Crew einschätzen zu können, erklärte Kranz dem Beamten lauthals vor seinem Team: „Wir werden sie alle zurückbekommen."

Kranz' Optimismus war gepaart mit Flexibilität, Entschlossenheit, Pragmatismus und Vertrauen. Nur so konnte er sein Team effektiv führen. Er verließ sich in der Krise nicht auf bestehende Systeme, Strukturen oder Prozesse, sondern vertraute den Menschen um ihn herum. Ihnen gab er ein ehrgeiziges Ziel vor und motivierte sie, es zu erreichen. „Wir haben noch nie einen Amerikaner im All verloren. So sicher wie die Hölle werden wir unter meiner Aufsicht keinen verlieren. Ein Scheitern ist keine Option."[8] Der Kern dieser Aussage ist, dass Kranz seine Mitarbeiter zu höchstem Einsatz anspornte. Er redete ihnen aus, ein Scheitern der Rettungsmission überhaupt als gedankliche Option im Kopf zu haben. So fokussierte er die gesamte Kreativität der Wissenschaftler auf die Lösung der Probleme. „Arbeitet an dem Problem, Leute!", lautete sein Kommando. Als Ingenieur verbannte er spekulative Sorgen ins Abseits und forderte systematisches und methodisches Vorgehen, um die Probleme zu lösen. Er hörte sich die Vorschläge seiner Experten an und traf dann klare Entscheidungen.

Die Crew zog in die Mondlandefähre um, die direkt mit dem Mutterschiff verbunden war. Denn im Kommando- und Servicemodul sank langsam der Luftdruck. Doch war die Fähre nur für zwei Mann für zwei Tage konzipiert; so gab es Probleme mit der Sauerstoffwiederaufbereitung. Die Lithiumhydroxid-Aggregate hätten ausgewechselt werden müssen - aber es gab keinen Ersatz an Bord, außer Aggregate aus den Systemen des Kommandomoduls. Diese hatten allerdings eine andere Passform. Da diese Aggregate die einzige Überlebenschance boten, improvisierten die Experten auf der Erde. Sie mussten unter extremem Zeitdruck disruptiv denken, vorhandene Systeme zerstören und deren Teile verwenden, um neue Werkzeuge zu entwickeln, die dazu beitrugen, das Leben der Männer im All zu retten. Ihre Maßgabe war dabei die Haltung von Gene Kranz: „Es ist mir egal, wofür etwas entworfen wurde. Ich interessiere mich dafür, was es tun kann." So entwickelten seine Mitarbeiter eine Methode, wie man mit den im Raumschiff vorhandenen Mitteln - Plastiktaschen, Pappstücke, Teile eines Raumanzuges und Unmengen an Klebestreifen - einen Adapter basteln kann. Dieses Modell wurde an die Astronauten gefunkt und bewährte sich auch.

Obwohl die Crew kaum Zeit zum Schlafen hatte und mit Kälte und anderen Problemen zu kämpfen hatte, das Navigationssystem und auch das Luftaufbereitungssystem versagten, schaffte sie den Weg zur Erde zurück. Die drei Astronauten landeten etwa vier Tage nach der Explosion völlig erschöpft, aber unverletzt, im Pazifischen Ozean und konnten von der US-Marine geborgen werden.

Als der NASA-Direktor kurz nach der Explosion im All sagte, dass dies die schlimmste Katastrophe in der Geschichte der NASA werden könnte, unterbrach Kranz ihn:

„Bei allem Respekt, Sir, ich denke, das wird unsere beste Stunde." Kranz sollte Recht behalten. Diese wahre Geschichte von Apollo 13 zeigt, warum Führung wichtig ist. Das Ergebnis war eine großartige Teamleistung, aber ohne das unerschütterliche, lösungsorientierte und flexible Krisenmanagement von Gene Kranz wäre sie nicht möglich gewesen. Er gab seinen Mitarbeitern und den drei Männern im All das Vertrauen, ein neues Ziel unter eigentlich unmöglichen Bedingungen erreichen zu können.

Tyrions Tipp

Wenn Sie mit einer schwierigen, vielleicht sogar chancenlosen Situation konfrontiert sind, pfeifen Sie auf die Vorschriften. Denken Sie flexibel außerhalb der Schubladen und spornen Sie Ihre Mitarbeiter gleichfalls zu kreativen Lösungen an, um das Problem Schritt für Schritt in den Griff zu bekommen.

Cersei Lennister

Eine machtbewusste, verletzliche Narzisstin

Sie haben sie in unseren Analysen sicher schon vermisst, die skrupellose Lennister-Königin. Ganz bewusst haben wir Cersei in diesem letzten Kapitel platziert, weil Konfliktfähigkeit und Flexibilität die beiden Elemente sind, bei denen wir am meisten Bezug zu ihr herstellen können. Das Spiel der Throne ist ein Heimspiel für Cersei. Ihre Spielregeln hat sie Ned Stark klar dargelegt: „Spielt man das Spiel um Throne, gewinnt man oder stirbt. Dazwischen gibt es nichts." Spätestens in dieser Situation dürfte jeder Zuschauer begriffen haben, dass Cersei bereit ist, Konflikte auszutragen, und zwar, wie sich schnell herausstellt, entschlossen und rücksichtslos.

Neds größter Fehler ist es, die Königin zu unterschätzen. Er hat die Wahrheit über das Verhältnis von Cersei und Jaime herausgefunden und bietet der Königin in seiner gutmütigen Rechtschaffenheit an, mit ihren Kindern ins Exil zu fliehen, bevor König Robert von seinem Jagdausflug zurückkehrt und von ihm informiert wird (1.07). Ned, berauscht von seiner moralischen Überlegenheit und zu sehr in traditionellen Rollenklischees denkend, wähnt sich bereits auf der Siegerstraße. Doch Cersei ist zu clever für ihn: Da die Allianz ihres verhassten Mannes mit seinem besten Freund als Hand die Machtstellung der Lennisters gefährden könnte, hat sie das Ableben Roberts geplant. Als Knappe begleitet ihr Vetter Lancel den König auf die Jagd und versorgt ihn dort auf Geheiß Cerseis so übermäßig mit Rotwein, dass Robert im Kampf mit einem Keiler tödlich verwundet wird (1.06). Während Ned moralische Skrupel hat, die Lennister-Familie zu inhaftieren oder gar zu töten, handelt Cersei, verbündet sich mit Lord Baelish und besticht Janos Slynt, den Kommandanten der Stadtwache, mit dem Titel eines Lords und dem Lehen Harrenhal. So werden Ned verhaftet und seine Getreuen massakriert, als er nach Roberts Tod Joffreys Thronanspruch als illegitim bezeichnet und seine Ernennung als Beschützer des Reiches, Roberts letzten Willen, vorweist. Cersei zerreißt den Brief kalt lächelnd (1.07) und hat diese Partie im Spiel um Throne gewonnen: Ihr Sohn Joffrey wird zum neuen Herrscher der Sieben Königslande gekrönt, sie selbst ist als Königinmutter seine wichtigste Ratgeberin. Die Lennisters sind nun offiziell an der Macht.

Von ihrem Vater Tywin hat Cersei gelernt, dass die Familie an erster Stelle stehen müsse. Sie hat eine starke Wagenburg-Mentalität entwickelt, die sie gegenüber Joffrey so formuliert: „Jeder, der keiner von uns ist, ist ein Feind." (1.03). Doch ist es wirklich der Wert „Familie", der für Cersei ganz oben steht? Wir bezweifeln das. Sie hat sicher eine starke mütterliche Bindung zu ihren drei Kindern. „Ihre Überbemutterung verwandelt Joffrey in ein Monster"[9], urteilt Frankel. So bedingungslos sie ihre Kinder und auch Jaime liebt, so sehr verübelt sie ihnen, wenn sie sich ihren Wünschen oder Befehlen widersetzen. Und sie hasst Tyrion, der doch ihr Bruder ist. Ihr Verhältnis zum gefühlskalten Tywin erscheint weniger wie zwischen Vater und Tochter als vielmehr wie zwischen autoritärem Lehrmeister und Schülerin. Wie im Kapitel „Klarheit & Kommunikation" erörtert, prangert Tywin ihr Versagen als Mutter von Joffrey an, als sie ihm vorwirft, nicht zu erkennen, dass sie und nicht ihre Brüder am meisten zu seinem Vermächtnis beitragen würde (3.04).

Ihre Liebe zu ihrem Zwillingsbruder Jaime ist weniger der Loyalität zur Familie geschuldet als vielmehr selbstsüchtig. Die Psychologin Drea Letamendi attestiert Cersei: „Sie ist eine so genannte verletzliche Narzisstin. Anfänglich wirken Narzissten typischerweise unverhohlen grandios und vermitteln ein Gefühl von Anspruch und Überlegenheit gegenüber anderen. Gekoppelt mit diesen Merkmalen ist die Anwesenheit von Egozentrismus, also die Unfähigkeit, die eigene Perspektive von der objektiven Realität zu entwirren, was zu einer verzerrten Wahrnehmung der eigenen Bedeutung führt. Cersei sieht die Welt nur, wenn sie in ihrer Mitte steht. Sie beurteilt ihren persönlichen Wert nur im Verhältnis zu anderen; deshalb muss sie andere entwerten. Sich von „Krüppeln, Bastarden und zerbrochenen Dingen“ (nämlich Tyrion, in ihren Augen) zu unterscheiden, hält ihr Selbstbild als vollkommen und rein aufrecht.“[10]

Tyrions Tipp

Seien Sie vorsichtig, wenn Sie es mit einem Chef zu tun haben, der großen Wert auf Statussymbole legt. Dahinter steckt oftmals eine narzisstische Persönlichkeit. Solche Typen werten andere Menschen gern ab, um ihre eigene Bedeutung hervorzuheben.

Nachdem der zum Glauben konvertierte König Tommen ihn als Lord Kommandanten der Königsgarde gefeuert hat, bringt Cersei ihren aufgebrachten Bruder Jaime davon ab, den Hohen Spatz und seine fanatischen Schergen zu töten. Sie sinnt auf Rache, neigt aber im Gegensatz zu Jaime nicht zu impulsiven Taten, sondern versucht, den geeigneten Moment abzuwarten. „Wir werden sie ohne jede Gnade behandeln. [...] Sie haben keine Ahnung, wie stark wir sind, keine Ahnung, was wir ihnen antun werden. Wir waren schon immer zusammen und werden immer zusammen sein. Wir sind die einzigen zwei Menschen auf der Welt.“ (6.06). Gerade im letzten Satz zeigt sich, dass Cersei von der alten Prophezeiung überzeugt ist, dass sie ihre drei Kinder verlieren und mithin auch noch Tommen sterben wird. Für sie existiert daher nur noch die Einheit mit ihrem Zwillingsbruder und Geliebten.

Doch hat sie sich auch von Jaime sukzessive emotional distanziert. Zum einen hat sie sich während seiner Abwesenheit mit Vetter Lancel als Bettgenosse getröstet. Zum anderen offenbart ihr geschockter Blick auf Jaimes fehlende Hand, dass sie ihn nicht mehr als ganzen Mann wahrnimmt, so als habe er mit seiner Schwerthand auch seine sexuelle Anziehungskraft eingebüßt (3.10). Bereits in der nächsten Episode bringt sie das zum Ausdruck. Cersei: „Alles hat sich geändert. Nach all der Zeit kehrst Du zurück – ohne Rechtfertigung, mit nur einer Hand und erwartest, dass alles so ist wie früher.“ Jaime fragt: „Wofür soll ich mich rechtfertigen?“ Cersei: „Dass Du mich verlassen hast.“ Jaime antwortet: „Meinst Du, ich wollte gefangen genommen werden?“ „Ich weiß nicht, was Du wolltest. Du warst nicht hier. Du hast mich allein gelassen“, wirft sie ihm vor. Jaime entgegnet: „Jeden Tag in der Gefangenschaft habe ich nur an meine Flucht gedacht. Jeden Tag. Ich habe Menschen ermordet, um bei Dir sein zu können.“ Doch Cersei sagt nur kalt: „Du hast zu lange gebraucht.“ (4.01). Hier scheint wieder ihr verletzlicher Narzissmus durch.

In diesen Momenten beginnt die emotionale Abnabelung der Zwillinge voneinander. Trotz sexueller Rückfälle verliert Jaime langsam seine bedingungslose, beinahe hörige Liebe zu seiner Schwester. Verstärkt wird dieser Prozess durch seine enge Bindung zu Tyrion, dem er nach dessen Verteilung zum Tode die Flucht aus Königsmund ermöglicht und somit indirekt den Tod von Tywin verursacht. Cersei hasst ihren kleinwüchsigen Bruder seit seiner Geburt, weil sie ihm den Tod ihrer Mutter vorwirft. Für Cersei grenzen daher auch Jaimes geheime Gespräche mit Tyrion im Keller des Roten Bergfrieds an Hochverrat (7.05). Die Entfremdung der Zwillinge gipfelt am Ende von Staffel 7 darin, dass Jaime es nicht mittragen will, das Bündnis gegen die Armee der Untoten zu verraten. Obwohl ihr die Bedrohung für Westeros bewusst ist, versucht Cersei aus der Allianz ihre persönlichen Vorteile zu ziehen und hofft, dass sich ihre Gegner im Kampf gegen die Zombies aufreiben. Dass Jaime ihre Pläne nicht unterstützen will, sondern treu zum Bündnis steht, um die Bedrohung gemeinsam zu bekämpfen, kann Cersei nicht verstehen. Fassungslos blickt sie ihm nach – und ist fortan auf sich allein gestellt, unterstützt nur noch von Euron Graufreud, ihrer Hand Qiburn und dessen Monsterschöpfung Gregor Clegane (7.07).

Dass Jaime am Ende der Serie eine kaum nachvollziehbare Volte macht und Brienne von Tarth verlässt, um wieder zu Cersei zurückzukehren (8.04), zeugt vor allem von seinem schwachen Wertegerüst. Trotz des Zwistes zwischen ihnen scheint Jaime Cersei eben doch hörig zu sein, sie ist sein oberster Wert. „Niemand entzieht sich mir", erklärt sie ihm, und das gilt zuvorderst für ihn selbst (7.07). „Cersei hat nur allzu menschliche Eigenschaften (ihr Verhältnis zum Alkohol, ihre aberwitzige Eifersucht auf Margaery), aber ihr Name enthält ein Echo der Zauberin Kirke aus der griechischen Mythologie, die Männer in Tiere verwandeln konnte, doch von Odysseus überlistet wurde. Auch Cersei [...] strahlt eine Art Zauberbann über Männer in ihrer Umgebung aus. Und ihr Inzest mit Jaime verweist auf eine mythische Dimension: die goldenen Götterzwillinge, zwei Hälften einer einzigen Seele"[11], erklärt die Historikerin Larrington das Verhältnis der beiden.

Am Ende holt die Realität, die Cersei in ihrer übersteigerten Selbstbezogenheit nicht wahrhaben will, die Königin ein, als ihre Konkurrentin Daenerys Königsmund in Schutt und Asche legt. Auf der Flucht durch den einstürzenden Roten Bergfried verliert sie ihre letzten Getreuen Qiburn und den Berg. Doch nun kehrt Jaime zurück, ihr Alter ego, von Euron schwer verwundet, um seine geliebte Schwester zu retten und bringt sie in die Katakomben. Trümmer versperren den Fluchtweg. Erstmals sehen wir Cersei weinen, weil sie nicht sterben will, aber das Leben der einstigen Königin endet in den Armen ihres Bruders, als die Decke über ihnen einstürzt (8.05).

Machiavellistin ohne strategischen Weitblick

Lassen Sie uns nun Cerseis Führungskompetenzen betrachten. Auf den ersten Blick erscheint sie als machiavellistisches Miststück. „Ihr seid wohl die mieseste Person, die mir je begegnet ist", bescheinigt die Dornenkönigin Olenna Tyrell ihr (6.07). Cersei ist brutal pragmatisch, scheut keine Konflikte, hat hohes Aggressionspotenzial, weicht nicht vor Ned zurück und lässt Gewalttaten wie die Ermordung der Stark-Getreuen und die Sprengung der Septe (6.10) ausüben, wenn es ihren Zwecken dient. Sie veranlasst die Entlassung des aufrechten Barristan Selmy als Lord Kommandant der Königsgarde, weil dieser Widerstand gegen die Lennisters leisten könnte (1.08), geht eine unheilige Allianz mit dem Hohen Spatzen ein, um vermeintlich ihre Macht zu sichern (5.03 & 5.04), verhandelt erfolgreich mit der Bank von Braavos (7.03 & 7.04) und verbündet sich mit Euron Graufreud, auch wenn sie dafür später mit ihm ins Bett steigen muss (7.01). Cersei weiß, dass sie mit Freundlichkeit und Güte im Leben nicht weiterkommt – und solche Werte hat sie auch gar nicht im Repertoire. „Grausame, hinterhältige und gottesfrevlerische Taten steigern das Ansehen eines neuen Herrschers in einem Land, in dem Menschlichkeit, Verlässlichkeit und Religion seit langem keine Kraft mehr haben"[12], schrieb Machiavelli 1506, also sieben Jahre, bevor er das Buch „Der Fürst" verfasste. Das beschreibt ziemlich treffend die Marschroute von Cersei.

Während ihr Vater eine Vision verfolgt, nämlich ein 1.000-jähriges Lennister-Reich zu etablieren, hat Cersei nur ein Ziel: selbst die reichste, mächtigste und wichtigste Person in Westeros zu sein. Wie Letamendi diagnostiziert hat, will Cersei das Zentrum der Welt sein. Nicht nur das Volk ist ihr egal, sondern letztlich auch, was nach ihrem Ableben geschieht. Tywin ist sich sehr wohl der Bedeutung von Ressourcen und des sozialen Friedens bewusst, um eine stabile Herrschaft abzusichern. Insofern hat seine Regentschaft als Hand trotz aller Autorität immer noch ein dienendes Moment, um das Volk bei Laune zu halten. Cersei fehlt hingegen jegliches Verständnis für die Realität. Zitieren wir nochmals Letamendi: „Narzissten fehlt es in der Regel an Empathie. Weil er so egozentrisch ist, ist ein Narzisst unfähig oder nicht bereit, die Dinge aus anderen Blickwinkeln zu betrachten."[13] Cersei sieht die Welt nur aus ihrer Sicht. „Ich tue vieles, weil es sich gut anfühlt", behauptet sie in einem abschreckenden Geständnis gegenüber der gefangenen Septa Unella. „Ich trinke, weil es sich gut anfühlt. Weil es sich gut anfühlt, ihn los zu sein, habe ich meinen Mann umgebracht. Ich ficke mit meinem Bruder, weil es sich gut anfühlt, ihn in mir zu spüren. Ich lüge über das Ficken mit meinem Bruder, weil es sich gut anfühlt, unseren Sohn vor gehässigen Heuchlern zu schützen. Ich habe Euren Hohen Spatz getötet und all seine kleinen Spatzen, all seine Septone, all seine Septas, all seine versifften Soldaten, weil es sich gut anfühlte, sie verbrennen zu sehen. Es fühlte sich gut an, mir ihre Schmerzen und ihren Schrecken vorzustellen. Kein Gedanke hat mich jemals mehr erfreut. Unter den richtigen Umständen fühlt sich selbst zu gestehen gut an." (6.10).

Frankel kommt daher zu dem Schluss: „Cersei ist ehrgeizig und listig, aber ebenso irrational und emotional überreizt."[14] Und Larrington urteilt: „Im Wesentlichen ist Cersei eine kurzsichtige Strategin, sie reagiert eher auf Ereignisse, als ihnen ihren Stempel aufzudrücken."[15] Gleichwohl sind ihre intriganten Schachzüge gegen Ned und ihr erbarmungsloser Vergeltungsschlag gegen die Sekte der Spatzen clever geplant und ausgeführt. Doch fehlt ihr der strategische Weitblick, um ihre Herrschaft langfristig abzusichern. Letztlich ist sie als Königin gemäß Peter-Prinzip auf ihrer Hierarchiestufe der Unfähigkeit angelangt. Im Hinblick auf ihre Kompetenzen als Regentin der Sieben Königslande ist Cersei ist ein gutes Beispiel für den sogenannten Dunning-Kruger-Effekt, den die Psychologen Justin Kruger und Dave Dunning von der Cornell University im Jahre 1999 entdeckt haben. Ihre Forschung ergab, dass gerade Menschen mit wenig ausgeprägten Kompetenzen dazu neigen, ihre Fähigkeiten zu überschätzen. „Und die Schlange beißt sich selbst in den Schwanz: Eben genau wegen ihrer Inkompetenz sind diese Menschen wiederum nicht in der Lage zu erkennen, dass sie inkompetent sind. Stattdessen glauben sie, dass sie anderen überlegen sind und haben ein besonders ausgeprägtes Selbstbewusstsein."[16] Das hat Cersei mit einem modernen Regenten wie Donald Trump gemein, mit dem sie auch einen ausgeprägten Narzissmus, ein übersteigertes Geltungsbedürfnis und geringe empathische Fähigkeiten teilt.

Es geht Cersei nur darum, ihren Status aufrecht zu erhalten. Dabei übt sie ihre Macht von Anfang an durch Angst aus – so wie es final auch Daenerys tut und scheitert. Cersei reagiert bei Konfrontationen fast immer im Angriffsmodus. Wir können das beobachten, als Ned sie mit der Wahrheit über ihre Kinder konfrontiert (1.07) oder als Joffrey stirbt und sie seinen Tod sofort Tyrion anlastet (4.02). Sehr deutlich wird ihre Machtausübung durch Angst auch in einer Szene mit Petyr Baelish, als er andeutet, von ihrer inzestuösen Beziehung zu Jaime zu wissen. „Bedeutende Familien vergessen oft eine einfache Wahrheit, habe ich festgestellt", erklärt Kleinfinger süffisant. „Und welche Wahrheit ist das?", fragt Cersei interessiert nach. „Wissen ist Macht", sagt Petyr mit überheblichem Unterton. Daraufhin lässt Cersei ihn von vier Wachsoldaten ergreifen. „Schneidet ihm die Kehle durch." Ein Soldat zückt einen Dolch, fassungslos starrt Kleinfinger sie an. „Halt!", befiehlt Cersei und lächelt: „Wartet, ich hab's mir anders überlegt. Lasst den Mann los." Dann tritt sie auf ihn zu und sagt: „Macht ist Macht." (2.01). Kleinfinger wird diese Lektion nicht vergessen. Letztlich war auch der Tötungsbefehl für Sansas Schattenwolf Lady als ungerechtfertigte Strafe für die Verletzung von Joffrey durch Aryas Wolf nichts anderes als eine kalkulierte Demonstration ihrer Macht.

„Mangelndes Einfühlungsvermögen ist vielleicht eines der gefährlichsten Elemente des pathologischen Narzissmus [...] Cersei ist entschlossen und unflexibel, wenn es um das Schicksal ihrer Feinde geht. Es gibt keine Selbstreflexion, die komplexere Emotionen wie Reue, Trauer oder Mitleid hervorrufen könnte. Diese Eigenschaft wird deutlich, als sie Ellaria und ihre Tochter Tyene in den Kerkern des Roten Bergfrieds einsperrt. Cersei tötet Tyene gnadenlos mit dem gleichen Gift, das ihrer eigenen Tochter Myrcella verabreicht wurde. Cersei schwört, Ellaria am Leben zu erhalten, damit sie ihrer Tochter beim Sterben und Verwesen zusehen kann. Aber Cerseis asoziales Verhalten - so missbräuchlich und herzlos sie auch sein mag - ist nicht dazu da, ihr Vergnügen zu bringen, sondern ihre Dominanz zu etablieren", erläutert Letamendi und folgert dann: „Cersei verwendet ein Furnier der Überlegenheit, um dahinter ein Gefühl der chronischen Verletzlichkeit zu verbergen. Die Regulierung ihres eigenen Unbehagens ist eine treibende Kraft. Sie empfindet ein tiefes Misstrauen gegenüber der Menschheit. Nur im Gespräch mit ihren Brüdern Tyrion und Jaime werden ihre Zweifel offenbar, als sie behauptet, dass jeder in Westeros hinter ihnen her sei und ihren Untergang sehen wolle. Diese Opfermentalität und eine Überempfindlichkeit gegenüber der Kritik anderer macht Narzissten anfällig für Gefühle von Depression und Einsamkeit. Oftmals entspricht die Realität ihres Lebens nicht dem Fantasieleben, zu dem sie sich berechtigt fühlen. Das erzeugt eine ständige Enttäuschung im Selbst. Tatsächlich ist es wahrscheinlich, dass Cersei eine gewisse emotionale Instabilität erlebt."[17]

Ihre Selbstzweifel versucht Cersei durch Kontrolle und Machtdemonstrationen zu ersticken. Ihr Verhalten ist klar machiavellistisch im Sinne von häufiger Täuschung, Manipulation und Kontrolle anderer Menschen. Machiavellismus und Narzissmus sind zwei der drei Elemente, aus denen sich die Dunkle Triade zusammensetzt, die Sie im Zusammenhang mit Ramsay Bolton im vierten Kapitel bereits kennengelernt haben. Was wir bei Cersei nicht feststellen können, ist eine psychopathische Neigung, wie sie ihr Sohn Joffrey und Ramsay haben.

Tyrions Tipp

Narzisstische Persönlichkeiten sind anfällig für die Kritik anderer Menschen. Deshalb verbergen sie ihre Selbstzweifel gern hinter der Maske von Überlegenheit. Ihre Verletzlichkeit führt oft dazu, dass sie anderen Menschen misstrauen und versuchen, die Kontrolle über diese zu bekommen.

Halten wir also abschließend fest, dass Cersei im Sinne unserer Kernelemente eine völlig unwirksame Führungskraft ist. Es mangelt ihr an Vision und Werten. Vertrauen ist für sie ein Fremdwort. Als Regentin übernimmt sie keine Verantwortung für ihr Volk, sondern verfolgt konsequent nur selbstsüchtige Ziele. So kann sie als Führende niemals Vertrauensmacht bekommen, weil niemand ihr freiwillig folgen würde. Angst und Gold sind die Hebel, mit denen sie Gefolgschaft sichert. Ihre Selbstführung ist amoralisch, ihre Kompetenzen sehr begrenzt. „Ich misstraue dir, weil du nicht so schlau bist, wie du zu sein denkst", beurteilt Tywin seine Tochter (3.04). Ihre Allianz mit dem Hohen Spatzen scheitert, sie verliert die Unterstützung der Tyrells und sogar ihres Onkels Kevan, nur die Bank von Braavos und Euron verbünden sich noch mit Cersei. „Ihr habt keinen Rückhalt, jedenfalls nicht mehr. Euer Bruder ist weg, dafür hat der Hohe Spatz gesorgt, der Rest Eurer Familie hat Euch im Stich gelassen. Das Volk verachtet Euch. Ihr seid umringt von Feinden, Tausenden von ihnen. Wollt Ihr sie etwa alle allein umbringen? Ihr habt verloren, Cersei", spricht Olenna die Wahrheit aus (6.07).

Am Ende stehen nur noch ihr Dr. Frankenstein Qyburn und seine Kreatur, der Berg, treu an ihrer Seite. Wirkliche Zusammenarbeit und Entwicklung spielen also für Cersei keine Rolle. Ihre Kommunikation ist oftmals drastisch klar, wie das erwähnte Beispiel mit Kleinfinger oder die Hinrichtung von Missandei zeigen (8.04), aber nicht auf mehr Vertrauen und besseres Zusammenwirken für ein gemeinsames Ziel angelegt, sondern nur auf Angst und Abschreckung. Ein Symbol dafür mag die Figur einer roten Viper sein, die Cersei in Staffel 5 auf ihrem Schreibtisch hat. Achten Sie gern mal auf die Bürodekorationen Ihrer Chefs, manchmal können diese sehr aussagekräftig sein.

Hoher Spatz

Ein unterschätzter Verbündeter und Gegner

Der mächtigste Gegner, mit dem es Cersei außer Daenerys zu tun bekommt, ist der Hohe Spatz. Über diese charismatische Figur wird erstaunlicherweise in den Fanblogs und in der Literatur zur Serie wenig geschrieben. Diese Lücke möchten wir an dieser Stelle zu schließen helfen. Erstmals tritt dieser Charakter in der fünften Staffel in Erscheinung, als Cersei ihn in der Armenküche aufsucht, nachdem militante Ordensbrüder den Hohen Septon im Bordell attackiert haben. Erst nach Tywins Tod hat sich die religiöse Bewegung der Spatzen nach Königsmund getraut; der Lennister-Patriarch hätte die Gefahr, die von diesen fundamentalistischen Eiferern ausgeht, vermutlich erkannt und im Keim erstickt. Doch nun nutzt der Hohe Spatz geschickt das Machtvakuum, das in der Hauptstadt entstanden ist, um seine Bewegung zu etablieren. Der Krieg der fünf Könige hat das Land ausgeblutet, verroht und verarmt. Der Unmut gegen die Adelshäuser, die im Wohlstand leben, wächst. Verstärkt wurde dieser soziale Sprengstoff durch das tyrannische Regime von König Joffrey und Vertreter der Kirche, die wie der Hohe Septon unzüchtig sind. Das ist der fruchtbare Nährboden einer fundamentalistischen religiösen und sozialen Bewegung, der Spatzen.

Ihr Oberhaupt, der Hohe Spatz, ist nach eigener Aussage Sohn eines Schusters, der sein gutbürgerliches früheres Leben aufgab, um barfuß als einfacher Wanderprediger durch die Sieben Königslande zu ziehen, bevor er sich der Spatzen-Bewegung anschloss. In kurzer Zeit schaffte er den Aufstieg zu einer Art Anführer der Bewegung und wird von seinen Anhängern verehrt und, in Anlehnung an den Hohen Septon, als Hoher Spatz bezeichnet. „Ich sage ihnen, dass keiner etwas Besonderes ist, und sie halten mich für etwas Besonderes, weil ich es ihnen sage“, erzählt er Cersei, während er ungepflegt und in schmutziger Kutte Essen an die Armen verteilt.

Cersei sucht ein Arrangement mit dem Hohen Spatzen, um ihre instabile Machtposition mit Hilfe einer volksnahen Bewegung zu festigen. „Der Glaube und die Krone sind die zwei Säulen, die diese Welt stützen. Fällt eine um, so fällt auch die andere. Wir müssen alles Nötige tun, um einander zu beschützen“, erklärt die Königinmutter dem Geistlichen scheinheilig. Sie erzählt ihm von der Forderung des Hohen Septons, ihn hinrichten zu lassen, und auch, dass sie stattdessen das kirchliche Oberhaupt eingekerkert habe (5.03). Durch Cerseis Einfluss wird der Hohe Spatz zum neuen Hohen Septon gewählt. Sie trifft sich mit dem Hohen Spatzen und erlaubt sogar die Wiedereinführung des militärischen Ordens der Bewegung, ohne den Mann und seine Motive wirklich zu kennen. Damit legalisiert sie die bereits marodierenden Schlägerbanden der Spatzen, die fortan Königsmund terrorisieren, indem sie vorgeblich gegen alles Sündige in der Stadt vorgehen. Cersei möchte die Spatzen dafür nutzen, um ihren eigenen Einfluss zu stärken und den von Margaery Tyrell und ihrer Großmutter Olenna einzuschränken. So verwundert es nicht, dass Ser Loras Tyrell wegen seiner Homosexualität festgenommen (5.04) und kurz darauf sogar ein Prozess gegen Königin Margaery eingeleitet wird, die ihren Bruder durch eine Falschaussage schützen wollte (5.06).

Tyrions Tipp

Seien Sie vorsichtig mit sittenstrengen Moralaposteln und sonstigen Eiferern. Dogmatisches Denken kann Ihr Unternehmen gerade in Veränderungsprozessen lähmen. Es gibt niemals nur den einen Weg, sondern immer Alternativen.

Olenna Tyrell wirft dem Hohen Spatzen vor, sich zum Lakaien von Cersei zu machen: „Ein Mann des Volkes – ist das Eure Masche? Eine alte Masche, öde und nicht glaubwürdig. Ein Mann des Volkes, der Cerseis Drecksarbeit für sie erledigt.“ Doch der Geistliche erklärt einfach: „Das Volk erledigt immer die Drecksarbeit.“ Ein Bestechungsversuch von Olenna fruchtet bei dem religiösen Fanatiker nicht, er beharrt: „Euer Enkel und Eure Enkelin haben heilige Eide geschworen - und gelogen. Der Vater richtet über uns alle, über die Söhne hoher Lords, über die Söhne von Fischern. Wer gegen seine Gesetze verstößt, der wird bestraft.“ Olenna droht damit, die Lebensmittellieferungen in die Hauptstadt zu stoppen. Der Hohe

Spatz entgegnet: „Ein Leben in Wohlstand und Macht hat Euch auf einem Auge blind gemacht. Ihr seid die wenigen, wir sind die Vielen. Und wenn die Vielen aufhören, die Wenigen zu fürchten…"

Erstmals lässt der Geistliche die Maske fallen. Er kündigt offen eine Revolution der Armen an. Geschickt versucht er, die Macht in Königsmund an sich zu reißen. Nachdem er Königin Margaery und ihren Bruder Loras eingekerkert hat, erklärt er der offensichtlich triumphierenden Cersei: „Man wird den Tyrells ihr ganzes Gepränge abstreifen, ihre Lügen zertrümmern, ihr wahres Inneres vor aller Augen offenbaren. So wird es mal uns allen ergehen, den Edlen genauso wie den Einfachen. Was werden wir entdecken, wenn wir einmal Euer Gepränge abstreifen?", fragt der Hohe Spatz die Königsmutter und konfrontiert sie mit ihrem Cousin Lancel. Dieser ist inzwischen Mitglied der Glaubensmiliz und hat Cerseis inzestuöses Verhältnis zu ihrem Bruder Jaime, die Kinder aus dieser Verbindung und ihren Ehebruch mit ihm selbst gebeichtet. Sie kommt in Haft (5.07).

In diesem Moment ist der Hohe Spatz der mächtigste Mann in Westeros. Er hält die Ehefrau, die Mutter und den Schwager von König Tommen als Geiseln des Glaubens und hat eine breite Volksbewegung hinter sich gescharrt. „Wir haben keine Namen, keine Familien. Jeder einzelne von uns ist arm und machtlos. Und doch können wir gemeinsam ein Königreich zu Fall bringen", erklärt er dem wütenden Jaime, der widerwillig einräumt: „Ihr seid ein mutiger Mann." (6.02). Ein Sozialrevolutionär ist auf dem Gipfel seiner Macht, der unerfahrene König hilf- und machtlos. Hinter der Maske des religiösen Volkstribuns ist der Hohe Spatz ein kühl kalkulierender Stratege, dessen Ziel ein Gottesstaat unter seiner Führung ist. Ermöglicht wird ihm dieser direkte Griff nach der Macht erst durch Cerseis Naivität: Sie unterschätzt den sittenstrengen Mann im Bettelgewand und glaubt, ihn und seine Ordensmiliz für ihre Zwecke und gegen die Tyrells einsetzen zu können. „Der Kampf zwischen dem Glauben und der Krone, der wieder aufflammt, als Cersei vor den Forderungen der Spatzen kapituliert, die Wiederbewaffnung des Kriegerischen Arms zu erlauben, spiegelt einen der wichtigsten politischen Konflikte des Hochmittelalters. Auf dem Spiel stand das Verhältnis zwischen den Vollmachten der Kirche und der Krone"[18], schreibt die Historikerin Larrington.

Kalte Machtübernahme durch religiöse Fanatiker

Für den Hohen Spatzen gibt es ein historisches Vorbild, den Bußprediger Girolamo Savonarola (1452-1498) im Florenz der Renaissance. Er fand viele Anhänger mit seiner Kritik am Lebenswandel des herrschenden Adels und Klerus und war faktisch Herrscher über Florenz von 1494 bis kurz vor seiner Hinrichtung 1498. Wie der Hohe Spatz entstammte Savonarola dem wohlhabenden Bürgertum, entsagte jedoch den weltlichen Freuden und einer Karriere als Arzt, um asketischer Dominikanermönch zu werden. Rasch machte er Karriere als Prediger. Seine flammenden Reden gegen korrupte Herrscher, das verkommene Papsttum und die Ausrichtung des Humanismus an den Idealen der Antike statt am christlichen Glaubens wurden von großen Teilen des Volks bejubelt. Mit seinen Weltuntergangsprophezeiungen erringt der radikale Dominikaner große Aufmerksamkeit im Florenz der Medici. Die mächtige Herrscherfamilie muss schließlich fliehen, und Savonarola und seine fanatischen Anhänger übernehmen die Macht in der Handelsmetropole. Florenz, zuvor weltoffen und liberal, „entwickelt sich zu einer religiösen Diktatur mit strengsten Normen. Ehebruch, der ehemals mit einer Geldstrafe geahndet wurde, wird nun mit dem Tod bestraft. Theater, Gasthäuser und Bordelle werden geschlossen und die Bewohner der Stadt werden ermahnt, allem Überfluss und Genuss zu entsagen."[19]

All das klingt wie eine Drehbuchvorlage für die radikale Sekte der Spatzen. *Game of Thrones* adaptiert die historischen Geschehnisse aus dem Florenz des späten 15. Jahrhunderts und liefert uns so ein Lehrstück für eine Machtübernahme innerhalb einer Organisation. Wie baut der Hohe Spatz seine Machtposition aus und wie sichert er sie ab? Indem er äußerst geschickt und flexibel den Konflikt mit der Krone organisiert. Folgende zehn Punkte zeigen das:

1. Er nutzt die politische Instabilität und Schwäche der Machthaber, um eine politische und soziale Alternative mit religiöser Aufladung (Sinn) zu etablieren.
2. Er entwickelt eine glaubwürdige und kraftvolle Vision und machdie Regeln dieser Alternative für jedermann transparent.
3. Er predigt glaubhaft gegen die Missstände der Herrschenden, macht seinen Anhängern die Probleme bewusst und erzeugt so zunehmend mehr Unmut gegen das bestehende System.
4. Er inszeniert sich selbst als einfacher Mann des Volkes, der jedem Luxus entsagt und nur der Gerechtigkeit einer höheren Macht dient.
5. Er kümmert sich persönlich um die Unzufriedenen, ist an der Basis präsent und findet so viele Verbündete.
6. Er erzeugt Glaubhaftigkeit, indem er Vertreter des Establishments beim Regelbruch in flagranti ertappt und öffentlich anklagt.
7. Er findet mit Cersei eine Verbündete im Establishment, die ihm hilft, den eigenen Machtanspruch zu legitimieren, zu legalisieren und durchzusetzen.
8. Er schützt und erweitert seine Machtbasis durch die von Cersei legalisierte Glaubensmiliz.
9. Er übernimmt zentrale Institutionen der Staatsgewalt wie Polizei und Justiz.
10. Er entledigt sich alter starker Verbündeter (Cersei) und schützt sich durch neue schwache Verbündete (Tommen) gegen die Konterrevolution.

Vielleicht zu siegesgewiss macht der Hohe Spatz allerdings selbst einen Fehler, der sich bitter rächen soll: Er unterschätzt Cerseis grenzenlose Rachsucht. So lässt er die Königsmutter nach dem Geständnis des Ehebruchs mit Lancel frei, schickt sie aber nackt auf einen Bußgang durch die überfüllten Straßen von Königsmund. Dort wird sie beschimpft, bespuckt, beworfen und geschlagen. Ein Gang der Schande – und wohl der Moment, der das letzte Fünkchen Gnade in ihr erlöschen lässt (5.10).

Jaime und die Tyrells wollen anschließend mit Waffengewalt verhindern, dass auch Königin Margaery diesen schändlichen Bußgang antreten muss und lassen Truppen vor der Großen Septe von Baelor aufmarschieren. Doch bevor es zur Eskalation der Gewalt kommt, triumphiert noch einmal der Hohe Spatz. Er hat Tommen inzwischen so stark beeinflusst, dass der junge König sich vorbehaltlos zum Glauben bekennt. Gemeinsam verkünden sie ein neues Zeitalter der Harmonie und eine heilige Allianz zwischen dem Glauben und der Krone, den beiden Zwillingssäulen der Macht, auf dem die Welt beruhe. „Was geht hier vor?", fragt der beschränkte Maes Tyrell seine Mutter. Olenna anerkennt den schlauen Schachzug des Geistlichen: „Er hat uns besiegt, das geht hier vor." (6.06). Jaime wird auf Betreiben des Hohen Spatzen anschließend sogar aus der Königsgarde entlassen. Und als Tommen dann auch noch Gerichtsurteile per Zweikampf verbietet und somit seiner Mutter die Option nimmt, den Berg für sich kämpfen zu lassen und dadurch ungestraft für ihre Vergehen zu bleiben, scheint die kalte Übernahme der Sieben Königslande durch den Hohen Spatzen geglückt (6.08). Er herrscht als geistiges Oberhaupt neben einem schwächlichen König. Die religiösen Fanatiker haben durch ausgeprägte Konfliktbereitschaft, taktisches Geschick und hohe Flexibilität die Macht an sich gerissen. Doch die junge Kirchenmonarchie endet in einem gewaltigen Feuerball, als Cersei ihre Rache kalt serviert und die versteckten Seefeuervorräte unter der Septe explodieren lässt (6.10).

Tyrion Lennister

Der Meister der situativen Kommunikation

Wenden wir uns abschließend dem kleinen Mann mit dem großen Herzen zu: Tyrion Lennister ist ein Überlebenskünstler. Kein anderer Charakter der Serie wird so oft mit dem Tode bedroht – und er überlebt jede kritische Situation. Im Teil 2 haben wir seine Heldenreise bereits chronologisch nachgezeichnet. Jetzt wollen wir uns auf seine Kernkompetenzen konzentrieren. Tyrion ist ein Meister der Kommunikation. Da er nicht über die Physis verfügt, um wie sein Bruder Jaime ein großer Krieger zu sein, hat er sein rhetorisches Talent zur Perfektion entwickelt, und kämpft vor allem mit geschliffenen Worten, Wortwitz, Schlagfertigkeit und Sarkasmus. Diese Kompetenz, gepaart mit Intelligenz und Bildung, ist vergleichbar mit Jaimes Qualität mit dem Schwert. Sie erlaubt es dem kleinwüchsigen Lebemann, sich auch aus beinahe aussichtslosen Situationen sehr flexibel und schlau herauszuarbeiten.

Erstmals wird das deutlich, als Tyrion sich in Gefangenschaft auf Burg Hohenehr befindet. Lady Catelyn Stark beschuldigt ihn des versuchten Mordes an ihrem Sohn Bran, hat ihn festgenommen und auf die Burg ihrer Schwester Lysa Arryn verschleppt. Um ein Geständnis zu erzwingen, wird er in einer nach außen offenen sogenannten Himmelszelle eingesperrt, mehrere hundert Meter hoch über dem steilen Abgrund, der kalten Witterung und den Schlägen seines tumben Wärters Mord ausgeliefert. Tyrion versucht, Mord zu bestechen, indem er ihm Gold anbietet, um bei Lysa Arryn vorsprechen zu können. Mord will das Gold haben, doch Tyrion hat seine Geldbörse nicht mehr. Mord fragt ihn immer wieder „Wo?“ und traktiert ihn mit Schlägen. Da erkennt Tyrion, dass er mit dem geistig unterbelichteten Wärter anders sprechen muss, einfacher, klarer und mit verständlichen Bildern. So fragt er Mord, ob dieser die Redewendung „Reich wie ein Lennister“ kenne. Plötzlich hat er Mords Aufmerksamkeit: „Natürlich kennst du sie, du bist ein schlauer Mann. Du weißt, wer die Lennisters sind. Ich bin ein Lennister, Tyrion, Sohn des Tywin. Und natürlich kennst Du auch die Redewendung ‚Ein Lennister begleicht stets seine Schulden.‘ Wenn Du eine Botschaft von mir an Lady Arryn weiterleitest, stehe ich in Deiner Schuld.‘ Es funktioniert. Mord überbringt die Botschaft, dass Tyrion gestehen wolle, an seine Herrin Lady Lysa (1.06).

Was hat Tyrion gemacht? Er, als gebildeter Mann der gehobenen Sprache mächtig, wechselt auf ein niedrigeres Sprachniveau, das sein Gegenüber verstehen kann. Er passt sich dem Sprach- und Bildungshorizont von Mord an. Tyrion versteht, dass er mit dem Wärter nicht wohlfeil parlieren kann, um sein Ziel zu erreichen, sondern dass dieser nur einfache Botschaften versteht, keine abstrakten Konzepte wie Besitz. „Reich wie ein Lennister" ist ein einprägsames, emotionales Bild, das auch Mord kennt. Als Sender der Nachricht stellt Tyrion bewusst sicher, dass der Empfänger diese auch versteht. Diese Fähigkeit, die Sprachwelt seines Gesprächspartners schnell zu erkennen und sich dieser anzupassen, ist überaus wichtig, wenn Sie in einem Gespräch etwas erreichen, verkaufen oder einfach nur akzeptiert werden wollen. Wenn es Ihnen gelingt, sich bewusst auf die Syntax, Wortwahl und Sprachmuster eines Gesprächspartners einzustellen, erzeugen Sie Resonanz und verbessern automatisch die Beziehung. Erfolgreiche Verkäufer machen dies dank ihrer Erfahrung und ihres kommunikativen Talents oft intuitiv. Denn wie, außer über die Sprache, kann es gelingen zu verkaufen? Ein erfahrener Autoverkäufer wird über ein neues Fahrzeugmodell mit einem Bauarbeiter mit Hauptschulabschluss ganz anders sprechen als mit einer Jura-Professorin, um das Gespräch zu einem erfolgreichen Abschluss zu bringen.

Tyrion beherrscht diese kommunikative Klaviatur von der einfachen Ansprache gering gebildeter Zeitgenossen bis hin zur gestochen scharfen Analyse und Argumentation in Gesprächen mit klugen Köpfen wie Varys. Das zeigt sich in einer weiteren Szene. Nachdem Tyrion durch gezielte Provokation ein Götterurteil (Schiedsspruch durch Zweikampf) erwirkt und der Söldner Bronn für ihn gekämpft und gewonnen hat (1.06), werden die beiden auf dem Weg zurück in die Flusslande vom Stamm der Felsenkrähen überfallen (1.07). Deren Anführer erklärt: „Wenn ihr vor Euren Göttern steht, sagt ihnen, Shagga, der Sohn des Dolf von den Felsenkrähen, schickt euch." Tyrion adaptiert blitzschnell das Sprachmuster des Angreifers: „Ich bin Tyrion, Sohn von Tywin vom Clan der Lennister." So versucht er erneut, in einer konfrontativen, diesmal sogar akut lebensbedrohlichen Situation Resonanz mit seinem aggressiven Gesprächspartner herzustellen, indem er so spricht, wie Shagga es von seinesgleichen gewohnt ist.

Bewusst den Gesprächsrahmen verändern

Trotz der Konfrontation befinden sich Tyrion und Shagga hier aus wissenschaftlicher Perspektive in einer Gesprächssituation. Der kanadische Soziologe Erving Goffmann definiert als Gesprächssituation, wenn Personen miteinander in zentrierte Interaktion treten, sich also auf einen gemeinsamen Aufmerksamkeitsfokus richten und über Möglichkeiten reziproker Verhaltenskontrolle verfügen.[20] Tyrion gelingt es, durch sein flexibles Kommunikationsverhalten in dieser Konfliktsituation Shagga, der ihn und Bronn eigentlich nur töten und ausrauben will, in ein Gespräch zu verwickeln und dabei zunehmend die Kontrolle zu übernehmen. Das schafft er, indem er die Rahmen der Situation und somit des Verhaltens verändert. Schauen wir noch einmal genau auf den Verlauf der Szene.

Tyrions Tipp

Hören Sie gut zu, beobachten Sie genau: Welchen Sprach- und Bildungshorizont hat Ihr Gesprächspartner? Passen Sie sich dem flexibel an. So erzeugen Sie Resonanz und verbessern die Beziehung.

Der Rahmen, in dem die Felsenkrähen die Situation anfangs betrachten, ist: Hier sind zwei Reisende, die wir töten und ausrauben werden, weil wir in der Überzahl sind. Bronn sieht die Dinge anders: Als professioneller Kämpfer will er sich nicht ergeben, sondern sich wehren, möglichst viele Gegner kampfunfähig machen und sich vielleicht sogar frei kämpfen. Aber Bronn bewegt sich im Rahmen des Konflikts, den Shagga und seine Leute vorgeben. Er zieht sein Schwert und ist bereit zu töten. Tyrion dagegen, der weder sterben will noch kämpfen kann, analysiert blitzschnell die Situation, legt Bronn seine Hand auf den Schwertarm und schlägt einen ganz anderen Rahmen vor: Er versucht zu deeskalieren, verhält sich, als ob die Felsenkrähen Freunde wären und lädt sie ein: „Kommt! Gesellt euch ans Feuer. Nehmt euch von unserer Ziege." Shagga geht zwar nicht darauf ein und droht weiterhin mit dem Tod, aber er nimmt das Gesprächsangebot an und stellt sich als Sohn des Dolf vor. Wie oben beschrieben, übernimmt Tyrion sein Sprachmuster, ignoriert den bedrohlichen Rahmen der Felsenkrähen und bleibt stattdessen in einem Rahmen respektvoller Konversation, in der man sich gegenseitig vorstellt und kennenlernt. Shagga verharrt trotzdem weiterhin stur in seinem Rahmen. „Tyrion, Sohn von Tywin, wie willst Du sterben?", fragt er. Tyrion überlegt kurz, dann schafft er einen weiteren Rahmen, diesmal setzt er auf Humor und antwortet: „Im eigenen Bett, im Alter von 80, mit meinem Bauch voll Wein und meinem Schwanz im Mund einer Jungfrau". Damit bringt Tyrion Shagga zum Lachen – und verändert damit dessen bisherigen Rahmen.

Gerade in schwierigen Gesprächssituationen kann Humor den Verhandlungsprozess positiv verändern. Er belebt, dosiert und bewusst eingesetzt, die Kommunikation und kann es den Parteien erlauben, trotz Unstimmigkeit kooperativ weiter zu verhandeln. Der Einsatz von Humor ist dabei oft mit Macht verbunden: Beobachten Sie einmal, wer in Verhandlungen Humor startet oder vor allem stoppt – und Sie wissen, wer die Macht hat. Wenn es Ihnen gelingt, eine Person zum Lachen zu bringen, können Sie diese leichter für sich gewinnen, zumindest aber Sympathiepunkte einheimsen.[21] Forscher beschreiben die Tendenz, dass humorvollen Personen gegenüber eher Zugeständnisse gemacht werden. Ein möglicher Grund: Wir reagieren auf Humor mit Freundlichkeit, wenn er richtig dosiert und nicht plump ist und auch unseren Sinn für Humor trifft. Die Arbeitspsychologin Christine Gockel gibt folgende Empfehlung: Ist die Verhandlungssituation bereits toxisch, sollten Sie auf Humor verzichten. In weniger gravierenden Fällen kann der Einsatz von Humor aber durchaus positive Effekte erzielen.[22] Es kommt immer auch auf die Personen an, mit denen Sie es zu tun haben. Menschen vom Schlage eines Robert Baratheon, Ned Stark, Davos Seewert oder Jon Schnee sind empfänglich für Humor. Wenn Sie allerdings Chefs wie Tywin Lennister oder Stannis Baratheon haben, könnten scherzhafte Bemerkungen die gefühlten Minusgrade im Raum noch weiter absinken lassen.

Gehen wir zurück in die Szene mit den Felsenkrähen. Tyrions launiger Spruch fruchtet nur halb, er würde nur sein Leben retten, nicht aber das von Bronn. Shagga befiehlt: „Fangt den Halbmann, er soll für die Kinder tanzen. Tötet den anderen." Tyrion reagiert wieder flexibel und veranlasst die Felsenkrähen innezuhalten, indem er Shagga diverse Angebote macht. Nachdem er einmal den Rahmen so verändert hat, dass eine Gesprächssituation entstanden ist und er durch seinen Humor ein wenig Sympathie gewinnen konnte, kann er mit ihnen verhandeln. „Mein Clan ist reich und mächtig. Wenn ihr uns durch die Berge führt, wird euch mein Vater mit Gold überschütten." Wieder bleibt Shagga ablehnend und antwortet: „Was nützen uns die Versprechen eines Halbmannes?" Jetzt dreht Tyrion richtig auf und versucht, die Felsenkrähen bei ihrer Ehre zu packen: „Halbmann mag sein. Aber wenigstens habe ich den Mut, mich meinen Feinden zu stellen. Wie halten es die Felsenkrähen? Sie verstecken sich hinter Felsbrocken und bibbern, wenn die Ritter vom Tale vorbeireiten." Tyrion zeigt auf Shaggas Axt und fragt: „Sind das die besten Waffen, die ihr stehlen konntet? Ihr tötet Schafe damit, solange sich die Schafe nicht wehren. Die Lennister-Schmiede scheißen besseren Stahl." Für diese Provokation fängt er sich eine Schmarre ein, als Shagga ihn schlägt. Immer noch ist der Häuptling skeptisch: „Meinst du, du überzeugst uns mit deinem Tand?" Tyrion streift einen Ring ab und reicht ihn Shagga: „Dieser Tand ist mehr wert als alles, was dein Stamm besitzt." Shagga streift den Ring stolz über seinen kleinen rechten Finger. Tyrion setzt nach: „Doch wenn du uns hilfst, Shagga, Sohn des Dolf, gebe ich dir keinen Tand, dann gebe ich dir das…" Tyrion breitet seine Arme aus. Shagga fragt verwirrt: „Was ist das?" Jetzt hat Tyrion ihn: „Das Tal von Arryn. Die Lords vom Grünen Tale haben immer auf die Hügelvölker gespuckt. Die Lords vom Tale wollen mich tot sehen. Ich meine, es ist Zeit für neue Lords vom Grünen Tal."

Tyrions Tipp

In schwierigen Gesprächen kann es helfen, die anderen zum Lachen zu bringen. Wenn Sie Humor dosiert und gezielt einsetzen, können Sie andere Menschen leichter für sich gewinnen.

In dieser Szene können Sie nicht nur hervorragend beobachten, wie flexibel Tyrion in einer Konfliktsituation handelt, sondern auch, wie konsequent er versucht, die Gesprächsführung zu übernehmen, indem er neue Rahmen setzt. Sie können diese Technik, den Gesprächsrahmen zu verändern, auch bei Jon Schnee erkennen: Wie im Kapitel „Selbstführung & Kompetenz" schon geschildert, treffen sich Jon und Ramsay Bolton am Vortag der Schlacht der Bastarde. Ramsay setzt einen klaren Erwartungsrahmen, als er Jons Kapitulation und seinen Treueeid fordert. Seine Sicht ist klar: Wir stehen vor einer Schlacht, die ich nicht verlieren kann, weil ich mindestens doppelt so viele Krieger habe. Jon versucht, genau diesen Rahmen zu sprengen, indem er Ramsay zum Zweikampf auffordert. Doch der Bolton-Bastard begreift sofort, dass dieser Vorschlag ihm keinen Vorteil bringt, weil Jon als exzellenter Schwertkämpfer gilt. Jon gibt noch nicht auf, er versucht, seinen neuen Rahmen zu zementieren: „Kämpfen Eure Männer auch für Euch, wenn sie hören, dass Ihr nicht für sie kämpfen wolltet?" Ramsay ignoriert dieses Manöver, und so misslingt die Rahmenverschiebung (6.08). Erfolgreicher ist Jon dagegen in Hartheim, als er den Wildlingen verdeutlichen kann, dass nicht der Konflikt zwischen Freiem Volk und Nachtwache, sondern zwischen Menschheit und der Armee der Untoten das Thema ist, um das es wirklich geht (5.08). Hier gelingt es ihm, den Gesprächs- und Verhandlungsrahmen so zu verändern, dass ein Handeln im gemeinsamen Interesse möglich wird. Ähnlich ist seine Gesprächstaktik gegenüber Daenerys, die von ihm einen Treueeid erwartet, den er verweigert, weil es nach seiner Überzeugung um viel wichtigere Dinge geht als die Frage, wer auf dem Eisernen Thron sitzt: „Euer Gnaden, alle, die Ihr kennt, werden sterben, bevor der Winter vorbei ist, wenn wir den Feind im Norden nicht besiegen." (7.03).

Doch zurück zu Tyrion: Als er bei seiner Rückkehr von der Nachtwache in Winterfell auf Robb Stark trifft, der die Lennisters inzwischen hasst, bemängelt er den kühlen Empfang. Robb entgegnet: „Jeder Mann von der Nachtwache ist in Winterfell willkommen." Tyrion hält dagegen: „Jeder Mann von der Nachtwache, aber nicht ich, stimmt's, mein Junge?". Tyrion verändert den Fokus des Gesprächs, er setzt hier wieder den Rahmen, und Robb kämpft nun dagegen: „Ich bin nicht Euer Junge, Lennister, ich bin der Lord von Winterfell, solange mein Vater fort ist", antwortet Robb gereizt. Jetzt hat Tyrion ihn und erinnert ihn daran, dass er die Tradition der Gastfreundschaft gerade verletzt: „Dann solltet Ihr auch die Höflichkeit eines Lords lernen." Mit einer kleinen Veränderung des Gesprächsrahmens, dem provokanten Hinweis auf die Unreife des jungen Starks, drängt Tyrion Robb in die Defensive und übernimmt so die Gesprächsführung. Dabei sieht Robb am Ende nicht wirklich gut aus (1.04).

Robb beweist allerdings seine Lernfähigkeit. Als er später Tyrions gefangenem Bruder Jaime begegnet, provoziert dieser ihn mit der Bemerkung „kluger Knabe". Robb jedoch zerschlägt Jaimes arroganten Rahmen: „Ihr beleidigt Euch selbst, Königsmörder. Ihr seid von einem Knaben besiegt worden, Ihr werdet von einem Knaben gefangen gehalten, und vielleicht werdet Ihr von einem Knaben getötet." Robbs Schattenwolf, der den Käfig betritt, unterstreicht die neue Perspektive, die Robb geschaffen hat (2.01). Robb nutzt Jaimes verbalen Angriff, indem er den Rahmen verändert und aufzeigt, was dieser „Knabe" bereits alles geleistet hat. So übernimmt er die Kontrolle über das Gespräch.

Tyrions Tipp

Wenn Sie sich über einen verbalen Angriff oder gar eine Beleidigung ärgern und dagegen ankämpfen, ist das oft nicht wirksam, weil Sie im Rahmen des Angreifers bleiben. Lassen Sie sich nicht auf das Niveau ein, bleiben Sie souverän, versuchen Sie es mit Humor oder Ironie, und würdigen Sie, was Sie erreicht haben.

Schauen wir noch einmal auf einen richtig schwierigen Moment für Tyrion. In einer vergleichbar aussichtslosen Situation wie mit Shagga befindet er sich Jahre später, diesmal mit Jorah Mormont an seiner Seite, der ihn in Volantis gekidnappt hat, um ihn Daenerys als Geschenk zu überbringen. Während ihrer Reise werden sie von Sklavenhändlern überrascht und gefangengenommen (5.06). Deren Anführer Malko gibt die Order: „Der Zwerg ist wertlos, schneid' seine Kehle durch.". Darauf schreit Tyrion: „Wartet, wartet, lasst uns darüber reden." Doch Malko lässt sich nicht beirren und befiehlt: „Hack' ihm den Schwanz ab, der ist ein Vermögen wert. Zwergenschwänze haben magische Kräfte." Das ist der Schlüssel für Tyrion, jetzt hat er einen Köder, er weiß nun, wie er die Rettung seines Lebens mit den Interessen des Anführers in Einklang bringen kann, und er sagt: „Ihr könnt doch nicht einen vertrockneten Schwanz anbieten und erwarten, dass irgendjemand dafür bezahlt. Woher soll der Händler wissen, dass er echt ist, wie kann er das wissen, wenn er den Zwerg nicht gesehen hat?" Malko denkt kurz nach und kommt zu dem Schluss, dass es wirklich sinnvoller ist, den kleinwüchsigen Mann vorerst am Leben zu lassen. Tyrion hat wieder einmal den richtigen argumentativen Knopf gedrückt. Um Gnade zu betteln, hätte bei diesem erbarmungslosen Gesellen wenig gefruchtet, doch indem er die Interessen des anderen in den Mittelpunkt stellt, erreicht er sein Ziel.

Verhandeln nach dem Harvard-Konzept

Tyrion handelt hier ansatzweise nach dem Harvard-Konzept. Dieses Konzept beschreibt die Methode des sachbezogenen Verhandelns. Das dahinterstehende Prinzip formulierte der amerikanische Rechtswissenschaftler Roger Fisher im Jahr 1981 gemeinsam mit William L. Ury.[23] Ziel der Methode ist eine konstruktive und friedliche Einigung in Konfliktsituationen mit einem sogenannten Win-Win-Ergebnis. Damit ist kein fauler Kompromiss gemeint, bei dem am Ende einer den Kürzeren zieht, sondern der größtmögliche beiderseitige Nutzen. In unserem Fall bedeutet es für

Tyrion, erst einmal zu überleben, und für die Sklavenhändler, dass sie seine Leiche nicht transportieren müssen. Doch Tyrion hört wie immer sehr aufmerksam zu und begreift schnell, welchen Nutzen die Gegenseite haben möchte. Als er erfährt, dass Königin Daenerys die Kampfgruben in Meereen wieder geöffnet hat, schlägt er den Sklavenhändlern vor, Jorah als Gladiator zu verkaufen, denn er sei einer der großen Helden der Sieben Königreiche, der in Liedern besungen werde. Malko ist skeptisch wegen Jorahs Alter, doch als der Ritter versichert, dass er den dothrakischen Blutreiter Qotho im Zweikampf besiegt habe, willigt der Sklavenhändler ein.

Wie ist Tyrion vorgegangen? Zum einen hat er aus einer unterlegenen Position in einem dramatischen Konflikt erfolgreich Malkos Interessen nachvollziehen können. Wie schon in der Verhandlung mit Shagga verschiebt er geschickt den Rahmen der Sklavenhändler, indem er den Wert von Jorah verdeutlicht, so dass dieser nicht als einfacher Galeerensklave, sondern als kostbarer Gladiator angeboten werden kann. Tyrion hat eine Alternative gefunden, die beiden Parteien nutzt: Malko erhofft sich einen höheren Erlös, Jorah bekommt eine bessere Chance. Und Tyrion selbst? Der hat sich mit dem cleveren Argument, dass die Herkunft seines Gemächts nur dann glaubwürdig sei, wenn der Käufer sehen kann, dass er ein Zwerg ist, ebenfalls sein vorläufiges Überleben gesichert. Trotz der emotionalen Ausnahmesituation in diesem Konflikt durchbricht Tyrion mit seiner klugen Flexibilität die Wurzel allen Übels in Konflikten: „In der Regel definieren die Konfliktparteien ihre Identität in Abgrenzung zu den anderen: ich gegen dich, wir gegen die“[24], erläutert Daniel Shapiro, Psychologieprofessor aus Harvard, in seinem Buch „Verhandeln“.

Tyrion gelingt es in beiden Beispielen, den sogenannten Stammeseffekt zu überwinden, „eine innere Haltung, die polarisiert und in den anderen automatisch den Feind sieht. Solange wir in dieser Denkweise verhaftet sind, bleiben wir Geiseln des Konflikts“.[25] Indem er neue Rahmen schafft, verlagert Tyrion das ursprüngliche Interesse von Shagga und Malko auf eine neue und aus deren Sicht nutzbringendere Ebene. Statt nur zwei Reisende ausrauben zu können, erhält Shagga plötzlich die Aussicht auf Reichtum, Titel und Anerkennung. Statt nur einen billigen Galeerensklaven verkaufen zu können, kann Malko deutlich mehr Gewinn machen, weil Tyrion ihm Jorah als berühmten Krieger vorstellt. Tatsächlich funktioniert diese Taktik, denn Malko bekommt bei der Sklavenauktion einen guten Preis für Jorah, den er nun selbst in höchsten Tönen angepriesen hat. Tyrion schafft es, sich als Teil eines Teams mit Jorah und angeblich guter Kämpfer darzustellen, so dass der Bieter Yezzan zo Qaggaz auch ihn zu einem lächerlichen Preis erwirbt (5.07).

In ausweglosen Situationen eine dritte Alternative entwickeln

Schauen wir nun am Beispiel der vierten Staffel auf eine weitere Möglichkeit, den Handlungsrahmen in Konfliktsituationen zu verändern. Tyrion wird von Cersei des Mordes an seinem Neffen Joffrey bezichtigt, eingekerkert und angeklagt (4.02). Am Tag des Gerichts wird Tyrion im Thronsaal vor den Hofstaat und seine drei Richter, Tywin Lennister, Oberyn Martell und Maes Tyrell, geführt. Sein Vater Tywin hat als Hand des Königs den Vorsitz. Tyrion plädiert auf „nicht schuldig". Es sagen mehrere Zeugen gegen ihn aus, Ser Meryn Trant, Cersei, Großmaester Pycelle und sogar Lord Varys, der offensichtlich unter Druck gesetzt wurde. Tyrion und selbst sein Bruder Jaime merken schnell, dass der Prozess manipuliert ist.

Jaime sucht deshalb Tywin in einer Verhandlungspause auf und bezeichnet die Verhandlung als eine Farce, weil Cersei die Zeugen beeinflusse. Er bietet an, die Königsgarde zu verlassen, nach Casterlystein zurückzukehren und die Lennister-Linie fortzuführen, wenn sein Vater im Gegenzug Tyrion verschone. Tywin, der genau das bei seinem ältesten Sohn erreichen wollte, sagt zu, Tyrion zur Nachtwache zu schicken, wenn Jaime Königsmund verlasse, standesgemäß heirate, Kinder zeuge und Tyrion nach der Verkündung des Urteils um Gnade bitte. Jaime stimmt zu und weist daraufhin Tyrion an, eben das zu tun.

Tyrions Tipp

Verharren Sie in Konfliktsituationen nicht auf ihrer starren Position, sondern versuchen Sie, das Interesse Ihres Gegenübers zu verstehen. Dann bieten Sie eine Lösungsalternative an, die Ihren beiden Interessen entgegenkommt.

Nun bietet man Tyrion also zwei Optionen an: den Tod oder die lebenslange Verbannung in den Dienst der Nachtwache, wenn er seine Schuld eingesteht. Allerdings wird er zuvor im Gerichtssaal noch mit der Falschaussage seiner Geliebten Shae konfrontiert, deren Lügen ihn emotional tief verletzen und in Rage bringen. Dennoch gelingt es ihm, statt zwischen den miesen Optionen Tod oder Verbannung zu wählen, eine dritte Alternative vorzuschlagen, die am Ende einer der bemerkenswertesten Dialogszenen der Serie steht: „Vater, ich wünsche zu gestehen. Ich habe Euch gerettet. Ich habe diese Stadt gerettet und all Eure nichtsnutzigen Leben. Ich hätte Stannis Euch alle töten lassen sollen", sagt Tyrion hasserfüllt. Tywin fragt ungerührt: „Wollt Ihr ein Geständnis ablegen?" Tyrion: „Ja, Vater. Ich bin schuldig. Ist es das, was Ihr hören wollt?" Tywin fragt nach: „Ihr gebt zu, den König vergiftet zu haben?" Tyrion erklärt sarkastisch: „Nein, dessen bin ich unschuldig. Ich habe mich eines viel schlimmeren Verbrechens schuldig gemacht. Ich bin schuldig, ein Zwerg zu sein." Tywin entgegnet: „Ihr steht nicht vor Gericht, weil Ihr ein Zwerg seid." Tyrion kontert: „Oh, doch das tue ich. Dafür stehe ich mein ganzes Leben vor Gericht." Tywin hakt nach: „Habt Ihr nichts zu Eurer Verteidigung zu sagen?" Tyrion wütend: „Nur das eine, ich war es nicht! Ich habe Joffrey nicht getötet, aber ich wünschte, ich hätte es getan." Dann blickt er zu Cersei und Shae und sagt: „Zuzusehen, wie dein abscheulicher Bastard starb, bereitete mir mehr Befriedigung als tausend lügende Huren. Ich wünschte, ich wäre das Monster, für das ihr mich haltet. Ich wünschte, ich hätte genug Gift für jeden einzelnen von euch. Ich gäbe nur zu gern mein Leben, um zuzusehen, wie ihr es alle schluckt." Tywin hat genug: „Bringt den Gefangenen zurück in seine Zelle", befiehlt er. Doch Tyrion holt zum letzten Schlag aus: „Ich werde mein Leben nicht für den Mord an Joffrey geben. Und ich weiß, dass mich hier keine Gerechtigkeit erwartet, also lass' ich die Götter über mein Schicksal entscheiden. Ich verlange ein Götterurteil durch Zweikampf!" (4.06).

Damit kreiert Tyrion eine dritte Alternative zu den Optionen Tod oder Verbannung und erweitert damit überraschend den Handlungsrahmen. Er fordert die ihm per Gesetz zustehende Möglichkeit eines Götterurteils. Mit der gleichen Methode hat er sich auch als Gefangener auf Hohenehr aus der Affäre gezogen (1.06). Dem Anspruch auf ein Götterurteil durch Zweikampf konnte sich Lysa Arryn ebenso wenig widersetzen wie Tywin Lennister. Hier wird deutlich: Wer die Optionen kontrolliert, hat die Macht. Deshalb gilt es in ausweglosen Situationen immer, nach einer dritten Alternative zu suchen. Mit Kreativität in Bezug auf Alternativen können Sie die Welt verändern. Während die Alternative für Tyrion auf Hohenehr gut funktioniert hat, weil Bronn den Kampf gegen Vardis Egen gewinnen konnte, scheitert seine Taktik in Königsmund, weil Oberyn Martell am Ende doch im Duell mit dem „Berg" Gregor Clegane stirbt. Tyrion entkommt schließlich nur, weil Jaime und Varys ihm zur Flucht verhelfen (4.10).

Tyrions Tipp

Oftmals sind wir in schwierigen Situationen auf nur zwei Lösungsansätze fokussiert: A oder B? Überlegen Sie, ob es nicht eine dritte Alternative gibt, mit der Sie einen kreativen neuen Handlungsrahmen schaffen können.

Tyrion buhlt um die Anerkennung seines Vaters

Zuvor aber erdrosselt Tyrion seine verräterische Geliebte Shae, die er ausgerechnet im Bett seines Vaters vorgefunden hat, und erschießt anschließend Tywin mit zwei Armbrustbolzen auf dem Abort. „Ich bin dein Sohn. Ich war immer dein Sohn", sagt er seinem Vater, bevor er den zweiten Bolzen in Tywins Herz jagt. Tywins Tod wird für Tyrion eine Befreiung, obwohl er ins Exil nach Essos fliehen muss und sich dort hemmungslos seiner Trunksucht hingibt. Eine durchaus verständliche Reaktion angesichts der beiden Morde, die er begangen hat. Doch ist es vor allem der Tod von Shae, die er wirklich geliebt hat, und seine grenzenlose Enttäuschung über ihren Verrat, die ihn ins Tal der Tränen stürzen.

Mit Tywin jedoch entledigt sich Tyrion eines Faktors, der sein ganzes bisheriges Leben fremdbestimmt hat. Wie Bruce Craven treffend feststellt, ist es Tyrions größter Wunsch, die Anerkennung seines Vaters zu bekommen. „Tyrion hat kein klares Warum, das ihn motiviert. Sein einziges Warum ist es, sich Tywin zu beweisen und den Leuten, die Tywin kontrolliert oder beeinflusst."[26] Tyrion sei nicht intrinsisch motiviert, sondern mache sich abhängig von der Wertschätzung seines Vaters. So ersehnt er dessen Anerkennung dafür, wie erfolgreich er Tywin als Hand des Königs vertreten und Königsmund gegen Stannis verteidigt hat. Doch anstatt Tyrion für seine gute Arbeit zu loben, setzt Tywin seinen Sohn wie immer herab und wirft ihm vor, dass er die ganze Zeit nur herumgehurt und gesoffen hätte. Am Ende verlangt Tyrion von seinem Vater, ihm sein rechtmäßiges Erbe zu zusprechen: Casterlystein. Tywin reagiert wütend. Er werde nicht seine ganze Familie zum Gespött machen, indem er eine kranke, gehässige, kleine Kreatur voll von Neid, Lust und Durchtriebenheit als Erben einsetze (3.01). In diesem Moment wird Tyrions Hoffnung auf väterliche Anerkennung vollends zerstört; sie war aufgekeimt, als Tywin ihm kommissarisch den Job als Hand übertragen hatte, um Joffrey und Cersei zu bändigen (1.10).

So wirksam sich Tyrion als Führungskraft in puncto Flexibilität und Konfliktfähigkeit erweist, so schwach ist er diesbezüglich gegenüber seinem Vater. An Tywin scheitern seine klugen Verhandlungsstrategien, er kann bei ihm auch nicht mit Humor punkten. Tyrion kann seine Ziele und Interessen nicht mit denen von Tywin synchronisieren und findet auch keinen neuen Rahmen, in dem ihm das gelingen könnte. Nach Ansicht von Craven fällt Tyrion in Westeros buchstäblich ins Chaos: „Er verliert sein moralisches Zentrum, weil er an Führungskräfte berichtet, die ein Führungsverhalten haben, das er verachtet, die von Werten angetrieben sind, die er nicht akzeptiert."[27] Und während wir Tyrion ansonsten als exzellenten Kommunikatoren kennenlernen, scheitert er in Königsmund gleich doppelt: Es gelingt ihm zum einen nicht, sein Potenzial als wertvolle Führungskraft bei den wichtigsten Entscheidungsträgern – das sind Tywin, Cersei und Joffrey – überzeugend zu vermarkten, zum anderen kommuniziert er Shae gegenüber nicht ausreichend, warum er sie aus Angst vor Tywin und Cersei aus Königsmund evakuieren will. Kombiniert mit ihrem Unverständnis für seine Zwangsheirat mit Sansa führt das schließlich zu ihrem Verrat aus enttäuschter Liebe.

Ein kleiner Mann mit großen Herzen

Seine Schwächen gegenüber Tywin und Shae bringen uns Tyrion als sensiblen Menschen nahe, der Gefühle zeigt und verletzlich ist. Auch sein Verhältnis zu Jaime ist von inniger brüderlicher Liebe geprägt. In der berührenden Abschiedsszene erklärt Tyrion mit Tränen in den Augen: „Du warst der einzige, der mich nicht wie ein Monstrum behandelt hat. Du warst alles, was ich hatte." Schluchzend fällt er Jaime um den Hals und geht (8.05). Es ist seine ausgeprägte Empathie, die Tyrion für die Zuschauer so sympathisch macht. „Tyrion zeigt eine starke emotionale Intelligenz", attestiert ihm die Psychologin Drea Letamendi. Er habe eine ausgeprägte Fähigkeit, seine eigenen emotionalen Reaktionen sowie die von anderen zu identifizieren, zu verarbeiten und zu steuern. „Er hört aufmerksam zu und kann sich in andere hineinversetzen. Er kann unklare Gefühle tolerieren und verarbeiten, die intensiv oder überwältigend sind - das ist ein Aspekt seiner Tapferkeit."[28] Obwohl Tyrion mit dem goldenen Löffel einer hochwohlgeborenen Herkunft aufgewachsen ist und ein ausschweifendes Leben in Reichtum führen durfte, musste er sich wegen seiner Kleinwüchsigkeit stets seinen Platz in der Gesellschaft erkämpfen. Er hat das Gefühl, dass er sein ganzes Leben lang vor Gericht stehe, weil er ein Zwerg sei, wie er im Prozess bekennt. „Er muss sich ständig beweisen, dass er es tatsächlich wert ist, einfach nur zu existieren", meint Letamendi. „In dem Wissen, dass er als Monster angesehen wird, lernt Tyrion, sein inneres Selbst anzupassen, um seine äußere Erscheinung zu kompensieren. Tyrion gewöhnt sich an die Erniedrigung, die er selbst von seiner eigenen Familie erhält, und entwickelt viele Schutzschilde. Er erkennt, dass die Vorurteile seiner Familie in sich selbst zusammenfallen und ihren Selbsthass offenbaren, wenn er die gegen ihn gerichtete Verunglimpfung ablenkt - sei es durch Humor, Weisheit oder Wein. Tyrion weiß, was es bedeutet, erniedrigt zu werden".[29]

Deshalb beschützt er auch die hilflose Sansa gegen Joffrey, und gibt Jon einen lebensklugen Rat: „Vergiss nie, was du bist, der Rest der Welt tut es auch nicht. Trage es wie eine Rüstung, dann kann man dich nie damit verletzen." Jon fragt skeptisch: „Was wisst Ihr davon, wie es ist, ein Bastard zu sein?" Tyrions lakonische Antwort: „Alle Zwerge sind Bastarde in den Augen ihrer Väter." (1.01). Tyrion kann inzwischen souverän damit umgehen, aufgrund seiner Kleinwüchsigkeit das Gespött anderer Leute, sogar der eigenen Familie zu sein. Flexibel und souverän diesen dauerhaften Konflikt seiner Existenz zu meistern, ist - neben Sansas Entwicklung zu resilienter Stärke - die größte Leistung an Selbstführung in *Game of Thrones*. Tyrion hat sich nicht in ein emotionales Schneckenhaus zurückgezogen und ist kein verbitterter Mensch geworden – im Gegensatz übrigens zu seiner Schwester. Er zeigt sich stets als authentischer Charakter, er steht zu seinen Schwächen und geht humorvoll damit um. Und er pflegt ein großes Netzwerk, interessiert sich für andere Menschen und deren Geschichten – durchaus eigennützig, wie er einräumt: „Ich versuche so viele zu kennen, wie ich kann. Du weißt nie, wann Du mal jemanden brauchst." (3.02). So begegnet er Gesprächspartnern mit empathischer Offenheit. Tyrion hat das größte Herz von allen. Wie sagt er doch selbst: „Es ist viel Platz in meinem Herzen für Krüppel, Bastarde und Zerbrochenes." (1.04).

Erkennen, was andere Menschen wirklich wollen

Ein Schlüssel zu Tyrions Erfolg ist seine Fähigkeit, anderen Menschen aufmerksam zuzuhören und ihre Motivatoren zu erkennen: Was wollen sie? Was treibt sie an? Erinnern Sie sich daran, wie er Bronn für sich gewinnen konnte? Bronn, ein erfahrener und rücksichtsloser Söldner, sitzt zufällig im Gasthaus am Kreuzweg, wo Tyrion von Catelyn Stark gefangenen genommen wird. Er schließt sich Catelyns Gefolge an, das zum Grünen Tal aufbricht. Dabei hört er, wie Tyrion jedem, der ihm helfen würde, eine stattliche Belohnung verspricht. Auf dem Weg werden sie von Kriegern der Bergstämme angegriffen, von denen Bronn mehrere tötet. Tyrion beobachtet Bronns gnadenlose Effizienz im Kampf und hört auch, dass Bronn Sex mit Frauen zu schätzen weiß (1.05). Außer dieser Leidenschaft teilen die beiden auch ihren recht rauen Humor. So verwundert es nicht, dass Bronn sich als einziger Freiwilliger meldet, um für Tyrion im Götterurteil auf Hohenehr zu kämpfen. Er spekuliert auf eine saftige Belohnung durch seinen künftigen Gönner (1.06). Tyrion mag Bronn und möchte ihn als Leibwächter für sich gewinnen. So spricht er gezielt dessen Interessen an, um ihn zu motivieren: „Was willst du, Bronn? Gold? Weiber? Goldene Weiber? Halt' dich an mich und du bekommst alles! Aber nur, solange ich da bin und keinen Moment länger!" Bronn legt die Grundregeln ihres Verhältnisses fest, als er Tyrion erklärt, dass er weder sein Freund sei noch ihm Treue schulde, da er nur gegen Bezahlung arbeite. Tyrion akzeptiert Bronns Bedingungen: „Obwohl ich deine Freundschaft schätzen würde, interessiert mich vor allen dein Tötungsgeschick. Und solltest du eines Tags verlockt sein, mich preiszugeben, merk' Dir dies: Egal, wie hoch ihr Preis, ich überbiete ihn. Ich lebe gern." (1.08). Dieser Deal und die Dienste des Söldners retten mehrfach Tyrions Leben. Wieder können Sie ein Grundmuster bei Tyrion erkennen: Er motiviert Menschen nicht damit, was er will, nicht mit seinen Zielen, sondern mit dem, was sie wollen, mit ihren Interessen. Und die erkennt er durch Zuhören, Beobachten und gezieltes Nachfragen: „Was willst du wirklich?", lautet seine Schlüsselfrage.

Mit dieser Methode gelingt es ihm auch, die Lennister-Soldaten für einen Ausfall in den Rücken von Stannis' Truppen zu motivieren, als Königsmund kurz davorsteht, eingenommen zu werden. König Joffrey hat sich bereits feige verdrückt, Sandor Clegane ist desertiert, so fällt die Verantwortung für die Verteidigung der Stadt plötzlich Tyrion zu. Als er den Befehl gibt, sich neu zu formieren, um einen Ausfall zu machen, rühren sich die Männer nicht. Tödliche Angst lähmt sie. Tyrion stellt sich auf eine Treppe und hält folgende Rede: „Männer, es heißt, ich bin nur ein halber Mann, und wenn das so ist, was seid dann ihr? Es gibt noch einen Weg, ich werde ihn euch zeigen, wir kommen hinter ihnen raus und ficken sie in den Arsch! Kämpft nicht für den König. Kämpft nicht für seine Königslande. Kämpft nicht für Ehre und auch nicht für Ruhm und nicht für Reichtümer, denn ihr werdet keine erhalten. Es ist eure Stadt, die Stannis plündern will. Euer Tor, das er einrammt. Wenn er reinkommt, wird er eure Häuser niederbrennen. Euer Gold wird er stehlen. Eure Frauen wird er schänden. Tapfere Männer klopfen da gerade an unsere Tür. Gehen wir sie umbringen!" (2.09).

Daraufhin folgen ihm die Männer mit begeistertem Gebrüll. Tyrion hat einen resignierten Haufen wieder in eine hochmotivierte, von Euphorie getriebenen Truppe verwandelt. Er zeigt ihnen kurz und knapp auf, was passieren wird, wenn sie nicht weiterkämpfen. Der Horrorfilm, den er in ihren Kopf ablaufen lässt, zeigt Ereignisse, die keiner der Männer erleben möchte: Da stehen Diebe und Mörder vor der Tür, die meine geliebte Familie schänden und töten, mein Eigentum stehlen, mein Zuhause zerstören wollen. Eigentlich wissen die Männer auch schon vorher, was die Eroberung der Stadt bedeuten würde. Doch Tyrion nutzt einfache und drastische Bilder, um jedem Einzelnen die Konsequenzen vor Augen zu führen und die lähmende Angst in aggressive Wut auf Stannis umzupolen. So erzeugt Tyrion einen kollektiven Adrenalinschub, der auch müde und zögerliche Soldaten mitreißt. Mit einem Appell an die Loyalität zur Krone oder gar König Joffrey wäre Tyrion das nicht gelungen, da ihnen ihr eigenes Leben wichtiger ist. Doch Tyrion spricht gezielt das an, was den Männern wirklich wichtig ist und wofür sie bereit sind, ihr Leben zu opfern: ihre Familien, ihr Zuhause, ihr Eigentum.

Konsequenter Umgang mit illoyalen Mitarbeitern

Der clevere Ausweg aus der Gefangenschaft durch Catelyn Stark, die Allianz mit den Felsenkrähen, seine akribische Planung und heroische Führungsleistung bei der Schlacht von Schwarzwasser - Tyrion entpuppt sich schon früh in der Serie als ungemein kreativer und flexibler Kopf, wenn es darum geht, in fast ausweglosen Situationen eine Lösung zu finden. Während er im Streit mit seinem Vater schwächelt, erleben wir ihn als kommissarische Hand von König Joffrey enorm konfliktstark. So scheut er nicht einmal davor zurück, seinen Neffen, dem er schon auf Winterfell eine schallende Ohrfeige verpasst hat, erneut zu schlagen, obwohl dieser bereits König ist (2.06). Als Hand sitzt er dem Rat vor, dessen Mitglieder er auf ihre Vertrauenswürdigkeit prüft. Er berichtet nacheinander Petyr Baelish, Lord Varys und Großmaester Pycelle vertraulich von seinem Plan, Cerseis Tochter Myrcella mit einem anderen Haus zu verheiraten, nennt aber jedes Mal einen anderen Namen, wohl wissend, dass jeder der Kandidaten auf die Ablehnung seiner Schwester stoßen würde. Nachdem sich Pycelle als nicht vertrauenswürdig erwiesen hat, da er Cersei über den Plan informierte, steckt Tyrion ihn kurzerhand in den Kerker des Bergfriedes und setzt seinen Plan um, Myrcella nach Dorne zu bringen, wo diese Prinz Trystane Martell heiraten soll (2.03).

Tyrions Taktik ist beispielhaft für Situationen, in denen Sie das Gefühl haben, dass es ein Informationsleck im Team gibt und vertrauliche Informationen nach außen dringen. Sie können ähnlich verfahren, überlegen sich für jede Person, die verdächtig sein könnte, eine eigene Variante für eine angeblich wichtige Angelegenheit, erzählen diese vertraulich und warten ab, welche Geschichte dann publik wird. Um Missverständnisse zu vermeiden, sollten Sie Ihren Vorgesetzten von Ihrem Vorgehen in Kenntnis setzen.

Wir lernen Tyrion zwar als toleranten Menschenfreund kennen, doch sein Vorgehen gegen den greisen Pycelle zeigt, dass er Illoyalität und Verrat konsequent bestraft. Dabei greift er, im Gegensatz zu Cersei und Joffrey, zu humanen Methoden und ruft nicht gleich den Henker. Auch des unzuverlässigen Janos Slynt, der als Kommandant der Stadtwache dient, entledigt er sich, indem er ihn kurzerhand feuert und zur Nachtwache schickt, wo er keinen Schaden mehr anrichten kann (2.02). Er misstraut Janos, der sich von Cersei hat kaufen lassen, um Ned Stark zu verraten, und anschließend ohne Zögern Joffreys Tötungsbefehl für alle Bastarde von Robert Baratheon ausführt. Bronn übernimmt das Kommando über die Stadtwache.

Tyrions Tipp

Wenn Sie Menschen bewegen wollen, müssen Sie wissen, wie deren Interessen aussehen und was sie erreichen wollen. Dann zeigen Sie ihnen, wie sie diese Ziele erreichen können – oder, wie sie Dinge, die sie unbedingt vermeiden wollen, auch vermeiden können.

Auch diese Methode ist in der heutigen Wirtschaft durchaus üblich: Schlüsselpositionen werden von neuen Chefs gern mit Vertrauten besetzt, um die eigene Macht abzusichern und künftig mit Menschen arbeiten zu können, auf die man sich im Idealfall blind verlassen kann. Da nicht immer eine Kündigung möglich und sinnvoll ist, werden die betroffenen Altmitarbeiter gern in andere Fachbereiche oder Niederlassungen versetzt, wo sie der Führungskraft nicht gefährlich werden können.

Meister der Gesprächsführung

Betrachten wir abschließend Tyrions Verhältnis zu seiner neuen Chefin, Daenerys Targaryen. Ihre Wege kreuzen sich erstmals, als Daenerys widerwillig einem Vorkampf in der Arena beiwohnt, den Jorah gewinnt und Tyrion sich als das vom verbannten Ritter angekündigte Geschenk präsentiert (5.07). Beide werden in die Pyramide von Meereen gebracht, wo Daenerys ihre Macht demonstriert. Sie sitzt auf ihrem Thron am oberen Ende einer Treppe, neben ihr steht ihre Beraterin und Freundin Missandei. Am Fuß der Treppe stehen Tyrion und der durch diese Geisel auf eine Amnestie hoffende Ex-Berater Jorah. Alle schweigen, es herrscht Stille. Jorah ergreift das Wort, doch Daenerys gebietet ihm zu schweigen. Dann richtet sie das Wort an Tyrion (5.08). Sie genießt die Kontrolle über die Situation. Wieder einmal kann sie über Leben und Tod entscheiden und bestimmen, wann was passiert. Hier zeigt sich ihre ganze Statusmacht. Sie entscheidet, wer wann spricht, und beherrscht so das Gespräch. Ähnliche Dominanz in einer Gesprächssituation können wir in der Serie nur bei Tywin Lennister beobachten.

Daenerys fragt provokativ, warum sie Tyrion nicht töten sollte als Vergeltung für das, was seine Familie der ihren angetan hat. Jetzt beginnt Tyrion wieder, den Gesprächsrahmen zu verändern, indem er sich überraschend als der größte Lennister-Mörder aller Zeiten vorstellt: „Ich tötete meine Mutter am Tag meiner Geburt, ich tötete meinen Vater Tywin Lennister mit einem Bolzen durchs Herz!“ Daenerys fragt, warum sie jemanden in ihre Dienste nehmen sollte, der Mitglieder seiner eigenen Familie umgebracht habe. Tyrion kontert: „In Eure Dienste nehmen, Euer Gnaden? Wir sind uns soeben erst begegnet. Es muss sich noch zeigen, ob Ihr meiner Dienste würdig seid.“ Das ist in seiner Situation und angesichts der eindeutigen Machtverhältnisse eine mutige Aussage. Doch Tyrion nutzt seine bewährte Taktik und verschiebt erneut den Gesprächsrahmen, indem er eine klare Botschaft sendet, die ihn auf Augenhöhe mit der Drachenkönigin bringt. Die Botschaft lautet: „Ich muss nicht für dich arbeiten, ich habe Alternativen. Du bewirbst dich auch bei mir.“ Das ist eine Haltung, die zwar äußerst selbstbewusst ist, aber in manchen Bewerbungsgesprächen durchaus angezeigt. Denn trotz des Fachkräftemangels haben viele Personalentscheider heutzutage immer noch nicht verstanden, dass ein Bewerbungsverfahren keine Einbahnstraße ist, sondern ihr Unternehmen auch den Bewerber überzeugen muss.

Tyrions Tipp

Prüfen Sie sehr genau, welchem Ihrer Mitarbeiter Sie vertrauen können, wenn sie eine Führungsposition übernehmen. Finden Sie heraus, wer selbst Ambitionen auf die Position hatte, und klären Sie die Fronten mit dem und den Betroffenen. Wer gegen Sie arbeitet, sollte aus Ihrem Team entfernt werden.

Daenerys reagiert auf Tyrions Selbstsicherheit mit der Frage, ob er in die Kampfarena zurückwolle. Daraufhin greift Tyrion zu einer neuen Gesprächstechnik. Er beginnt, eine Geschichte zu erzählen, die er als junger Mann gehört habe, über ein Mädchen, das während eines schweren Sturms geboren wurde, die kein Land, kein Reichtum, keine Armee, nur ihren Namen hatte. Schließlich sei sie an einen Stammesfürsten am Ende der Welt verkauft worden. Daenerys realisiert schnell, dass Tyrion über sie spricht, ist aber bereits neugierig, wie es weiter geht. Mit der Geschichte fesselt er Ihre Aufmerksamkeit; jetzt führt er das Gespräch und erzählt seine Geschichte weiter. Der bestinformierte Mann, den er kenne, habe ihm berichtet, dass dieses Mädchen plötzlich alle drei Dinge bekommen hätte, Land, Reichtum, eine Armee und außerdem sogar drei Drachen, und das in relativ kurzer

Zeit. Und dieser Mann dachte, dass sie vielleicht unsere letzte und beste Chance auf eine bessere Welt sein könne. „Es schien mir ratsam, Euch zumindest einmal kennenzulernen!“, beendet Tyrion seinen Monolog.

„Was macht es ratsam, Euch kennenzulernen? Warum sollte ich Euch zuhören?“, provoziert Daenerys ihn zwar, gibt ihm aber zugleich die Chance zu erklären, warum er wertvoll für sie sein könnte. Jetzt offenbart er ihr seinen Nutzen: „Weil Ihr allein keine Welt schaffen könnt. Wer an Eurer Seite versteht das Land, das Ihr beherrschen wollt, die Stärken und Schwächen der Häuser, die sich Euch anschließen oder entgegenstellen?“ Daenerys akzeptiert ihn als Berater und fragt, was sie mit Jorah machen solle: „Ich habe geschworen, ihn zu töten, sollte er je zurückkehren. Wieso sollten die Menschen einer Königin vertrauen, die ihre Versprechen bricht?“ Tyrion überzeugt die Königin, Jorah nicht hinzurichten, sondern erneut aus der Stadt zu verbannen: „Ein Herrscherin, die diejenigen hinrichtet, die ihr ergeben sind, erweckt keine Ergebenheit. Und Ihr werdet Ergebenheit erwecken müssen, und zwar reichlich, wenn Ihr jenseits der Meerenge herrschen wollt.“ Daenerys hört auf seinen Rat, lässt Jorah aus der Stadt verbannen und macht Tyrion zu ihrem Berater. Seine Gesprächsstrategie war erfolgreich.

Tyrions Tipp

Bewerbungsgespräche sind keine Einbahnstraße. Wenn Sie Ihrer Sache als Bewerber sicher sind, machen Sie freundlich klar, dass Sie auch prüfen, ob das Unternehmen überhaupt zu Ihnen passt. In einem Betrieb, der nur willfährige Ja-Sager einstellt, wollen Sie bestimmt nicht arbeiten.

Die Begegnung zwischen Daenerys und Tyrion dokumentiert vier Kernelemente der Machtausübung in Gesprächssituationen:

1. Die Kontrolle, wann etwas passiert: Daenerys hat sie.
2. Die Klarstellung, wer wichtig ist: Daenerys demonstriert ihre Macht, doch Tyrion bringt sich beinahe auf Augenhöhe.
3. Das Lenken, worüber gesprochen wird: Tyrion übernimmt die Gesprächsführung, indem er seine Geschichte erzählt.
4. Die Kontrolle, wo das Gespräch stattfindet: Daenerys hat entschieden und lädt Tyrion anschließend zum Gespräch unter vier Augen.

Ein weiterer Aspekt: Während die beiden im Thronsaal über den anwesenden Ser Jorah sprechen, beginnt Tyrion, die ersten Stufen der Treppe hinaufzusteigen. Zwei

Unbefleckte wollen ihn darin hindern, doch Daenerys lässt ihn gewähren. Auch diese Situation zeugt von Tyrions Kompetenz, Gesprächsrahmen zu verändern. Daenerys hatte die räumlichen Bedingungen des Gesprächs definiert – sie ganz oben, Tyrion und Jorah ganz unten. Doch gelingt es Tyrion, einen eigenen Akzent zu setzen und nicht einfach die Vorgaben zu akzeptieren.

Ähnlich verhält er sich in der ersten Ratssitzung mit Tywin (3.03): Nachdem Kleinfinger, Varys und Pycelle sich an der linken Seite der Hand des Königs positioniert haben, erscheint Cersei und setzt sich an die rechte Hand ihres Vaters. Alle blicken neugierig auf Tyrion, der in aller Seelenruhe und laut quietschend einen Stuhl an das Ende des Tisches zieht und sich dann genau gegenüber seinem Vater platziert. Achten Sie einmal darauf: Die Sitzordnung in Meetings ist oft kein Zufall, sondern zeugt vom (gewünschten) Verhältnis der Beteiligten zum Chef. Gerade in Organisationen mit ausgeprägt hierarchischer Kultur ist das immer noch zu beobachten. Tyrion jedenfalls bricht auch hier wieder den Erwartungsrahmen, setzt sich nicht neben Cersei, sondern besetzt einen Platz, auf dem vorher kein Stuhl stand, und dokumentiert damit seinen Rang.

Tyrion – ein leuchtendes Beispiel für erfolgreiches Scheitern

Wie Tyrion im Gespräch mit Daenerys beweist, hat sich sein Selbstbewusstsein nach den traumatischen Erlebnissen in Königsmund, der Flucht und seinem depressiven Alkoholismus wieder erholt. Er erfindet sich in Essos gewissermaßen neu, auch dank des Zuspruchs von Varys, der seine Qualitäten erkennt. Wie Tyrion Daenerys erzählt, war es Varys, der sie ihm als vielleicht letzte Hoffnung auf eine gerechte Herrschaft präsentiert hat. Und je länger Tyrion als Berater in den Diensten der Drachenkönigin ist, desto mehr glaubt er an sie – zumindest solange, wie sie noch in Meereen sind.

Nachdem Daenerys sich auf seinen Rat hin von ihrem Geliebten Daario Naharis getrennt und diesen zum Statthalter von Meereen ernannt hat, versucht Tyrion, sie ein wenig zu trösten: „Ihr habt einen Mann abgewiesen, der Euch aufrichtig liebt, weil er in den Sieben Königslanden eine Bürde gewesen wäre. Das ist die Art Selbstaufopferung, die einen guten Herrscher ausmacht. Falls Euch das ein Trost ist.“ Es tröstet Daenerys zwar nicht, aber sie gesteht: „Wisst Ihr, was mir Angst macht? Ich habe Lebewohl gesagt zu einem Mann, der mich liebt, einem Mann, den ich gern zu haben glaubte. Und ich habe nichts gefühlt. Nur das Bedürfnis, es hinter mich zu bringen.“ Auch hier deutet sich übrigens wieder ihre später so fatale Gefühlskälte an. Tyrion antwortet: „Er war nicht der erste, der Euch liebte. Und er wird nicht der letzte sein.“ Daenerys erhebt sich: „Gut. Ihr habt es nicht einmal annähernd geschafft, mich zu trösten.“ Da sagt Tyrion: „Falls es Euch interessiert: Ich bin Zyniker, und das schon, seit ich sprechen kann.“ Eigentlich glaube er an nichts, so Tyrion: „Und doch stehe ich hier. Ich glaube an Euch. Ziemlich peinlich eigentlich, ich würde Euch mein Schwert zu schwören, aber ich besitze eigentlich gar kein Schwert.“ Daenerys lächelt: „Ich benötige Euren Rat.“ Tyrion erklärt: „Er ist Euer. Jetzt und auf ewig.“ „Gut“, sagt Daenerys und holt etwas aus Ihrem Gewand: „Ich hab‘ etwas für Euch machen lassen.“ Sie heftet ihm ein Abzeichen an: „Tyrion Lennister, ich ernenne Euch zur Hand der Königin.“ Der sichtlich bewegte Tyrion findet zum ersten Mal in seinem Leben keine passenden Worte, und so kniet er nur still vor seiner Königin nieder (6.10). Das, was sein Vater ihm immer verweigert hat, bekommt er nun von ihr: Anerkennung und Wertschätzung. Daenerys gibt seinem Dasein einen neuen Sinn. Dafür benötigt er den Namen Lennister nicht mehr.

Zugleich wird ihm zunehmend bewusst, dass er vermutlich der einzige Berater der Königin ist, der Cersei Paroli bieten kann, da er seine Schwester kennt. Da wir den chronologischen Fortgang der Ereignisse bereits in Tyrions Heldenreise geschildert haben, konzentrieren wir uns auf drei Dilemmata, die Tyrions weitere Entwicklung kennzeichnen: Das erste Dilemma hat mit seiner Ernennung zur Hand der Drachenkönigin zu tun. Von dem Moment an, in dem er seine höchste Wertschätzung erfährt, geht es nämlich mit seiner Beraterkarriere bergab. Fast scheint es, als würde das Peter-Prinzip auch für ihn gelten. Seine Strategie der kleinen Schritte, um Königsmund zu belagern und vom Nachschub abzuschneiden, scheitert, wodurch Daenerys die Streitkräfte der verbündeten Häuser Tyrell, Graufreud und Dorne verliert. Das bringt ihm schwere Vorwürfe seiner Königin ein, die an seiner Treue zweifelt und argwöhnt, dass Tyrion in Wirklichkeit seine Familie schützen wolle. Tyrion bestreitet das, aber intuitiv hat sie einen wunden Punkt getroffen. Vor allem möchte Tyrion nicht, dass Jaime etwas zustößt. Dieser Loyalitätskonflikt zerreißt ihn. Auch die Motive seines Lebensretters und Freundes Varys werden von Daenerys in Frage gestellt. Tyrion brütet auch den Plan aus, Cersei durch Vorführung eines Untoten zum gemeinsamen Waffengang gegen die Armee des Nachtkönigs zu bewegen. Doch als Cersei das Abkommen bricht, scheitert Tyrion erneut. Daenerys Misstrauen wächst, wie auch Jaime feststellt: „Sie scheint unsicher, ob sie dir vertrauen soll.“ Doch Tyrion bleibt loyal: „Ich kann’s ihr nicht verübeln. Ich habe einen Fehler gemacht, den viele schlaue Leute machen, und meine Gegner unterschätzt.“ (8.02).

Auch, wenn er drastische Maßnahmen seiner Königin wie den Feuertod der Tarlys missbilligt, steht Tyrion treu an ihrer Seite. „Jeder gute Herrscher sollte durchaus auch etwas Angst verbreiten“, erklärt er Sansa (8.04). Auch gegenüber dem skeptischen Varys verteidigt er Daenerys. „Ich sorge mich um Ihre Geistesverfassung“, bekennt Varys. „Wir sind die Berater der Königin. Uns um ihre Geistesverfassung zu sorgen, ist unsere Aufgabe“, entgegnet Tyrion. Doch Varys ist inzwischen überzeugt, dass Jon der bessere König wäre, und versucht, Tyrion zum Putsch zu bewegen. Der weigert sich: „An einem gewissen Punkt wählt man eine Person aus, man glaubt und kämpft für sie.“ Varys kontert: „Selbst, wenn man weiß, dass es ein Fehler ist?“ Doch Tyrion bleibt standhaft: „Ich glaube an unsere Königin. Sie wird die richtigen Entscheidungen treffen. Mit der Hilfe ihrer loyalen Berater.“ (8.04).

Tyrions Tipp

Bleiben Sie loyal, auch in schwierigen Zeiten. Doch wenn Ihre Loyalität enttäuscht wird, sollten Sie konsequent handeln und sich ein neues Unternehmen suchen.

Obwohl er vermutlich spürt, dass Varys recht haben könnte, weigert sich Tyrion, diejenige zu betrügen, die seinem Leben einen echten Sinn gegeben hat. Als er erkennt, dass Varys sogar bereit ist, Daenerys zu töten, um das Reich vor ihr zu retten, verrät Tyrion seinen Lebensretter. Es ist das zweite tragische Dilemma, vor dem Tyrion steht: Er muss sich entscheiden zwischen der Loyalität zu seiner Königin oder zu seinem besten Freund – und überantwortet Varys dem Feuertod. Eine tragische Fehlentscheidung, denn Varys‘ Befürchtungen ob des Geisteszustandes von Daenerys bewahrheiten sich. Wie von Sinnen brennt die Königin die Hauptstadt nieder, obwohl die Glocken der Kapitulation läuten. Nun steht Tyrion vor dem nächsten Dilemma: Wie geht er mit seiner Fehlentscheidung um? Diesmal entscheidet er sich für den Konflikt mit der Frau, die seiner Loyalität nicht würdig ist. Mit den Worten „Ihr habt eine Stadt ausgelöscht“, wirft er sein Abzeichen als Hand verächtlich weg. Daenerys lässt ihn einkerkern.

In seiner Zelle versucht Tyrion, Jon davon zu überzeugen Daenerys zu stoppen, damit sie ihren Amoklauf nicht fortsetzen kann: „Sie tötet jeden, der sich ihr in den Weg stellt!“ Jon jedoch ist verzweifelt, ratlos und nicht bereit, seine Königin zu töten. „Die Liebe ist der Tod der Pflicht“, zitiert er Maester Aemon. Da dreht Tyrion die Worte um: „Manchmal ist die Pflicht der Tod der Liebe.“ Immer noch ist Jon nicht überzeugt. Als er schon fast zur Tür hinaus ist, findet Tyrion doch noch den richtigen Hebel, indem er – wieder einmal – den Rahmen verändert: „Glaubt Ihr, Eure Schwestern werden das Knie beugen?“ Nun betrachtet Jon die Dinge aus einer anderen Perspektive und schreitet zur letzten verzweifelten Tat, um Sansa, Arya und auch Bran zu retten.

Tyrions kommunikative Kompetenz der flexiblen Rahmenveränderung zeigt sich ein letztes Mal in der Zusammenkunft der hohen Lords und Ladys von Westeros in der Drachengrube. Grauer Wurm will entscheiden, wie Tyrion und Jon bestraft werden, doch Tyrion übernimmt einmal wieder die Gesprächsführung und verschiebt den Handlungsrahmen, indem erklärt, solche Angelegenheiten könnten nur der neue König oder die neue Königin entscheiden. Er schlägt überraschend Bran als neuen

König vor, weil dieser die Geschichten der Menschen in sich vereinen würde. Am Ende ist seine Strafe und Belohnung zugleich, dass er zur neuen Hand des Königs ernannt wird. Fortan kann er das tun, was er am besten kann: klug kommunizieren, flexibel Konflikte lösen, Netzwerke pflegen und Bündnisse schließen (8.06).

Über die gesamte Serie ist Tyrion immer wieder gescheitert, um am Ende seinen Traumjob zu bekommen. Das macht ihn nicht nur zu einem sympathisch realistischen Charakter, sondern zu einem leuchtenden Beispiel für Flexibilität, Konfliktfähigkeit und Resilienz. Trotz widrigster Umstände steht Tyrion immer wieder auf. Er gibt einfach nie auf, sucht immer nach einer alternativen Lösung. Er macht Fehler, er akzeptiert diese, er lernt aus ihnen. Ein lebendigeres Beispiel für wirksame Führung und persönliche Entwicklung in einer unbeständigen Welt ist kaum denkbar.

Praxisfragen für Führungskräfte

Fragen, die Sie sich selbst stellen sollten:

- Erlebe ich Entscheidungssituationen belastend oder belebend?
- Was mache ich konkret, wenn ich unter Druck entscheiden muss? Und wie geht es mir dabei?
- Nutze ich meinen inneren Kompass, indem ich Entscheidungen bewu[illegible] anhand meiner Vision, Mission und Werte abgleiche? Anhand welcher Parameter treffe ich Entscheidungen?
- Bin ich flexibel und anpassungsfähig im Umgang mit diversen Gesprächspartnern? Wie kann ich das verbessern?
- Gelingt es mir, immer eine sachliche Distanz zu wahren und auch andere Perspektiven einzunehmen?
- Bleibe ich auch in Konflikt- und Krisensituationen positiv, optimistisch und lösungsorientiert?
- Was würde mir helfen, gelassener mit solchen Situationen umzugehen?
- Wie und wann nutze ich Humor und Ironie in Drucksituationen?
- Wie vertraut sind mir Grundregeln für Konfliktgespräche und Verhandlungen?
- Höre ich wirklich immer aktiv zu? Stelle ich vertiefende Verständnisfragen? Kann ich mich in andere hineinversetzen?
- Wie gut gelingt es mir, herauszufinden, welche Interessen meine Gesprächspartner wirklich haben? Mit welchen Fragetechniken arbeite ich dabei?
- Welche Möglichkeiten nutze ich, um den vorgegebenen Rahmen meiner Gesprächspartner zu verändern oder zu erweitern?

- Wie kreiere ich Alternativen und neue Lösungsoptionen in beiderseitigem Interesse, insbesondere bei verbalen Angriffen und in Verhandlungen?
- Bleibe ich auch in angespannten Situationen freundlich im Ton, aber hart in der Sache?
- Bei welchen Aspekten von Konfliktgesprächen fühle ich mich unsicher?
- Welche Weiterbildung zu diesem Thema möchte ich in den nächsten zwölf Monaten machen?

Fragen, die Sie Ihren Mitarbeitern stellen sollten:

- Denken Sie mal an Ihr letztes unangenehmes Gespräch: Was genau hat Sie daran gestört? Wie haben Sie darauf reagiert? Fühlten Sie sich der Situation gewachsen? Was können wir tun, um Sie besser auf solche Situationen vorzubereiten?
- Was tun Sie, um zu erfahren, welches Interesse ein Gesprächspartner wirklich hat?
- Wie sieht Ihre Strategie aus, wenn Sie von Kunden oder Kollegen Vorwürfe anhören müssen?
- Wie reagieren Sie in Gesprächen auf Einwände?
- Sind Ihnen die Grundregeln für Verhandlungen und Konfliktgespräche vertraut?
- Wo sehen Sie für sich Verbesserungsbedarf?
- Welche Weiterbildung zu diesem Thema wollen wir für Sie innerhalb der nächsten zwölf Monate vereinbaren?

*Inhalte mit diesem Hinweis können Sie kostenlos herunterladen auf der Website der Autoren: **www.leadership-by-got.com** oder scannen Sie einfach den nebenstehenden QR-Code ein.*

Epilog

„Du warst genau dort, wo du sein musstest.“

König Bran, der Gebrochene (8.06)

Mut zur Lücke: Fangen Sie einfach an!

Damit sind wir am Ende unserer Reise durch die Welt von *Game of Thrones* angelangt. Es gäbe noch so ungeheuer viel zu erzählen und zu analysieren; viele Charaktere konnten wir nur streifen, manche Aspekte haben wir ausgelassen. Wenn wir uns künftig einzelne Episoden ansehen, werden uns vermutlich weitere Beispiele auffallen, die wir gern auch noch in dieses Buch eingebracht hätten. Doch angesichts der Vielzahl von Figuren in der Serie und ihrer komplexen Geschichten einerseits und der Vielschichtigkeit des Themas Führung andererseits muss die Kombination beider Themen auf gut 300 Seiten zwangsläufig fragmentarisch bleiben.

Auch das ist eine Erkenntnis, die wir Ihnen gern mitgeben möchten: Wenn Sie eine Vision haben, einen Traum, den Sie verwirklichen, oder ein Ziel, das Sie unbedingt erreichen wollen, dann haben Sie Mut zur Lücke! Fangen Sie einfach an, selbst, wenn Sie nicht genau wissen, was Sie im Land jenseits der Mauer erwartet, oder wie Jon Schnee nicht genügend Truppen zur Verfügung haben. Was Sie sich auch vornehmen, Sie sollten einer Faustregel aus der Verhaltenspsychologie zufolge innerhalb von 72 Stunden damit beginnen, ansonsten sinkt die Chance, dass Sie das Projekt jemals umsetzen, auf ein Prozent. Starten Sie also schnell und warten Sie nicht auf den idealen Zeitpunkt – der kommt meistens nie. Wie sagte doch der chinesische Philosoph Laotse vor mehr als zweieinhalbtausend Jahren? „Auch der längste Marsch beginnt mit dem ersten Schritt.“

Sie brauchen manchmal Entschlossenheit und Mut, um diesen ersten Schritt zu gehen. Wenn Sie Zweifel haben, ob Sie das wirklich schaffen, denken Sie daran, was Robb über Ned Stark erzählt: „Wie kann ein Mann mutig sein, wenn er Angst hat?“, habe er ihn einst gefragt. „Nur dann kann er mutig sein“, lautete die Antwort seines Vaters (2.08). Seine Aussage vermittelt eine Haltung, die wirksame Führung unbedingt braucht: Den Mut, Dinge zu tun, auch wenn ungewiss ist, ob sie überhaupt gelingen können. Das gilt insbesondere in Zeiten der Veränderung. Denn im ruhigen Fahrwasser ist es leicht, ein Schiff zu steuern. Doch wenn die See rau wird, wenn es richtig stürmt, wenn gewaltige Brecher auf Deck stürzen, wenn das Schiff sich querlegt, dann ist ein souveräner Kapitän gefragt, auf den sich die Crew verlassen kann – und der sich auf seine Crew verlassen kann. Kein Mensch ist in solchen Situationen vor Angst gefeit. Und echter Mut zeigt sich eben in den Momenten, in denen Sie Ihre Angst überwinden.

Das kann eine neue Aufgabe sein oder ein Vortrag, den Sie halten müssen, ein Projekt, das Ihnen übertragen wird, oder ein neuer Job, den Sie antreten. Sie machen sich viele Gedanken, manchmal auch Sorgen, sind unsicher, ob Sie die Herausforderung wirklich gut meistern können, und schlafen schlecht. All das ist völlig normal. Denn Sie verlassen gerade Ihre Komfortzone und begeben sich auf Ihre ganz persönliche Heldenreise – so, wie unsere fiktiven Freunde von *Game of Thrones*.

Reiten Sie Ihren Drachen!

Die Welt, der wir in Westeros und Essos begegnen, ist, wie wir im ersten Teil erläutert haben, völlig VUCA – volatil, unsicher, komplex und mehrdeutig. Nichts ist stabil, berechenbar, verlässlich. Und doch handeln und entscheiden die Führungskräfte der Serie unter solch schwierigen Bedingungen. Das reflektiert die moderne Welt der digitalen Transformation und zunehmenden gesellschaftspolitischen Instabilität. So wird *Game of Thrones* zu einem lebendigen Lehrstück für wirksame Führungsarbeit. Die Serie zeigt uns, dass es kein universelles Rezept für wirksame Führung gibt. Sie dekonstruiert insofern den Mythos der idealen Führungskraft. David Benioff und Dan Weiss, die Drehbuchautoren und Regisseure der finalen Episode, brechen dieses Ideal geradezu ironisch auf, wenn sie am Ende Bran, den Gebrochenen, zum gewählten Herrscher der Sechs Königslande machen. Als Gedächtnis der Menschheit weiß er alles, was je geschehen ist und was gerade passiert, er kann als Warg jedes Wesen kontrollieren und scheint frei von Gefühlen – also die ideale Führungskraft? Ja, weil er für Westeros die klügste Lösung ist. Nein, weil Bran in seiner Emotionslosigkeit übermenschlich wirkt und deshalb kein Vorbild sein kann für persönliche Weiterentwicklung, die immer von Ambitionen, Freude und Leidenschaft, aber auch von Angst und Schmerz angetrieben wird.

So ist es nur konsequent, dass Bran in seiner grenzenlosen Weisheit die Führung wieder in die Hände eines fehlbaren Menschen mit all seinen Stärken und Schwächen legt: Tyrion, die wohl menschlichste Figur der Serie, lenkt schließlich die Regierungsgeschäfte für Bran und versammelt mit Davos, Bronn, Samwell und Brienne eine Riege fachlich exzellenter Berater um sich. Sie bilden ein Führungsteam, das in der Diversität unterschiedlicher Typen und Kompetenzen geradezu modellhaft ist für wirksame Zusammenarbeit. Hier gilt der weise Spruch von Jorah Mormont: „Niemand kann auf dieser Welt ohne Hilfe überleben. Niemand." (2.07).

Das gilt auch für Jon, der gemeinsam mit seinem Freund Tormund, dem Schattenwolf Geist und Angehörigen des Freien Volkes in eine ungewisse Zukunft aufbricht. Der Mann, den viele Fans gern auf dem Thron gesehen hätten, bleibt seiner Linie treu. Der weise Varys meinte zwar: „Womöglich ist der bessere Herrscher derjenige, der nicht herrschen will.“ (8.04). Doch Jon strebt nicht nach Ämtern, er hat nicht jene Freude am Regieren, die Tyrion empfindet. Jon ist einfach nicht der Typ, der sich gern mit alltäglichen Managementroutinen beschäftigen möchte. So wirkt er still und glücklich, als er in der Schlussszene der Serie dorthin zurückkehrt, wo er sich wohlfühlt: in das Land jenseits der Mauer. Wir sehen Jon als würdigen Nachfolger von Manke Rayder. Er kann nun dessen Vision vollenden und eine neue Welt aufbauen, geprägt von Werten wie Freiheit, Freundschaft und Familie. Jon ist ein Anführer, der keine Krone braucht, sondern Vertrauensmacht gewinnt durch seine Wahrhaftigkeit, Rechtschaffenheit und Tapferkeit.

Und Daenerys? Sie scheitert nicht nur am Macht-Paradox, das ihren narzisstischen Zielen den Vorrang vor einer sozialrevolutionären Vision gibt, sondern auch an einem Kulturschock. Zwar war sie in Essos in der Lage, die fremden Kulturen der Dothraki und Meereener zu adaptieren, doch gelingt ihr dies in Westeros, speziell im Norden, nicht. Das ist auch dem Umstand geschuldet, dass ihr hier die Zeit fehlt, in die neue Welt hineinzuwachsen. Auch Tyrion schafft es nicht, seine Königin auf diese neue Kultur ausreichend vorzubereiten. Darüber hinaus ist ihr Trip nach Westeros mehr als nur eine Invasion – es ist eine Zeitreise. Sie muss aus einer antiken Sklavenhalterwelt in eine Gesellschaft wechseln, die dabei ist, das Mittelalter hinter sich zu lassen. Mit ihrem Anspruch auf absolute Herrschaft scheitert Daenerys auch am Pluralismus der Sieben Königslande. Am Ende ist mit Bran derjenige Regent, der buchstäblich Zeitreisen beherrscht – einvernehmlich gewählt von den Lords und Ladys von Westeros.

Weiser als alle Menschen ist Drogon, der letzte Drache. In einem symbolstarken Moment tötet er nicht Jon, den Mörder seiner Mutter, sondern schmilzt den Eisernen Thron ein. Er zerstört die Wurzel allen Übels und vernichtet damit den Mythos von absoluter Macht. Diejenige, die den Anspruch hatte, eine perfekte Führerin zu sein, liegt leblos vor dem Thron; derjenige, der gar nicht führen will, hat sie ermordet und die Welt vor einer Diktatorin gerettet.

Es sind diese oftmals irrwitzigen Wendungen und komplexen Motive, die *Game of Thrones* so faszinierend machen. Was hier fiktiv ist, dramatisch überhöht, mit Blut, Schweiß und Tränen getränkt, ist dennoch ein vielschichtiges Lehrstück, das Ihnen viele Ansätze liefert, die Kernelemente von Führung zu verstehen. Unser Ziel war es, Ihre Perspektive auf zentrale Charaktere der Serie zu erweitern und Ihnen anhand dieser

eindrucksvollen Beispiele neue Blickwinkel auf das Thema Führung zu eröffnen. Wenn wir Sie dabei zum Nachdenken bringen konnten, Ihre Zustimmung fanden oder auch Ihren Widerspruch provoziert haben, Sie überraschen, unterhalten und Ihnen Impulse für Ihre eigene Entwicklung zu einer wirksameren Führungskraft geben konnten, dann ist unsere Mission erfüllt.

Mit dem Griff zu diesem Buch haben Sie sich auf unbekanntes Terrain begeben – hic sunt dragones. Diesen Mut, den Drachen zu reiten, etwas Neues zu entdecken, andere Perspektiven kennenzulernen, das Risiko des Scheiterns einzugehen und das eigene Verhalten dabei kritisch zu reflektieren, brauchen Sie, um führungsstark im Wandel zu bestehen. Diesen Mut wünschen wir Ihnen für Ihre persönliche Heldenreise, gepaart mit klaren Zielen und Werten, Respekt und Vertrauen, beharrlicher Disziplin, starker Resilienz, kluger Flexibilität und großem Wissensdurst.

Hodor.

Unser Dank

„Niemand kann auf dieser Welt ohne Hilfe überleben. Niemand."

Ser Jorah Mormont (2.07)

Ein Buchprojekt mit diesem Umfang binnen acht Monaten nebenberuflich abzuschließen, war für uns, als ob wir die Mauer erklimmen müssten. Es bedarf starker Fokussierung, guter Kondition, ausgeprägter Leidenschaft, enormer Disziplin, solider Ausrüstung, cleverer Arbeitsteilung, routinierter Kommunikation und großen Vertrauens in sich selbst und zueinander. Letztlich war das für uns ein Projekt, in dem wir Selbstführung mit allen Höhen und Tiefen gelernt haben. Die Kraft dafür konnten wir nur aufbringen, weil wir familiäre und professionelle Unterstützung genießen durften. Denn wie sagte Jorah Mormont doch so treffend: „Niemand kann auf dieser Welt ohne Hilfe überleben. Niemand."

Deshalb gilt unser Dank an erster Stelle unseren Familien. Wir waren zwar viele Wochen lang körperlich daheim anwesend, aber sind geistig völlig in eine andere Welt abgetaucht. Manfred dankt seiner Frau Sonja Stahl, Mark dankt seiner Frau Susanne Weinhold und den gemeinsamen Kindern Lene und Ricklef für ihre Geduld, ihren mentalen Zuspruch, ihre praktische Unterstützung und zuverlässige Organisation des wahren Lebens während unserer kreativen Auszeit. Wir durften uns die Freiheit nehmen, unser eigenes Ding zu machen. Ohne diesen Rückhalt wäre dieses Projekt so nicht zu realisieren gewesen!

Eine außergewöhnliche Zusammenarbeit hat sich mit unserem Illustrator und Grafik-Designer Jörg Dommel entwickelt. Er hat den Ruf des Abenteuers gehört und ist mit uns gemeinsam auf eine Heldenreise in eine andere Welt aufgebrochen, die er zuvor gar nicht kannte. Am Anfang sind wir Autoren noch von einigen Illustrationen im Innenteil des Buches und einem attraktiven Buchcover ausgegangen, da wir keine Fotos verwenden wollten. Doch Jörg ist es mit nie versiegendem Optimismus gelungen, unser Buch mit einer ganz eigenen und originellen Bildsprache zu einem grafischen Kunstwerk aufzuwerten. Das Ergebnis übertrifft unsere kühnsten Erwartungen und beflügelt unsere Textarbeit ähnlich wie Ramin Djawadis exzellente Musik die Serie.

Die Fäden für uns Autoren und den Grafiker laufen bei unserem Lektor Thomas Ammon vom Vahlen Verlag in München zusammen. Es war ein durchaus gewagtes Unterfangen, uns zwei Novizen als Buchautoren, die kein umfassendes Exposée, sondern nur ein zweiseitiges Kurzkonzept und einige Arbeitsproben vorgelegt haben, im Januar 2019 das Vertrauen zu schenken, innerhalb weniger Monate dieses Buch fertigzustellen und den Titel für die Frankfurter Buchmesse 2019 anzukündigen. Wir hoffen, dieses Vertrauen belohnt zu haben, und danken Thomas für seinen Mut, seine Weitsicht und seine Gelassenheit, uns einfach machen zu lassen, selbst, als der Zeitplan ein bisschen aus dem Ruder lief. Auch dem Vahlen-Team im Hintergrund, namentlich Annett Deuringer, die für die Herstellung des Buches verantwortlich war, und Kathrin Moosmang, die nun die Pressearbeit für das Buch übernimmt, sei an dieser Stelle herzlich gedankt für die professionelle und geräuschlose Unterstützung.

Fachlich inspiriert haben uns zahlreiche Autoren und Wissenschaftler, die sich sowohl mit dem Thema Führung als auch mit *Game of Thrones* intensiv befasst haben. All jenen, aus deren Werken wir Impulse schöpfen durften und deren Gedanken uns geprägt, aber auch zu Widerspruch angeregt haben, danken wir.

Hervorheben möchten wir die nimmermüde Leidenschaft zahlloser Fans von *Game of Thrones*. Sie haben in jahrelanger Fleißarbeit das *Game of Thrones* Wiki im Internet geschaffen, das uns immer wieder schnellen Zugriff auf detaillierte Informationen zur Serie und zu den Hintergründen ermöglicht hat. Namentlich erwähnen wollen wir an dieser Stelle die Psychologin Drea Letamendi, die in einer exzellenten Artikelserie das Seelenleben einiger zentraler Figuren diagnostiziert und uns so wertvolle Hinweise geliefert hat. Ebenso beigetragen haben etliche YouTuber, die in großartigen Videoclips den Charakteren der Serie emotionale Denkmäler gesetzt oder sie kenntnisreich analysiert haben.

Ohne die geniale Romanvorlage von George R. R. Martin und die einzigartige TV-Serie, die David Benioff und Dan Weiss mit ihrem Team und grandiosen Schauspielern daraus entwickelt haben, würde es dieses Buch nicht geben. Diese komplexe Welt, die weltweit Millionen Menschen fasziniert hat, hat uns viele Stunden Freude bereitet und wird es immer wieder tun. Insofern danken wir den Schöpfern von *Game of Thrones* für ihre besessene und beseelte Arbeit an einer fiktiven Welt, die uns sehr ans Herz gewachsen ist und zu diesem Buch inspiriert hat.

Mark Hübner-Weinhold & Manfred Klapproth

Schönberg & Hamburg, im August 2019

Endnoten

Prolog

1. *https://www.sueddeutsche.de/medien/game-of-thrones-staffel-acht-kritik-1.4447970*
2. *https://popculture.com/tv-shows/2019/04/10/game-of-thrones-hbo-wanted-more-episodes-for-final-season/ (eigene Übersetzung)*
3. *Ebd.*

Teil 1

1. *Zitiert nach: Sean T. Collins: Exclusive: George R.R. Martin Says 'Game of Thrones' Ending Will Be 'Bittersweet'. Veröffentlicht am 11. August 2015 in „The Observer" (eigene Übersetzung), https://observer.com/2015/08/george-r-r-martins-ending-for-game-of-thrones-will-not-be-as-brutal-as-you-think/*
2. *Vgl. Charles Barfield: 'Game Of Thrones' Finale: Bran Actor Thought Character's Ending Was A "Joke" When He Read It, Echoing Many Fans' Sentiments Exactly. Veröffentlicht am 20. Mai 2019 in The Playlist, https://theplaylist.net/bran-actor-game-thrones-finale-20190520/*
3. *Heike Buchter: BlackRock. Campus, Frankfurt am Main 2015, S. 16.*
4. *Carolyne Larrington: Winter is coming. Theiss, Darmstadt 2016, S. 17*
5. *David Rock: Brain at Work. Campus Verlag, Frankfurt/M. 2011, S. 27*
6. *Olaf Hinz: Segeln auf Sicht. SpringerGabler, Wiesbaden 2017, S. 9*
7. *Das Originalzitat lautet: „Kein Operationsplan reicht mit einiger Sicherheit über das erste Zusammentreffen mit der feindlichen Hauptmacht hinaus". Helmuth Karl Bernhard von Moltke: „Über Strategie" (1871). In: Kriegsgeschichtliche Einzelschriften, H.13 (1890), hier zitiert nach: Militärische Werke, Band 2, Teil 2. Mittler & Sohn Berlin 1900*
8. *Mihály Csikszentmihályi: Das flow-Erlebnis. Jenseits von Angst und Langeweile: im Tun aufgehen. 10. Auflage. Klett-Cotta, Stuttgart 2010.*
9. *Josué Cardona: "A complex story does the brain good", S, 252. In: "Game of Thrones Psychology", hrsg. von Travis Langley. Sterling, New York 2016, S. 251-263.*
10. *Martin Beyer: StoryThinking. Durch die Kraft des Erzählens Mitarbeiter und Kunden gewinnen. Vahlen, München 2018, S. 4*
11. *https://www.muso.com/magazine/game-of-thrones-season-7-pirated-over-1-billion-times/*
12. *Beyer 2018, S. 4*
13. *Veit Etzold: Strategie. Planen Erklären Umsetzen. Gabal Verlag, Offenbach 2018, S. 111*
14. *Beyer 2018, S. 4*
15. *Dacher Keltner: Das Macht-Paradox. Wie wir Einfluss gewinnen – oder verlieren. Campus Verlag, Frankfurt/M. 2016, S.96f.*
16. *Donald T. Phillips: Lincoln Stories for Leaders. I nfluencing others through storytelling. The Summit Publishing Group, Arlington 1997, S. 43*
17. *Ebd., S. 55*

Teil 2

1. *Werner T. Fuchs: Management by Herores. Warum wir Vorbilder brauchen und ihnen folgen. Cornelsen, Berlin 2009, S. 19.*
2. *Christian Gálvez: Logbuch für Helden. Knaur, München 2014, S. 14.*
3. *Svenja & Uwe Walter: Die Heldenreise. http://www.storytellingmasterclass.de/wp-content/uploads/Die-Heldenreise.pdf 2012, S. 3*
4. *Joseph Campbell: Der Heros in tausend Gestalten. Insel Verlag Berlin, 4. Auflage 2018*
5. *Christopher Vogler: Die Odyssee des Drehbuchschreibers. Über die mythologischen Grundmuster des amerikanischen Erfolgskinos. Autorenhaus Verlag, Berlin 2018.*
6. *Beyer 2018, ebd. S. 30.*
7. *Vgl. Alexander Groth: Führungsstark im Wandel. Campus Verlag, Frankfurt/M., 2., überarbeitete Auflage 2013, S. 23 ff.*
8. *Fredmund Malik: Führen Leisten Leben. Campus Verlag, Frankfurt/M. 2019 (Neuausgabe), S. 37.*
9. *Stephen R. Covey: Der 8. Weg. Mit Effektivität zu wahrer Größe. Gabal Verlag, Offenbach 2006, S. 19*
10. *Carmine Gallo: Was wir von Steve Jobs lernen können. Redline Verlag, München 2011, S. 92 f.*

11. *Philippa Lally et al: How are habits formed: Modelling habit formation in the real world (16. Juli 2009). Quelle: https://onlinelibrary.wiley.com/doi/abs/10.1002/ejsp.674 . Untersucht wurden 96 Teilnehmern, die zwölf Wochen lang versuchten, eine neue Gewohnheit jeden Tag bis zur Automatisierung umzusetzen.*
12. *Siehe: Anthony Robbins: What's the #1 Key to All Success? Quelle: www.youtube.com/watch?v=xOb-JZwD5ho*
13. *Warren Bennis: Führen lernen. Campus Verlag, Frankfurt/M. 1990, S. 15*
14. *Fuchs 2009, S. 30*
15. *Angelika Höcker: Business Hero. Eine Heldenreise in 7 Etappen. Gabal Verlag, Offenbach 2010, S. 12*
16. *Vgl. Olaf Hinz: Das Führungsteam. Wie wirksame Kooperation an der Spitze gelingt. SpringerGabler Verlag, Wiesbaden 2014*
17. *Vgl. Paul Rebillot mit Melissa Kay: Die Heldenreise. Das Abenteuer der kreativen Selbsterfahrung. Kösel Verlag, München 1997*
18. *Ebd., S. 26*

Teil 3

1. *Anja Rassek: „Leadership: Mehr als nur Führung", 1. August 2017. Quelle: https://karrierebibel.de/leadership/*
2. *John P. Kotter: Leading Change. Harvard Business Review Press, Boston 2012, S. 25. Das Zitat im Original: „Leadership defines what the future should look like, aligns people with that vision, and inspires them to make it happen despite the obstacles." (eigene Übersetzung)*
3. *https://www.grzeskowitz.de/was-ist-leadership/*
4. *Zitiert nach: Höcker 2010, S. 11*
5. *Reinhard K. Sprenger: Radikal führen. Campus Verlag, Frankfurt/M. 2012, S. 242f.*
6. *Markus Baumanns, Thorsten Schumacher: Kein Bullshit! Was Manager heute wirklich können müssen. Murmann Publishers, Hamburg 2014, S. 122*
7. *Laurence J. Peter, Raymond Hull: Das Peter-Prinzip oder die Hierarchie der Unfähigen. Rowohlt Verlag, 5. Auflage, Reinbek 2005, S. 25*
8. *https://www.artop.de/wp-content/uploads/2016/07/artop_Fuehrung_und_Macht.pdf*
9. *James MacGregor Burns: Leadership. Harper Perennial Political Classics, New York 2010, S. 18 (eigene Übersetzung)*
10. *Reinhard K. Sprenger: An der Freiheit des anderen kommt keiner vorbei. Campus Verlag, Frankfurt/M. 2013, S. 54*
11. *Dacher Keltner: Das Macht-Paradox. Wie wir Einfluss gewinnen – oder verlieren. Campus Verlag, Frankfurt/M. 2016, S. 11*
12. *Sprenger 2013, S. 55f.*
13. *Sprenger 2012, S. 36*
14. *Ebd., S. 38f.*
15. *http://hbr.harvardbusiness.org/2004/01/managers-and-leaders/ar/1*
16. *John P. Kotter: A Force for Change – How Leadership differs from Management". Free Press, New York 1990.*
17. *Vgl. Hinz 2017, S. 13f.*
18. *Warren Bennis, Burt Nanus: Führungskräfte. Die vier Schlüsselstrategien erfolgreichen Führens. Campus Verlag, Frankfurt/M. 1990, S.29*
19. *Kotter 1990, S. 4ff.*
20. *Niels Pfläging: Die 12 neuen Gesetze der Führung. Campus Verlag, Frankfurt/M. 2009, S. 62*
21. *Malik 2019, S. 47ff.*
22. *Ebd., S. 11*
23. *https://www.grzeskowitz.de/was-ist-leadership/*
24. *Hinz 2017, S. 15*
25. *Larrington 2016, S. 13f.*
26. *Frederic Laloux: Reinventing Organizations. Vahlen Verlag, München 2015, S. 15*
27. *Ebd., S. 19*
28. *Ebd., S. 20*
29. *Ebd., S. 21*
30. *Ken Wilber: A brief History of Everything. Shambhala Publications, Boston 1996, S. 273*
31. *Pfläging 2009, S. 59f.*

32. *Gary Hamel: First, let's fire all the Managers". Harvard Business Review, Dezember 2011, https.//hbr.org/2011/12/lets-fire-all-the-managers*

33. *Frederick Winslow Taylor: The Principles of Scientific Management. Dover Publications, Mineola 2001*

34. *Baumanns / Schumacher 2014, S. 79f.*

35. *Bernd Oestereich / Claudia Schröder: Das kollegial geführte Unternehmen. Vahlen Verlag, München 2017, S. 6*

36. *Pfläging 2009, S. 175*

37. *Baumanns / Schumacher 2014, S. 25f.*

38. *Pfläging 2009, S. 175*

39. *Hinz 2017, S. 73ff.*

40. *Vgl. Karl Marx / Friedrich Engels: Werke. Band 40 „Ökonomisch-philosophische Manuskripte aus dem Jahre 1844". Karl Dietz Verlag, Berlin 1989, S. 520f.*

41. *Stephen R. Covey: Der 8. Weg. Mit Effektivität zu wahrer Größe. Gabal Verlag, Offenbach 2006*

42. *Susanne Klein: Kein Mensch braucht Führung. Gabal Verlag, Offenbach 2019, S. 16*

43. *Ebd., S. 31*

44. *Stephen R. Covey: Seine Weisheiten und Prinzipien. Gabal Verlag, Offenbach 2013, S. 57*

45. *Brian J. Robertson: Holacracy. Vahlen Verlag, München 2015, S. 20*

46. *Niels Pfläging: Organisation für Komplexität. Redline Verlag, aktualisierte und erweiterte Neuauflage, München 2014, S. 89*

47. *Thomas J. Peters & Robert H. Waterman: Auf der Suche nach Spitzenleistungen. Redline Wirtschaft, München 2003, S. 363*

48. *Markus Baumanns: Kick-off! Auf Entdeckungsreise zur Organisation der Zukunft. Murmann Haufe, Freiburg 2019, S. 103*

49. *Peters & Watermann 2003, S. 363*

Teil 4, Kapitel 1

1. *Jack Welch: Winning. Das ist Management. Campus Verlag, Frankfurt/M. 2005, S. 24*

2. *Malcolm Gladwell: Blink! Die Macht des Moments. Campus Verlag, Frankfurt/M. 2005*

3. *Vgl. Alexander Groth: Vision, Mission und Werte. In: https://www.leadershipjournal.de/vision-mission-und-werte/*

4. *Jürgen Fleig: Was Vision und Mission im Unternehmen bewirken. In: https://www.business-wissen.de/hb/was-vision-und-mission-im-unternehmen-bewirken/*

5. *Welch 2005, S. 24f.*

6. *Brian Tracy: Ziele. Campus Verlag, Frankfurt/M. 2004, S. 15*

7. *Malik 2019, S. 174*

8. *Dennis N.T. Perkins: Leading at the Edge. Amacom, New York 2012, S. 17 (eigene Übersetzung)*

9. *Einen umfassenderen Bericht über die Endurance-Expedition finden Sie online unter www.leadership-by-got.com: „Die Endurance-Expedition - Überlebenskampf im Packeis" von Mark Hübner-Weinhold (8. August 2014)*

10. *Sprenger 2012, S. 18*

11. *Welch 2005, S. 24*

12. *https://www.youtube.com/watch?v=u4ZoJKF_VuA*

13. *Gallo 2011, S. 47ff.*

14. *Ebd.*

15. *Vgl. „Game of Thrones: So erklären Emilia Clarke und die Macher Daenerys' Ausraster. In: https://www.stern.de/kultur/tv/game-of-thrones---emilia-clarke-erklaert-daenerys--ausraster-8711520.html*

16. *Drea Letamendi: The Psychology of „Game of Thrones": Daenerys Targaryen. Quelle: https://www.fandom.com/articles/game-of-thrones-psychology-daenerys-targaryen (eigene Übersetzung)*

17. *Vgl. Elisabeth Kochan: Wie sich Emilia Clarke für Daenerys von Hitler inspirieren ließ. Erschienen am 19. Mai 2019 unter: https://www.watson.de/unterhaltung/game%20of%20thrones/229194906-game-of-thrones-wie-sich-emilia-clarke-fuer-daenerys-von-adolf-hitler-inspirieren-liess*

18. *Keltner 2016, S. 7f.*

19. *John Edward Emerich Dalberg-Acton: Historical Essays and Studies, herausgegeben von John Neville Figgis und Reginald Vere Laurence. Macmillan, London 1907, S. 504*

20. *Keltner 2016, S. 8*

21. *Vgl. Robert B. Downs: Books that changed the world. Signet Classic, New York 2004, S. 191ff.*

22. *Tim Phillips: Machiavellis Der Fürst. 52 brillante Ideen für Ihr Business. Gabal Verlag, Offenbach 2010, S. 8*
23. *Niccolò Machiavelli: Der Fürst. Übersetzt und herausgegeben von Rudolf Zorn. Alfred Kröner Verlag, Stuttgart 1978, S. 63*
24. *Ebd., S. 19f.*
25. *Keltner 2016, S. 9*
26. *Ebd., S. 11*
27. *Ebd., S. 103*
28. *Ebd., S. 104*
29. *Tim Phillips/Rebecca Clare: Game of Thrones on Business. Infinite Ideas, Oxford 2015, S. 10 (eigene Übersetzung)*
30. *Robert Edward Neurohr: Strategien für Herausforderer. Gabal Verlag, Offenbach 2012, S. 103*
31. *Ebd., S. 100*
32. *Larrington, S. 35*
33. *Valerie Estelle Frankel: Winning the Game of Thrones. The Host of Characters and their Agendas. Litcrit Press 2013, S. 48f.*

Teil 4, Kapitel 2

1. *Welch 2005, S. 27*
2. *Covey 2006, S. 65f.*
3. *Ebd.*
4. *Covey: Die effektive Führungspersönlichkeit. Prinzipienorientiert managen. Campus Verlag, Frankfurt/M. 2008, S. 13*
5. *Ebd., S. 14*
6. *Covey 2006, S. 81ff.*
7. *David Horsager: Vertrauen. Börsenmedien AG, Kulmbach 2013, S. 23*
8. *Stephen M. R. Covey: Schnelligkeit durch Vertrauen. Die unterschätzte ökonomische Macht. Gabal Verlag, Offenbach 2009, S. 15f.*
9. *Reinhard Sprenger: Vertrauen führt. Worauf es im Unternehmen wirklich ankommt. Campus Verlag, Frankfurt/M., 3., durchgesehene Auflage 2007, S. 7*
10. *Ebd., S. 27f.*
11. *Frankel 2013, S. 32*
12. *William Blake Erickson, Dawn R. Weatherford: All poor problem solvers must die: A model of winning and losing (S. 213-225). In: Travis Langley (Hg.): Game of Thrones Psychology. The mind is dark and full of terror. Sterling, New York 2016, S. 218 (eigene Übersetzung)*
13. *Erickson/Weatherford, S. 218*
14. *Larrington, S. 35*
15. *Albert J. J. Anglberger, Alexander Hieke: Lord Eddard Stark, Queen Cersei Lennister: Moral judgements from differerent perspectives (S. 87-98). In: Henry Jacoby (Hg.): Game of Thrones and Philosophy. Logic cuts deeper than swords. John Wiley & Sons, Hoboken 2012, S. 91 (eigene Übersetzung)*
16. *Vgl. Bruce Craven: Win or die. Lessons for Life by Game of Thrones. Blink Publishing, London 2019, S. 18f.*
17. *Ebd., S. 1ff. (eigene Übersetzung)*
18. *Max Weber: Politik als Beruf (Vortrag, 1919). Quelle: https://www.textlog.de/2296.html*
19. *Drea Letamendi: The Psychology of „Game of Thrones": Jon Snow. Veröffentlicht am 2. Mai 2019 unter: https://www.fandom.com/articles/game-of-thrones-psychology-jon-snow(eigene Übersetzung)*
20. *Ebd.*
21. *Immanuel Kant, Gesammelte Schriften. Hrsg.: Bd. 1-22 Preussische Akademie der Wissenschaften, Bd. 23 Deutsche Akademie der Wissenschaften zu Berlin, ab Bd. 24 Akademie der Wissenschaften zu Göttingen, Berlin 1900ff., AA V, 30 / KpV, A 54 (§ 7 Grundgesetz der reinen praktischen Vernunft).*
22. *https://www.zeit.de/2000/02/NOCH_MAL_VON_VORN_WAS_BEDEUTET_DER_KATEGORISCHE*
23. *Craven 2019, S. 205 (eigene Übersetzung)*
24. *Burns 2010, S. 19 (eigene Übersetzung)*
25. *Gunter Dueck: Das Neue und seine Feinde. Campus Verlag, Frankfurt/M. 2013, S. 56*
26. *Vgl. Rheinische Post vom 26. April 2017. https://rp-online.de/wirtschaft/unternehmen/belegschaft-lehnt-sanierungsplan-fuer-alitalia-ab_aid-17940217*
27. *Dueck 2013, S. 67*

28. *Vgl. Richard E. Preston: Game of Thrones as Myth: Allisar Thorne as the archetypical threshold guardian. Erschienen 2015 unter: https://winteriscoming.net/2015/11/21/game-of-thrones-as-myth-alliser-thorne-as-the-archetypal-threshold-guardian/*
29. *Larrington 2016, S. 106f.*
30. *Welch 2005, S. 156*
31. *Ebd.*
32. *Vgl. Richard E. Preston: Game of Thrones as Myth: Jorah Mormont as the Archetypal Dishonored Knight. Erschienen 2017 unter: https://winteriscoming.net/2017/02/18/game-of-thrones-as-myth-jorah-mormont-as-the-archetypal-dishonored-knight/*

Teil 4, Kapitel 3

1. *Sprenger 2012, S. 147*
2. *Ebd., S. 149*
3. *Quelle: https://gutezitate.com/zitat/184829*
4. *Quelle: https://gutezitate.com/zitat/156698*
5. *Felix von Cube: Lust an Leistung. Piper Verlag, München 1998, S.17*
6. *Baumanns & Schumacher 2014, S. 28*
7. *Pfläging 2009, S. 59f.*
8. *Michael Wefers: Führen unter Druck. Haufe Verlag, Freiburg 2017, S. 72*
9. *Matthias Kolbusa: Umsetzungsmanagement. SpringerGabler Verlag, Wiesbaden 2013, S. 142*
10. *Vgl. Hübner-Weinhold 2014*
11. *Groth 2013, S. 191. Der Autor gibt auch praktische Tipps, um Kündigungsgespräche professionell zu führen.*
12. *Vgl. Robert K. Greenleaf: The Servant as Leader. Neuauflage. The Robert K Greenleaf Center, 1991(Erstauflage 1970)*
13. *Zitiert nach: Fons Trompenaars, Ed Voerman: Servant-Leadership across cultures. Infinite Ideas, Oxford 2009, S. 8*
14. *Friedrich der Große: Das politische Testament von 1752.*
15. *Anselm Grün: Vom Mut, hinabzusteigen. In: Handelsblatt. 12. Dezember 2013, S. 16*
16. *Covey 2008, S. 28*
17. *Craven 2019, S. 16 (eigene Übersetzung)*
18. *Peter, Hull 2005: S. 25*
19. *(S. 5-18). In: Henry Jacoby (Hg.): Game of Thrones and Philosophy. John Wiley & Sons, Hoboken 2012, S. 5ff.*
20. *Vgl. Marcus Schulzke: Playing the Game of Thrones: Some lessons from Machiavelli. (S. 33-48). In: Henry Jacoby (Hg.): Game of Thrones and Philopsophy. John Wiley & Sons, Hoboken 2012, S. 33ff.*
21. *Thomas J. Peters & Robert H. Waterman: Auf der Suche nach Spitzenleistungen. Redline Wirtschaft, 9. Auflage, München 2003, S. 149ff.*
22. *Vgl. Hübner-Weinhold 2014*
23. *Larrington 2016, S. 283*

Teil 4, Kapitel 4

1. *Brian Tracy: Keine Ausreden! Die Kraft der Selbstdisziplin. Offenbach 2011, S. 15*
2. *Ebd.*
3. *Bennis 1990, S. 15*
4. *Marion Knaths: Spiele mit der Macht. Wie Frauen sich durchsetzen. Piper Verlag, München/Berlin, 14. Auflage 2016, S. 30f.*
5. *Michael Wefers: Was Führungskräfte ausmacht. Wefers & Coll Newsletter vom 4. Juni 2019*
6. *Ebd.*
7. *Vgl. Nadine Pfeiffer: Eignungsdiagnostik – So funktioniert Personalauswahl. Gastbeitrag vom 8. Februar 2017 auf karrierebibel.de. Quelle: https://karrierebibel.de/eignungsdiagnostik/*
8. *Bennis 1990, S. 19*
9. *Jacqueline Groher: FührungsKRAFT. Erfolgreiche Führung beginnt mit Selbstführung. Gabal Verlag, Offenbach 2014, S. 35*
10. *Covey 2008, S. 27*

11. *Scott D. Anthony: Kodak's downfall wasn't about technology. In: Harvard Business Review, erschienen am 15. Juli 2016, https://hbr.org/2016/07/kodaks-downfall-wasnt-about-technology (eigene Übersetzung)*
12. *Tom Morris: Aristoteles auf dem Chefsessel. Was Manager von Philosophen lernen können. Verlag Moderne Industrie, Landsberg/Lech 1997, S. 45*
13. *Ebd., S. 48*
14. *Jonas Vogt: Militäranalyst Gady: „Jon Snow wäre ein schrecklicher Kommandant". Erschienen am 5. Mai 2019 in „Der Standard". https://www.derstandard.de/story/2000102478986/ militaeranalyst-gady-jon-snow-waere-ein-schrecklicher-kommandant*
15. *Vgl. Colt J. Blunt: „Ramsay: Portrait of a serial killer". (S. 181-193). In: Travis Langley (Hg.): Game of Thrones Psychology. Sterling, New York 2016*
16. *Vgl. Delroy L. Paulhus & Kevin M. Williams: The Dark Triad of Personality. In: Journal of Research in Personality. 36, 2002, S. 556–563.*
17. *Quelle: https://psychologie.uni-graz.at/de/dips/forschen/dunkle-triade/*
18. *Vgl. Lothar Bildat & Carolin Martin: Subjektive Führungskompetenz und arbeitsrelevante Personenvariablen Studierender. In: Journal of Business and Media Psychology, Ausgabe 1/2018. https://journal-bmp.de/2019/02/subjektive-fuehrungskompetenz-und-arbeitsrelevante-personenvariablen-studierender/*
19. *Welch 2005, S. 323*
20. *Kristin Schmidt: „So werden Psychopathen im Chefsessel nicht zum Risiko." In: Wirtschaftswoche vom 11. Dezember 2017. https://www.wiwo.de/erfolg/management/managertypen-so-werden-psychopathen-im-chefsessel-nicht-zum-risiko/20683454.html*
21. *Vgl. ebd.*
22. *Welch 2005, S. 322*
23. *Zitiert nach Westfälische Nachrichten vom 21. Dezember 2017: „Despoten-Dämmerung". https://www.wn.de/Welt/Kultur/3099611-Die-Aera-des-Dirigenten-als-Diktator-am-Pult-scheint-der-Vergangenheit-anzugehoeren-Despoten-Daemmerung*
24. *Zitiert nach NDR Kultur vom 22. Februar 2019: „Daniel Barenboim: ‚Ab und zu rege ich mich auf'". https://www.ndr.de/kultur/Cholerisch-Barenboim-reagiert-auf-Vorwuerfe,barenboim174.html*
25. *Jens Weidner: Die Peperoni-Strategie. So setzen Sie Ihre natürliche Aggression konstruktiv ein. Campus Verlag, Frankfurt/M. 2005, S. 23*
26. *Ebd., S. 55*
27. *Vgl. Frankel 2013, S. 35*
28. *Vgl. ebd.*
29. *Vgl. ebd., S. 38*
30. *Craven 2019, S. 53 (eigene Übersetzung)*
31. *Drea Letamendi: The Psychology of Game of Thrones: Sansa Stark. Veröffentlicht am 2. Mai 2019 unter: https://www.fandom.com/articles/game-of-thrones-psychology-sansa-stark (eigene Übersetzung)*
32. *Ebd.*
33. *Vgl. Alenka Mladina: Resilienz im Beruf: Wenn der Job-Stress keine Chance hat. Veröffentlicht am 2. Mai 2019 unter: https://www.roberthalf.de/blog/resilienz-im-beruf*
34. *Bennis 1990, S. 15*
35. *Groher 2014, S. 81*

Teil 4, Kapitel 5

1. *Sprenger 2012: S. 52*
2. *Ebd., S. 54*
3. *Christian Gansch: Vom Solo zur Sinfonie. Was Unternehmen von Orchestern lernen können. Eichborn Verlag, Frankfurt/M. 2006, S. 13*
4. *Richard de Hoop: Macht Musik. So spielt Ihr Team zusammen, statt nur Lärm zu produzieren. Gabal Verlag, Offenbach 2012, S. 23*
5. *Gansch 2006, S. 117*
6. *Ebd., S. 118*
7. *Clodagh Hughes: Jürgen Klopp's leadership lessons for business. Veröffentlicht am 21. Mai 2019 auf LinkedIn.com, https://www.linkedin.com/pulse/jürgen-klopps-leadership-lessons-business-clodagh-hughes/ (eigene Übersetzung)*

8. *Pepijn Linjnders: We have one rule at Liverpool. Erschienen am 16. Februar 2019, https://www.liverpoolfc.com/news/first-team/338146-pepijn-lijnders-interview-liverpool (eigene Übersetzung)*
9. *Welch 2005, S. 93*
10. *Sprenger 2012, S. 239*
11. *Ebd., S. 240*
12. *Baumanns & Schumacher 2014, S. 125ff.*
13. *Malik 2019, S. 240*
14. *Ebd., S. 244f.*
15. *Sprenger 2012, S. 82*
16. *Markus Jotzo: Der Chef, den keiner mochte. Warum exzellente Führungskräfte nicht nett sind. Gabal Verlag, Offenbach 2014, S. 64*
17. *Ebd.*
18. *https://www.aphorismen.de/zitat/72505*
19. *„Unus pro omnibus, omnes pro uno" ist eine lateinische Phrase, die auf Deutsch mit „Einer für alle, alle für einen" übersetzt wird. Sie stammt aus dem Roman „Die drei Musketiere" des französischen Schriftstellers Alexandre Dumas des Älteren, der 1844 kapitelweise in der Zeitung „Le Siècle" veröffentlichte und wurde im 19. Jahrhundert zum (inoffiziellen) Wahlspruch der Schweizerischen Eidgenossenschaft.*
20. *Jotzo 2014, S. 67*
21. *Drea Letamendi. The Psychology of „Game of Thrones": Arya Stark. Veröffentlicht am 2. Mai 2019 unter: https://www.fandom.com/articles/game-of-thrones-psychology-arya-stark (eigene Übersetzung)*
22. *Ebd.*
23. *Ebd.*
24. *Craven 2019, S. 214*
25. *Horsager 2013, S. 14*

Teil 4, Kapitel 6

1. *Quelle: „Das sind die größten Ablenkungen am Arbeitsplatz", erschienen am 11. April 2019 auf stern.de. https://www.stern.de/wirtschaft/das-sind-die-groessten-ablenkungen-am-arbeitsplatz-8661290.html*
2. *Vgl. https://lindastone.net/qa/continuous-partial-attention/*
3. *William Powers: Einfach abschalten. Gut leben in der digitalen Welt. Goldmann Verlag, München 2011, S. 35*
4. *Cal Newport: Konzentriert arbeiten. Regeln für eine Welt voller Ablenkungen. Redline Verlag, München 2017, S. 12*
5. *René Borbonus: Klarheit. Der Schlüssel zur besseren Kommunikation. Econ Verlag, Berlin 2015, S. 9*
6. *Der Originaltext von Lees Botschaft an Ewell lautete: „The enemy (is) retreating over those hills ... in great confusion. You only need to press those people to secure possession of the heights... Do this, if practicable.". Zitiert nach Tom Wheeler: Take Command! Leadership Lessons from the Civil War. Doubleday, New York 2000, S. 86*
7. *Ebd., S. 87f.*
8. *Ernest B. Furguson: Chancellorsville 1863. Vintage Civil War Library, New York 1993, S. 146*
9. *Allen C. Guelzo: Gettysburg. The Last Invasion. Vintage Civil War Library, New York 2013, S. 213*
10. *Vgl. Inghard Langer, Friedemann Schulz von Thun, Reinhard Tausch: Sich verständlich ausdrücken. 10. Auflage. Ernst-Reinhard Verlag, München/Basel 2015*
11. *Vgl. Friedemann Schulz von Thun: Miteinander reden 1. Rowohlt Verlag, 48. Auflage, Reinbek 2010*
12. *Peter Brandl: Crash Kommunikation. Warum Piloten versagen und Manager Fehler machen. Gabal Verlag, Offenbach, 5., überarbeitete und erweiterte Neuauflage 2018, S. 197*
13. *Ebd., S. 201*
14. *René Borbonus: Respekt. Wie Sie Ansehen bei Freund und Feind gewinnen. Econ Verlag, 6. Auflage, Berlin 2013, S. 8*
15. *Ebd., S. 9*
16. *Einen kompakten Einstieg bieten Daniel Goetz & Eike Reinhardt: Führung: Feedback auf Augenhöhe. SpringerGabler Verlag, Wiesbaden 2017; Anja von Kanitz: Feedbackgespräche. Haufe Verlag, 2. Auflage, Freiburg 2015*
17. *Quelle: https://www.personalwirtschaft.de/fuehrung/mitarbeiterbindung/artikel/jeder-siebte-mitarbeiter-ist-emotional-nicht-an-den-arbeitgeber-gebunden.html (erschienen am 5. September 2018)*
18. *Frank Hauser, Andreas Schubert, Mona Aicher: Unternehmenskultur, Arbeitsqualität und Mitarbeiterengagement in den*

Unternehmen in Deutschland. Ein Forschungsprojekt des Bundesministeriums für Arbeit und Soziales. Abschlussbericht. Quelle: http://www.cbdata.de/hv-sales/HVConsult/Abschlußbericht.pdf

19. *Malik 2019, S. 249*
20. *Jochen Mai: Feedback geben – Regeln, Beispiele, Tipps. Erschienen am 19. Oktober 2018 in karrierebibel.de. https://karrierebibel.de/feedback-geben/*
21. *Jotzo 2014, S. 172*
22. *Vgl. Tina Groll: Überflüssige Arbeitstreffen kosten einen halben Arbeitstag pro Woche. Erschienen am 21. Dezember 2016 in „Die Zeit". https://www.zeit.de/karriere/2016-12/meetings-arbeitszeit-verlust-studie*
23. *Patric M. Lencioni: Tod durch Meeting. Wiley-VCH Verlag, 2. Auflage, Weinheim 2017*
24. *Vgl. Martin J. Eppler & Sebastian Kernbach: Meet up! Einfach bessere Besprechungen durch Nudging. Schäffer Poeschel Verlag, Stuttgart 2018*
25. *Ebd., S. 168*
26. *Craven 2019, S. 245 (eigene Übersetzung)*
27. *Vgl. https://michaelrasche.eu/die-kultur-verspeist-die-strategie/*
28. *Das Video „Das Ende von Game of Thrones erklärt" von Nerdkultur ist am 25. Juni 2019 veröffenlicht worden. https://youtu.be/Jz5C61jPuBl*
29. *Ebd.*
30. *Vgl. Spiegel Online vom 22. Mai 2019. https://www.spiegel.de/panorama/leute/game-of-thrones-star-emilia-clarke-bereitet-sich-mit-hitler-videos-auf-staffelfinale-vor-a-1268686.html*
31. *Keltner 2016, S. 96f.*
32. *Daniel Goleman: Emotionale Intelligenz. Carl Hanser Verlag, München 1996, S. 117*
33. *Jens Weidner: Optimismus. Warum manche weiter kommen als andere. Campus Verlag, Frankfurt/M. 2017, S. 135*
34. *Ebd., S. 131*
35. *Ebd., S. 9*
36. *Covey 2008, S. 82*
37. *Craven 2019, S. 167 (eigene Übersetzung)*
38. *Groth 2013, S. 163*
39. *Ebd., S. 165*
40. *Daniel Goleman: Emotionale Führung. Econ Ullstein List Verlag, München 2002, S. 105*
41. *Ebd., S. 106*
42. *Ebd.*
43. *Ebd., S. 107*

Teil 4, Kapitel 7

1. *Sprenger 2012, S. 148*
2. *Ebd., S. 151*
3. *Machiavelli 1978, S. 38*
4. *Welch 2005, S. 161*
5. *Ebd., S. 163*
6. *Vgl. https://de.wikipedia.org/wiki/Murphys_Gesetz*
7. *Vgl. Jim Lovell und Jeffrey Kluger: Apollo 13. Commemorative Edition, Houghton Mifflin Company, New York 2000*
8. *Im Film Apollo 13 sagt Ed Harris in der Rolle von Gene Kranz: „We've never lost an American in space; we're sure as hell not going to lose one on my watch. Failure is not an option." Der reale Kranz hat diese Sätze wohl so nicht gesagt, aber Hollywood hat sie unsterblich gemacht.*
9. *Frankel 2013, S. 148 (eigene Übersetzung)*
10. *Drea Letamendi: The Psychology of Game of Thrones: Cersei Lannister". Veröffentlicht am 2. Mai 2019 unter https://www.fandom.com/articles/game-of-thrones-psychology-cersei-lannister (eigene Übersetzung)*
11. *Larrington 2016, S. 16*
12. *Zitiert nach: Tim Phillips: Machiavellis Der Fürst – 52 brillante Ideen für Ihr Business. Gabal Verlag, Offenbach 2010, S. 10*

13. *Letamendi 2019: Cersei Lennister (eigene Übersetzung)*
14. *Frankel ebd. (eigene Übersetzung)*
15. *Larrington 2016, S. 140*
16. *Senta Gekeler: „Der Dunning-Kruger-Effekt: Was ist das?". Erschienen in: Human Ressources Manager, Berlin, 22. August 2019. www.humanressourcesmanager.de*
17. *Letamendi ebd. (eigene Übersetzung)*
18. *Larrington 2016, S. 171*
19. *Quelle: „Die wahre Geschichte hinter Game of Thrones: Italiens radikaler Reformator", bpa media GmbH, Hannover 2019, S. 109.*
20. *Vgl. Erving Goffman: Verhalten in sozialen Situationen. Strukturen und Regeln der Interaktion im öffentlichen Raum. Bertelsmann Verlag, Gütersloh 1971*
21. *Vgl. Taina Vuorela, Laughing Matters: A Case Study of Humor in Multicultural Business Negotiations, Negotiation Journal, Vol. 21, Number 1, January 2005, S. 105ff.*
22. *Vgl. Christine Gockel: Humor in Negotiations: How to persuade others with humor. In Tabea Scheel & Christine Gockel, Humor at Work in Teams, Leadership, Negotiations, Learning and Health. Springer Verlag, Wiesbaden 2017, S. 65ff.*
23. *Vgl. Roger Fisher & William L. Ury: Das Harvard-Konzept. Der Klassiker der Verhandlungstechnik. Campus Verlag, Frankfurt/M, 24. überarbeitete Auflage 2013*
24. *Daniel Shapiro: Verhandeln. Die neue Erfolgsmethode aus Harvard. Campus Verlag, Frankfurt/M. 2018, S. 12*
25. *Ebd., S. 14*
26. *Craven 2019, S. 102 (eigene Übersetzung)*
27. *Ebd., S. 101 (eigene Übersetzung)*
28. *Drea Letamendi: The Psychology of Game of Thrones: Tyrion Lannister. Veröffentlicht am 2. Mai 2019 unter: https://www.fandom.com/articles/game-of-thrones-psychology-tyrion-lannister (eigene Übersetzung)*
29. *Ebd. (eigene Übersetzung)*

Game of Thrones: Episoden-Übersicht

Staffel/Folge	Deutscher Titel	Original Titel	Erstausstrahlung U
1.01	Der Winter naht	Winter Is Coming	17. Apr 11
1.02	Der Königsweg	The Kingsroad	24. Apr 11
1.03	Lord Schnee	Lord Snow	01. Mai 11
1.04	Krüppel, Bastarde und Zerbrochenes	Cripples, Bastards, and Broken Things	08. Mai 11
1.05	Der Wolf und der Löwe	The Wolf and the Lion	15. Mai 11
1.06	Eine goldene Krone	A Golden Crown	22. Mai 11
1.07	Gewinn oder stirb	You Win or You Die	29. Mai 11
1.08	Das spitze Ende	The Pointy End	05. Juni 11
1.09	Baelor	Baelor	12. Juni 11
1.10	Feuer und Blut	Fire and Blood	19. Juni 11
2.01	Der Norden vergisst nicht	The North Remembers	01. Apr 12
2.02	Die Länder der Nacht	The Night Lands	08. Apr 12
2.03	Was tot ist, kann niemals sterben	What Is Dead May Never Die	15. Apr 12
2.04	Der Garten der Knochen	Garden of Bones	22. Apr 12
2.05	Der Geist von Harrenhal	The Ghost of Harrenhal	29. Apr 12
2.06	Alte und neue Götter	The Old Gods and the New	06. Mai 12
2.07	Ein Mann ohne Ehre	A Man Without Honor	13. Mai 12
2.08	Der Prinz von Winterfell	The Prince of Winterfell	20. Mai 12
2.09	Schwarzwasser	Blackwater	27. Mai 12
2.10	Valar Morghulis	Valar Morghulis	03. Juni 12
3.01	Valar Dohaeris	Valar Dohaeris	31. März 13
3.02	Dunkle Schwingen, Dunkle Worte	Dark Wings, Dark Words	07. Apr 13
3.03	Der Weg der Züchtigung	Walk of Punishment	14. Apr 13
3.04	Und jetzt ist seine Wache zu Ende	And Now His Watch Is Ended	21. Apr 13
3.05	Vom Feuer geküsst	Kissed by Fire	28. Apr 13
3.06	Der Aufstieg	The Climb	05. Mai 13
3.07	Der Bär und die Jungfrau Hehr	The Bear and the Maiden Fair	12. Mai 13
3.08	Die Zweitgeborenen	Second Sons	19. Mai 13
3.09	Der Regen von Castamaer	The Rains of Castamere	02. Juni 13
3.10	Mhysa	Mhysa	09. Juni 13

	Erstausstrahlung D	Regie	Drehbuch	Zuschauer USA	IMDb Rating
	02. Nov 11	Tim Van Patten	David Benioff & D. B. Weiss	2,22 Mio.	9,1
	09. Nov 11	Tim Van Patten	David Benioff & D. B. Weiss	2,20 Mio.	8,8
	16. Nov 11	Brian Kirk	David Benioff & D. B. Weiss	2,44 Mio.	8,7
	23. Nov 11	Brian Kirk	Bryan Cogman	2,45 Mio.	8,8
	30. Nov 11	Brian Kirk	David Benioff & D. B. Weiss	2,58 Mio.	9,1
	07. Dez 11	Daniel Minahan	David Benioff & D. B. Weiss	2,44 Mio.	9,2
	14. Dez 11	Daniel Minahan	David Benioff & D. B. Weiss	2,40 Mio.	9,3
	21. Dez 11	Daniel Minahan	George R.R. Martin	2,72 Mio.	9,1
	28. Dez 11	Alan Taylor	David Benioff & D. B. Weiss	2,66 Mio.	9,6
	04. Jan 12	Alan Taylor	David Benioff & D. B. Weiss	3,04 Mio	9,5
	3. Mai 12	Alan Taylor	David Benioff & D. B. Weiss	3,86 Mio.	8,9
	31. Mai 12	Alan Taylor	David Benioff & D. B. Weiss	3,76 Mio.	8,6
	07. Juni 12	Alik Sakharov	Bryan Cogman	3,77 Mio.	8,9
	14. Juni 12	David Petrarca	Vanessa Taylor	3,65 Mio.	8,9
	21. Juni 12	David Petrarca	David Benioff & D. B. Weiss	3,90 Mio.	8,9
	28. Juni 12	David Nutter	Vanessa Taylor	3,88 Mio.	9,1
	05. Juli 12	David Nutter	David Benioff & D. B. Weiss	3,69 Mio.	9,0
	12. Juli 12	Alan Taylor	David Benioff & D. B. Weiss	3,86 Mio.	8,9
	19. Juli 12	Neil Marschall	George R.R. Martin	3,38 Mio.	9,7
	26. Juli 12	Alan Taylor	David Benioff & D. B. Weiss	4,20 Mio.	9,5
	19. Mai 13	Daniel Minahan	David Benioff & D. B. Weiss	4,37 Mio.	8,9
	26. Mai 13	Daniel Minahan	Vanessa Taylor	4,27 Mio.	8,7
	02. Juni 13	David Benioff & D. B.	David Benioff & D. B. Weiss	4,72 Mio.	8,9
	09. Juni 13	Alex Graves	David Benioff & D. B. Weiss	4,87 Mio.	9,6
	16. Juni 13	Alex Graves	Bryan Cogman	5,35 Mio.	9,1
	23. Juni 13	Alik Sakharov	David Benioff & D. B. Weiss	5,50 Mio.	8,9
	30. Juni 13	Michelle MacLaren	George R.R. Martin	4,84 Mio.	8,8
	07. Juli 13	Michelle MacLaren	David Benioff & D. B. Weiss	5,13 Mio.	9,1
	14. Juli 13	David Nutter	David Benioff & D. B. Weiss	5,22 Mio.	9,9
	21. Juli 13	David Nutter	David Benioff & D. B. Weiss	5,39 Mio.	9,2

Game of Thrones: Episoden-Übersicht

Staffel/Folge	Deutscher Titel	Original Titel	Erstausstrahlung U
4.01	Zwei Schwerter	Two Swords	06. Apr 14
4.02	Der Löwe und die Rose	The Lion and the Rose	13. Apr 14
4.03	Sprengerin der Ketten	Breaker of Chains	20. Apr 14
4.04	Eidwahrer	Oathkeeper	27. Apr 14
4.05	Der Erste seines Namens	First of His Name	04. Mai 14
4.06	Die Gesetze von Göttern und Menschen	The Laws of Gods and Men	11. Mai 14
4.07	Die Spottdrossel	Mockingbird	18. Mai 14
4.08	Der Berg und die Viper	The Mountain and the Viper	01. Juni 14
4.09	Die Wächter auf der Mauer	The Watchers on the Wall	08. Juni 14
4.10	Die Kinder	The Children	15. Juni 14
5.01	Die Kriege, die da kommen	The Wars to Come	12. Apr 15
5.02	Das Haus von Schwarz und Weiß	The House of Black and White	19. Apr 15
5.03	Der Hohe Spatz	High Sparrow	26. Apr 15
5.04	Die Söhne der Harpyie	Sons of the Harpy	3. Mai 15
5.05	Töte den Jungen	Kill the Boy	10. Mai 15
5.06	Ungebeugt, Ungezähmt, Ungebrochen	Unbowed, Unbent, Unbroken	17. Mai 15
5.07	Das Geschenk	The Gift	24. Mai 15
5.08	Hartheim	Hardhome	31. Mai 15
5.09	Der Tanz der Drachen	The Dance of Dragons	07. Juni 15
5.10	Die Gnade der Mutter	Mother's Mercy	14. Juni 15

Erstausstrahlung D	Regie	Drehbuch	Zuschauer USA	IMDb Rating
02. Juni 14	D. B.Weiss	David Benioff & D. B. Weiss	6,64 Mio.	9,2
09. Juni 14	Alex Graves	George R.R. Martin	6,31 Mio.	9,7
16. Juni 14	Alex Graves	David Benioff & D. B. Weiss	6,59 Mio.	8,9
23. Juni 14	Michelle MacLaren	Bryan Cogman	6,95 Mio.	8,9
30. Juni 14	Michelle MacLaren	David Benioff & D. B. Weiss	7,16 Mio.	8,8
07. Juli 14	Alik Sakharov	Bryan Cogman	6,40 Mio.	9,7
14. Juli 14	Alik Sakharov	David Benioff & D. B. Weiss	7,20 Mio.	9,2
21. Juli 14	Alex Graves	David Benioff & D. B. Weiss	7,17 Mio.	9,7
28. Juli 14	Neil Marschall	David Benioff & D. B. Weiss	6,95 Mio.	9,6
04. Aug 14	Alex Graves	David Benioff & D. B. Weiss	7,09 Mio	9,7
27. Apr 15	Michael Slovis	David Benioff & D. B. Weiss	8,00 Mio.	8,6
4. Mai 15	Michael Slovis	David Benioff & D. B. Weiss	6,81 Mio.	8,6
11. Mai 15	Mark Mylod	David Benioff & D. B. Weiss	6,71 Mio.	8,6
18. Mai 15	Mark Mylod	Dave Hill	6,82 Mio.	8,8
25. Mai 15	Jeremy Podeswa	Bryan Cogman	6,56 Mio.	8,7
01. Juni 15	Jeremy Podeswa	Bryan Cogman	6,24 Mio.	8,1
08. Juni 15	Miguel Sapochnik	David Benioff & D. B. Weiss	5,40 Mio.	9,1
15. Juni 15	Miguel Sapochnik	David Benioff & D. B. Weiss	7,01 Mio.	9,9
22. Juni 15	David Nutter	David Benioff & D. B. Weiss	7,14 Mio.	9,5
29. Juni 15	David Nutter	David Benioff & D. B. Weiss	8,11 Mio.	9,1

Game of Thrones: Episoden-Übersicht

Staffel/Folge	Deutscher Titel	Original Titel	Erstausstrahlung U
6.01	Die Rote Frau	The Red Woman	24. Apr 16
6.02	Zuhause	Home	01. Mai 16
6.03	Eidbrecher	Oathbreaker	08. Mai 16
6.04	Das Buch des Fremden	Book of the Stranger	15. Mai 16
6.05	Das Tor	The Door	22. Mai 16
6.06	Blut von meinem Blut	Blood of My Blood	29. Mai 16
6.07	Der Gebrochene	The Broken Man	05. Juni 16
6.08	Niemand	No One	12. Juni 16
6.09	Die Schlacht der Bastarde	Battle of the Bastards	19. Juni 16
6.10	Die Winde des Winters	The Winds of Winter	26. Juni 16
7.01	Drachenstein	Dragonstone	16. Juli 17
7.02	Sturmtochter	Stormborn	23. Juli 17
7.03	Die Gerechtigkeit der Königin	The Queen's Justice	30. Juli 17
7.04	Kriegsbeute	The Spoils of War	06. Aug 17
7.05	Ostwacht	Eastwatch	13. Aug 17
7.06	Jenseits der Mauer	Beyond the Wall	20. Aug 17
7.07	Der Drache und der Wolf	The Dragon and the Wolf	27. Aug 17
8.01	Winterfell	Winterfell	14. Apr 19
8.02	Ein Ritter der Sieben Königslande	A Knight of the Seven Kingdoms	21. Apr 19
8.03	Die Lange Nacht	The Long Night	28. Apr 19
8.04	Die Letzten der Starks	The Last of the Starks	05. Mai 19
8.05	Die Glocken	The Bells	12. Mai 19
8.06	Der Eiserne Thron	The Iron Throne	19. Mai 19

Quelle: https://de.wikipedia.org/wiki/Game_of_Thrones/Episodenliste

Erstausstrahlung D	Regie	Drehbuch	Zuschauer USA	IMDb Rating
25. Apr 16	Jeremy Podeswa	David Benioff & D. B. Weiss	7,94 Mio.	8,6
02. Mai 16	Jeremy Podeswa	Dave Hill	7,29 Mio.	9,4
09. Mai 16	Daniel Sackheim	David Benioff & D. B. Weiss	7,28 Mio.	8,8
16. Mai 16	Daniel Sackheim	David Benioff & D. B. Weiss	7,82 Mio.	9,2
23. Mai 16	Jack Bender	David Benioff & D. B. Weiss	7,89 Mio.	9,7
30. Mai 16	Jack Bender	Bryan Cogman	6,71 Mio.	8,5
06. Juni 16	Mark Mylod	Bryan Cogman	7,80 Mio.	8,7
13. Juni 16	Mark Mylod	David Benioff & D. B. Weiss	7,60 Mio.	8,5
20. Juni 16	Miguel Sapochnik	David Benioff & D. B. Weiss	7,66 Mio.	9,9
27. Juni 16	Miguel Sapochnik	David Benioff & D. B. Weiss	8,89 Mio	9,9
17. Juli 17	Jeremy Podeswa	David Benioff & D. B. Weiss	10,11 Mio.	8,7
24. Juli 17	Mark Mylod	Bryan Cogman	9,27 Mio.	9,0
31. Juli 17	Mark Mylod	David Benioff & D. B. Weiss	9,25 Mio.	9,2
07. Aug 17	Matt Shakman	David Benioff & D. B. Weiss	10,17 Mio.	9,8
14. Aug 17	Matt Shakman	Dave Hill	10,72 Mio.	8,9
21. Aug 17	Alan Taylor	David Benioff & D. B. Weiss	10,24 Mio.	9,0
28. Aug 17	Jeremy Podeswa	David Benioff & D. B. Weiss	12,10 Mio.	9,5
15. Apr 19	David Nutter	David Hill	11,76 Mio.	7,6
22. Apr 19	David Nutter	Bryan Cogman	10,29 Mio.	7,9
29. Apr 19	Miguel Sapochnik	David Benioff & D. B. Weiss	12,02 Mio.	7,6
06. Mai 19	David Nutter	David Benioff & D. B. Weiss	11,80 Mio.	5,6
13. Mai 19	Miguel Sapochnik	David Benioff & D. B. Weiss	12,48 Mio.	6,1
20. Mai 19	David Benioff & D. B.	David Benioff & D. B. Weiss	13,61 Mio	4,2

Wichtige Charaktere und ihre Darsteller

Wichtige Charaktere	Darsteller	Staffel(n)
Haus Stark und Verbündete		
Eddard „Ned" Stark (Lord von Winterfell und Wächter des Nordens)	Sean Bean	1
	Sebastian Croft (als Kind)	6
	Robert Aramayo(als junger Mann)	7
Catelyn „Cat" Stark (geb. Tully; Ehefrau von Ned)	Michelle Fairley	1 bis 3
Robb Stark (ältester Sohn von Ned & Catelyn)	Richard Madden	1 bis 3
Talisa Stark (geb. Maegyr; Ehefrau von Robb Stark)	Oona Chaplin	2, 3
Sansa Stark (älteste Tochter von Ned & Catelyn)	Sophie Turner	1 bis 8
Arya Stark (jüngste Tochter von Ned & Catelyn)	Maisie Williams	1 bis 8
Brandon „Bran" Stark (mittlerer Sohn von Med & Catelyn)	Isaac Hempstead-Wright	1 bis 8
Rickon Stark (jüngster Sohn von Ned & Catelyn)	Art Parkinson	1, 2, 3, 6
Jon Schnee / Aegon Targaryen (Sohn von Lyanna Stark & Rhaegar Targaryen)	Kit Harington	1 bis 8
Maester Luwin (Bediensteter der Starks)	Donald Sumpter	1, 2
Hodor (Bediensteter der Starks; eigentlicher Name: Wylis)	Kristian Nairn	1, 2, 3, 4, 6
	Sam Coleman(als Kind)	6
Brienne von Tarth	Gwendoline Christie	2 bis 8
Syrio Forel (Erster Krieger von Braavos)	Miltos Yerolemou	1
Lysa Arryn (geb. Tully; Schwester von Catelyn Stark und Edmure Tully)	Kate Dickie	1, 4
Robin Arryn (Sohn von Jon und Lysa Arryn)	Lino Facioli	1, 4, 5, 6, 8
Brynden „Schwarzfisch" Tully (Onkel von Edmure Tully, Catelyn Stark und Lysa Arryn)	Clive Russell	3, 6
Edmure Tully (Bruder von Catelyn Stark und Lysa Arryn)	Tobias Menzies	3, 6, 8
Lyanna Mormont (Lady der Bäreninsel, Nichte von Jeor und Cousine von Jorah Mormont	Bella Ramsey	6 bis 8
Rickard Karstark (Vasall der Starks)	Steven Blount	1
	John Stahl	2, 3
Jon „Großjon" Umber (Vasall der Starks)	Clive Mantle	1
Jojen Reet (Bruder von Meera Reet, Begleiter von Bran Stark)	Thomas Brodie-Sangster	3, 4

Haus Stark und Verbündete		
Meera Reet (Schwester von Jojen Reet, Begleiterin von Bran Stark)	Ellie Kendrick	3, 4, 6, 7
Osha (Wildlingsfrau, Dienerin der Starks)	Natalia Tena	1, 2, 3, 6

Haus Targaryen und Verbündete		
Prinz Rhaegar Targaryen (Bruder von Daenerys und Viserys Targaryen, Vater von Jon)	Wilf Scolding	7
Viserys Targaryen	Harry Lloyd	1
Daenerys Targaryen	Emilia Clarke	1 bis 8
Khal Drogo	Jason Momoa	1, 2
Ser Jorah Mormont	Iain Glen	1 bis 8
Daario Naharis	Ed Skrein	3
	Michiel Huisman	4 bis 6
Ser Barristan Selmy (Lord Kommandant der Königsgarde, später in Diensten von Daenerys Targaryen)	Ian McElhinney	1, 3, 4, 5
Grauer Wurm (Kommandant der Unbefleckten)	Jacob Anderson	3 bis 8
Missandei (Sklavin in Astapor, später in Diensten von Daenerys)	Nathalie Emmanuel	3 bis 8
Doreah (Sklavin in Pentos, später im Dienst von Daenerys)	Roxanne McKee	1, 2

Haus Lennister & Verbündete		
Tywin Lennister (Lord von Casterlystein und Hand von König Joffrey)	Charles Dance	1 bis 4
Kevan Lennister (Bruder von Tywin)	Ian Gelder	1, 2, 5, 6
Cersei Lennister (Tochter von Tywin)	Lena Headey	1 bis 8
	Nell Williams (als Kind)	5
Jaime Lennister (ältester Sohn von Tywin und Zwillingsbruder von Cersei)	Nikolaj Coster-Waldau	1 bis 8
Tyrion Lennister (jüngster Sohn von Tywin)	Peter Dinklage	1 bis 8
Joffrey Baratheon (ältester Sohn von Cersei & Jaime)	Jack Gleeson	1 bis 4
Tommen Baratheon (jüngster Sohn von Cersei & Jaime)	Callum Wharry	1, 2
	Dean-Charles Chapman	4, 5, 6
Lancel Lennister (Sohn von Kevan)	Eugene Simon	1, 2, 5, 6
Großmaester Pycelle	Julian Glover	1 bis 6
Qyburn (ehemaliger Maester, Berater von Cersei)	Anton Lesser	3 bis 8

Wichtige Charaktere	Darsteller	Staffel(n)
Haus Lennister & Verbündete		
Bronn (Söldner)	Jerome Flynn	1 bis 8
Sandor Clegane, der „Bluthund“	Rory McCann	1 bis 8
Gregor Clegane („Der Berg“, Bruder von Sandor Clegane)	Conan Stevens	1
	Ian Whyte	2
	Hafþór Júlíus Björnsson	4 bis 8
Janos Slynt (Kommandant der Stadtwache in Königsmund; später bei der Nachtwache)	Dominic Carter	1, 2, 4, 5
Meryn Trant (Ritter der Königsgarde)	Ian Beattie	1 bis 5
Shae (Geliebte von Tyrion)	Sibel Kekilli	1 bis 4
Randyll Tarly (Lord von Hornberg, Vater von Samwell und Dickon Tarly)	James Faulkner	6, 7
Dickon Tarly (Bruder von Samwell Tarly)	Freddie Stroma	6
	Tom Hopper	7
Haus Baratheon & Verbündete		
König Robert Baratheon	Mark Addy	1
Stannis Baratheon (jüngerer Bruder von Robert)	Stephen Dillane	2 bis 5
Renly Baratheon (jüngster Bruder von Robert)	Gethin Anthony	1, 2
Sharin Baratheon (Tochter von Stannis Baratheon)	Kerry Ingram	3 bis 5
Davos Seewert (der „Zwiebelritter“, Berater von Stannis, dann von Jon)	Liam Cunningham	2 bis 8
Melisandre (Rote Priesterin)	Carice van Houten	2 bis 8
Gendry Baratheon (unehelicher Sohn von Robert)	Joe Dempsie	1, 2, 3, 7, 8
Haus Tyrell		
Margaery Tyrell (Tochter von Maes Tyrell)	Natalie Dormer	2 bis 6
Loras Tyrell (Der „Ritter der Blumen“, Bruder von Margaery Tyrell)	Finn Jones	1 bis 6
Olenna Tyrell („Königin der Dornen“, Großmutter von Loras und Margaery Tyrell)	Diana Rigg	3 bis 7
Maes Tyrell, (Lord von Rosengarten und Wächter des Südens, Sohn von Olenna)	Roger Ashton-Griffiths	4 bis 6

Haus Martell		
Doran Martell (Regierender Prinz von Dorne)	Alexander Siddig	5, 6
Oberyn Martell (Prinz aus Dorne, jüngerer Bruder von Doran)	Pedro Pascal	4
Ellaria Sand (Geliebte von Oberyn)	Indira Varma	4 bis 7
Obara Sand (Tochter von Ellaria & Oberyn)	Keisha Castle-Hughes	5 bis 7
Tyene Sand (Tochter von Ellaria & Oberyn)	Rosabell Laurenti Sellers	5 bis 7
Nymeria Sand (Tochter von Ellaria & Oberyn)	Jessica Henwick	5 bis 7

Haus Graufreud		
Balon Graufreud (Lord der Eiseninseln, Vater von Theon und Asha)	Patrick Malahide	2, 3, 6
Theon Graufreud (Bruder von Asha)	Alfie Allen	1 bis 8
Asha Graufreud (Schwester von Theon)	Gemma Whelan	2 bis 8
Euron Graufreud (jüngster Bruder von Balon)	Pilou Asbæk	6 bis 8

Die Nachtwache		
Jeor Mormont (Lord Kommandant der Nachtwache)	James Cosmo	1 bis 3
Maester Aemon Targaryen (Urgroßonkel von Daenerys Targaryen)	Peter Vaughan	1, 3, 4, 5
Benjen Stark (Erster Grenzer, jüngerer Bruder von Ned Stark)	Joseph Mawle	1, 6, 7
	Matteo Elezi(als Kind)	6
Samwell „Sam“ Tarly (Kämmerer)	John Bradley	1 bis 8
Ser Allisar Thorn (Waffenmeister)	Owen Teale	1, 4, 5, 6
Qhorin Halbhand (Grenzer)	Simon Armstrong	2
Othell Yarwyck (Erster Baumeister)	Brian Fortune	1, 4, 5, 6
Bowen Marsh (Erster Kämmerer)	Michael Condron	5, 6
Yoren (Rekrutierer)	Francis Magee	1, 2
Eddison „Edd“ Tollett (Kämmerer)	Ben Crompton	2 bis 8
Grenn (Grenzer)	Mark Stanley	1 bis 4

Wichtige Charaktere	Darsteller	Staffel(n)
Die Nachtwache		
Pypar „Pyp“ (Kämmerer)	Josef Altin	1 bis 4
Olly (Waisenjunge, Kämmerer von Lord Kommandant Jon Schnee)	Brenock O'Connor	4 bis 6
Karl Tanner (Grenzer, Anführer der Meuterer)	Burn Gorman	3, 4
Das Freie Volk		
Manke Rayder („König jenseits der Mauer“)	Ciarán Hinds	3 bis 5
Tormund Riesentod (Vertrauter von Manke)	Kristofer Hivju	3 bis 8
Ygritte (Wildlingsfrau, Geliebte von Jon)	Rose Leslie	2 bis 4
Goldy (Tochter des Siedlers Craster, Geliebte von Samwell Tarly)	Hannah Murray	2 bis 8
Craster (Siedler jenseits der Mauer)	Robert Pugh	2, 3
Sonstige Charaktere		
Lord Petyr „Kleinfinger“ Baelish (Meister der Münze)	Aidan Gillen	1 bis 7
Lord Varys (die „Spinne“, Meister der Flüsterer)	Conleth Hill	1 bis 8
Hoher Spatz (religiöser Anführer der Spatzen)	Jonathan Pryce	5, 6
Roose Bolton (Lord von Grauenstein, später von Winterfell und Wächter des Nordens)	Michael McElhatton	2 bis 6
Ramsay Bolton (unehelicher Sohn von Roose)	Iwan Rheon	3 bis 6
Walder Frey (Lord vom Kreuzweg)	David Bradley	1, 3, 6, 7
Jaqen H'ghar (Priester des Vielgesichtigen Gottes aus Braavos, Ausbilder von Arya Stark)	Tom Wlaschiha	1, 2, 5, 6
Die Heimatlose (Mitarbeiterin von Jaqen H'ghar, Ausbilderin von Arya Stark)	Faye Marsay	5, 6
Dreiäugiger Rabe	Struan Rodger	4
	Max von Sydow	6
Der Nachtkönig	Richard Brake	4, 5
	Vladimir Furdik	6 bis 8

Sonstige Charaktere		
Beric Dondarrion (Anführer der „Bruderschaft ohne Banner“)	David Michael Scott	1
	Richard Dormer	3, 6, 7, 8
Thoros von Myr (Roter Priester und Mitglied der „Bruderschaft ohne Banner“)	Paul Kaye	3, 6, 7
Podrick „Pod“ Payn (Knappe von Tyrion Lennister, später von Brienne von Tarth)	Daniel Portman	2 bis 8
Ros (Prostituierte in Winterfell, später in Königsmund)	Esmé Bianco	1 bis 3
Shagga, Sohn des Dolf (Anführer des Bergstammes der Felsenkrähen)	Mark Lewis Jones	1
Septa Unella (Septa der Sekte der Spatzen)	Hannah Waddingham	5, 6
Bruder Ray (Septon des Glaubens an die Sieben)	Ian McShane	6
Mirri Maz Duur (Priesterin in Lhazar)	Mia Soteriou	1
Xaro Xhoan Daxos (Händler in Qarth)	Nonso Anozie	2
Pyat Pree (Hexenmeister in Qarth)	Ian Hanmore	2
Kraznys mo Nakloz (Sklavenhändler in Astapor)	Dan Hildebrand	3
Tycho Nestoris (Repräsentant der Eisernen Bank)	Mark Gatiss	4, 5, 7
Harry Strickland (Kommandant der Goldenen Kompanie)	Marc Rissmann	8

Verzeichnis ausgewählter Literatur

„Ein Verstand braucht Bücher, wie ein Schwert den Schleifstein."

Tyrion Lennister (1.02)

Fachbücher zu Game of Thrones

Craven, Bruce: Win or die. Lessons for Life by Game of Thrones. Blink Publishing, London 2019

Frankel, Valerie Estelle: Winning the Game of Thrones. The Host of Characters and their Agendas. Litcrit Press, 2013

Jacoby, Henry (Hg.): Game of Thrones and Philosophy. Logic cuts deeper than words. John Wiley & Sons, Hoboken 2012

Langley, Travis (Hg.): Game of Thrones Psychology. The mind is dark and full of terrors. Sterling Sterling, New York 2016

Larrington, Carolyne: Winter is coming. Die mittelalterliche Welt von Game of Thrones. Theiss Verlag, Darmstadt 2016

Pavlac, Brian A.: Game of Thrones versus History. Written in Blood. Wiley Blackwell, Hoboken 2017

Phillips, Tim/Clare, Rebecca: Game of Thrones on Business. Infinite Ideas, Oxford 2015

Fachbücher zum Thema Leadership

Baumanns, Markus: Kick-off! Auf Entdeckungsreise zur Organisation der Zukunft. Murmann Haufe, Freiburg 2019

Baumanns, Markus/Schumacher, Torsten: Kein Bullshit! Was Manager heute wirklich können müssen. Murmann Publishers, Hamburg 2014

Bennis, Warren: Führen lernen. Campus Verlag, Frankfurt/M. 1990

Bennis, Warren/Nanus, Burt: Führungskräfte. Die vier Schlüsselstrategien erfolgreichen Führens. Campus Verlag, Frankfurt/M. 1990

Berberick, Tammy R./Lindsay, Peter/Schulz, Joachim: The Leadership Habit. Mit der richtigen Einstellung erfolgreich führen. Redline Verlag, München 2018

Beyer, Martin: StoryThinking. Durch die Kraft des Erzählens Mitarbeiter und Kunden gewinnen. Vahlen Verlag, München 2018

Borbonus, René: Klarheit. Der Schlüssel zur besseren Kommunikation. Econ Verlag, Berlin 2015

Borbonus, René: Respekt. Wie Sie Ansehen bei Freund und Feind gewinnen. Econ Verlag, Berlin 2013 (6. Auflage)

Brandl, Peter: Crash Kommunikation. Warum Piloten versagen und Manager Fehler machen. Gabal Verlag, Offenbach 2018 (5., überarbeitete und erweiterte Neuauflage)

Burns, James MacGregor: Leadership. Harper Perennial Political Classics, New York 2010

Covey, Stephen M. R.: Schnelligkeit durch Vertrauen. Die unterschätzte ökonomische Macht. Gabal Verlag, Offenbach 2009

Covey, Stephen R.: Die effektive Führungspersönlichkeit. Prinzipienorientiert managen. Campus Verlag, Frankfurt/M. 2008 (4., aktualisierte und erweiterte Auflage)

Covey, Stephen R.: Der 8. Weg. Mit Effektivität zu wahrer Größe. Gabal Verlag, Offenbach 2006

Covey, Stephen R.: Die 7 Wege zur Effektivität. Prinzipien für persönlichen und beruflichen Erfolg. Gabal Verlag, Offenbach 2006 (erweiterte und überarbeitete Neuausgabe)

de Hoop, Richard: Macht Musik. So spielt Ihr Team zusammen, statt nur Lärm zu produzieren. Gabal Verlag, Offenbach 2012

Dueck, Gunter: Das Neue und seine Feinde. Campus Verlag, Frankfurt/M. 2013

Eppler, Martin J./Kernbach, Sebastian: Meet up! Einfach bessere Besprechungen durch Nudging. Schäffer Poeschel Verlag, Stuttgart 2018

Etzold, Veit: Strategie – Planen, erklären, umsetzen. Gabal Verlag, Frankfurt/M. 2018

Fisher, Roger/Ury, William L.: Das Harvard-Konzept. Der Klassiker der Verhandlungstechnik. Campus Verlag, Frankfurt/M 2013 (24., überarbeitete Auflage)

Gallo, Carmine: Was wir von Steve Jobs lernen können. Verrückt querdenken. Redline Verlag, München 2011

Gansch, Christian: Vom Solo zur Sinfonie. Was Unternehmen von Orchestern lernen können. Eichborn Verlag, Frankfurt/M. 2006

Goleman, Daniel: Emotionale Führung. Econ Ullstein List Verlag, München 2002

Goleman, Daniel: Emotionale Intelligenz. Carl Hanser Verlag, München 1996

Groher, Jacqueline: FührungsKRAFT. Erfolgreiche Führung beginnt mit Selbstführung. Gabal Verlag, Offenbach 2014

Groth, Alexander: Der Chef, den ich nie vergessen werde. Wie Sie Loyalität & Respekt Ihrer Mitarbeiter gewinnen. Campus Verlag, Frankfurt/M. 2014

Groth, Alexander: Führungsstark im Wandel. Change Leadership für das mittlere Management. Campus Verlag, Frankfurt/M. 2013 (2., überarbeitete Neuauflage)

Hinz, Olaf: Segeln auf Sicht. Das Führungshandbuch für ungewisse Zeiten. SpringerGabler, Wiesbaden 2017

Hinz, Olaf: Das Führungsteam. Wie wirksame Kooperation an der Spitze gelingt. SpringerGabler, Wiesbaden 2014

Horsager, David: Vertrauen. Die Währung von Morgen. Börsenmedien AG, Kulmbach 2013

Jotzo, Markus: Der Chef, den keiner mochte. Warum exzellente Führungskräfte nicht nett sind. Gabal Verlag, Frankfurt/M. 2014 (Gabal)

Keltner, Dacher: Das Macht-Paradox. Wie wir Einfluss gewinnen – oder verlieren. Campus Verlag, Frankfurt/M. 2016

Knaths, Marion: Spiele mit der Macht. Wie Frauen sich durchsetzen. Piper Verlag, München/Berlin 2016 (14. Auflage)

Kolbusa, Matthias: Umsetzungsmanagement. SpringerGabler Verlag, Wiesbaden 2013

Kotter, John P.: Leading Change. Harvard Business Review Press, Boston 2012

Kotter, John P.: A Force for Change – How Leadership differs from Management. Free Press, New York 1990

Laloux, Frederic: Reinventing Organizations. Vahlen Verlag, München 2015

Lencioni, Patrick M.: Tod durch Meeting. Wiley-VCH Verlag, Weinheim 2017 (2. Auflage)

Malik, Fredmund: Führen Leisten Leben. Wirksames Management für eine neue Welt. Campus Verlag, Frankfurt/M. 2019 (erweiterte Neuausgabe)

Morris, Tom: Aristoteles auf dem Chefsessel. Was Manager von Philosophen lernen können. Verlag Moderne Industrie, Landsberg/Lech 1997

Neurohr, Robert Edward: Strategien für Herausforderer. Gabal Verlag, Offenbach 2012

Newport, Cal: Konzentriert arbeiten. Regeln für eine Welt voller Ablenkungen. Redline Verlag, München 2017

Oestereich, Bernd/Schröder, Claudia: Das kollegial geführte Unternehmen. Vahlen Verlag, München 2017

Peter, Laurence J./Hull, Raymond: Das Peter-Prinzip oder die Hierarchie der Unfähigen. Rowohlt Verlag, Reinbek 2005 (5. Auflage)

Perkins, Dennis N.T.: Leading at the Edge. Leadership lessons from the extraordinary saga of Shackleton's Antarctic expedition. Amacom, New York 2012

Peters, Thomas J./Waterman, Robert H.: Auf der Suche nach Spitzenleistungen. Redline Wirtschaft, München 2003

Pfläging, Niels: Organisation für Komplexität. Redline Verlag, München 2014 (aktualisierte und erweiterte Neuauflage)

Pfläging, Niels: Die 12 neuen Gesetze der Führung. Campus Verlag, Frankfurt/M. 2009

Phillips, Tim: Machiavellis Der Fürst. 52 brillante Ideen für Ihr Business. Gabal Verlag, Offenbach 2010

Pietersen, Willie: Strategic Learning. John Wiley & Sons, Hoboken 2010

Robertson, Brian J.: Holacracy. Ein revolutionäres Management-System für eine volatile Welt. Vahlen Verlag, München 2015

Rock, David: Brain at Work. Campus Verlag, Frankfurt/M. 2011

Schulz von Thun, Friedemann: Miteinander reden 1. Rowohlt Verlag, Reinbek 2010 (48. Auflage)

Shapiro, Daniel: Verhandeln. Die neue Erfolgsmethode aus Harvard. Campus Verlag, Frankfurt/M. 2018

Sinek, Simon: Gute Chefs essen zuletzt. Warum manche Teams funktionieren – und andere nicht. Redline Verlag, München 2017

Sinek, Simon: Frag immer erst: Warum. Wie Top-Firmen und Führungskräfte zum Erfolg inspirieren. Redline Verlag, München 2014

Sprenger, Reinhard K.: Radikal führen. Campus Verlag, Frankfurt/M. 2012

Sprenger, Reinhard K.: Vertrauen führt. Worauf es im Unternehmen wirklich ankommt. Campus Verlag, Frankfurt/M. 2007 (3., durchgesehene Auflage)

Taylor, Frederick Winslow: The Principles of Scientific Management. Dover Publications, Mineola 2001

Tracy, Brian: Keine Ausreden! Die Kraft der Selbstdisziplin. Gabal Verlag, Offenbach 2011

Tracy, Brian: Ziele. Campus Verlag, Frankfurt/M. 2004

von Cube, Felix: Lust an Leistung. Piper Verlag, München 1998

Wefers, Michael: Führen unter Druck. Haufe Verlag, Freiburg 2017

Weidner, Jens: Optimismus. Warum manche weiter kommen als andere. Campus Verlag, Frankfurt/M. 2017

Weidner, Jens: Die Peperoni-Strategie. So setzen Sie Ihre natürliche Aggression konstruktiv ein. Campus Verlag, Frankfurt/M. 2005

Welch, Jack: Winning. Das ist Management. Campus Verlag, Frankfurt/M. 2005

Personenregister

Sachregister

Die Autoren

Mark Hübner-Weinhold

ist Bildungsmanager, Führungskräfteberater und Hochschuldozent. Er hat mehr als 25 Jahre als Journalist gearbeitet und war bis 2015 Geschäftsführender Redakteur beim Hamburger Abendblatt. Inzwischen leitet er den Campus Weiterbildung der HAW Hamburg. Seit vielen Jahren analysiert Mark Hübner-Weinhold das Führungsverhalten von realen und fiktiven Charakteren. Der Klassik- und Filmmusik-Liebhaber lebt mit seiner Familie im Herzogtum Lauenburg in Schleswig-Holstein.

Im Internet: www.leadership-by-got.com

Manfred Klapproth

ist seit mehr als 20 Jahren freiberuflich als Berater, Trainer und Coach mit den Fokusthemen Führung und Vertrieb deutschlandweit im Einsatz. Vor seiner Selbstständigkeit war Manfred Klapproth fünf Jahre CFO in einem international tätigen Medienunternehmen mit Sitz in Hamburg und Los Angeles sowie zehn Jahre im Corporate Banking von Großbanken aktiv. Der leidenschaftliche Film- und Serienfan lebt mit seiner Frau in Hamburg.

Im Internet: www.leadership-by-got.com

Der Illustrator Jörg Dommel

ist staatlich geprüfter mittelfränkischer Provinz-Illustrator und Grafik-Designer. Er hat sein Studium an der Akademie der Bildenden Künste in Nürnberg absolviert. Vielen Lesern ist er vertraut durch zahlreiche Editorial-Illustrationen für die Tageszeitungen Hamburger Abendblatt und Süddeutsche Zeitung sowie Zeitschriften wie Stern, Focus oder Psychologie Heute. Jörg Dommel lebt im Landkreis Ansbach in Mittelfranken.

Im Internet: www.joergdommel.com